Unity

开发入门与实践
微课视频版

张尧◎编著

清华大学出版社

北京

内 容 简 介

本书基于 Unity 2022 版本，系统地介绍了 Unity 编辑器的基础界面、功能模块和界面设置等。

工欲善其事，必先利其器。要想学好 Unity，程序开发是必不可少的，所以本书详细介绍了 C#语言的语法、条件语句、数组、集合、字符串类、文件的操作、常用算法和设计模式，以及 Socket 网络编程等技术。

本书共设 18 章，系统地阐述了 Unity 程序开发的全流程设计体系。内容涵盖 Unity 引擎核心机制与 C#语言编程基础两大维度，具体包括 C#语言基础语法与编程范式、Unity 界面交互设计原理、面向对象程序设计思想、常用数据结构与算法实现、文件系统操作、多媒体资源整合、数据库交互等核心模块。教学体系设计强调问题解决能力培养，通过典型案例解析引导读者掌握需求分析方法与编程实现路径。

本书针对可视化界面开发这一实践性环节，采用渐进式教学法，将其与核心编程技术模块进行有机整合。通过构建"理论认知-算法设计-界面实现"的完整学习链路，既可以降低技术实现门槛，又能强化工程化思维培养。这种编排方式既能激发学习者的自主探究能力，也为教师开展项目驱动式教学提供了有效支撑，最终实现知识体系构建与实践能力提升的双重教学目标。

本书不仅可以作为广大 Unity 初学者和对 Unity 感兴趣的读者的入门书籍，也可以作为从事 Unity 工作的开发人员的学习参考书，还可以作为开展 Unity 培训的学校或者机构的教材。

图书在版编目（CIP）数据

Unity 开发入门与实践：微课视频版 / 张尧编著.

北京：清华大学出版社，2025.7. -- ISBN 978-7-302-69980-4

Ⅰ. TP317.6

中国国家版本馆 CIP 数据核字第 2025HM5767 号

责任编辑：杜 杨
封面设计：墨 白
责任校对：徐俊伟
责任印制：刘 菲

出版发行：清华大学出版社

网　　　址：https://www.tup.com.cn，https://www.wqxuetang.com
地　　　址：北京清华大学学研大厦 A 座　　邮　　编：100084
社 总 机：010-83470000　　　　　　　　邮　　购：010-62786544
投稿与读者服务：010-62776969，c-service@tup.tsinghua.edu.cn
质量反馈：010-62772015，zhiliang@tup.tsinghua.edu.cn

印 装 者：北京同文印刷有限责任公司
经　销：全国新华书店
开　　本：190mm×235mm　　　印　　张：27.25　　字　　数：750 千字
版　　次：2025 年 9 月第 1 版　　　印　　次：2025 年 9 月第 1 次印刷
定　　价：109.00 元

产品编号：109167-01

前　言

随着互联网技术的不断发展，越来越多的人开始上网玩游戏，游戏开发人才急缺，如果你想成为一名优秀的游戏开发者，那么掌握 Unity 开发技术是不可或缺的一步。随着移动互联网的发展，移动端游戏日益盛行，据了解，Unity 全球开发者超过 300 万，1/4 在中国，超过 5000 家游戏公司和工作室在使用 Unity 开发。因此，学会 Unity 游戏开发，未来的职业发展将非常可观。

Unity 到底是什么？为何如此受欢迎、市场占有率如此之高？Unity 是专业的游戏引擎，能够创建实时、可视化的 2D 和 3D 动画、游戏，被誉为 3D 手游的传奇。Unity 可以创建虚拟的现实空间，可以让游戏玩家在虚拟的世界里尽情发挥，使心灵得到释放。近年游戏开发迅速崛起，发展为独具特色且前景广阔的行业，市场需要以 Unity 技术作为支撑的游戏，企业需要 Unity 技术开发人才。因此，掌握 Unity 技术的人才需求量也会越来越大。

游戏产业作为一个新兴产业，从初期形成到如今的快速发展并迅速走向成熟时期，已经成为文化娱乐产业、网络经济的重要组成部分。目前国内的游戏研发人才缺口巨大，对移动端技术开发人才的需求非常迫切。

据权威数据显示，目前我国对中高级游戏开发工程师的需求在 10 万人以上，很多企业面临招不到工程师的问题。据统计，游戏开发工程师全国平均月薪约为 20418 元。未来几年在多种因素的影响下，预计中国游戏市场研发人员的薪资将继续上涨。

本书编者具有多年一线开发经验，属于国内早期接触并开发 VR（Virtual Reality，虚拟现实）游戏的一批人，团队开发的 VR 游戏已经进入场馆，反映良好。编者也是 CSDN 博客专家，主页在 CSDN 拥有 340 万访问量，让数百万 Unity 开发者受益。

与现有教材相比，本书具有以下特点。

1. 注重培养全栈式技能

本书解决了现有 Unity 教材在全栈式开发方面的不足，首先从 C#基础讲起，但没有长篇大论地讲述，而是筛选出 C#中在 Unity 开发时要用到的技术；然后讲解 Unity 基础；最后在实战案例部分选择了两个项目：一个是 Unity 游戏开发项目；另一个是数字孪生项目。

2. 注重使用逐层深入的教学方式

本书通过逐层深入的教学方式，介绍开发流程和迭代过程，让读者知其然，也知其所以然。

3. 注重使用实战案例

本书中每一章都提供了丰富的实例，这些实例大多来自编者多年的工作和应用软件开发实践，其中有些实例（如游戏、小程序等）具有较强的趣味性，可以激发读者对程序设计的兴趣。

本书资源及联系方式

为方便读者学习，本书提供案例源文件，读者请使用手机扫描资源包二维码，将资源下载到计算机中学习使用。

本书在写作过程中虽力求严谨细致，但由于时间与精力有限，书中疏漏之处在所难免。如果在阅读过程中有任何疑问，可以扫描技术支持二维码，与我们取得联系；也可以进入读者交流群，在群内交流学习，共同进步。

资源包　　　　　　　　　　技术支持

致谢

在编写本书时，编者秉持"做最好的 Unity 教科书"的精神，努力在有限的篇幅中展现更多对读者有用的内容，期望可以带领读者快速入门 Unity。

编写本书占据了编者大部分的业余时间，因此本书的出版离不开编者家人的默默支持，在此向他们表示诚挚的感谢！同时，也感谢出版社编辑的细致审校工作，是他们的辛勤工作保证了本书的顺利出版！

最后，祝愿各位读者，事业顺利，身体健康。

张 尧

2025 年 6 月

目　录

第 1 章　进入 Unity 的世界

在数字创意世界中，Unity 引擎以其强大的功能、灵活的拓展性和广泛的应用领域，引领着游戏开发、实时三维互动内容创新的潮流。作为跨时代的游戏开发引擎，Unity 不仅在游戏产业中具有举足轻重的地位，还广泛应用于 VR、AR（Augmented Reality，增强现实）、建筑可视化、教育培训、影视特效等多个领域，为开发者提供了一个无限的创作舞台。

本章包括认识 Unity 引擎、Unity 配置与运行、运行 Unity 项目，以及 Unity 编辑器简介等内容。

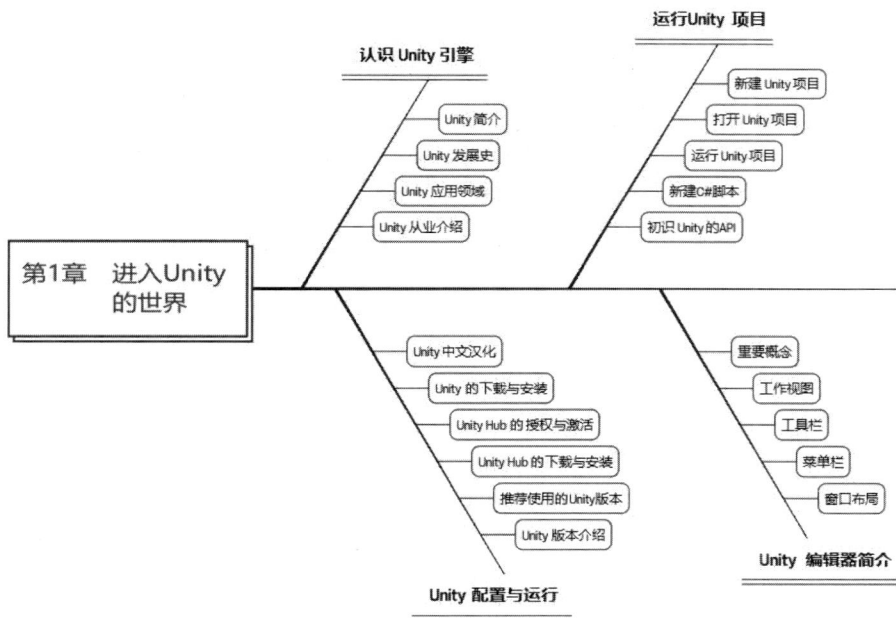

认识 Unity 引擎
- Unity 简介
- Unity 发展史
- Unity 应用领域
- Unity 从业介绍

运行 Unity 项目
- 新建 Unity 项目
- 打开 Unity 项目
- 运行 Unity 项目
- 新建 C# 脚本
- 初识 Unity 的 API

第 1 章　进入 Unity 的世界

Unity 配置与运行
- Unity 中文汉化
- Unity 的下载与安装
- Unity Hub 的授权与激活
- Unity Hub 的下载与安装
- 推荐使用的 Unity 版本
- Unity 版本介绍

Unity 编辑器简介
- 重要概念
- 工作视图
- 工具栏
- 菜单栏
- 窗口布局

1.1　认识 Unity 引擎

Unity 是由游戏引擎开发商 Unity Technologies 开发的专业 3D 互动内容创作和运营平台。Unity 在游戏开发、美术、建筑、汽车设计、影视制作领域都有一整套的软件解决方案，可用于创作 3D、2D 内容的展示。此外，Unity 对多种平台的原生支持，使得开发者能够轻松地将作品部署到包括桌面、移动设备、网页乃至游戏主机在内的多个平台上，极大地拓宽了作品的受众范围。

Unity 的核心优势在于其直观的用户界面、强大的物理引擎、丰富的资源商店以及高效的渲染技术。通过拖曳式的编辑器界面，即便是编程经验有限的用户，也能快速上手实现自己的想法。

1.1.1　Unity 简介

Unity 引擎是一款国际领先的专业游戏引擎，具有强大的跨平台能力，使得游戏开发的周期大幅度缩短，极大地节省了开发者的时间和创作成本。

Unity 引擎还支持包括 3D 模型、图像、音效、视频等资源的导入，使用 Unity 可以轻松搭建场景，实现对复杂虚拟世界的创建。

通过 Unity 引擎，开发者可以为 20 多个平台创作和优化内容。这些平台包括 iOS、Android、Windows、macOS、索尼 PS4、任天堂 Switch、微软 Xbox One、谷歌 Stadia、微软 HoloLens、谷歌 AR Core、苹果 AR Kit 和商汤 SenseAR 等。目前 Unity 能够支持发布的平台有 21 个，如图 1-1 所示。Unity 强大的平台移植能力，让开发者无须担心多平台的问题，一键即可将产品发布到相应的平台，可以节省开发时间和精力。

图 1-1　Unity 能够支持发布的平台

Unity Technologies 公司的研发团队让 Unity 技术始终保持在世界前沿，紧跟合作伙伴迭代，确保在最新的版本和平台上提供优化支持服务。

Unity 还提供诸多运营服务来帮助开发者。这些运营服务包括 Unity Ads 广告服务、Unity 游戏云一站式联网游戏服务、Vivox 游戏语音服务、Multiplay 海外服务器托管服务、Unity 内容分发平台（UDP）、Unity Asset Store 资源商店、Unity 云构建等。

Unity Technologies 作为全球实时 3D 开发领域的领军者，截至 2023 年第三季度，全球员工规模精简至 2500 人，其中 1400 人专注于核心研发，重点攻关 AI 驱动的内容生成、空间计算及工业数字孪生技术。公司深度整合苹果 Vision Pro、Meta Quest 3 等新一代 XR 设备开发接口，并与英伟达 Omniverse、微软 Azure 建立战略技术联盟，实现对 28 个主流平台的优化支持，包括自动驾驶 OS 与工业仿真系统。

2023 年财报显示，公司全年营收同比增长 57% 至 21.7 亿美元，其中企业数字孪生服务收入占比提升至 34%。尽管经历战略重组（裁员 25% 及分拆 Unity 中国独立运营），其市值仍稳定在 40.2 亿美元（2024 年 1 月数据）。行业权威机构 Gartner 将其评为工业仿真领域"领导者"，*Fast Company* 更授予"2023 全球 AI 创新企业十强"称号，印证其从游戏引擎向产业级 3D 基础设施的转型成功。

*数据来源：Unity 2023 年 Q4 财报、Crunchbase 市值统计及 Gartner 魔力象限报告（2023 年 12 月）。

1.1.2　Unity 发展史

Unity 引擎从诞生至今，经历了二十多年的发展，已经逐步成长为全球开发者普遍使用的交互式引擎。它占据全功能游戏引擎市场 45% 的份额，如图 1-2 所示，居全球首位。全世界有 6 亿的玩家在玩使用 Unity 引擎制作的游戏。

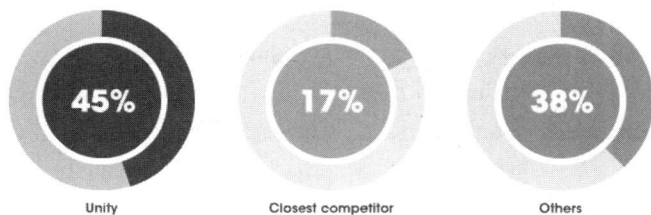

图 1-2   Unity 市场份额

根据 Vision Mobile 公司 2024 年开发者报告中显示，全球各类游戏的解决方案的市场份额中，Unity 引擎占有比例为 47%。使用 Unity 引擎的全球用户已经超过 330 万人，而开发者占有比例为 29%，如图 1-3 所示。

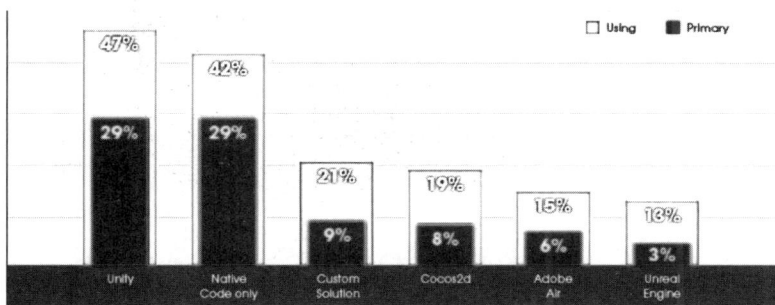

图 1-3   黑色代表用到该解决方案的占比，白色代表主要使用该解决方案的占比

2004 年，在丹麦哥本哈根，Joachim Ante、Nicholas Francis 和 David Helgason 决定一起开发一款易于使用、与众不同且费用低廉的游戏引擎，以帮助所有喜爱游戏的年轻人实现游戏创作的梦想。

2005 年，Unity 1.0 发布。

2007 年，Unity 2.0 发布。新增了地形引擎、实时动态阴影，支持 DirectX 9 并具有内置网络多人联机功能。

2009 年，Unity 2.5 发布。新增了对 Windows Vista 和 Windows XP 系统的全面支持，所有功能都可以与 macOS 实现同步和互通。Unity 在其中任何一个系统中都可以为另一个平台制作游戏，实现了真正意义上的跨平台。很多国内用户就是从该版本开始了解和接触 Unity 的。

2010 年，Unity 3.0 发布。新增了对 Android 平台的支持，整合了光照贴图烘焙，支持遮挡剔除和延迟渲染。Unity 3.0 通过使用 MonoDevelop，实现了在 Windows 和 macOS 上的脚本调试，如终端游戏、逐行单步执行、设置断点和检查变量的功能。

2012 年，Unity 上海分公司成立，Unity 正式进军中国市场。同年，Unity 4.0 发布。Unity 4.0 加入了对 DirectX 11 的支持和 Mecanim 动画工具，还增添了 Linux 和 Adobe Flash Player 发布预览功能。

2013 年，Unity 全球用户已经超过 150 万。

截至 2014 年年底，Unity Technologies 公司在加拿大、中国、丹麦、英国、日本、韩国、立陶宛、俄罗斯等国家和地区都建立了相关机构，在全球范围内已拥有来自 30 多个国家和地区的超过 300 名雇员，Unity Technologies 公司目前仍在以非常迅猛的速度发展着。

2015 年，Unity 5.0 发布。

2016 年 7 月 14 日，Unity 宣布融资 1.81 亿美元，此轮融资也让 Unity 公司的估值达到了 15 亿美元。

2019 年，全球最具创新力企业 TOP 50 中，Unity Technologies 排名第十八。同年，Unity 中国版编辑器正式推出，其中加入了包括由中国 Unity 研发的 Unity 优化-云端性能测试和优化工具，还有资源加密、防沉迷工具、Unity 游戏云等中国版才有的功能，针对本土化需求提供服务，方便国内开发者使用。

2020 年 6 月 15 日，Unity 宣布和腾讯云合作推出 Unity 游戏云，从在线游戏服务、多人联网服务和开发者服务三个层次打造一站式联网游戏开发。

1.1.3 Unity 应用领域

Unity 最初是一个为了方便游戏开发而制作的游戏引擎，后来向 VR/AR 领域、建筑设计领域、无人驾驶领域、虚拟现实领域拓展，并且在对应领域都有了成熟的应用方案。

1. ATM（Automotive，Transportation，Manufacturing）领域应用（汽车、运输、制造）

工业 VR/AR 的应用场景就是构建在数字世界与物理世界融合的基础之上，作为衔接虚拟产品和真实产品实物之间的桥梁，VR 和 AR 中的内容为 Unity 驱动。

全世界所有 VR 和 AR 内容中的 60% 均为 Unity 驱动。Unity 实时渲染技术可以应用于汽车设计、制造人员培训、制造流水线的实际操作、无人驾驶模拟训练、市场推广展示等各个环节。Unity 最新的实时光线追踪技术可以创造出更加逼真的可交互虚拟环境，让参与者身临其境，感受虚拟现实的真实体验。Unity 针对 ATM 领域的工业解决方案包括 INTERACT 工业 VR/AR 场景开发工具、Prespective 数字孪生软件等。

Unity 在 ATM 领域的客户包括沃尔沃和 Varjo，它们使用 VR 技术创造安全驾驶功能，如图 1-4 所示；宝马公司使用 Unity 实时光线追踪汽车设计可视化；戴姆勒集团子公司 Protics 使用 AR 技术来提升从研发、培训到售后等多个环节的效率；雷克萨斯（Lexus）公司使用 Unity 制作实时渲染车辆在场景中的效果，重新构想广告/营销内容的生产过程，最终为汽车制造商及其创意合作伙伴铺平道路，使他们可以更快，更经济高效地以更高的成本创建高保真图像和视频；宜家家具使用 Unity 制作宜家空间 app(IKEA Place)，用户可以在购买家具之前查看实际效果。

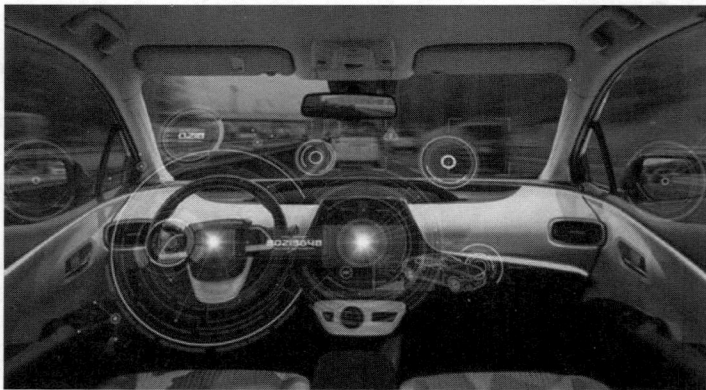

图 1-4　用 VR 技术创造安全驾驶功能

2. AEC（Architectural design，Engineering，Construction）领域应用（建筑设计、工程、施工）

对于 AEC 行业的设计师、工程师和开拓者来说，Unity 是用于打造可视化产品以及构建交互式和虚拟体验的实时 3D 平台。高清实时渲染配合 VR、AR 和 MR 设备，可以展示传统 CG 离线渲染无法提供的可互动内容。而且，在研发阶段，实时渲染可以提供"可见即所得"，让开发者可以进行迭代。Unity 针对 AEC 领域的解决方案包括 Unity Reflect，它可以一键把模型连同信息转换成 Unity 模型，实现在各种设备上以沉浸、互动的方式审查实时模型，如图 1-5 所示。

图 1-5　在各种设备上以沉浸、互动的方式审查实时模型

全球顶级的 50 家 AEC 公司和 10 家领先汽车品牌中，已有超过一半的公司正在使用 Unity 技术。Unity 在 AEC 领域的客户包括：SHoP Architects，布鲁克林的建筑项目 9 Dekalb 定制 AR 施工程序；Taqtile，通过 Unity XR 功能加速培训和维护工作；美国建筑公司 Haskell，通过 XR 互动体验解决安全问题；Unity 伦敦办公室，高清实时渲染配合 VR 展示真实场景。

3. 游戏领域应用

据雷锋网统计，全球销量前 1000 名的手机游戏中，与 Unity 有关的作品超过 50%，75% 与 AR/VR 相关的内容为 Unity 引擎创建。2019 年至今，中国新发行的游戏中，Unity 技术应用占比高达 76%。

Unity 不仅提供了丰富的视觉逼真度和美术师友好的工具，还能为多线程主机和 PC 游戏提供终极性能。经典的案例有以下几款。

In the Valley of Gods

制作者们以 20 世纪 20 年代的埃及为背景创作了情节丰富的互动游戏 In the Valley of Gods。制作室主要使用了 Unity 强大的 Playables API 和 Mecanim 动画系统，让人物的对话更加流畅，剧情更加真实，物理、动画和其他细节都做到了完美，如图 1-6 所示。

《死者之书》

《死者之书》是一款第一人称互动游戏，展示了 Unity 为游戏产品提供高端视觉效果的能力。这个项目使用了 Unity 的高清渲染管线（High Definition Render Pipeline，HDRP），以及大量 Unity 灯光渲染技术和摄像机优化技术，在细节上也颇为重视，包括人物的贴图材质、场景的搭建、河水的流动都力求模拟真实，如图 1-7 所示。

图 1-6　*In the Valley of Gods* 游戏画面

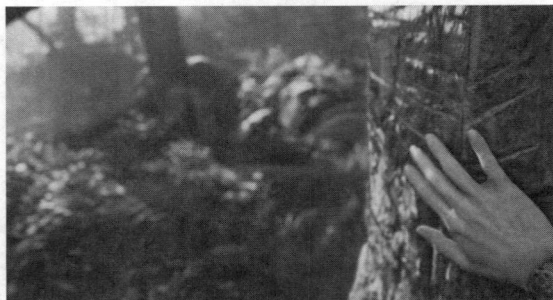

图 1-7　《死者之书》游戏画面

《炉石传说》

《炉石传说》是一款由暴雪公司开发的卡牌游戏，在回合制的在线比赛游戏中融入了《魔兽世界》的所有刺激元素，多年后仍能凭借众多新功能和强大实时操作功能在卡牌游戏中，拥有强劲的竞争能力。这款游戏使用了 Unity 强大的跨平台能力，可以同时在多个平台发布，有力地占据着市场份额，如图 1-8 所示。

《王者荣耀》

《王者荣耀》是由腾讯游戏天美工作室群 2015 年发行的 MOBA 手游，是一款运营在 Android、iOS、NS 平台上的 MOBA 类手机游戏，于 2015 年 11 月 26 日在 Android、iOS 平台上正式公测。该游戏借助 Unity 开发引擎，在短时间内便可以上线封测，为公司在 MOBA 这个类型的游戏竞争中赢得了大量时间，团队还借助了 Unity 的热更新和 AssetsBundle 快速更新游戏版本。该游戏画面如图 1-9 所示。

图 1-8　《炉石传说》游戏画面

图 1-9　《王者荣耀》游戏画面

《崩坏 3》

《崩坏 3》是由米哈游科技（上海）有限公司使用 Unity 制作发行的一款角色扮演类手机游戏，该游戏于 2016 年 10 月 14 日在全平台公测。

《崩坏 3》借助 Unity 引擎制作了精美的场景和人物，通过 Unity 的 Timeline 工具和 Cinemachine 工具使剧情更加流畅和舒服。剧情主要讲述了世界受到神秘灾害"崩坏"侵蚀的故事，玩家可扮演炽翎、白夜执事、第六夜想曲、月下初拥、极地战刃、空之律者、原罪猎人等女武神，去抵抗崩坏的入侵。该游戏界面如图 1-10 所示。

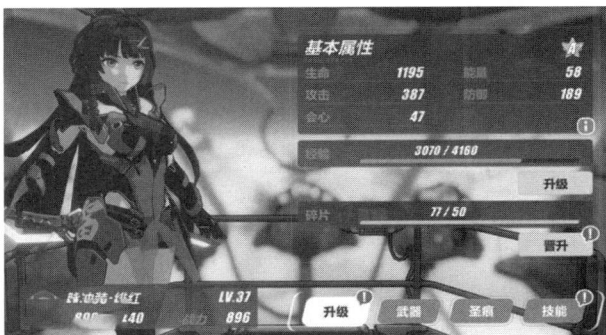

图 1-10　《崩坏 3》游戏画面

1.1.4　Unity 从业介绍

Unity 是一款多平台、综合型游戏开发工具，是现今最优秀的 3D 引擎之一，我们熟知的《王者荣耀》《绝地求生》以及 VR/AR 应用均使用了 Unity 进行开发。随着 VR、AR 技术全球火爆，手游用户增长惊人，全民游戏热潮已然兴起，Unity 再受热捧，Unity 开发人才更是广受市场青睐，大公司纷纷用重金招纳、抢夺人才。

从就业方向来看，Unity 就业选择可谓十分广阔，大致有以下几种类型。

1．游戏开发工程师

游戏开发公司主要以 3D 游戏开发为市场，而如今 72% 的游戏开发者会将 Unity 作为他们的首选开发工具。除此之外，Unity 作为一款跨平台的游戏开发引擎，其强大的功能和灵活性使得它成为许多开发者的首选。在多个行业报告中，Unity 都被提及为在平台开发领域具有重要地位，例如一些垂直功能、视觉结构、教育、军事仿真等领域，Unity 都具有广泛应用。

主要职位有：手游开发工程师、网游开发工程师。

2．虚拟现实开发工程师

VR 在近些年的大火，已经让不少人都充分意识到 VR 以及 AR 会在未来 4～5 年颠覆人们的生活方式。各大公司都在 VR/AR 领域纷纷布局，而 Unity 作为开发引擎就成了 VR 得以发展的重点，这也是 Unity 人才薪资越发高涨的原因之一。

主要职位有：VR/AR 开发工程师、VR 游戏开发工程师。

3．虚拟仿真开发工程师

虚拟仿真就是用一个系统模仿另一个真实系统的技术。虚拟仿真实际上是一种可创建和体验虚拟世界（Virtual World）的计算机系统。此种虚拟世界由计算机生成，对现实世界进行再现，用户也可以借助视觉、听觉及触觉等多种传感通道与虚拟世界进行自然的交互。

主要职位有：虚拟仿真开发工程师、虚拟现实工程师。

4．引擎开发工程师

尽管 Unity 可以开发很多手游、网游，但是大多数网游都有自己的游戏引擎。例如，*Dota2* 采用的是起源引擎（Source Engine）；*CSGO* 采用的是 L4D2 的引擎。单机游戏也通常使用自己的引擎。例如，战地系列游戏使用的就是寒霜引擎，这些引擎的开发与维护都需要大量的精英人才。引擎开发师在编程、数学、3D 等方面都要求比较高，是一个高水平、高工资的职位。

主要职位有：游戏算法工程师、游戏引擎工程师、游戏客户端主程序员。

1.2　Unity 配置与运行

在开始 Unity 的创意之旅之前，确保当前工作环境已经正确配置并准备好运行 Unity 编辑器是至关重要的一步。

本节将介绍 Unity 的配置和运行。首先，介绍 Unity 不同版本的优缺点以及每个版本迭代中增加的功能。其次，介绍 Unity Hub 的安装，Unity Hub 是 Unity 的版本管理中心软件，可以用来安装 Unity，以及申请许可证。最后，详细介绍如何安装 Unity Hub、用 Unity Hub 安装 Unity 以及如何用 Unity Hub 申请许可证。

1.2.1　Unity 版本介绍

Unity 版本更新很快，下面介绍 Unity 主要版本的更新，以及版本更新带来的强大功能。

1．Unity 5.x 版本

Unity 5.x 版本对资源管理进行了规范化，统一了组件的获取方法，并吸纳了 NGUI 开发团队，整合了 UGUI。这一版本不仅提升了软件的启动速度，还优化了资源管理。因此，Unity 5.x 成了众多开发者选择用于开发 3D 项目的版本。事实上，这个系列的版本在全球 Unity 用户中的占比超过了 50%，是使用最多的版本，尤其是在那些利用 Unity 进行项目开发的公司中。

1）Unity 5.x 版本的优点

（1）稳定的编辑器版本，不会出现莫名其妙的 Bug，使用流畅，打包稳定。

（2）整合 NGUI 和 UGUI，UI 系统强大且完善，大量 UI 教程基于这个版本。

（3）资源管理更加合理，统一了获取组件的方式。

（4）拥有大量的插件，兼容性比较好。

（5）支持 VR/AR 开发，功能强大。

2）Unity 5.x 版本的主要更新

（1）规范化了资源管理：统一了所有组件的获取方式，可直接使用，现在全部要使用 Getcomponent 的形式进行获取。

（2）整合 UGUI：收编了 NGUI 的开发团队，开始整合 NGUI 和 UGUI，使 UI 系统更加强大。

（3）移除了内置资源包：移除了内置资源包，安装包更加精简，用户可以根据实际需求自行安装资源包。

（4）优化启动速度：优化了软件启动速度。

（5）对 JSON 的解析：内置了对 JSON 的解析。

（6）新的压缩方式：之前 Unity 压缩采取 ZIP 形式，压缩率高，但是解压缩耗费时间比较长，所以采用新的压缩方式 LZ4 压缩，压缩率不高，但是解压缩时间加快。

（7）固定更新日期：以 1 周或者 2 周为周期进行更新发布。

2．Unity 2017.x 版本

Unity 2017.x 版本使用了全新的年份命名版本方式；加入了游戏视频创作工具 Timeline，创作游戏视频更加轻松；对光照烘焙的优化，让场景的灯光效果更加真实，占用资源更少；加入了对混合现实（XR）平台的支持，内置 Vuforia；加入了 NavMesh 可视化调试工具，可以查看 NavMeshBuilder 过程所生成的调试工具；加入了 Sprite Atlas（精灵图集），用于替换现有的 Sprite Packer，让制作图集（Atlas）的过程更加便利和高效。与 Unity 5.x 版本相比，增加了很多强大的功能，优化了光照烘焙对资源的占用。

1）Unity 2017.x 版本的优点

（1）增加了很多强大功能，如 Timeline，创作游戏视频更加轻松，也可以使用 Recorder 插件直接导出视频。

（2）改进了场景灯光效果，占用的资源更小，但是效果更好。

（3）改进了 Progressive Lightmapper 渐进光照贴图，增加了对 LOD 的烘焙。

（4）改进了粒子系统，可以增加数据模块标签。

2）Unity 2017.x 版本的缺点

Unity 2017.x 版本增加了太多功能，导致会出现很多莫名其妙的 Bug，在稳定性上不如 Unity 5.x 版本。

3）Unity 2017.x 版本的主要更新

（1）新的版本命名方式：Unity 2017.x 开启了全新以年份命名的版本发布方式，发布版本分为 Unity TECH 技术前瞻版本和 Unity LTS 稳定支持版本。Unity TECH 版本每年有三次更新，会带来最新的功能与特性。Unity LTS 版本从 Unity TECH 版本每年最后一个版本开始发布，也就是 Unity 2017.1、Unity 2017.2、Unity 2017.3 为 TECH 版本，Unity 2017.4 为 LTS 版。

（2）发布了 Timeline、Cinemachine、Post-processing 等一系列强大工具：Timeline 是一款强大的可视化新工具，用于动画片段剪辑、游戏视频创作。Cinemachine 是高级相机系统，开发者可以像电影导演一样，在 Unity 中合成镜头，无须编写任何代码，即可进入程序化摄影时代。Post-processing 是滤镜工具，可以很方便地为场景应用各种逼真滤镜，使用电影工业级技术、控件和颜色空间格式来创造高质量的视觉效果，让画面更生动、更逼真。

（3）Progressive Lightmapper 渐进光照贴图：改进了 Progressive Lightmapper 中对 LOD 烘焙的支持，LOD 也可以使用光照烘焙了。

（4）对混合显示（XR）平台的支持：加入了对主流 AR 平台的支持，优化了 VR 的开发流程，提升了 VR 性能。内置 Vuforia，增加了对 macOS 的 OpenVR 的支持，增加了对 Google ARCore 的支持以及对 Apple ARKit 的支持。

（5）增加 NavMesh 可视化调试工具：NavMesh 可视化实时调试工具可以查看导航网格在构建过程中所生成的调试数据，可以在编辑器中使用 NavMeshEditorHelpers.DrawBuildDebug 进行收集和可视化操作。

（6）改进粒子系统：增加可编辑自定义数据模块标签。

（7）定义程序集文件：可以使用 Assembly Definition File 特性，在一个文件夹中自定义托管程序集，确保脚本被更改后，只会生成需要重新生成的程序集，减少编译时间。

（8）更新 Crunch 纹理压缩库：首先将压缩的纹理解压成 DXT 格式，然后运行时发送给 GPU，节省磁盘空间，具有更快的解压速度，在分发纹理时更加高效。这个压缩格式的主要缺点是压缩时间很长。

（9）提供全新的 2D 开发工具：提供了一整套 2D 开发工具，可提高 2D 创作者的开发速度和开发效率，工具包括快速创建和迭代的 Tilemap 功能，以及智能自动化构图和追踪的 Cinemachine 2D 工具。

（10）提供全景视频功能：更新了针对全景 360°/180° 和 2D/3D 视频效果的功能，开发者可以轻松地向 Unity 导入 2D 或 3D 视频，并在天空盒中进行播放，创造 360° 视频体验。

（11）引入 Playable 调度：允许在实际播放前预获取数据。

（12）更新 Sprite Atlas（精灵图集）：用于替换现有的 Sprite Packer，让制作图集的过程更加简便和高效，如 Sprite Mask（精灵遮罩）用于显示一个或一组 Sprite 的部分区域，这个功能非常实用。

3．Unity 2018.x 版本

Unity 2018.x 版本在灯光渲染和效果展示上有了很大提升，增加了 HDRP（高清渲染管线），让场景效果大幅提升，带来了高清图形渲染，高清渲染管线就是为了满足对高画质的需求而诞生的。高清渲染管线大大提升了画质，但是随之而来的也是对性能的极大需求，于是 Unity 也推出了 C# Job System（高性能多线程系统），重构 Unity 的核心基础，使 Unity 项目可以高效地使用多线程处理器。该版本主要有以下更新。

（1）增加 HDRP（高清渲染管线）。

（2）增加 Scriptable Render Pipeline（可编程脚本渲染管线）：可以在 Unity 中通过 C# 脚本进行渲染的配置和执行渲染的方式。

（3）增加 Shader Graph（着色器可视化编程工具）：可以通过可视化的方式来创建 Shader Graph 所需的着色器，无须手动编写着色器代码，只需连接各种节点创建节点网络即可。界面如图 1-11 所示。

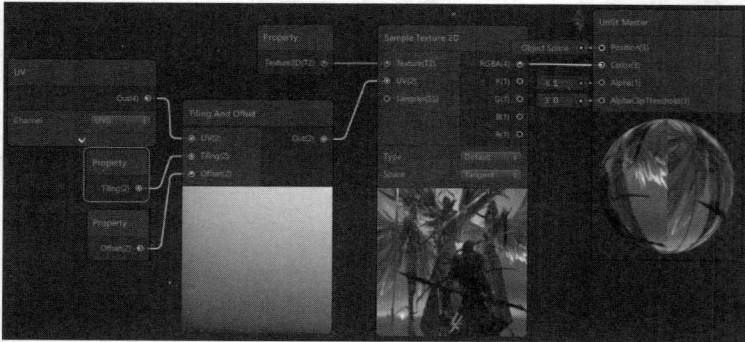

图 1-11　着色器可视化编程工具 Shader Graph

（4）C# Job System（高性能多线程系统）：重构 Unity 的核心基础，项目可以更加方便地使用多线程处理器。C# Job System 提供了一个沙盒环境，能够在该环境中编写并行代码，有了高性能多线程系统，开发者不仅可以在更多的硬件上运行自己的游戏，还能使用更多的单位和更复杂的模拟效果来创建更丰富的游戏世界。

（5）增加 ECS（实体组件系统）：ECS 是 Unity 中一种新的架构模式，用来取代 GameObject/Component 模式。这个模式遵循组合优于继承原则，游戏内的每一个单元都是实体，每个实体又由一个或多个组

件构成，每个组件仅仅包含代表其特性的数据，然后系统是处理实体集合的工具。ECS 比 GameObject/Component 模式更容易处理大量物体，特点是面向数据的设计，很容易并行高速处理，与 C# Job System 一起工作。

（6）放弃对 MonoDevelop-Unity 的支持：意味着 Visual Studio 是 macOS 和 Windows 系统上 Unity 推荐和支持的 C#编辑器。

4．Unity 6.0.x 版本

Unity 6.0.x 版本也显示为 Unity 6000，Unity 官方在 2024 年 6 月 18 日首次发布 Unity 6000.0.0 版本。这个版本带来了诸多功能，在性能优化、用户体验等方面进行了大幅度提升。该版本主要有以下更新。

（1）Build Profiles：Build Profiles 是 Unity 6 中引入的一个新特性，它允许开发者根据不同的目标平台或发布需求创建和定制构建配置。这表示开发者可以根据游戏或应用的特定需求，轻松地选择和优化一系列设置，这些设置包括渲染路径、压缩选项、脚本后端等。这不仅能提高构建过程的效率，还能确保最终的游戏或应用在各种设备上都能获得最佳的性能和兼容性。通过 Build Profiles，开发者可以在 Unity 编辑器中创建一个配置文件，然后将其导出，以便在团队之间共享或在 CI/CD 管道中使用。

（2）Web Runtimes：随着移动设备和网络技术的快速发展，将移动游戏推向更广泛的受众变得越来越重要。Unity 6 通过支持 Web Runtimes 来实现这一目标，使开发者能够将游戏部署到网页上，从而吸引更多的潜在玩家。这种方式的优点是无须安装额外的应用或游戏客户端，只需要一个浏览器就能享受游戏。Unity 团队正在与主流浏览器厂商合作，确保 Unity Web Runtimes 能在各种设备上流畅运行，为玩家提供一致的游戏体验。

（3）Microsoft GDK Packages：Unity 与微软的合作日益加深，这次在 Unity 6 中引入了 Microsoft GDK（Game Development Kit）Packages。这些包为 Unity 开发者提供了对微软游戏开发工具和服务的直接访问，包括 Xbox 控制台支持、DirectX 12 渲染，以及 Windows 10 和 Windows 11 的特定功能。这意味着 Unity 开发者现在能够更轻松地将其游戏或应用部署到 Xbox 等平台上，并利用微软的技术和服务来提升游戏的质量和用户体验。

（4）Dedicated Server package：为了支持多人在线游戏和其他需要服务器端的应用，Unity 6 提供了一个专用服务器包。这个包为开发者提供了构建、部署和管理游戏服务器的工具。通过这个包，开发者可以在一个项目中编写游戏的服务器端逻辑与客户端逻辑，从而实现更好的游戏性能和用户体验。此外，专用服务器包还支持各种网络协议和扩展性选项，使开发者能够根据需要定制和优化其游戏服务器。

（5）XR：支持随着虚拟现实（VR）和增强现实（AR）技术的不断发展，Unity 6 对 XR（扩展现实）的支持也进一步加强。此次更新提供了更多针对 XR 设备的优化和特性，包括更好的性能、更高的渲染质量以及对各种 XR 硬件的更广泛支持。这意味着开发者可以使用 Unity 6 创建更加丰富和沉浸式的 XR 体验，吸引更多的用户进入这个全新的交互世界。

（6）WebGPU：WebGPU 是一种用于在 Web 上实现高效图形渲染的新技术。Unity 6 提供了对 WebGPU 后端的早期访问，使开发者能够利用这种新技术来优化其 WebGL 项目的性能。WebGPU 允许开发者直接访问 GPU 的功能，从而实现更高效的图形渲染和更好的用户体验。尽管目前还处于早期访问阶段，但这一更新无疑预示着未来 WebGL 项目在性能和功能上的巨大潜力。

（7）基于 Arm 架构的 Unity 编辑器：随着基于 Arm 架构的 Windows 设备的日益普及，Unity 6 增加了对这类设备的编辑器支持。这意味着使用基于 Arm 架构的 Windows 设备的开发者现在可以在本地运行和测试他们的游戏或应用，而无须依赖模拟器或虚拟机。这不仅提高了开发效率，还可确保

游戏的兼容性和性能在各种设备上都能得到验证。

Unity 6 预览版的发布标志着游戏开发领域的一次重要进步。通过引入 Build Profiles、扩展移动游戏受众、深化与微软的合作、提供专用服务器包、加强 XR 支持以及提供 WebGPU 后端和 Arm 设备支持等功能和改进，Unity 再次证明了其在游戏开发领域的领先地位。这些新功能和改进将帮助开发者创建更加出色、更加吸引人的游戏和应用，进一步推动游戏和 3D 内容创造产业的发展。

1.2.2 推荐使用的 Unity 版本

通过对前面版本的介绍可以了解到，Unity 5.x 版本是最稳定的版本，也是支持插件最多的版本。

Unity 2017.x 版本整体来说加入了很多强大的功能，提高了灯光渲染效果，支持 XR 平台，使该版本可以创作更加丰富的内容，很多项目也使用这个版本，但是前几个版本不太稳定，会出现奇怪的 Bug，故推荐使用 Unity 2017.4 以后的稳定版本。

Unity 2018.x 版本加入了 HDRP、C# Job System 和 ECS，让该版本的渲染效果、性能较之前版本都有较大的提升。

Unity 2021.x 版本优化了渲染通道、HDPR 高清晰渲染管道和 2D 工具，优化了工作流程。推荐学习本书的读者使用 Unity 2021.2.7f1c1 版本，已经熟悉了 Unity 操作的读者，可以尝试使用 Unity 2020 长期稳定支持版本（LTS）。

根据 2024 年 5 月至 2024 年 11 月 UWA 的统计数据显示，Unity 的版本使用率如图 1-12 所示。

2022.3 系列使用率最高，达 45.49%，成为开发者首选。其子版本中，2022.3.12（26.64%）和 2022.3.18（25.58%）普及率最高。

2019.4 系列使用率次之，子版本 2019.4.40 占 66.45%，显示该版本在长期维护项目中仍有广泛应用。

2021.3 系列使用率位居第三，子版本 2021.3.9（11.82%）和 2021.3.12（9.89%）较流行。

2020.3 系列使用率较低，但子版本 2020.3.48（21.7%）在特定场景中仍有使用。

新手入门尽量还是选择高版本的、长期稳定版的 Unity 版本。

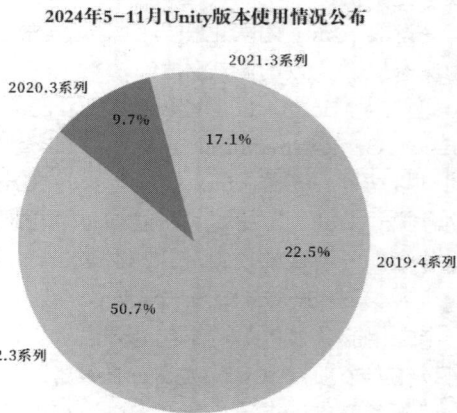

图 1-12　Unity 版本使用情况分布

本书的所有案例、源代码都基于 Unity 2022.3.57f1c2 版本，推荐学习本书的读者使用 Unity 2022.3.57f1c2 版本，入门并且熟悉了 Unity 操作的读者，可以尝试使用 Unity 2022 长期稳定支持版（LTS）。

1.2.3 Unity Hub 的下载与安装

Unity Hub 是 Unity 的版本管理中心，开发者可以使用 Unity Hub 下载 Unity，也可以使用 Unity Hub 来管理项目。接下来介绍下载和安装 Unity Hub 的过程。

1. Unity Hub 的下载

（1）登录 Unity 的官网 https://unity.cn/，如图 1-13 所示（页面内容会根据官网的更新而改变，下载安装界面也可能会随着版本的更新而有所改变）。

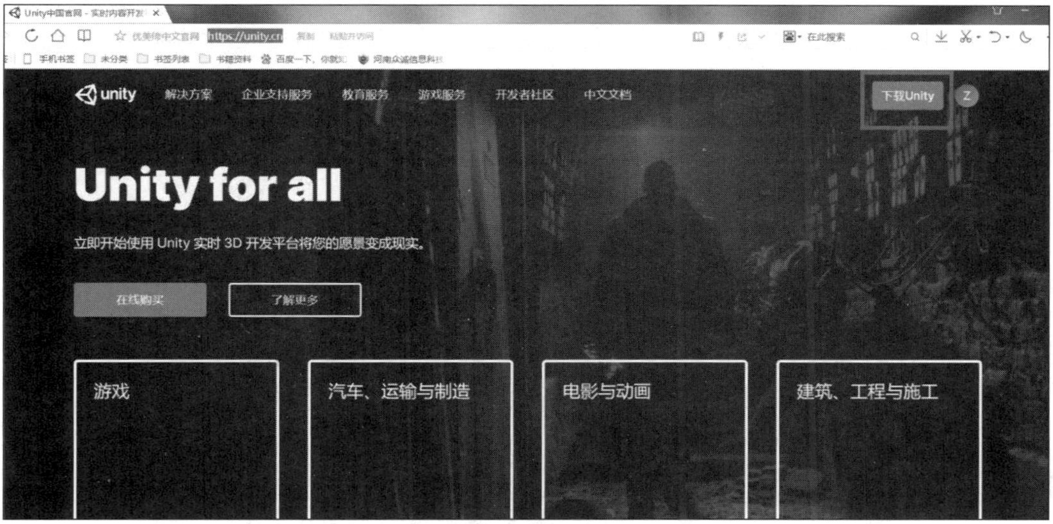

图 1-13　Unity 官网主页

（2）进入 Unity 官网之后，单击"下载 Unity"按钮，进入 Unity 下载界面，如图 1-14 所示。

（3）选择 Unity 2022.3.57f1c2 版本，单击"从 Unity Hub 下载"按钮，此时弹出下载界面，这里是让我们选择下载 Unity Hub，选择保存文件的路径，单击"下载"按钮，如图 1-15 所示。

图 1-14　Unity 下载页面

图 1-15　UnityHubSetup.exe 下载
界面

2．Unity Hub 的安装

（1）文件下载完成之后，双击该文件，如图 1-16 所示。

（2）选择 Unity Hub 的安装位置，如图 1-17 所示。

UnityHubSetup.exe	2020/5/12 13:37	应用程序	52,866 KB

图 1-16　Unity Hub 安装文件 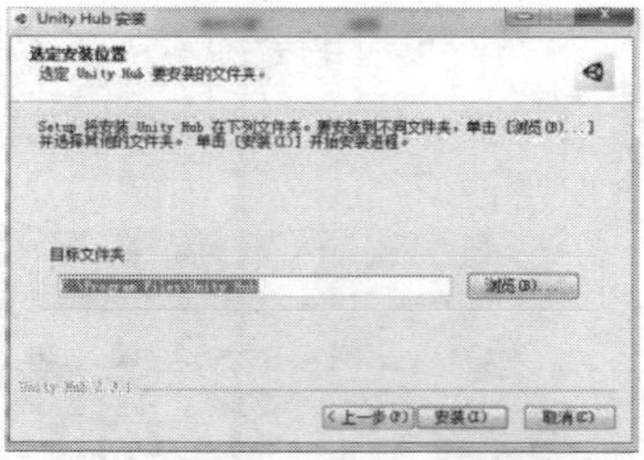　　　　　　　　　　　图 1-17　选择 Unity Hub 的安装位置

（3）安装完成的界面如图 1-18 所示（界面内容会随着版本的更新而有所改变）。

图 1-18　Unity Hub 安装完成的界面

1.2.4　Unity Hub 的授权与激活

（1）首先打开 Unity Hub 主界面，然后单击右上角的"管理许可证"按钮，如图 1-19 所示。

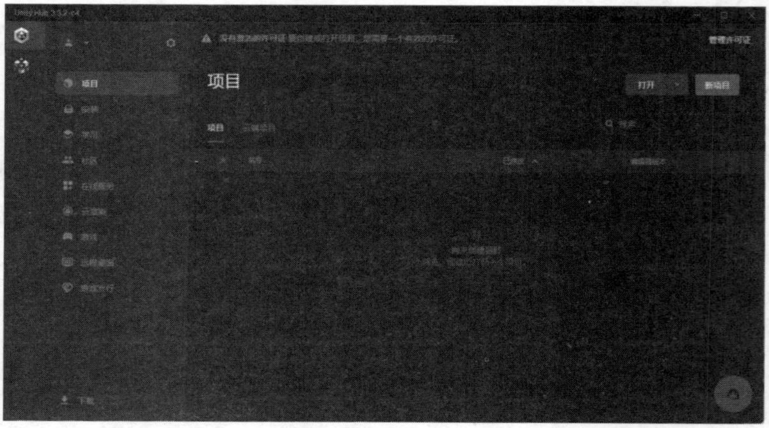

图 1-19　Unity Hub 许可证管理界面

（2）在弹出的窗口中，单击"登录"按钮，登录 Unity Hub，如图 1-20 所示。

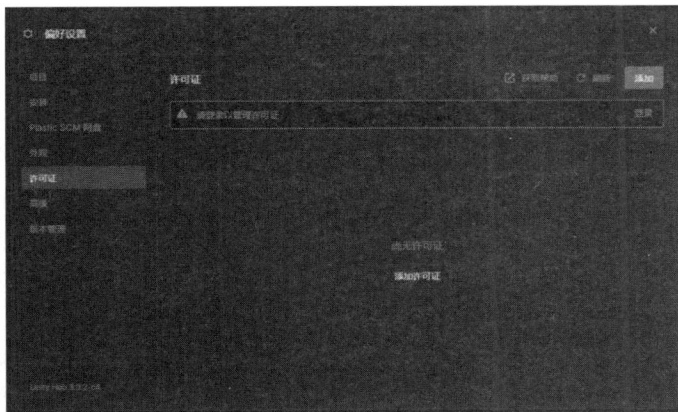

图 1-20　Unity Hub 登录界面 1

（3）输入邮箱和密码，登录 Unity Hub，如图 1-21 所示。

（4）登录完成后，单击"添加许可证"按钮，如图 1-22 所示。

图 1-21　Unity Hub 登录界面 2

图 1-22　Unity Hub 添加许可证

（5）选择"获取免费的个人版许可证"选项，如图 1-23 所示。

（6）激活成功，Unity Hub 个人版的许可证如图 1-24 所示。

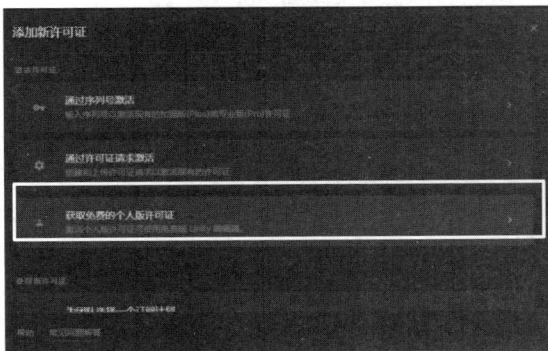

图 1-23　获取免费的个人版许可证

图 1-24　Unity Hub 个人版许可证

1.2.5 Unity 的下载与安装

（1）先单击界面左侧的"安装"按钮，然后单击右上角的"安装编辑器"按钮，如图 1-25 所示。

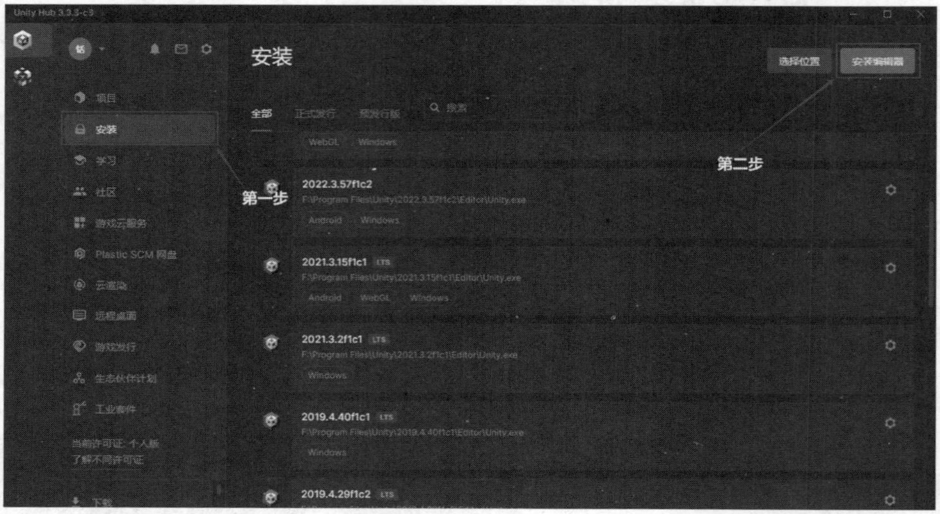

图 1-25 安装 Unity

（2）弹出安装 Unity 编辑器的窗口，通常这个窗口会放置最新的版本，如果这个窗口中没有需要的 Unity 2022.x 版本，则单击"下载存档"链接，如图 1-26 所示。

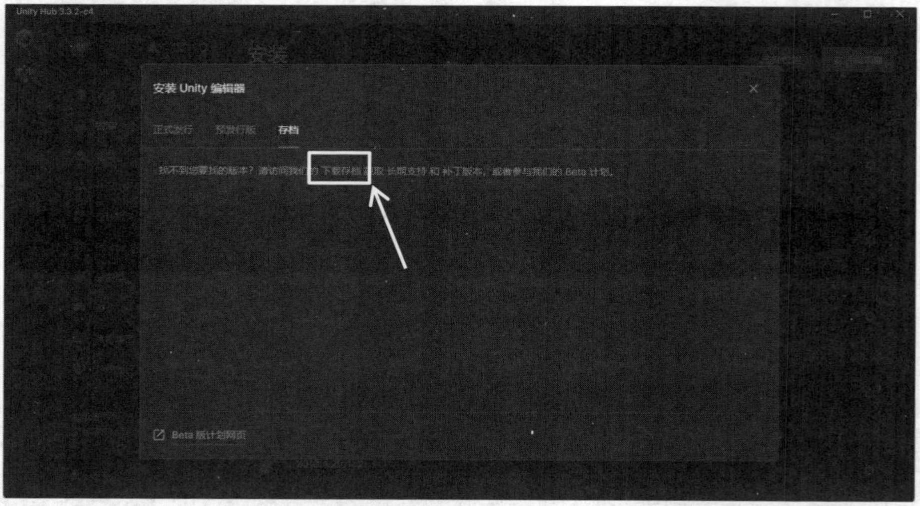

图 1-26 单击"下载存档"链接

（3）选择 Unity 2022.x，然后找到 2022.3.57f1c2，如图 1-27 所示。

（4）选择 2022.3.57f1c2 版本，单击"从 Unity Hub 下载"按钮，然后单击"打开 Unity Hub"按钮，从 Unity Hub 安装，如图 1-28 所示。

图 1-27　选择 2022.3.57f1c2 版本下载

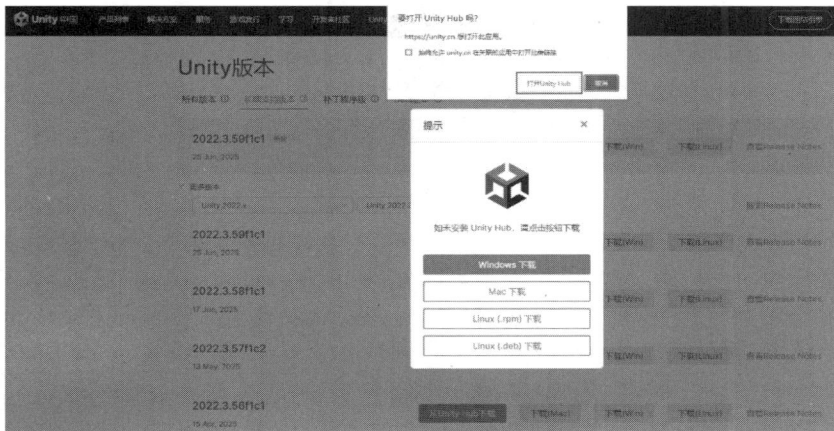

图 1-28　打开 Unity Hub

（5）可以选择需要安装的模块，如图 1-29 所示。

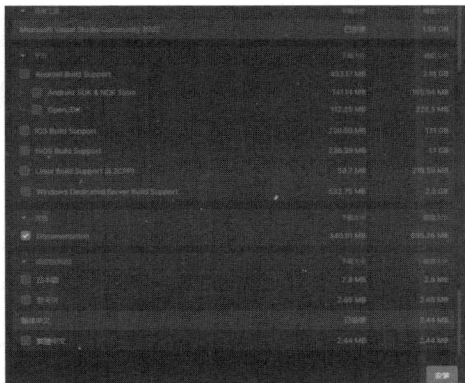

图 1-29　Unity 安装界面

- 开发工具：Microsoft Visual Studio Community 2022 是微软公司推出的开发工具集 IDE Visual Studio，用这个 IDE，开发者可以更方便地编辑代码。
- 平台：如果有 Android 平台的发布需要，可以勾选 Android Build Support 复选框；如果有 iOS 平台的发布需求，可以勾选 Mac Build Support(Mono)复选框，以此类推。
- 文档：Unity 离线文档、用户手册，可帮助开发者了解如何使用 Unity Editor 及其相关服务。
- 语言包（预览）：下载不同的语言包，在 Unity 中设置语言模块。

（6）Unity 安装完成，如图 1-30 所示。

图 1-30　Unity 安装完成界面

（7）Unity 安装完成后，如果想要添加其他模块，只需单击版本右边小齿轮按钮→添加模块，就可以增加其他模块了。

1.2.6　Unity 中文汉化

如果要使用 Unity Hub 下载简体中文语言包，则只需在新建项目后，在 Unity 编辑器中，选择 Edit →Preferences 命令，打开首选项设置界面，如图 1-31 所示。

在首选项设置界面中找到 Languages 语言设置选项，在右边选择简体中文，如图 1-32 所示。

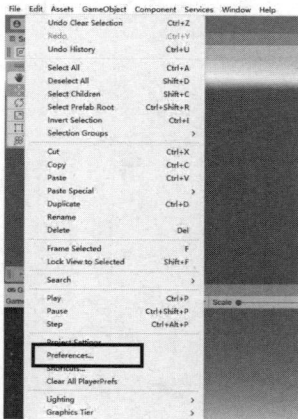

图 1-31　打开首选项设置界面

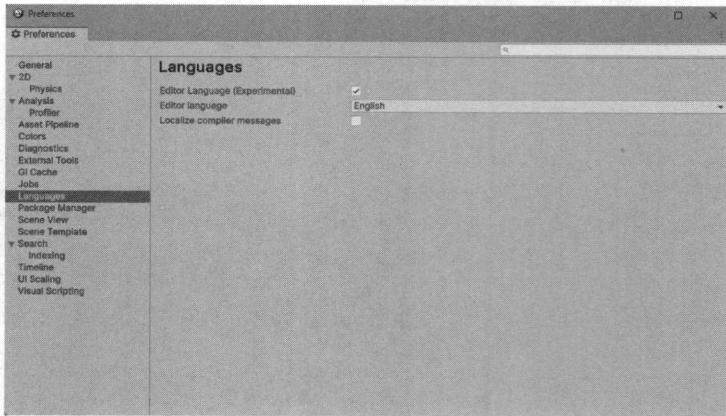

图 1-32　语言设置

设置完成后的界面如图 1-33 所示。

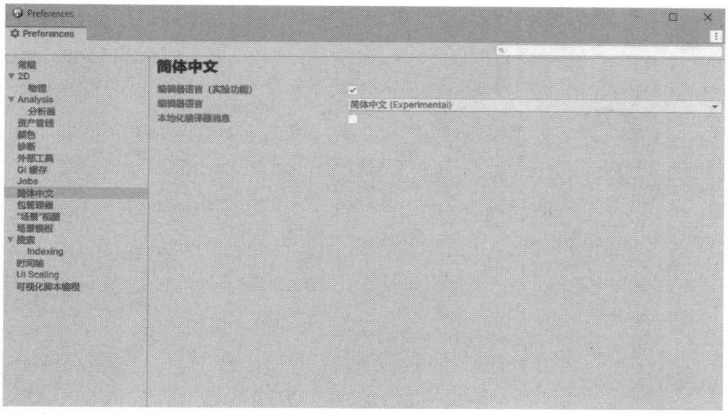

图 1-33 简体中文界面

1.3 运行 Unity 项目

在完成 Unity 的下载和安装之后，本节将重点介绍如何新建、打开及运行 Unity 项目，以及使用 Unity 开发一个 Hello World 程序。

1.3.1 新建 Unity 项目

（1）双击打开 Unity Hub 主界面，单击"新项目"按钮，新建 Unity 项目，如图 1-34 所示。

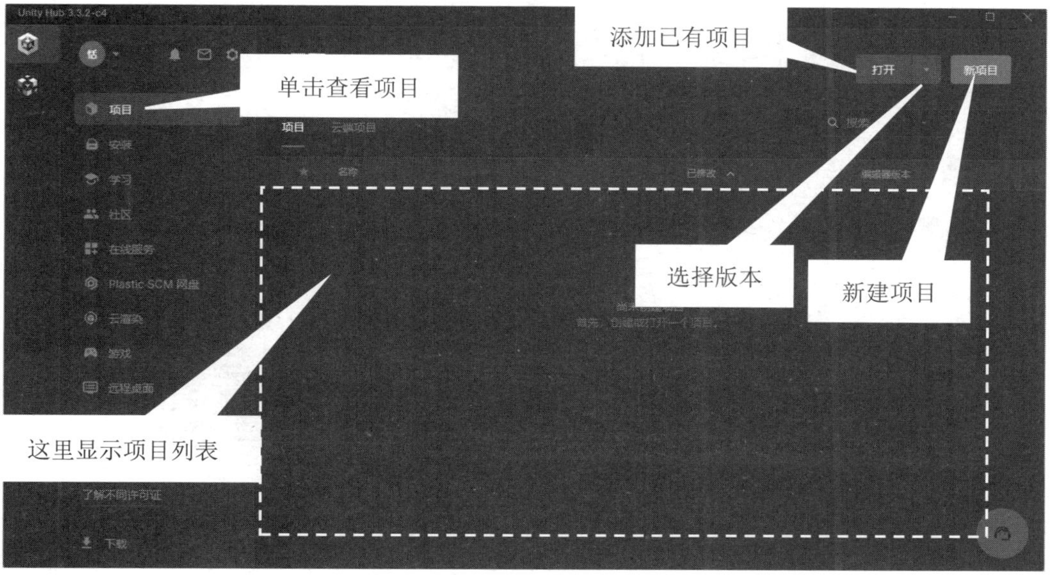

图 1-34 新建 Unity 项目

（2）选择编辑器版本，在下拉列表中选择 2022.3.57f1c2 版本，如图 1-35 所示。

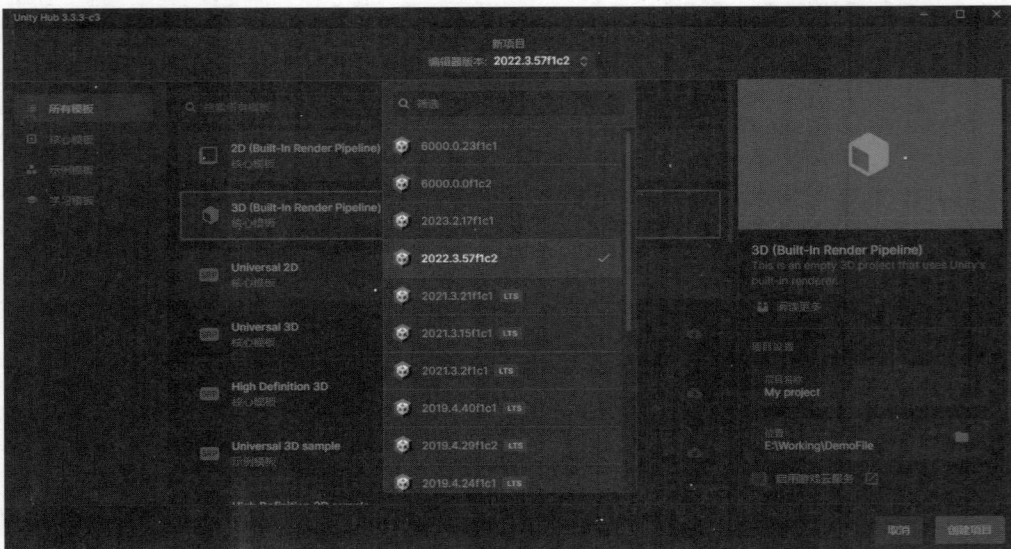

图 1-35　选择 2022.3.57f1c2 版本

（3）选择 Unity 模板，然后设置项目名称、项目位置，再单击"创建项目"按钮，即可创建一个新项目，如图 1-36 所示。

图 1-36　选择 Unity 模板

1.3.2　打开 Unity 项目

在项目列表中可以查看新建的项目和添加的项目，如图 1-37 所示。

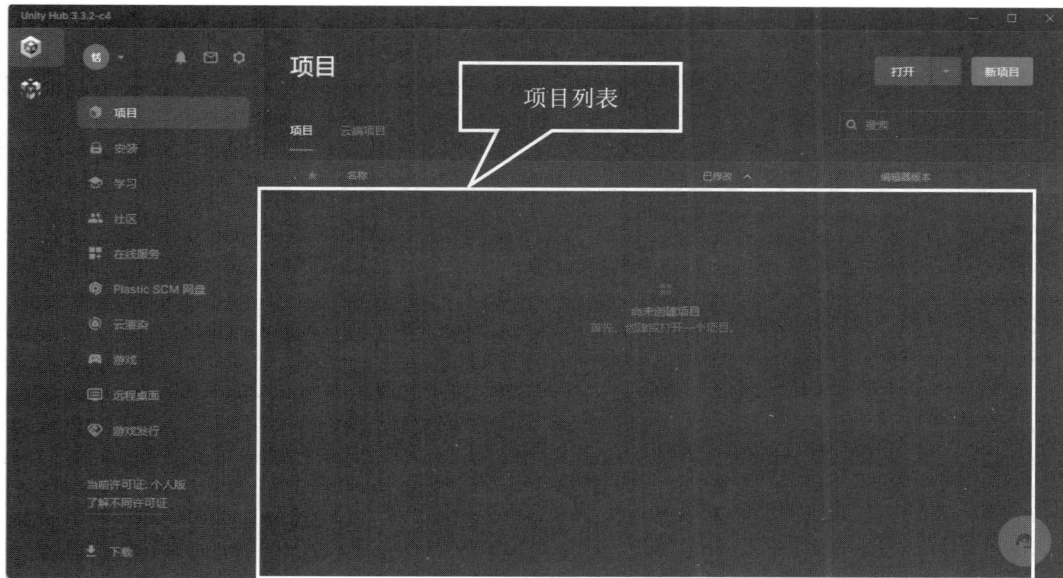

图 1-37　项目列表

打开项目后，弹出 Unity 的主界面，如图 1-38 所示。

图 1-38　Unity 的主界面

1.3.3　运行 Unity 项目

在编辑器的中间位置可以看到三个按钮，从左往右分别是运行、暂停、单步执行，如图 1-39 所示。

直接单击工具栏中的"运行"按钮，即可运行项目，如图 1-40 所示。

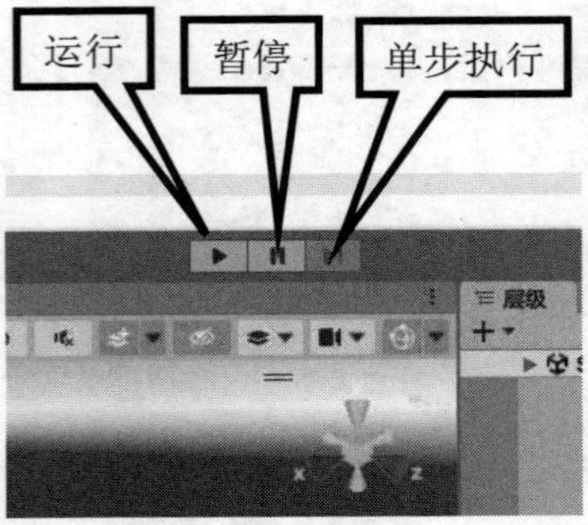

图 1-39　Unity 工具栏

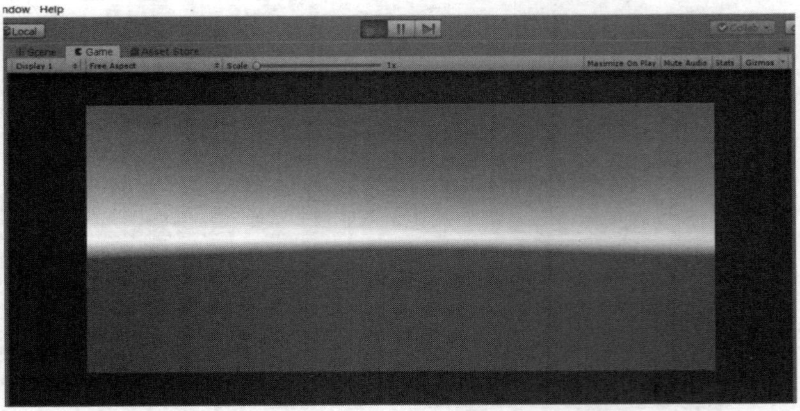

图 1-40　Unity 运行界面

1.3.4　新建 C#脚本

（1）在 Unity 主界面下面的 Project 面板空白处右击，在弹出的快捷菜单中选择 Create→C# Script 命令，新建 C# 脚本，如图 1-41 所示。

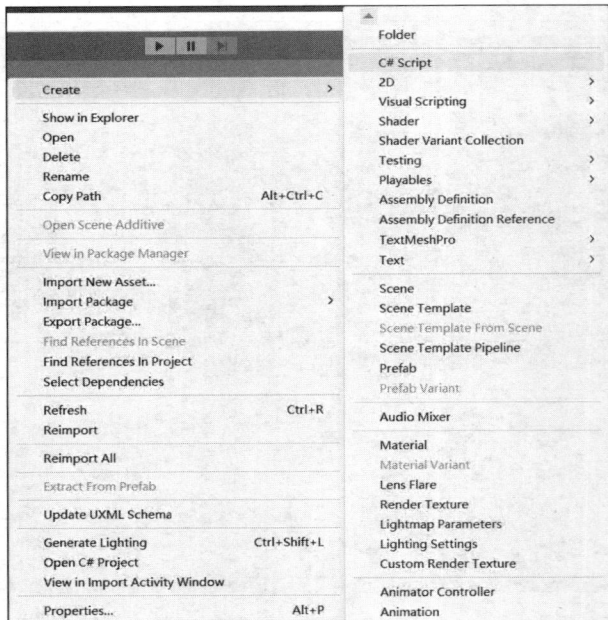

图 1-41　新建 C#脚本

（2）为 C#脚本命名 Test，最好不要输入中文和纯数字，推荐使用英文，如图 1-42 所示。脚本的后缀名是".cs"，表示这是一个脚本文件。

（3）安装完成 Visual Studio 后，双击脚本即可直接打开 Visual Studio，如图 1-43 所示。

图 1-42　新建的 C#脚本

图 1-43　打开 Visual Studio

（4）如果未安装 Visual Studio，可以在 Visual Studio 官方下载安装；如果已经安装完成 Visual Studio，但是无法打开脚本，可以在菜单栏中选择 Edit→Preferences 命令，如图 1-44 所示。

（4）如果未安装 Visual Studio，可以在 Visual Studio 官方下载安装；如果已经安装完成 Visual Studio，但是无法打开脚本，可以在菜单栏中选择 Edit→Preferences 命令，如图 1-44 所示。

（5）在打开的 Preferences 窗口中，选择 External Tools（外部工具），找到 External Script Editor（外部脚本编辑器），然后单击"Browse（查找）"按钮，找到安装好的 Visual Studio 执行文件即可，如图 1-45 所示。

图 1-44　打开 Unity 的首选项设置

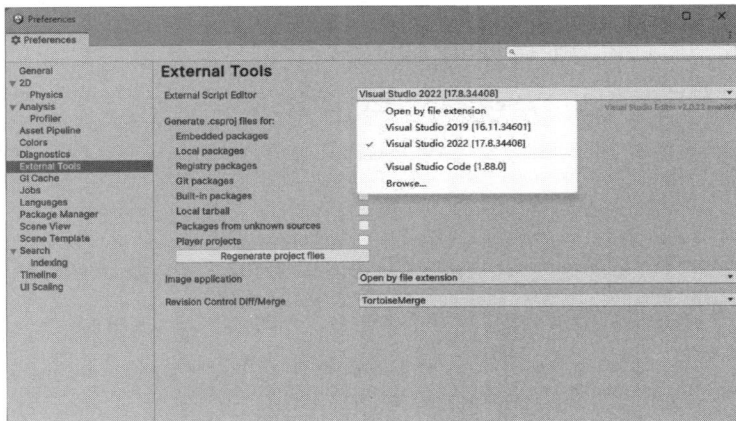

图 1-45　选择外部编辑器

（6）找到 Visual Studio 执行文件，单击"打开"按钮，如图 1-46 所示。

（7）将新建的 Test 脚本挂载在 Hierarchy 视图中的任意对象上，运行程序，即可运行 Test 脚本。

第 1 章 进入 Unity 的世界

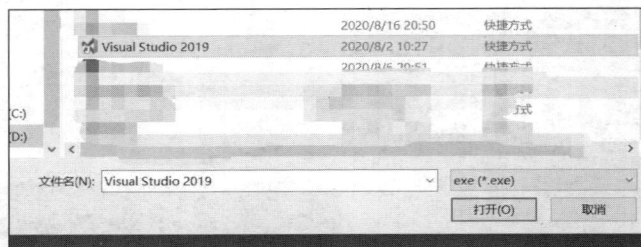

图 1-46　选择 Visual Studio 编辑器

1.3.5　初识 Unity 的 API

在 Unity 中有一些常见的 API，也是 Unity 中的必然事件，相当于 C 语言的 main 函数。这些函数在一定条件下会被自动调用，称为必然事件（Certain Events），Start 和 Update 这两个函数是 Unity 最常用的两个事件，因此新建脚本时 Unity 会自动创建这两个函数。

Unity 中常见的 API 及其用途如表 1-1 所示。

表 1-1　Unity 中常见的 API 及其用途

名　称	触 发 条 件	用　途
Awake	脚本实例化被创建时调用	用于游戏对象的初始化，注意 Awake 的执行早于所有脚本的 Start 函数
Start	Update 函数第一次运行之前调用	用于游戏对象、参数、变量的初始化
Update	每帧调用一次	用于更新游戏场景和状态（和物理状态有关的更新应该放在 FixedUpdate 中）
FixedUpdate	每个固定物理时间间隔（Physics Time Step）调用一次	用于物理状态的更新
LateUpdate	每帧调用一次（在 Update 调用之后）	用于更新游戏场景和状态，和相机有关的更新一般放在这里

1. Awake 函数

Awake 函数在脚本实例化时调用，是最早被执行的函数，早于 Start 函数，常用于游戏对象的初始化。下面介绍 Awake 函数的使用，参考代码 1-1。

代码 1-1　Unity 编辑器 Awake 函数的使用

```
using System.Collections;
using System.Collections.Generic;
using UnityEngine;

public class Test_1_1: MonoBehaviour
{
    private void Awake()
    {
        Debug.Log("Awake : Hello World");
    }

    void Start()
    {
        Debug.Log("Start : Hello World");
    }
}
```

将脚本挂载在 Hierarchy 视图中的任意对象上，运行程序，运行结果如图 1-47 所示。

从运行结果可以看出，Awake 函数先于 Start 函数执行。

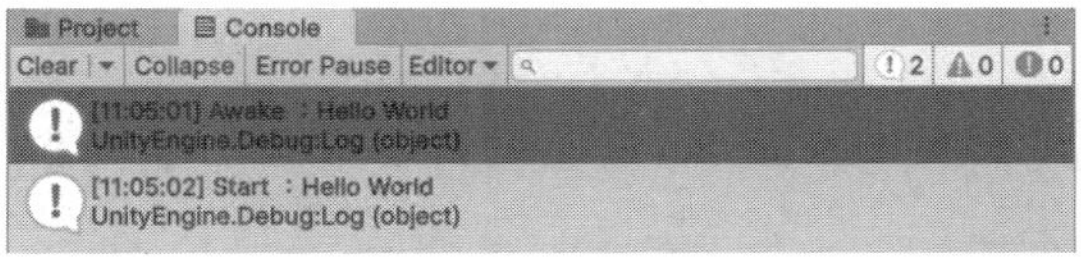

图 1-47　Awake 和 Start 函数的执行顺序

2．Start 函数

Start 函数在脚本被实例化时调用，晚于 Awake 函数，但是先于 Update 函数的第一次运行，常用于游戏对象、参数、变量的初始化。

使用方法见代码 1-1。

3．Update 函数

Update 函数每帧调用一次，用于更新游戏场景和状态（和物理状态有关的更新应该放在 FixedUpdate 函数中），关于 Update、FixedUpdate、LateUpdate 函数的调用顺序可以参考代码 1-2 的运行结果。

代码 1-2　Update、FixedUpdate、LateUpdate 函数的调用顺序

```
using System.Collections;
using System.Collections.Generic;
using UnityEngine;

public class Test_1_2: MonoBehaviour
{
    private void Update()
    {
        Debug.Log("Update Event! ");
    }

    private void FixedUpdate()
    {
        Debug.Log("FixedUpdate Event! ");
    }

    private void LateUpdate()
    {
        Debug.Log("LateUpdate Event! ");
    }
}
```

以上函数的运行结果如图 1-48 所示。

4．FixedUpdate 函数

FixedUpdate 函数会在每个固定物理时间间隔（Physics Time Step）调用一次，用于物理状态的更新。具体用法将在后面的篇幅中详细说明。其执行顺序查看图 1-48 所示的结果。

5．LateUpdate 函数

LateUpdate 函数会每帧调用一次（在 Update 函数调用之后），用于更新游戏场景和状态，和相机有关的更新一般放在这里。具体用法将在后面的篇幅中详细说明。执行顺序查看图 1-48 所示的结果。

图 1-48　FixedUpdate、Update、LateUpdate 函数的运行结果

1.3.6　课后习题

理解 Awake、Start 函数的调用顺序，并分别使用 Awake、Start 函数按照顺序执行打印"你好""世界"两个名词，示例图如图 1-49 所示。

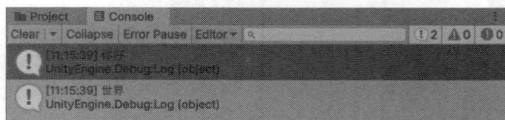

图 1-49　示例图

1.4　Unity 编辑器简介

上一节介绍了如何新建、打开及运行 Unity 项目，接下来将介绍 Unity 编辑器的界面布局。

Unity 编辑器的界面布局直观明了，开放式的布局设计，让开发者可以自由地分配面板，找到属于自己的风格。

1.4.1　窗口布局

Unity 编辑器的主界面由菜单栏、工具栏以及常用的视图等组成，如图 1-50 所示。

1. 视图窗口

如图 1-50 所示，Unity 编辑器主界面由若干个选项卡窗口组成，这些窗口统称为视图。每个视图都有自己特定的功能。

2. 软件内置界面布局功能

Unity 编辑器的视图窗口都是可以自由摆放的。Unity 内置了几套摆放布局，单击菜单栏最右边的 Layout 按钮，弹出下拉菜单，如图 1-51 所示。

下面介绍 5 种内置的窗口布局方式。

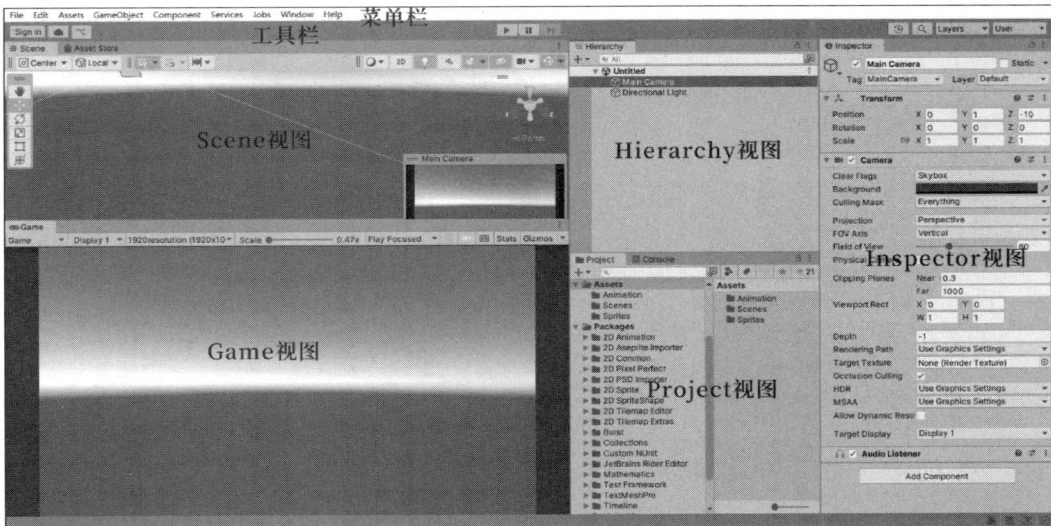

图 1-50　Unity 编辑器主界面

（1）"2 by 3"窗口布局方式：这种布局方式下，Scene 视图和 Game 视图直接占据了编辑器的整个左半部分空间，这样排列的优点是在 Scene 视图中调整物体之后，可以在 Game 视图中直接看到效果，方便调试，布局效果如图 1-52 所示。

（2）"4 Split"窗口布局方式：这种布局方式下，添加了 4 个不同坐标参照轴的 Scene 视图，分为侧视图、俯视图、正视图和正常视图，可以在不同的角度观察场景和对象的效果，适合在修改模型坐标相对位置时使用，布局效果如图 1-53 所示。

图 1-51　Unity 内容界面布局

图 1-52　"2 by 3"窗口布局方式

图 1-53　"4 Split"窗口布局方式

（3）Default 窗口布局方式：这种布局方式下，Hierarchy 视图在左边，Inspector 视图在右边，Game 视图和 Scene 视图在中间，Project 视图在下边。Default 方式是 Unity 官方比较推荐的布局方式，它的优点是，资源调用方便，对象资源可以方便地在 Project 视图中找到，然后放入场景中；在 Scene 视图中选中物体后，可以在旁边的 Inspector 视图中显示这个物体的属性，方便修改与调试，布局界面如图 1-54 所示。

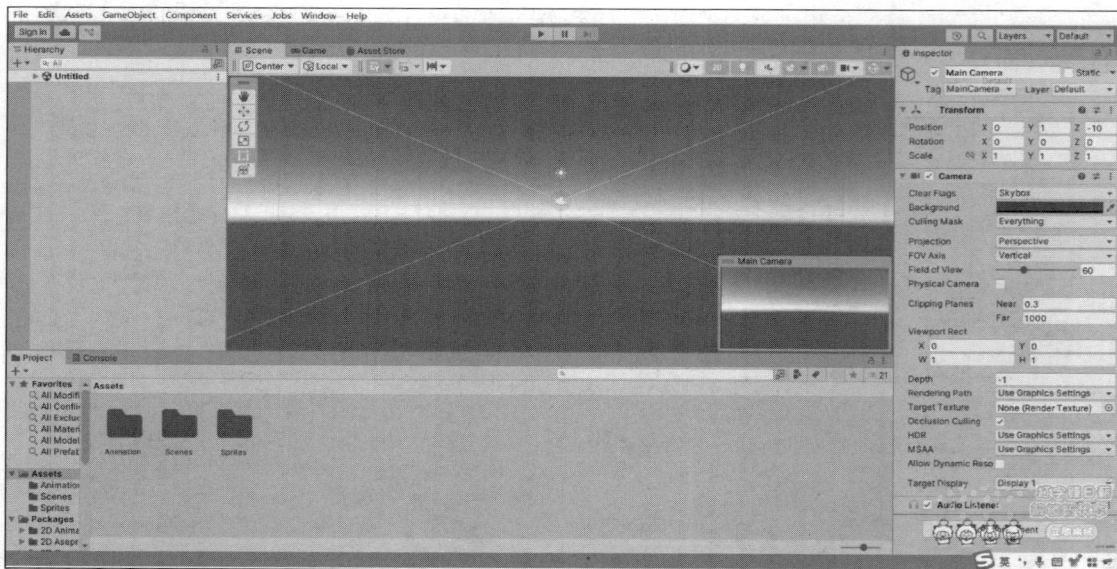

图 1-54　Default 窗口布局方式

（4）Tall（高屏）窗口布局方式：这种布局方式主要是为了适配高屏显示屏的效果，布局方式上下拉长，在高屏显示器上可以显示更多的内容，不会显得布局太窄，布局界面如图 1-55 所示。

图 1-55　Tall（高屏）窗口布局方式

（5）Wide（宽屏）窗口布局方式：这种布局方式是为了适配宽屏显示屏的效果，布局方式左右拉长，在宽屏显示器上显示效果更好，布局更合理，布局界面如图 1-56 所示。

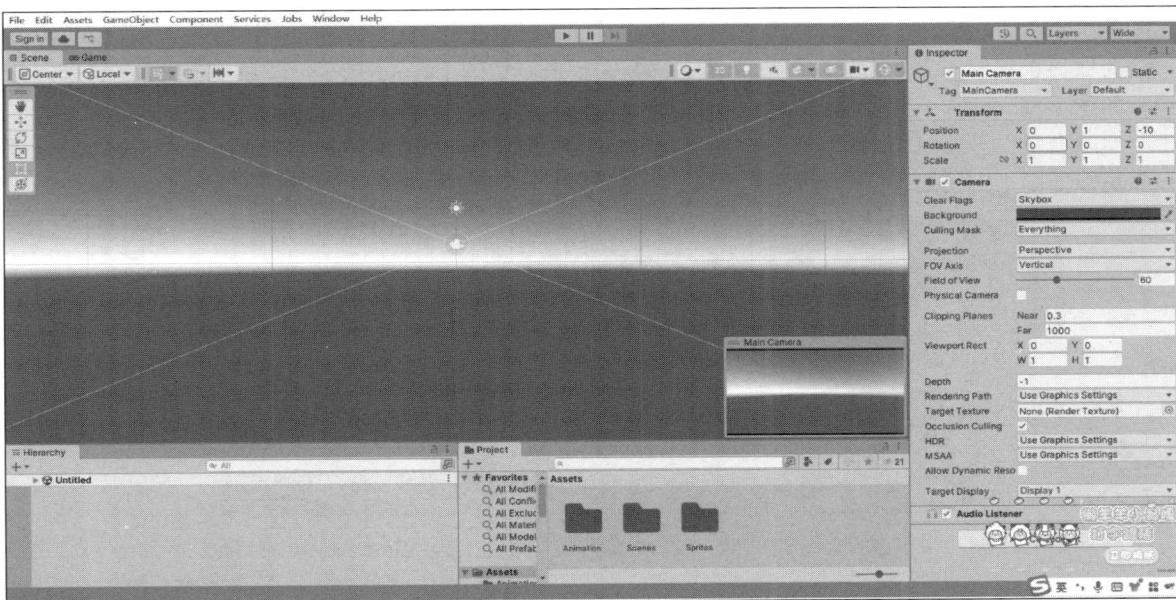

图 1-56　Wide（宽屏）窗口布局方式

3．自定义窗口布局

Unity 编辑器具有很高的自由度和界面定制功能，开发者既可以根据自身的喜好和工作需要定制所需的界面，也可以通过拖动的方式将窗口停靠到任意视图的旁边。

依据上面所说的操作，首先切换到"2 by 3"窗口布局方式，然后将 Project 视图拖到 Hierarchy 视图的下面，如图 1-57 所示。

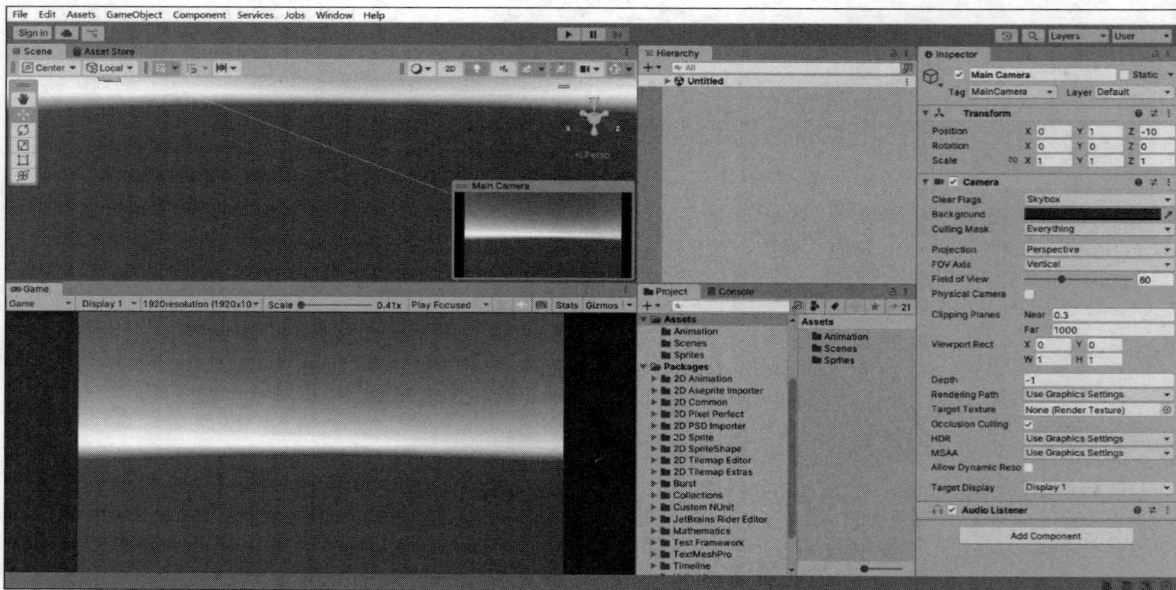

图 1-57　自定义 Unity 编辑器界面

要保存设置好的界面布局，可以先单击工具面板最右边的 Layout 按钮，然后单击 Save Layout 按钮，如图 1-58 所示。

此时会弹出 Save Layout 对话框，在该对话框中输入自定义的布局名称，然后单击 Save 按钮来保存布局，如图 1-59 所示。

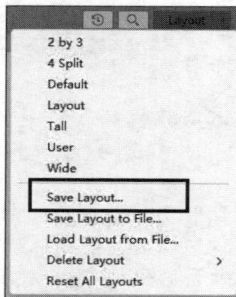

图 1-58　保存界面布局

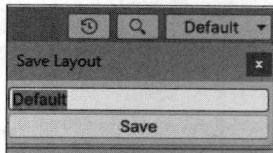

图 1-59　Save Layout 对话框

1.4.2　菜单栏

菜单栏集成了 Unity 的所有功能，通过菜单栏，开发者可以对 Unity 的各项功能有个直观而清晰的了解。Unity 默认有 7 个菜单项，分别是 File、Edit、Assets、GameObject、Component、Window 和 Help，如图 1-60 所示。

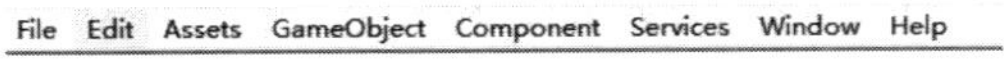

图 1-60　Unity 菜单栏

接下来介绍菜单栏中的各个菜单项。

1．File（文件）菜单

File（文件）菜单包含新建、打开场景以及项目工程，打包发布程序，退出编辑器等功能，如图 1-61 所示。

- New Scene（新建场景）：创建一个新的场景。
- Open Scene（打开场景）：打开一个已经保存的场景。
- Save（保存）：保存一个正在编辑的场景。
- Save As…（将场景另存为）：把正在编辑的场景另存一个场景。
- New Project…（新建项目）：创建一个新的项目工程。
- Open Project…（打开项目）：打开一个已经保存的项目工程。
- Save Project（保存项目）：保存一个正在编辑的项目工程。
- Build Settings…（发布设置）：设置发布程序的平台及参数。
- Build And Run（发布并运行）：发布并运行打包的程序。
- Exit（退出）：退出编辑器。

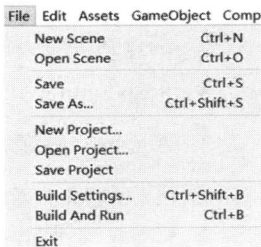

图 1-61　File 菜单

2．Edit（编辑）菜单

Edit（编辑）菜单包含撤销、复制、粘贴、查找对象、首选项设置、运行项目、暂停项目、单步执行项目以及项目设置等功能，如图 1-62 所示。

- Undo（撤销）：回到上一步的操作。
- Redo（取消撤销）：使用该功能可以返回上一步的撤销。
- Cut（剪切）：选择某个对象剪切。
- Copy（复制）：选择某个对象复制。
- Paste（粘贴）：复制或者剪切后，可以把该对象粘贴到其他位置。
- Duplicate（复制）：复制选中的物体。
- Delete（删除）：删除选中的对象。
- Frame Selected（聚焦选择）：选中一个物体后，使用此功能可以把视角移动到这个选中的物体上。
- Lock View to Selected（锁定视角到所选）：选中一个物体后，使用此功能可以把视角移动到该物体上，视角会跟随所选对象的移动而移动。

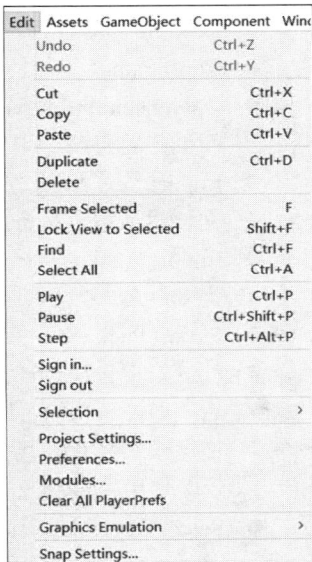

图 1-62　Edit 菜单

- Find（查找）：可以在资源搜索栏中输入对象名称来找到对象。
- Select All（全选）：选中场景中所有的对象。
- Play（运行）：单击可以运行的项目。
- Pause（暂停）：单击可以暂停运行的项目。
- Step（逐步运行）：可以一帧一帧的方式运行游戏，每单击一次，运行一帧。
- Sign in...（登录）：登录 Unity。
- Sign out（注销）：注销。
- Selection（所选对象）：保存所选对象或者载入保存的所选对象。
- Project Settings...（项目设置）：设置项目的输入、音频、计时器等属性。
- Preferences...（首选项设置）：设置 Unity 的外观、脚本编辑工具、SDK 路径等。
- Modules...（模块设置）：查看 Unity 各模块及其版本。
- Clear All PlayerPrefs（清理所有存档）：清理所有本地持久化数据。
- Graphics Emulation（图形处理模拟器）：可以针对不同的图形处理 API 或者设备进行最终效果的模拟。
- Snap Settings...（捕捉设置）：可以编辑场景中移动、旋转和缩放对象的数值。

3. Assets（资源）菜单

Assets（资源）菜单提供了对游戏资源进行管理的功能，如图 1-63 所示。

- Create（创建）：创建各种资源。
- Show in Explorer（打开资源所在文件目录）：打开资源所在的文件目录。
- Open（打开）：选择某个资源后，根据资源类型打开文件。
- Delete（删除）：删除某个资源。
- Rename（重命名）：给资源重命名。
- Copy Path（复制目录）：复制资源的目录路径信息。
- Open Scene Additive：将选中的场景打开并叠加多个场景，从而创建更复杂、更丰富的游戏世界。
- Import New Asset…（导入新的资源）：通过当前操作系统的文件对话框选择资源并导入。
- Import Package…（导入包）：导入包资源，包的后缀为.unitypackage。
- Export Package…（导出包）：将所选资源打包成一个包文件。
- Find Referneces In Scene（在场景中找到资源）：选择某个资源后，通过该功能可以在游戏场景中定位到使用该资源的对象。使用该功能后，场景中没有使用该资源的对象会以黑白色显示，使用了该资源的对象会以正常的方式显示。
- Select Dependencies（选择依赖资源）：选择某个资源后，通过该功能可以显示该资源所用到的其他资源，如模型资源还依赖贴图资源和脚本等。
- Refresh（刷新资源列表）：对整个资源列表进行刷新。

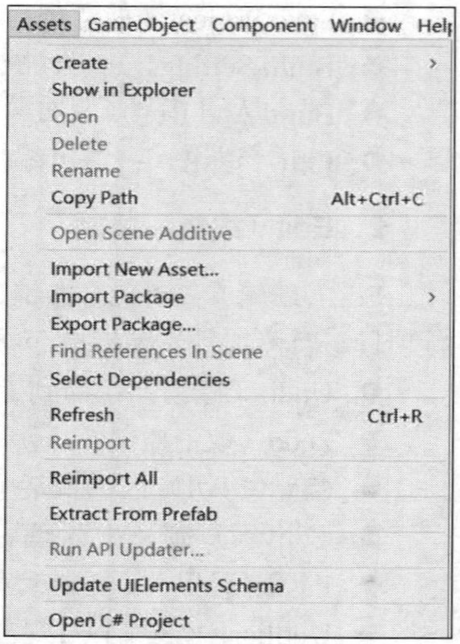

Assets GameObject Component Window Help
Create
Show in Explorer
Open
Delete
Rename
Copy Path   Alt+Ctrl+C
Open Scene Additive
Import New Asset...
Import Package
Export Package...
Find References In Scene
Select Dependencies
Refresh   Ctrl+R
Reimport
Reimport All
Extract From Prefab
Run API Updater...
Update UIElements Schema
Open C# Project

图 1-63 Assets 菜单

- Reimport（重新导入）：对某个选中的资源进行重新导入。
- Reimport All：对整个资源列表进行重新导入。
- Extract From Prefab：将选中的 Prefab（预制体资源）从 Prefab 实例中拆分出来，成为一个独立的 GameObject，它不再与原始的 Prefab 相关联。
- Run API Updater...（进行 API 更新）：进行 API 更新，使 API 满足版本功能以及脚本编写方法的使用。
- Update UIElements Schema（更新界面）：对整个界面进行更新。
- Open C# Project（打开 C#工程）：打开可以编辑 C#脚本的编辑器。

4．GameObject（游戏对象）菜单

GameObject 菜单提供了创建和操作各种游戏对象的功能，如图 1-64 所示。

- Create Empty（创建空对象）：使用该功能可以创建一个空游戏对象。
- Create Empty Child（创建空子物体）：使用该功能可以创建一个游戏对象的空子物体。
- 3D Object（3D 对象）：创建 3D 对象，如立方体、球体、平面等。
- 2D Object（2D 对象）：创建 2D 对象，如 Sprite（精灵）。
- Effects（粒子）：创建粒子特效对象。
- Light（灯光）：创建各种灯光，如点光源、聚光灯等。
- Video（视频）：创建一个带有 Video Player 组件的对象。
- Audio（音频）：创建一个音频。
- UI（用户界面）：创建 UI 对象，如文本、图片、按钮、滑动条等。
- Camera（摄像机）：创建一个摄像机。
- Center On Children（对齐父物体到子物体）：使得父物体对齐到子物体的中心。
- Make Parent（创建父物体）：选中多个物体后，使用这个功能可以把选中的物体组成父子关系，其中在层级视图中最上面的是父物体。
- Clear Parent（取消父子关系）：选择某个子物体，使用该功能可以取消它与父物体之间的关系。

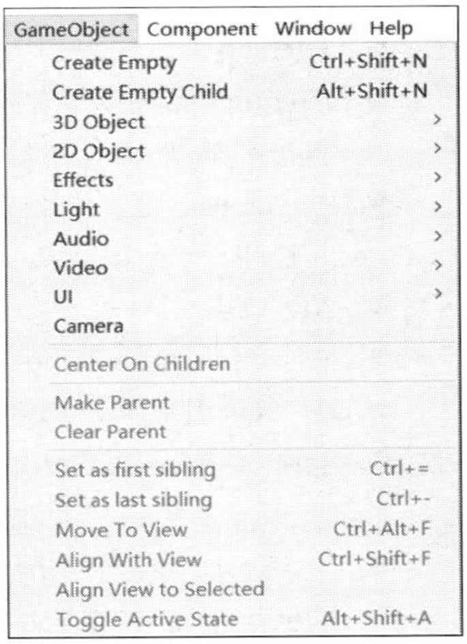

图 1-64　GameObject 菜单

- Set as first sibling（设置为第一个子对象）：使用该功能可以使选中的物体改变到同一级的第一个位置。
- Set as last sibling（设置为最后一个子对象）：使用该功能可以使选中的物体改变到同一级的最后一个位置。
- Move To View（移动到场景视图）：选择某个对象后，使用该功能可以使该对象移动到场景视图的中心。
- Align With View（对齐到场景视图）：选择某个对象后，使用该功能可以使该对象对齐到场景视图。
- Align View to Selected（对齐场景视图到选择的对象）：选择某个对象后，使用该功能可以使场景的视觉对齐到该对象上。
- Toggle Active State（切换活动状态）：使选中的对象激活或者失效。

5．Component（组件）菜单

Component 菜单可以为游戏对象添加各种组件，如碰撞盒组件、刚体组件等，如图 1-65 所示。

- Add…（添加）：为选中的物体添加某个组件。
- Mesh（面片组件）：添加与面片相关的组件，如面片渲染、文字面片、面片数据等。
- Effects（粒子）：添加粒子特效组件，如武器拖尾、火焰特效等。
- Physics（刚体组件）：可以为对象添加刚体、碰撞盒等组件。
- Physics 2D（2D 刚体组件）：可以为对象添加 2D 的刚体、碰撞盒等组件。
- Navigation（导航组件）：添加寻路系统组件。
- Audio（音频组件）：为对象添加音频等组件。
- Video（视频组件）：为对象添加视频等组件。
- Rendering（渲染组件）：为对象添加与渲染相关的组件，如摄像机、天空盒等。
- Tilemap（瓦片地图组件）：添加瓦片地图组件。
- Layout（布局组件）：为对象添加布局组件，如画布、垂直布局、水平布局等。

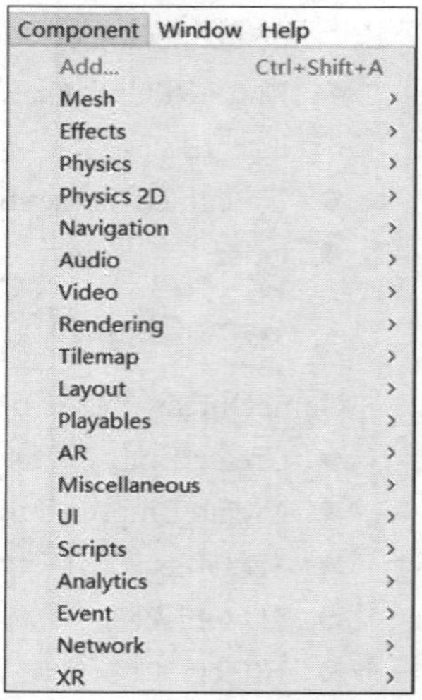

图 1-65　Component 菜单

- Playables（定制动画组件）：2018 版本新功能，Playables 组件可以混合和修改多个数据源，并通过单个输出来播放它们。
- AR（AR 组件）：添加 AR 组件。
- Miscellaneous（杂项）：为对象添加动画组件、锋利组件、网络同步组件等。
- UI（UI 组件）：添加 UI 组件，如 UI 文本、图片、按钮等。
- Scripts（脚本组件）：添加 Unity 自带的或者由开发者自己编写的脚本，在 Unity 中一个脚本相当于一个组件，可以像使用其他组件一样来使用。
- Analytics（数据分析组件）：添加数据分析组件，可以监控游戏的使用情况、内存占用情况等。
- Event（事件组件）：添加与事件相关的组件，如事件系统、事件触发器等。
- Network（网络组件）：添加网络相关组件。
- XR（VR/AR/MR 组件）：添加 VR/AR/MR 组件。

6．Window（窗口）菜单

Window 菜单提供了与编辑器相关的菜单布局选项，如图 1-66 所示。

- Next Window（下一个窗口）：从当前视图切换到下一个窗口。
- Previous Window（上一个窗口）：切换到上一个窗口。
- Layouts（窗口布局）：可以选择不同的窗口布局。
- Asset Store（资源商店）：可以打开 Unity 的资源商店。
- Package Manager（包管理）：2018 版本新功能，可以使用资源

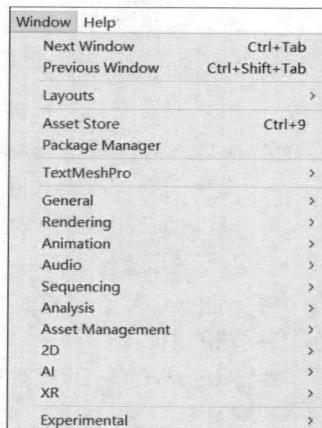

图 1-66　Window 菜单

包管理。

- TextMeshPro（文字窗口）：可以使用 TextMeshPro 文字。
- General（普通视图）：切换到普通视图，如 Scene、Game、Project 视图等。
- Rendering（渲染窗口）：切换到渲染窗口。
- Animation（动画窗口）：打开 Animation 动画窗口。
- Audio（音频窗口）：打开音频窗口。
- Sequencing（时间线窗口）：打开 Timeline 时间线窗口，可以创建帧动画。
- Analysis（资源分析窗口）：打开资源分析窗口。
- Asset Management（资源管理窗口）：打开资源管理窗口。
- 2D（2D 窗口）：打开 2D 窗口，如精灵编辑器、精灵打包编辑器等。
- AI（AI 窗口）：打开寻路导航窗口。
- XR（XR 窗口）：打开 VR、AR、MR 编辑窗口。

7. Help（帮助）菜单

Help 菜单提供了查看版本、许可证管理、导航论坛地址等功能，如图 1-67 所示。

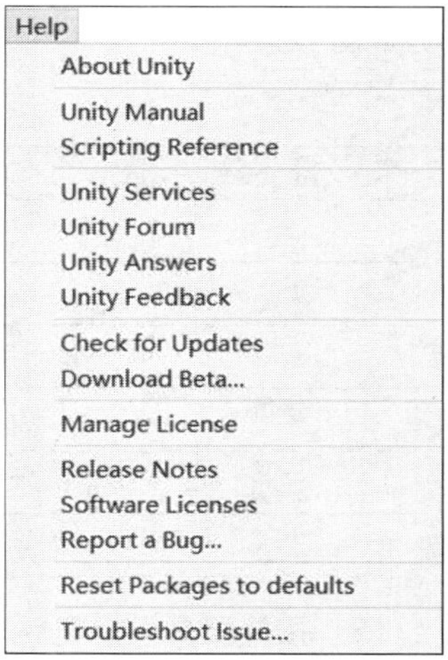

- About Unity（关于 Unity）：打开该窗口，可以看到 Unity 当前版本以及创作团队等信息。
- Unity Manual（Unity 手册）：单击该选项，会链接到 Unity 官方的脚本手册参考文档的页面。
- Scripting Reference（脚本参考文档）：单击该选项，会链接到 Unity 官方的脚本参考文档的页面，该页面提供了脚本程序编写的各种 API 及用法参考。
- Unity Services（Unity 服务）：单击该选项，会链接到 Unity 的官方服务页面，该页面描述了 Unity 提供的服务，如帮助开发者制作游戏等。
- Unity Forum（Unity 论坛）：单击该选项，会链接到 Unity 的官方论坛。

图 1-67 Help 菜单

- Unity Answers（Unity 问答论坛）：单击该选项，会链接到 Unity 的官方问答论坛，在使用 Unity 中遇到的问题，可以通过论坛发起提问。
- Unity Feedback（Unity 反馈界面）：单击该选项，会链接到 Unity 的官方反馈页面。
- Check for Updates（检查更新）：检查 Unity 是否有更新版本。
- Download Beta...（下载测试版）：单击该选项，会链接到 Unity 的官方页面，可下载 Unity 最新的测试版。
- Manage License（许可证管理）：可以通过该选项管理 Unity 许可证。
- Release Notes（发布特性一览）：单击该选项，会链接到 Unity 的发布特性一览页面，该页面展示了各个版本的特性。
- Software Licenses（软件许可证）：单击该选项，会打开软件的许可证文件。
- Report a Bug（提交 Bug）：使用 Unity 发现 Bug 时，可以通过该窗口把错误的描述发送给官方。

- Reset Packages to defaults（重置包）：单击该选项，可以将包重置到默认状态。
- Troubleshoot Issue（疑难杂问）：单击该选项，可以提交遇到的问题。

1.4.3 工具栏

工具栏由 5 个控制工具组成，提供了常用功能的快捷访问方式，工具栏主要由 Transform Tools（变换工具）、Transform Gizmo Tools（变换辅助工具）、Play（播放工具）和其他工具组成，如图 1-68 所示。

图 1-68　Unity 工具栏

1. 变换工具

变换工具主要用于 Scene 视图，包括对所选游戏对象进行位移、旋转和缩放等操作控制，具体说明如表 1-2 所示。

表 1-2　变换工具说明

图　标	工具名称	功　　能	快捷键
	平移工具	平移场景视图画面	鼠标中键
	位移工具	针对单个或者多个物体做轴向位移	W
	旋转工具	针对单个或者多个物体做轴向旋转	E
	缩放工具	针对单个或者多个物体进行缩放	R
	矩形手柄	设定矩形选框	T
	变换组件	控制物体的位置、旋转、缩放	Y

2. 播放工具

播放工具应用于 Game 视图，当单击"播放"按钮时，Game 视图被激活，实时显示游戏运行的画面效果，具体说明如表 1-3 所示。

表 1-3　播放工具说明

图　标	工具名称	功　　能	快捷键
	播放	播放游戏以进行测试	无
	暂停	暂停游戏或暂停测试	无
	单步执行	进行单步测试	无

3. 变换辅助工具

变换辅助工具用于对游戏对象进行轴向变换操作，具体说明如表 1-4 所示。

表 1-4　变换辅助工具说明

图　标	工具名称	功　　能	快捷键
Center ▼	变换轴向	与 Pivot 切换显示，以对象中心轴为参考线做移动、旋转及缩放	无
Pivot ▼	变换轴向	与 Center 切换显示，以网格轴线为参考轴做移动、旋转及缩放	无
Local ▼	变换轴向	与 Global 切换显示，控制对象本身的轴向	无
Global ▼	变换轴向	与 Local 切换显示，控制世界坐标的轴向	无

1.4.4　工作视图

熟悉并掌握各种视图操作是学习 Unity 的基础，下面介绍 Unity 常用工作视图的界面布局以及相关操作。

1．Project（项目）视图

Project 视图中存放着 Unity 整个项目工程的所有资源，常见的资源包括模型、材质、动画、贴图、脚本、Shader、场景文件等。该视图可以看作一个工厂中的原料仓库，通过右上角的搜索框，可以根据输入的名字搜索资源，如图 1-69 所示。

1）新建资源

在 Project 视图中右击，在弹出的快捷菜单中选择 Create→Folder 命令，如图 1-70 所示。

图 1-69　Project 视图

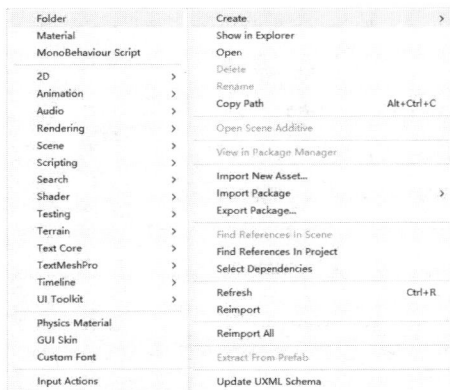

图 1-70　新建文件夹

（1）输入文件名，如果文件名输入错误，还可以按 F2 键重命名文件夹。例如，将文件命名为 Material，这个文件夹就可以用于存放 Material（材质球）类型的文件，如图 1-71 所示。

（2）在 Material 文件夹中右击，在弹出的快捷菜单中选择 Create→Material 命令，可以新建一个 Material（材质球）类型的文件，如图 1-72 所示。关于材质球的用法，将在后面章节中介绍。

2）导入资源包

导入资源包有两种方式：第一种是通过 Import Package 导入资源包；第二种是通过拖曳方式导入资源包。

（1）通过 Import Package 导入资源包：在 Project 视图中右击，在弹出的快捷菜单中选择 Import Package 命令，打开文件浏览窗口，如图 1-73 所示。

图 1-71　新建 Material 文件夹

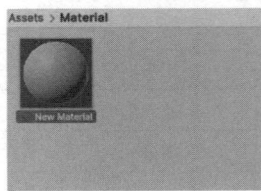

图 1-72　创建材质球

图 1-73　搜索外部资源包

在图 1-73 中选中资源包，单击"打开"按钮即可导入资源。

（2）用拖曳方式导入资源包：打开资源包存放位置目录，将资源拖曳到 Project 视图中，这样便完成了资源的导入，如图 1-74 所示。

图 1-74　拖曳外部资源到 Project 视图中

3）导出资源包

在 Project 视图中选中要导出的资源，右击，在弹出的快捷菜单中选择 Export Package 命令，此时会打开 Exporting package 窗口。在这个窗口中可以选择所有需要导出的资源，如图 1-75 所示。其中，All 表示全部选择；None 表示取消全部选择；Include dependencies 表示导出所有关联的资源。

单击 Export 按钮，选择要导出的目录位置和文件名称，单击"保存"按钮便会自动打包，如图 1-76 所示。

图 1-75　打包窗口

图 1-76　设置资源包的名称和路径

2．Inspector（检视）视图

Inspector 视图可以用来编辑游戏对象上的组件的属性。当选中某个游戏对象时，Inspector 视图就会显示该游戏对象的组件和这些组件的属性，如图 1-77 所示。

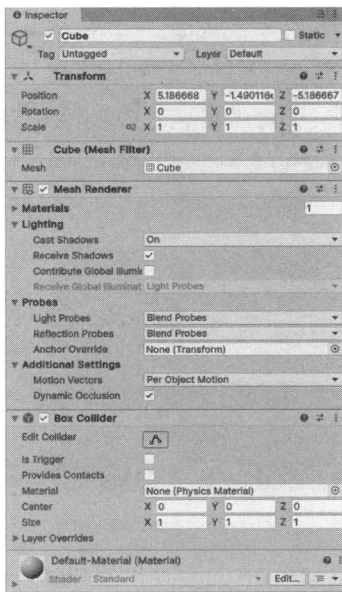

图 1-77　Inspector 视图

3．Hierarchy（层级）视图

Hierarchy 视图用来存放场景中存在的游戏对象。它显示的是游戏对象在场景中的层级结构。该视

图列举的游戏对象与游戏场景中的对象是一一对应的，如图 1-78 所示。

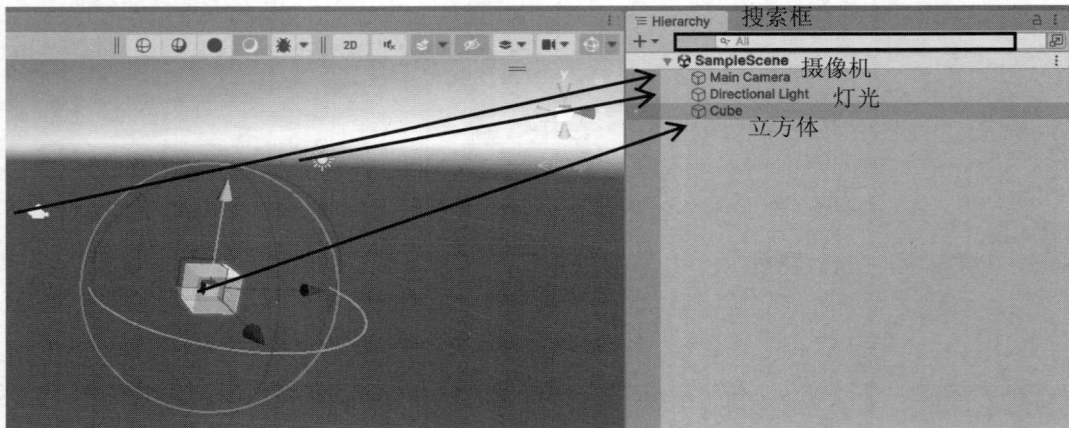

图 1-78　Hierarchy 视图

4．Game（游戏）视图

Game 视图可以显示游戏最终的效果，如图 1-79 所示。

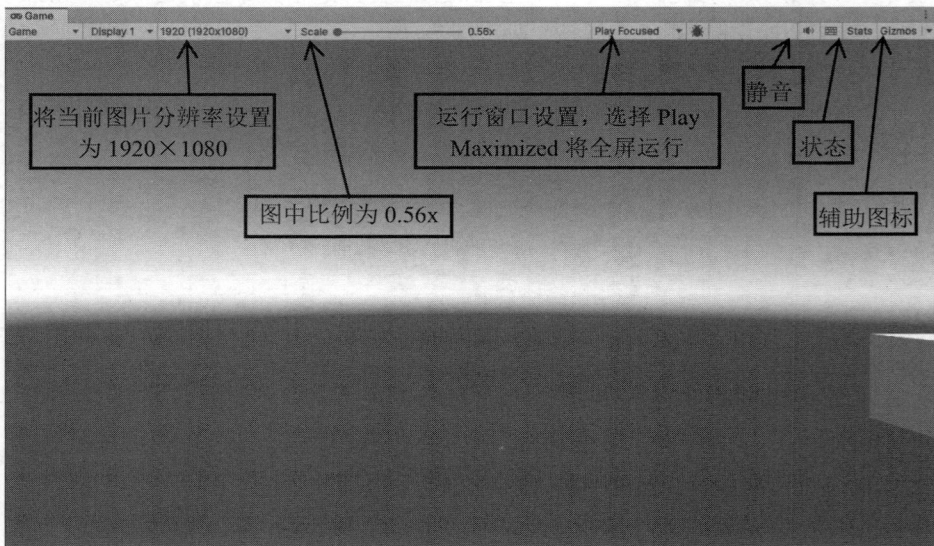

图 1-79　Game 窗口

- Display1（分屏）：分屏显示，用于配合摄像机做分屏画面展示。
- Free Aspect（分辨率设置）：可以根据不同平台设置不同的分辨率。
- Scale（比例）：根据设置的分辨率，缩放当前屏幕的比例。
- Play maximized（全屏运行）：单击该按钮 Game 视图会全屏化显示。
- Mute Audio（静音）：当该按钮处于按下状态时，运行游戏不播放音频。

- Stats（状态）：单击该按钮，会出现一个与游戏运行效率有关的面板，在该面板中可以查看目前游戏的运行效率等状态。
- Gizmos（辅助图标）：当该按钮处于按下状态时，会在 Game 视图中显示场景中的辅助图标。

5．Scene（场景）视图

Unity 中的场景编辑都是通过 Scene 视图来完成的，在这个视图中，开发者可以对游戏对象进行移动、旋转和缩放操作，如图 1-80 所示。

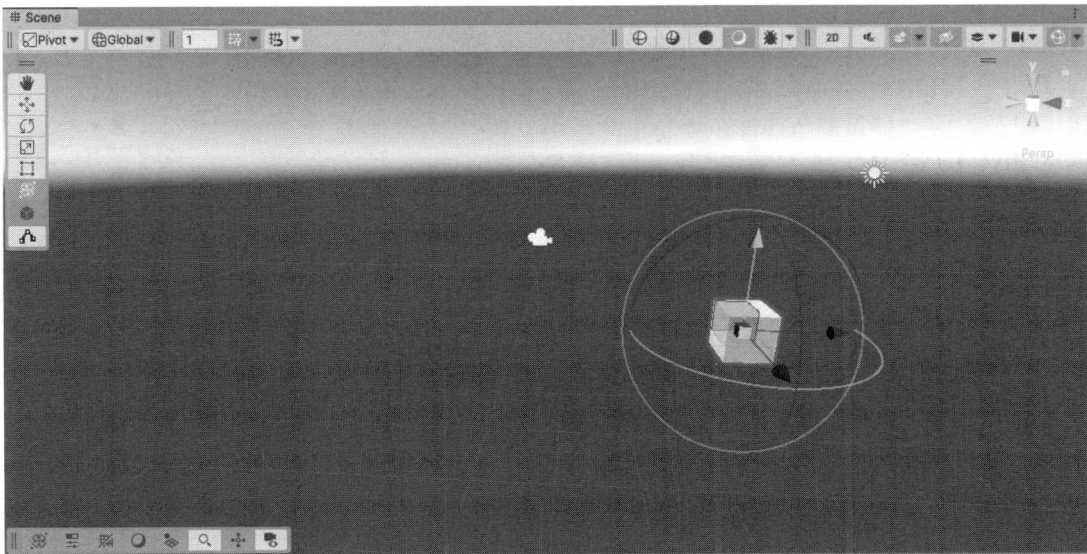

图 1-80　Scene 视图

6．Console（控制台）视图

Console 是 Unity 引擎中用于调试脚本和显示脚本日志的视图，在菜单栏中选择 Clear 和 Collapse 命令即可调出 Console 视图。当脚本编译警告或者出现错误时，开发者都可以从这个控制台查看错误的位置，方便修改。控制台通常与脚本编程相关，界面如图 1-81 所示。

- Clear（清理）：清除控制台中的所有信息。
- Collapse（合并）：合并相同的输出信息。
- Error Pause（错误暂停）：当脚本程序出现错误时，游戏运行暂停。
- Editor（编辑）：如果控制台连接到远程开发版本，则选择此选项可显示来自本地 Unity Player 的日志，而不是来自远程版本的日志。

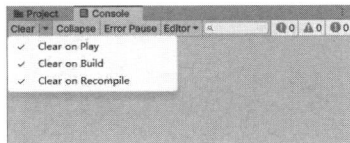

图 1-81　Console 视图

1.4.5　重要概念

本小节将介绍 Unity 中的资源、项目、场景、游戏对象、组件、脚本、预制体等重要概念。熟练掌

握这些概念，开发者可以更好地理解引擎运行的逻辑、掌握编辑器的使用。

1. Assets（资源）

Assets 是 Unity 项目开发中要用到的各种资源，如模型、贴图、材质、动画、音效、字体、Shader、文字、脚本等。

如果把 Unity 比作制作游戏的工厂，那么资源是工厂中的原材料，通过对原材料的组合使用，就可以生产出各种各样的产品。

在 Unity 项目中有一个固定的文件夹——Assets 文件夹，其中存放项目需要的文件资源，如图片文件、3D 模型文件（*.FBX 格式）、音频等。

资源文件主要来自 Unity 外部创建的文件，如 3D 模型、音频文件、图像或 Unity 支持的任何其他类型的文件，还有一些资源文件可以在 Unity 中创建，如动画控制器（Animator Controller）、混音器（Audio Mixer）或渲染纹理（Render Texture）。

2. Project（项目）

Project 是 Unity 软件管理的对象。新建项目，就是新建了一个 Unity 工程项目。项目包含游戏场景中所需的各种资源，提供了一个可以使用和组合这些资源的空间，以及让项目运行起来的条件。

在 Unity 中，项目就相当于一个工厂，可以向工厂中导入各种资源，也可以打包输出不同的产品，还可以对资源进行加工、生产产品，负责各个模块的沟通等作用。

在创建一个游戏之前，要先创建一个游戏项目，这个游戏项目可以想象成实现游戏的工厂。

3. Scene（场景）

Scene 可以被视作游戏中的各个关卡或者多样化的游戏地图。当开发者开启一个场景时，他们可以在这个场景中整合和运用各类资料，实现多样化的功能。此外，开发者还可以搭建不同的场景，实现不同的效果。

在 Unity 中，场景不会相互影响，每个场景都是独立运行的，每次进入新的场景，都会重新加载场景。如果希望在重新加载场景时复原在场景中的操作，需要用代码记录在当前场景中的操作，然后在下次加载当前场景时加载记录的操作来复原上次在当前场景中的操作。

4. GameObject（游戏对象）

GameObject 就是场景中存在的各种物体对象，各种游戏对象通过将不同资源组合并加入到场景中，只有资源被放置到游戏场景中，才会生成游戏对象，各种各样的游戏对象组装可以开发出不同的产品。

在 Unity 中，游戏对象是必不可少的，场景中的所有物体都被称为游戏对象。当把模型、预制体拖到场景中时，它们也会变成游戏对象。所有的游戏对象都有一个最基本的 Transform 组件。开发者可以根据所需的游戏功能，为游戏对象添加更多的组件。

游戏对象根据其功能需求的多样性，被赋予了不同的属性。这些属性又使游戏对象能够实现不同的功能。用户可以通过这些属性来控制游戏对象的多样性行为。

5. Component（组件）

在 Unity 中，组件是用于控制游戏对象属性的集合，每个组件都包含了游戏对象的某种特定的功能属性。例如，Transform 组件用于控制物体的位置、旋转和缩放。脚本也属于组件，为游戏对象添加脚本后，检视视图会自动生成脚本组件。

组件用于控制游戏对象的属性值，也就是组件定义了游戏对象的属性和行为。游戏对象和组件以及属性之间的层级结构如图 1-82 所示。

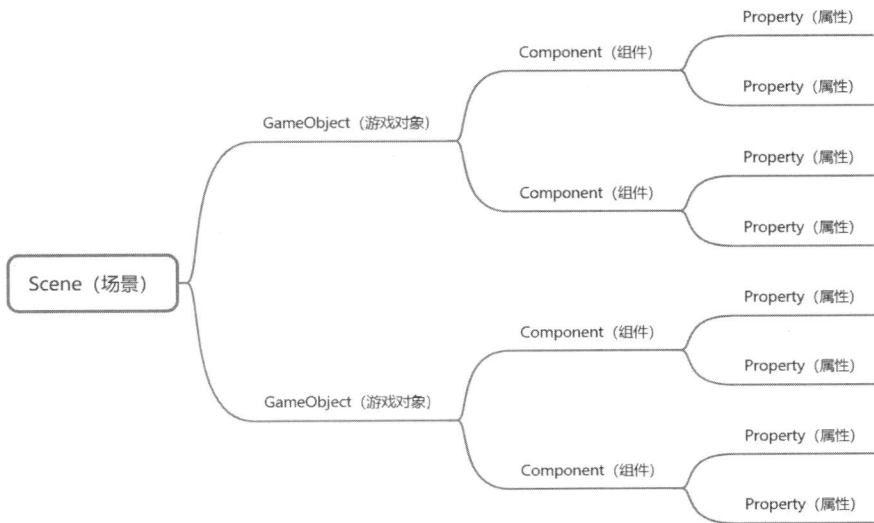

图 1-82　游戏对象和组件以及属性之间的层级结构

6．Script（脚本）

在 Unity 中，脚本也是一种组件，是游戏开发的重要概念。Unity 脚本主要支持三种语言：C#、UnityScript（JavaScript for Unity）和 Boo。因为选择 Boo 作为开发语言的使用者相对较少，所以 Unity 从 5.0 版本开始将停止对 Boo 的技术支持。随后，在 Unity 2017.2 版本中，Unity 也决定不再支持 UnityScript。

在编写脚本时，开发者不必深入了解底层实现原理，只需调用 Unity 提供的 API 接口，即可构建出功能丰富的游戏产品。

为了提升编程效率，选择合适的程序编辑器至关重要，开发者通常使用 Microsoft Visual Studio 编辑器来编写代码，但也可以使用其他文本编辑器来编写脚本。

7．Prefabs（预制体）

Prefabs 是 Unity 中的一种强大功能，它允许开发者保存游戏对象的属性和行为，以便在不同场景和项目中重复使用。通过这种方式，预制体使游戏开发更加高效，因为它允许开发者对游戏对象进行一次性的编辑，并将其保存为预制体，以在场景中多次实例化这些预制体。

例如，开发者可以设置一个子弹的预制体，为子弹添加各种组件并设置好属性，然后保存成预制体，在生成子弹时，它就已经添加了各种组件和设置好属性了。

预制体具有同步性，当场景中有很多由该预制体生成的游戏对象时，通过修改预制体，并保存到这个预制体中，那么场景中所有由该预制体生成的游戏对象属性也会同步改变。

1.5 本 章 小 结

本章介绍了 Unity 编辑器内置的几种界面布局风格，不同的界面布局适用于不同需求的使用者，当然也可以自定义布局。开发者在开发中也可以及时调整布局，提高开发的效率。

Unity 的菜单栏集成了 Unity 的所有功能，通过菜单栏，开发者可以对 Unity 的各项功能有直观而清晰的了解。

Unity 的界面主要由几个常用视图组合而成。其中，Project 视图用于存放资源；Hierarchy 视图用于存放场景中游戏对象的层级关系，场景中的物体都可以在 Hierarchy 视图中找到相对应的对象；Scene 视图用于摆放场景和调整游戏对象；Inspector 视图用于查看和编辑游戏对象的属性；Game 视图用于展示游戏运行最终的效果；Console 视图用于查看代码的执行情况，以及代码的错误信息显示。开发者可以通过几个视图相互合作来高效地开发游戏产品。

了解 Unity 中重要的概念，理解场景、游戏对象、组件以及脚本这些概念的意思，可以帮助开发者理解 Unity 的运行逻辑，如如何开发游戏、如何打包游戏等。

第 2 章　Unity 创建场景

在 Unity 中，创建场景是一个既有趣又充满挑战的过程。首先，需要了解 Unity 的界面布局和各个视图的功能，如上一章所述，Project 视图用于存放资源，Scene 视图用于搭建场景，Game 视图用于展示游戏运行结果，Hierarchy 视图用于管理游戏对象层级，而 Inspector 视图则用于查看和编辑游戏对象的属性。

本章将介绍如何使用 Unity 创建 2D 场景、如何导入 2D 资源、如何制作 2D 动画、如何创建 3D 场景和基本的 3D 模型，以及如何导入 3D 模型资源。

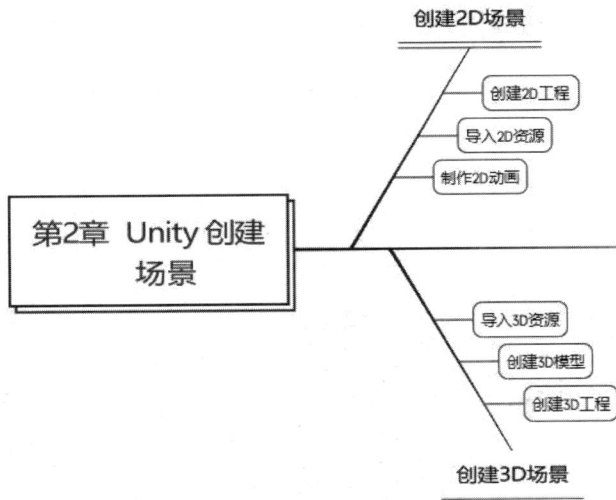

2.1　创建 2D 场景

Unity 公司在 Unity 4.3 版本中退出了原生的 2D 游戏制作工具和工作流程，使得使用 Unity 引擎制作 3D 游戏变得更加方便。下面将介绍 2D 场景的搭建。

2.1.1　创建 2D 工程

（1）启动 Unity Hub 应用程序，单击"新项目"按钮，选择版本 2022.3.57f1c2，选择 2D 模板，输入项目名称和项目位置后，单击"创建项目"按钮即可创建 2D 工程，如图 2-1 所示。

（2）Unity 会自动创建一个空的项目，在 Scene 视图中，2D 模式自动启用，此时的 Scene 视图是一个 2D 正交视图，如图 2-2 所示。

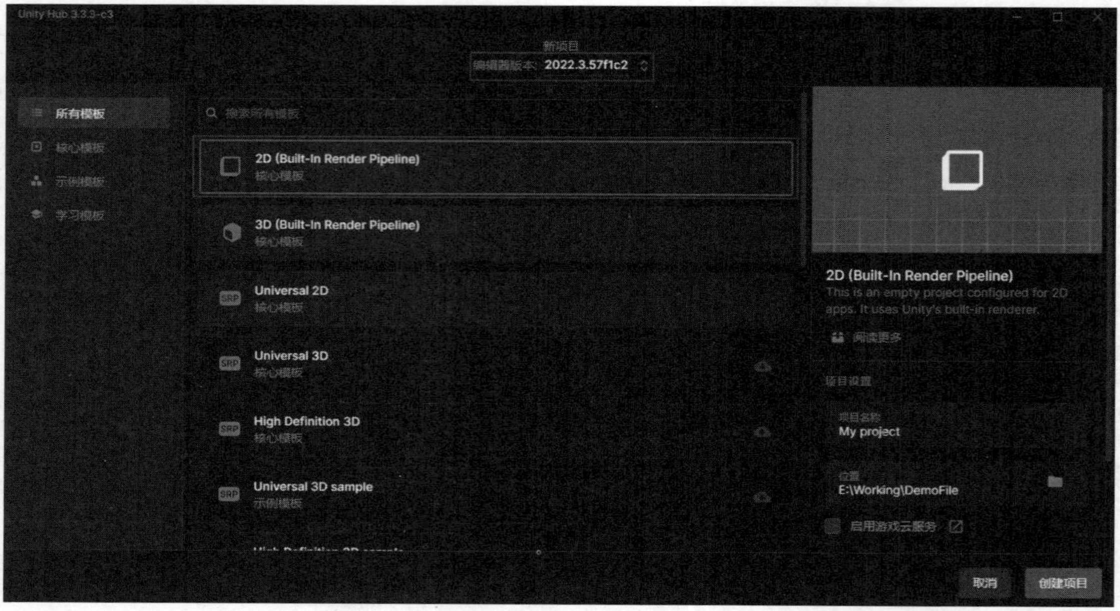

图 2-1　新建 2D 工程

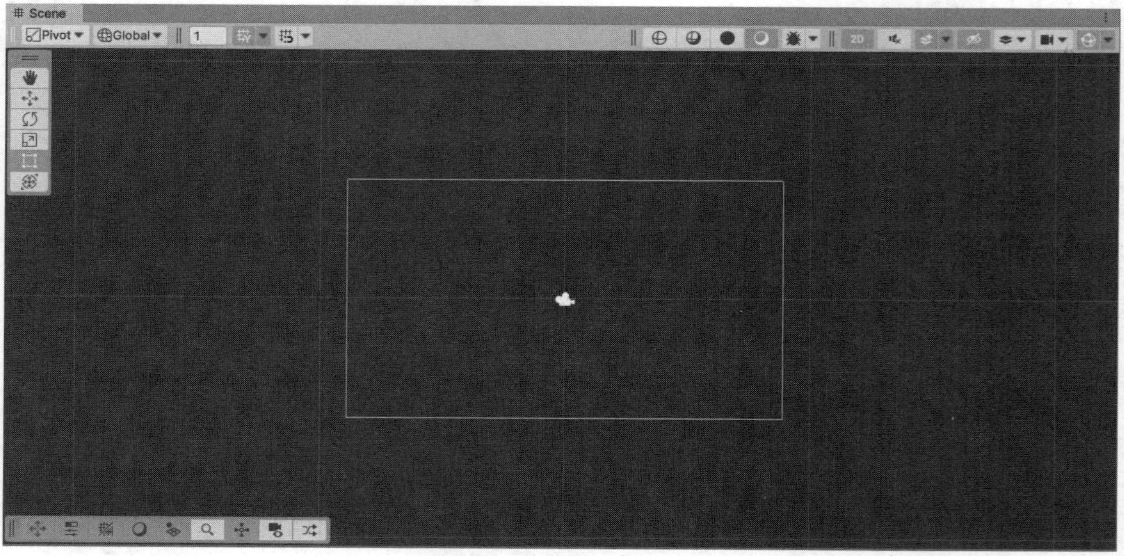

图 2-2　Scene 视图下的 2D 视角

（3）在菜单栏中选择 File→Save Scene 命令，或者按 Ctrl+S 组合键，将场景保存。

2.1.2　导入 2D 资源

（1）在 Project 视图中，右击，在弹出的快捷菜单中选择 Create→Folder 命令，新建文件夹，将文件夹命名为 Sprites，如图 2-3 所示。

（2）在 Unity 中双击打开 Sprites 文件夹，然后打开"资源包→第 2 章资源文件"文件夹，将文件夹中的图片资源拖到 Unity 的 Sprites 文件夹中，如图 2-4 所示。

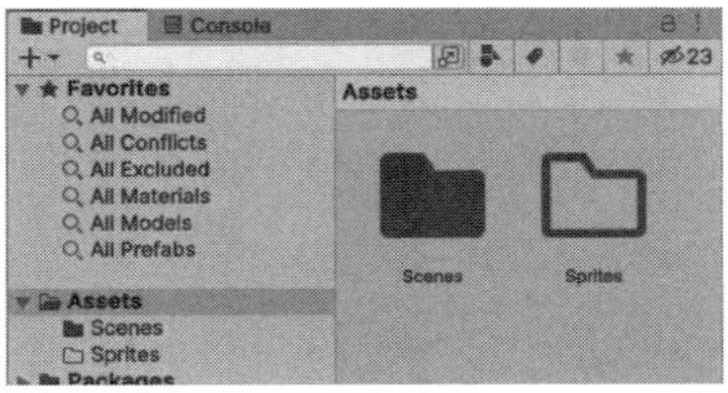

图 2-3　新建 Sprites 文件夹 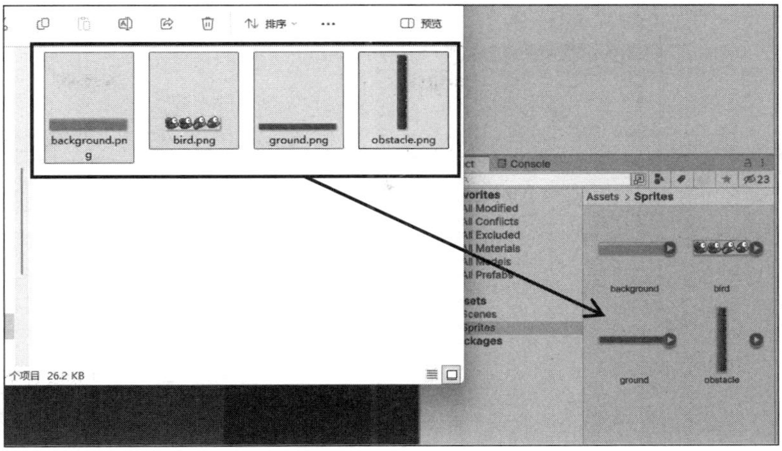　　　　　　　　图 2-4　拖曳 2D 资源到 Project 视图中

经过以上步骤，资源就被导入项目中了。

2.1.3　制作 2D 动画

（1）将"资源包→第 2 章资源文件"文件夹中制作好的带有动画的图片导入 Unity 的 Project 视图下的 Sprites 文件夹中，如图 2-5 所示。

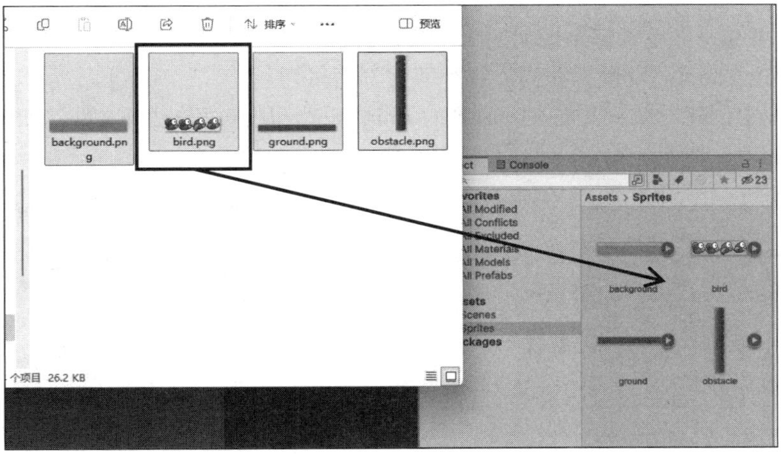

图 2-5　拖曳 2D 动画到 Sprites 文件夹

使用 Sprite Editor（Sprite 编辑器）可以将一张多纹理图片切割成多个 Sprite，这样就可以制作动画了。在 Project 视图中，先选中 Sprites 文件夹中的 bird.png 图片，然后在 Inspector 视图中，将 Sprite Mode 设置成 Multiple，最后单击 Apply 按钮，如图 2-6 所示。

选中图片，然后在 Inspector 视图中单击 Open Sprite Editor 按钮，在弹出的 Sprite Editor 对话框中

单击左上角的 Slice 按钮，然后在弹出的对话框中，Type 选择 Grid By Cell Count，Column & Row 选择 C：4、R：1，接着单击对话框中的 Slice 按钮，完成自动切割 Sprite，如图 2-7 所示。最后单击 Apply 按钮，Sprite 图片就自动切割完成了。

图 2-6　设置 Sprite Mode

图 2-7　Sprite Editor 切割图片

图 2-7 中的 Type 有多种模式，如图 2-8 所示。

● Automatic：自动切割。
● Grid By Cell Size：设置每个图块的大小，进行等比例网格切割。
● Grid By Cell Count：设置行和列，进行等比例网格切割。

在 Project 视图中创建一个新文件夹，命名为 Animation，用来存放动画文件，如图 2-9 所示。

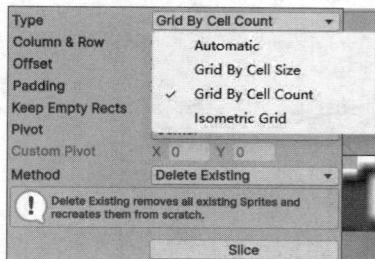

图 2-8　Slice 的类型

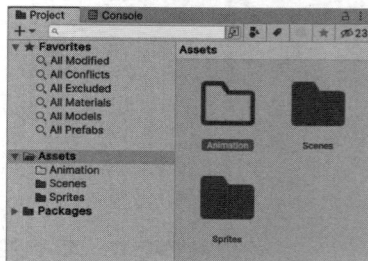

图 2-9　创建动画文件

（2）选中所有的切片图片，拖到场景中，如图 2-10 所示。

Unity 会弹出窗口，以确定是否要用这些切片创建一个动画，然后在 Create New Animation 窗口中设置动画保存的路径和名称，存放到 Animation 文件夹中，命名为 fly，如图 2-11 所示。

Unity 会在 Project 视图的 Animation 文件夹中创建两个文件：一个是动画片段，另一个是动画管理器，如图 2-12 所示。

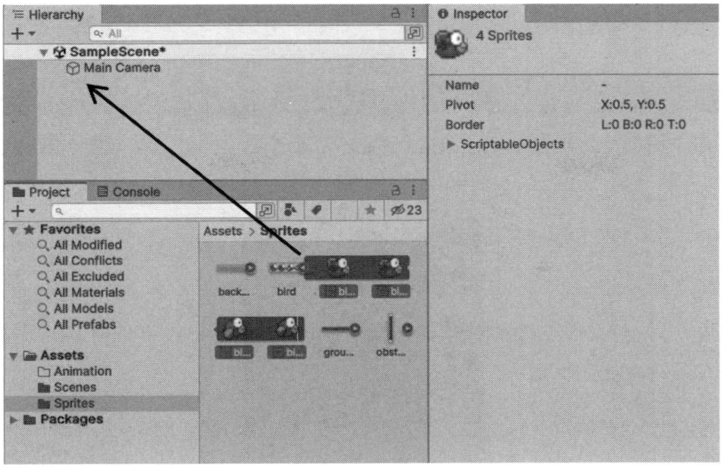

图 2-10　将切片图片拖到 Hierarchy 视图中

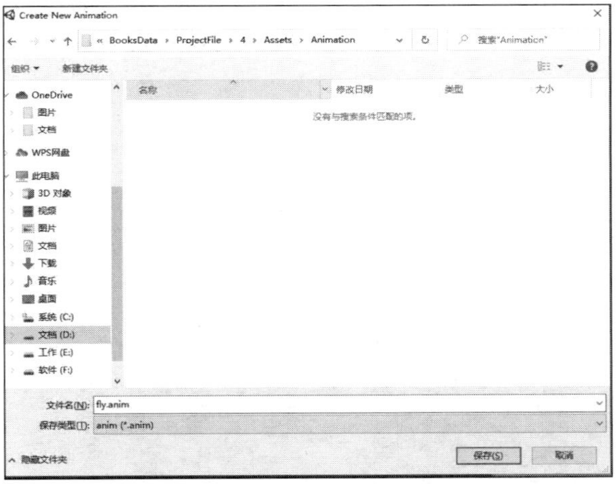

图 2-11　设置动画保存目录

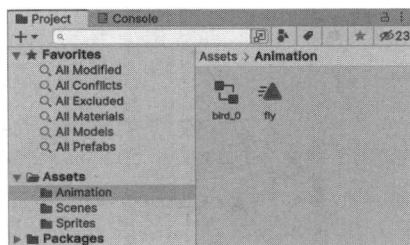

图 2-12　动画片段和动画管理器

（3）双击 bird_0 文件，就可以看到动画状态机，如图 2-13 所示。

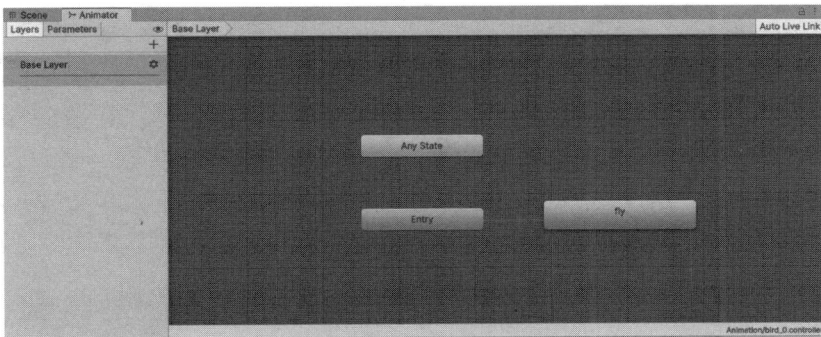

图 2-13　动画状态机

运行游戏，可以看到鸟动起来了。

2.1.4 课后习题

前面已经学习了如何制作 2D 动画，下面就自己来试试吧。将"资源包→第 2 章资源文件"文件夹中的植物.png 导入项目中，做成动画，效果如图 2-14 所示。

图 2-14 制作 2D 动画

2.2 创建 3D 场景

2.1 节介绍了 2D 场景的搭建，下面将介绍 3D 场景的搭建。

2.2.1 创建 3D 工程

（1）启动 Unity Hub 应用程序，单击"新项目"按钮，选择版本 2022.3.57f1c2，模板选择 3D，输入项目名称和项目位置后，单击"创建项目"按钮即可创建 3D 工程，如图 2-15 所示。

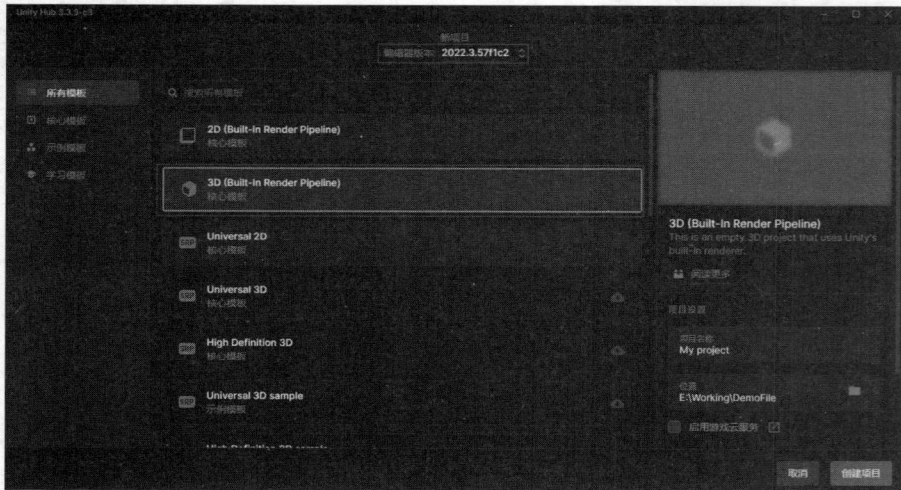

图 2-15 新建 3D 项目 1

（2）Unity 会自动创建一个空的项目工程，场景中包含一个名为 Main Camera 的摄像机，以及 Directional Light（方向光），如图 2-16 所示。

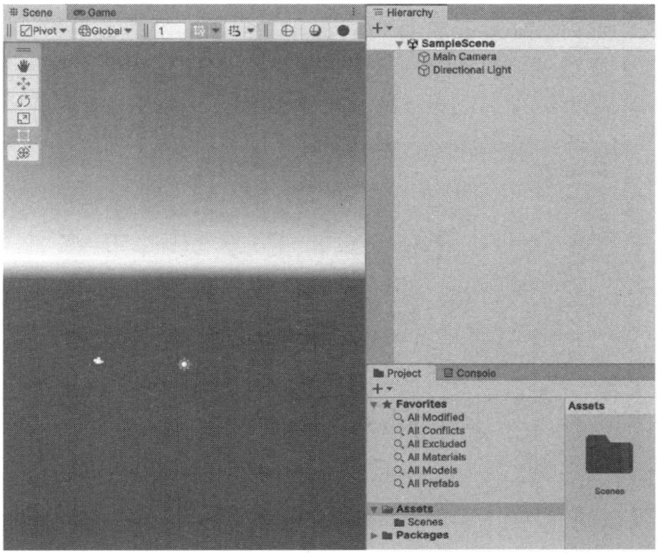

图 2-16 新建 3D 项目 2

2.2.2 创建 3D 模型

Unity 中有一些基本的 3D 模型，如 Cube、Plane 等，下面介绍如何在 Unity 中创建基本模型。

在 Unity 中创建基本 3D 模型的方法有两种：第一种，在菜单栏中选择 GameObject→3D Object 命令，即可看到可以创建的所有基本几何体，如图 2-17 所示。第二种，在 Hierarchy 视图中，选择 3D Object 命令，再选择要创建的几何体，即可创建成功，如图 2-18 所示。

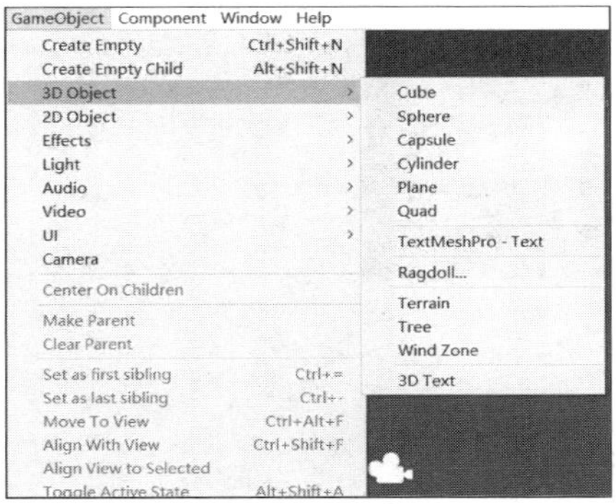

图 2-17 新建 3D 模型

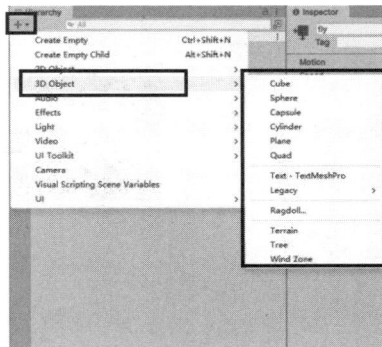

图 2-18 在 Hierarchy 视图中创建模型

2.2.3 导入 3D 资源

如果 Unity 中自带的模型难以满足开发需求，也可以选择导入外部的模型。

（1）在 Project 视图中，新建 Models 文件夹。

（2）将"资源包→第 2 章资源文件"文件夹中的 dog.fbx 模型文件拖入 Project 视图的 Models 文件夹中，如图 2-19 所示。

（3）或者在 Project 视图的 Models 文件中右击，在弹出的快捷菜单中选择 Import New Asset 命令，找到"资源包→第 2 章资源文件"文件夹中的 dog.fbx 模型文件，选中，单击 Import 按钮即可导入，如图 2-20 所示。

图 2-19　导入 3D 模型 1

图 2-20　导入 3D 模型 2

2.2.4　课后习题

搭建场景是个很有趣的事情，尝试自己创建 3D 模型，搭建一个简单的场景吧。示例图如图 2-21 所示。

图 2-21　示例图

2.3　本章小结

本章介绍了如何创建 2D 场景、如何搭建 2D 场景、如何导入 2D 资源以及制作 2D 动画等，还介绍了 3D 场景的搭建、如何创建 3D 模型、如何导入 3D 模型等。3D 模型的导入是最基本，也是最常用的操作，通常都是模型美术人员将场景搭建完成之后，发送给程序人员，然后程序人员通过场景以及模型来制作 3D 产品。

通过本章的学习，相信读者已经对 2D 场景的搭建、3D 场景的搭建有了初步的认识，可以试着搭建场景了。

第 3 章　Unity 组件和预制体

本章将介绍 Unity 的组件和预制体。组件是 Unity 中的重要概念，Unity 场景由游戏对象组成，而游戏对象又可以挂载不同的组件，不同的组件又具有不同的属性，因此实现了游戏产品的不同效果。而预制体是 Unity 提供的保存游戏对象的组件和属性的方法，通过预制体可以快捷地实例化挂载不同组件的游戏对象，从而减少项目的开发难度，提高开发效率。

3.1　游戏对象和组件

在 Unity 中，所有的游戏对象都是由组件组成的，任意物体都有 Transform 组件，组件是实现一切功能所必需的要素，不同的组件实现不同的功能，组件之间的相互组合及参数的不同设置，就会造成游戏对象状态的差异。下面介绍如何创建游戏对象和组件。

3.1.1　创建游戏对象

（1）创建 3D 对象。选择菜单栏中的 GameObject→3D Object 命令，选择要创建的 3D 对象，如图 3-1 所示。

（2）根据上一步骤创建一个 Plane 对象，坐标设置为(0,0,0)，两个 Cube 对象，坐标分别设置为（3,3,0）、（−3,3,0），如图 3-2～图 3-4 所示。

Plane、Cube 和 Cube(1)三个对象的位置关系如图 3-5 所示。

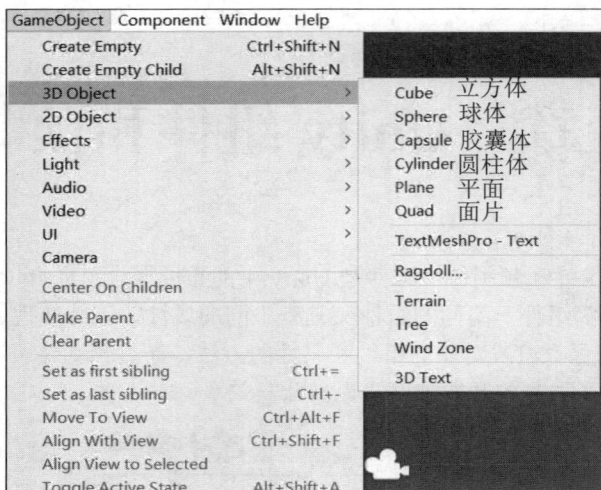

图 3-1　创建 3D 对象

图 3-2　Plane 对象坐标设置为（0,0,0）

图 3-3　Cube 对象坐标设置为（3,3,0）

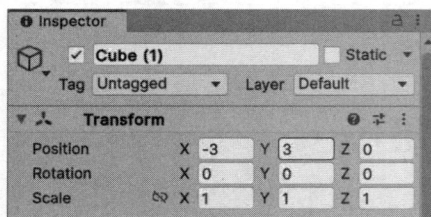

图 3-4　Cube（1）对象坐标设置为（-3,3,0）

图 3-5　三个对象的位置关系

3.1.2　添加组件

（1）为 Cube 对象添加刚体组件：选中 Cube 对象，在 Inspector 视图中，单击 Add Component 按钮，在弹出的下拉列表中选择 Physics→Rigidbody 选项，添加刚体组件，如图 3-6 所示。

（2）运行游戏：Cube 对象添加了 Rigidbody 组件，Cube（1）对象没有添加 Rigidbody 组件，接下来运行游戏看一下效果，如图 3-7 所示。

在 Game 视图中可以看到，同样是 Cube 对象，添加 Rigidbody 组件的 Cube 对象掉落到 Plane 对象上。Rigidbody 组件的作用就是给对象添加一个刚体属性，这样对象就会拥有实际物理属性。

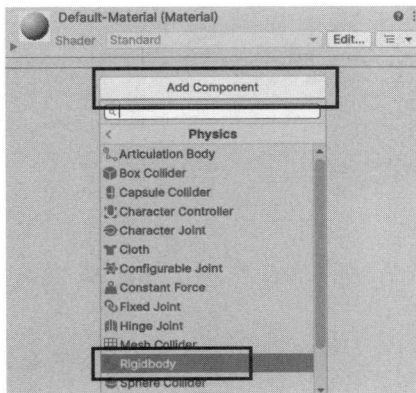

图 3-6　为 Cube 对象添加刚体组件

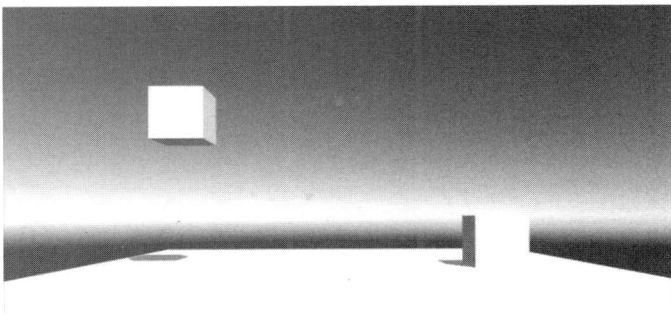

图 3-7　Cube 对象下落

3.1.3　特殊的组件——脚本

Unity 中有一种特殊的组件——脚本，因为 Unity 是组件化开发，所以脚本也可以作为组件添加到对象上，使挂载了脚本的游戏对象可以执行脚本。

在 Unity 中可以使用 C#脚本添加自己想要的属性，并显示在 Inspector（检视）视图中。下面演示一下如何操作。

首先新建 Test_3_1.cs 脚本，然后编写脚本代码，参考代码 3-1。

代码 3-1　添加属性

```
using UnityEngine;

public class Test_3_1: MonoBehaviour
{
    public int age;
    public string name;

    void Start()
    {
    }
}
```

运行结果如图 3-8 所示。

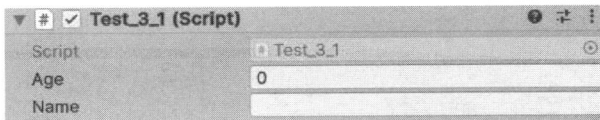

图 3-8　在 Inspector 视图中显示添加的属性

3.1.4　课后习题

上面案例是用 Cube 对象做的演示，尝试将 Cube 对象换成 Sphere，示例图如图 3-9 所示。

图 3-9　示例图

3.2　Unity 组件

3.2.1　常用组件介绍

（1）Transform（变换）组件：该组件用于控制游戏对象的位置、旋转和缩放，如图 3-10 所示。

（2）Mesh Filter（网格过滤器）组件：该组件用于从项目资源中获取网格并将其传递给所属的游戏对象。添加 Mesh Filter 组件后还需要添加 Mesh Renderer（网格渲染器）组件，网格需要用网格渲染器渲染才会显示，如图 3-11 所示。

图 3-10　Transform 组件

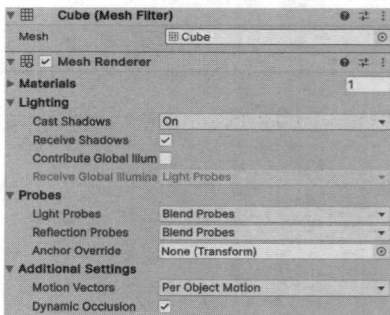

图 3-11　Mesh Filter 和 Mesh Renderer 组件

（3）Box Collider（盒型碰撞器）组件：该组件能让游戏对象实现碰撞的效果，用于做碰撞检测，如图 3-12 所示。

（4）Rigidbody 组件：该组件可以为对象添加物理引擎，可以模拟真实的物理行为，如图 3-13 所示。

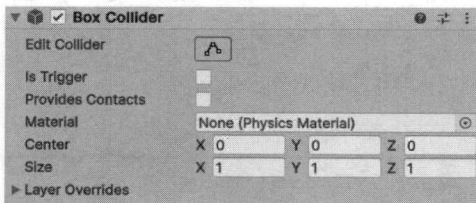

图 3-12　Box Collider 组件

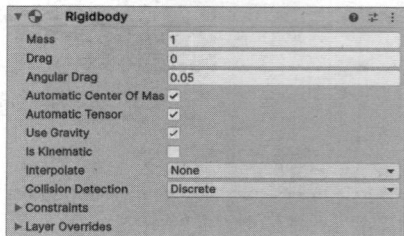

图 3-13　Rigidbody 组件

3.2.2 获取、添加和删除组件

下面将介绍如何使用脚本代码获取、添加和删除组件。

在 Project 视图中新建 Scripts 文件夹，然后进入 Scripts 文件夹，右击，在弹出的快捷菜单中选择 Create→C# Script 命令，添加新的脚本文件，如图 3-14 所示。

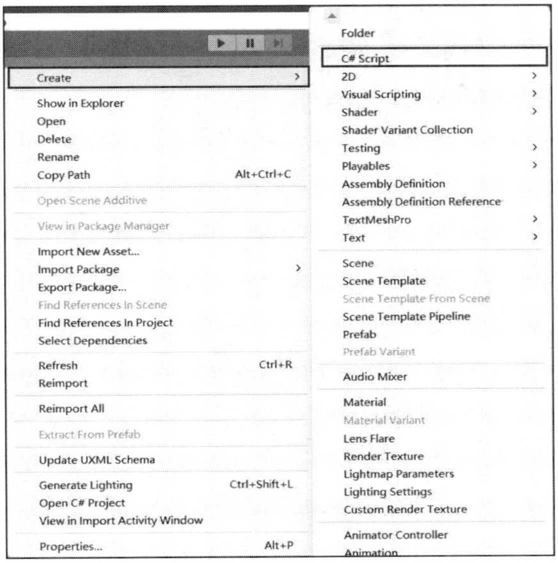

图 3-14 在 Unity 中新建脚本

编写代码来获取组件，参考代码 3-2。将脚本添加到 Cube 对象上。

代码 3-2 获取 Transform 组件

```
using System.Collections;
using System.Collections.Generic;
using UnityEngine;

public class Test_3_2: MonoBehaviour
{
    //在第 1 帧更新之前调用 Start()函数
    void Start()
    {
        User_GetComponent();
    }

    //获取组件
    public void User_GetComponent()
    {
        //获取对象本身的 Transform 组件
        Transform m_transform = transform.GetComponent<Transform>();
        Debug.Log("Transform 组件的 position 属性的值为:" + m_transform.position);
    }
}
```

运行结果如图 3-15 所示。

图 3-15 打印结果

编写代码来添加组件，参考代码 3-3。将脚本添加到刚才新建的 Cube(1)对象上。

代码 3-3 为游戏对象添加 Rigidbody 组件

```
using UnityEngine;

public class Test_3_3: MonoBehaviour
{
    void Start()
    {
        User_AddGetComponent();
    }
    //增加组件
    public void User_AddGetComponent()
    {
        gameObject.AddComponent<Rigidbody>();
    }
}
```

运行结果如图 3-16 所示。

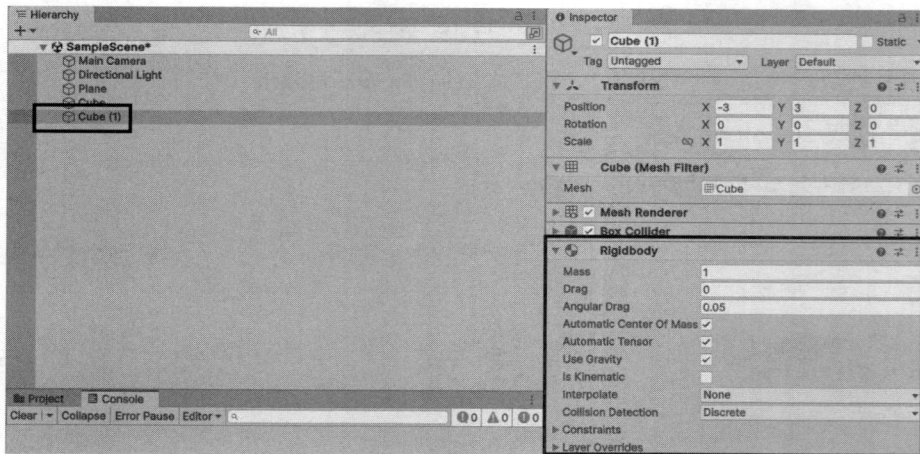

图 3-16 游戏运行中动态添加 Rigidbody 组件

编写代码来删除组件，参考代码 3-4。

代码 3-4 删除 Box Collider 组件

```
using UnityEngine;
public class Test_3_4: MonoBehaviour
{
```

```
    void Start()
    {
        User_DeleteComponent();
    }
    //删除组件
    public void User_DeleteComponent()
    {
      BoxCollider m_boxCollider = gameObject.GetComponent<BoxCollider>();
      Destroy(m_boxCollider);
    }
}
```

运行结果如图 3-17 所示。

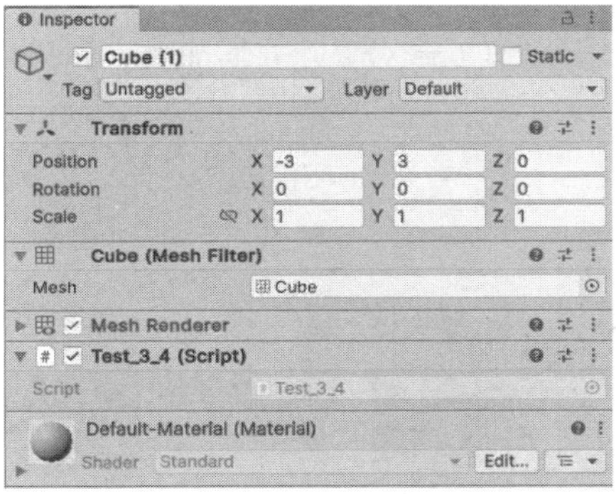

图 3-17　Box Collider 组件被删除

3.2.3　课后习题

为 Cube 对象添加脚本组件，并在脚本中编写代码添加 Rigidbody 组件，示例图如图 3-18 所示。

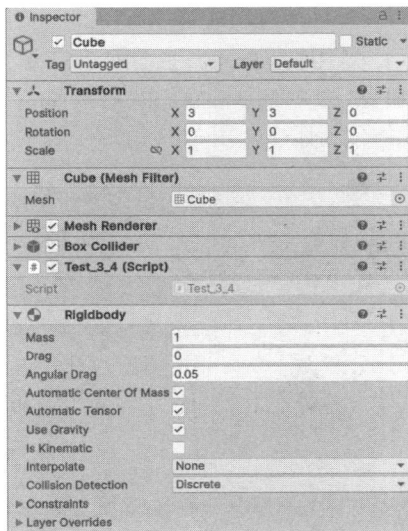

图 3-18　示例图

3.3　Unity 预制体

3.3.1　创建预制体

预制体是 Unity 中很重要的概念，可以理解为一个游戏对象及其组件的集合，创建预制体的目的是使游戏对象及其资源能够被重复使用，即对预制体进行修改，实例也会同步被修改。预制体不仅可以提高资源的利用率，还可以提高开发的效率。下面介绍如何创建预制体。

（1）在 Project 视图中新建文件夹并命名为 Prefabs，如图 3-19 所示。

（2）在 Hierarchy 视图中新建一个 Cube 对象，并添加 Rigidbody 组件，如图 3-20 所示。

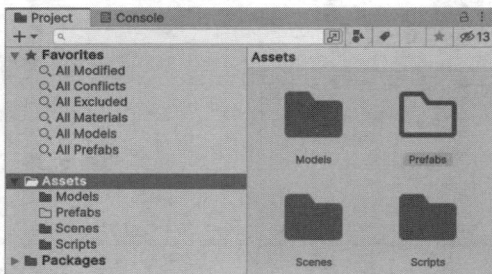

图 3-19　新建 Prefabs 文件夹

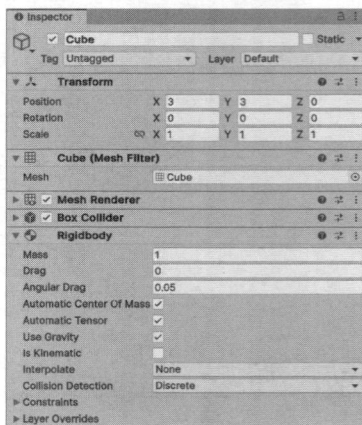

图 3-20　添加 Rigidbody 组件

（3）将 Cube 对象从 Hierarchy 视图中拖到 Project 视图的 Prefabs 文件夹内，如图 3-21 所示。

此时 Cube 对象的字体变成了蓝色，表示它从一个游戏对象变成了预制体的一个实例，并且 Prefabs 文件夹内多了一个后缀名为 prefab 的预制体，如图 3-22 所示。

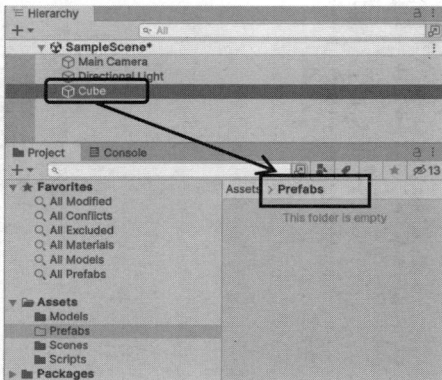

图 3-21　将 Cube 对象拖到 Project 视图的 Prefabs 文件夹内

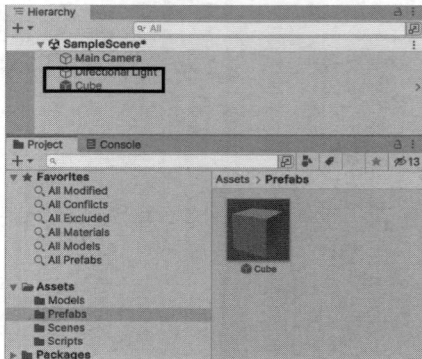

图 3-22　创建预制体

完成以上步骤后，游戏对象被制作成预制体，即可在项目工程中多次使用了。

3.3.2 实例化预制体

下面将介绍如何使用脚本代码实例化已创建的预制体。

（1）首先新建脚本，双击打开，然后编辑代码，参考代码 3-5。

代码 3-5 实例化预制体

```
using UnityEngine;

public class Test_3_5: MonoBehaviour
{
    public GameObject m_prefab;              //创建的预制体

    void Start()
    {
        //实例化 5 个预制体
        for (int i = 0; i < 5; i++)
        {
            //第一个参数是要创建的预制体，第二个参数是预制体的位置，第三个参数是预制体的方向
            Instantiate(m_prefab, new Vector3(0, 0, i), Quaternion.identity);
        }
    }
}
```

（2）将预制体拖入 CreatePrefab 组件的 Prefab 卡槽中，如图 3-23 所示。

图 3-23　将预制体拖入 CreatePrefab 组件的 Prefab 卡槽中

运行结果如图 3-24 所示。

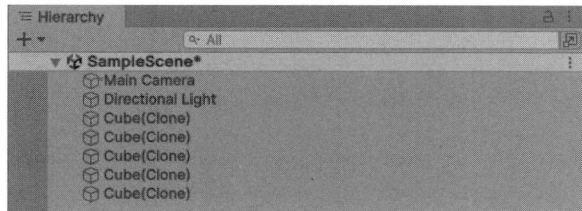

图 3-24　实例化 5 个 Cube 对象 1

实例化预制体是开发中很常用的一种功能。下面尝试使用实例化预制体功能，生成 5 个位置和旋转角度都不同的 Cube 对象，如图 3-25 所示。

图 3-25　实例化 5 个 Cube 对象 2

3.4　本 章 小 结

本章首先介绍了游戏对象与组件的关系，以及不同组件对游戏对象的影响。Unity 场景中最基本的对象就是游戏对象，而游戏对象挂载不同的组件，就可以实现不同的功能。例如，给游戏对象添加刚体组件，这个游戏对象就受到重力影响，而往下坠落。

接着介绍了 Unity 的常用组件，不同的组件会有不同的效果，组件具有不同的属性，通过熟悉组件和属性，有助于游戏开发，少走弯路。

然后介绍了如何用代码获取组件、添加组件和删除组件，并对代码示例进行了详细说明。

最后介绍了如何创建预制体和实例化预制体。

第 4 章　Unity 的常用功能系统

在 Unity 这一强大而灵活的游戏开发引擎中，开发者们可以充分利用其丰富的功能模块来构建出既美观又功能强大的游戏和应用。这些功能模块不仅涵盖了游戏开发中的各个方面，还提供了高度的可定制性和扩展性，使得开发者们能够根据自己的需求来打造独一无二的作品。

本章将深入探索 Unity 的常用功能模块，这些模块包括但不限于灯光系统、遮挡剔除系统、导航系统、UGUI 系统、GUI 系统以及动画系统。每个功能模块都在游戏开发中扮演着至关重要的角色，它们共同协作，为游戏创造了一个既真实又引人入胜的虚拟世界。

灯光系统是游戏视觉效果的核心，它能够营造出不同的氛围和情感，引导玩家的视线，增强游戏的沉浸感。遮挡剔除系统则通过智能地剔除不可见的物体，优化了游戏的性能，使得游戏在复杂场景中依然能够流畅运行。导航系统为游戏中的 NPC（非玩家角色）和物体提供了智能的移动路径规划，使得它们能够在游戏中自由穿梭，与玩家进行互动。

UGUI 系统和 GUI 系统则是游戏界面设计的基石，它们提供了丰富的控件和布局选项，使得开发者们能够轻松地创建出既美观又易用的游戏界面。无论是复杂的菜单系统，还是简单的提示信息，都可以通过这些系统来实现。

动画系统则是游戏角色和物体表现力的关键，它能够通过流畅的动画效果，赋予角色和物体生命力和动感。无论是角色的行走、奔跑，还是物体的旋转、缩放，都可以通过动画系统来实现，为游戏增添了更多的乐趣和惊喜。

在接下来的内容中，我们将逐一详细介绍这些功能模块的工作原理、使用方法以及最佳实践。通过学习和掌握这些功能模块，相信每一位开发者都能够在 Unity 中打造出更加精彩的游戏和应用。让我们一同踏上这段探索之旅，共同揭开 Unity 常用功能模块的神秘面纱吧！

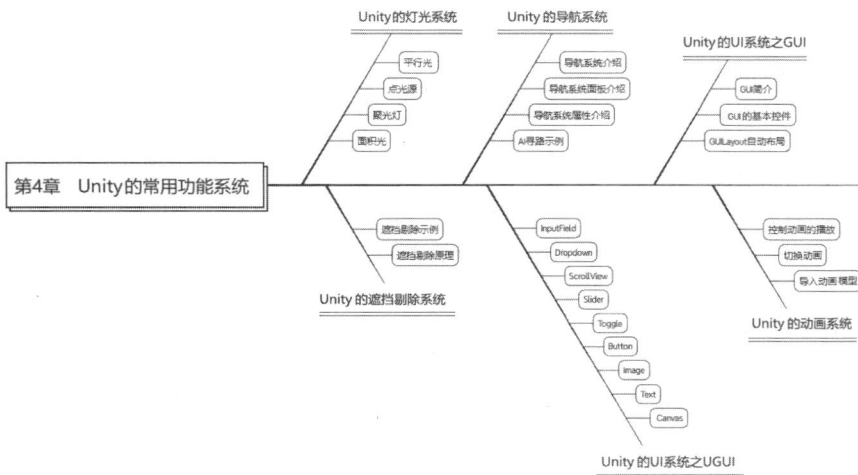

4.1 Unity 的灯光系统

灯光是游戏场景的一部分，开发者往往不需要过多地研究灯光系统，因为场景工程师会调整灯光，但是开发者也需要知道灯光有哪些参数，以及如何调整。Unity 中默认有 4 种灯光：平行光、点光源、聚光灯、面积光。另外，还可以创建两种探针（Probe）：反射探针（Reflection Probe）和光照探针组（Light Probe Group）。下面介绍 4 种灯光的使用。

4.1.1 平行光

平行光（Directional Light）通常用作模拟阳光，Unity 新建场景后会默认在场景中放置一盏平行光，平行光不会衰减，其具体参数如图 4-1 所示。

- **Type**：灯光类型，可以切换成 Point（点光源）、Spot（聚光灯）和 Area（面积光）。
- **Color**：灯光的颜色。
- **Mode**：灯光的模式，对应的是光照烘焙的模式。
  - ◆ **Realtime**：实时模式，实时地显示灯光的效果。
  - ◆ **Mixed**：混合模式，可以显示直接照明，间接照明被烘焙到光照贴图和光探测器中。
  - ◆ **Baked**：烘焙模式，只有在灯光烘焙完成后，才会显示灯光效果。
- **Intensity**：光照强度。
- **Indirect Multiplier**：计算灯光产生间接光时的强度的倍乘数。
- **Shadow Type**：阴影贴图的类型。
  - ◆ **Baked Shadow Angle**：烘焙阴影的角度。
  - ◆ **Realtime Shadows**：实时阴影。

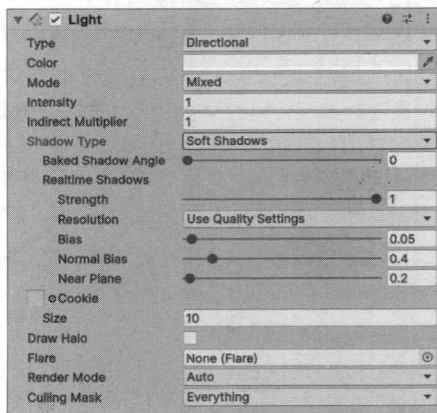

图 4-1　平行光组件属性

    - ■ **Strength**：强度，值越大越清晰，越小越浅，范围值是 0～1。
    - ■ **Resolution**：分辨率设置，有低分辨率、高分辨率和超高分辨率等设置，分辨率越高阴影越清晰，但是占用内存越大。
    - ■ **Bias**：偏差值，就是阴影到物体之间的偏差值，0 表示没有偏差值。
    - ■ **Normal Bias**：阴影法线偏差，是针对法线贴图的偏差值。
    - ■ **Near Plane**：近裁剪面。
- **Cookie**：相当于在灯光上贴黑白图，用来模拟一些阴影效果。例如，贴上网格图模拟窗户栅格效果。
- **Size**：调整 Cookie 贴图大小。
- **Draw Halo**：灯光是否显示辉光，不显示辉光的灯本身是看不见的。
- **Flare**：可以使用一张黑白贴图来模拟灯光在镜头中的"星状辉光"效果。
- **Render Mode**：渲染模式。
- **Culling Mask**：遮挡剔除。

4.1.2　点光源

点光源（Point Lights）是从某一点向各个方向发射光线，模拟的是灯泡的灯光效果，常用于室内灯光的渲染以及爆炸效果等，参数面板如图4-2所示。点光源比较消耗资源，对图形处理器的要求比较高。

Range：光照的范围，超过这个范围则不显示，如图4-3所示。

其他参数与平行光相似，不多做赘述。

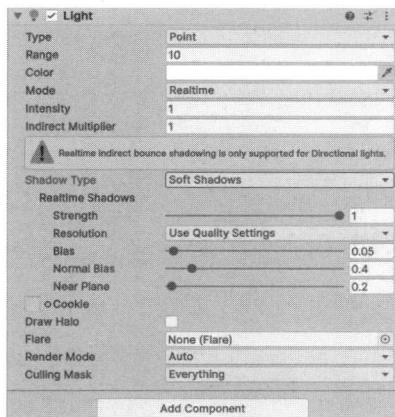

图 4-2　点光源参数面板

图 4-3　点光源的光照范围

4.1.3　聚光灯

聚光灯（Spot Lights）只在一个方向上，在一个圆锥体范围发射光线。常用作手电筒、汽车的车头灯或灯柱。聚光灯最耗费图形处理器的资源。聚光灯的参数面板如图4-4所示。

● Range：光照的范围，超过这个范围则不显示。
● Spot Angle：灯光射出的角度，这是与点光源不同的地方，因为这个灯光是在圆锥体范围照射，所以有一个灯光射出的角度，如图4-5所示。

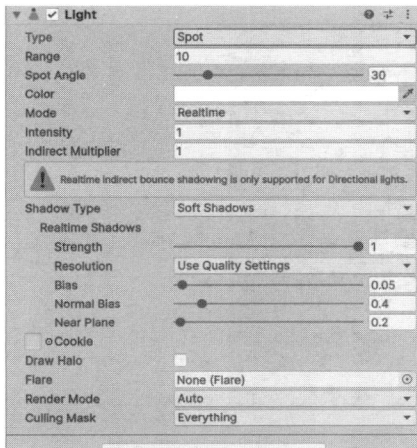

图 4-4　聚光灯的参数面板

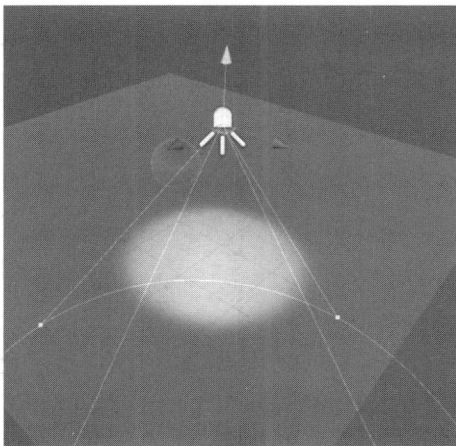

图 4-5　聚光灯灯光效果

4.1.4 面积光

面积光（Area Light）会呈现出一个矩形的样子。当光线入射到它们的表面区域后光线在所有方向上均匀地反射，形成漫反射，从整体来看反射光仅从矩形面的一侧发出。由于光照的计算属于计算机处理器密集型，因此面积光源在运行时不可用，只能烘焙到光照贴图中。面积光的组件属性如图4-6所示。

在没有手动控制面积光的范围时，距离光源越近，光的强度越高；然而从光源到物体的距离的平方位置开始，光的强度逐渐衰弱，这遵循了光的平方反比定律，如图4-7所示。

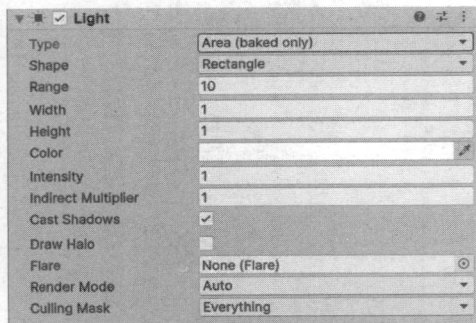

图4-6　面积光的组件属性

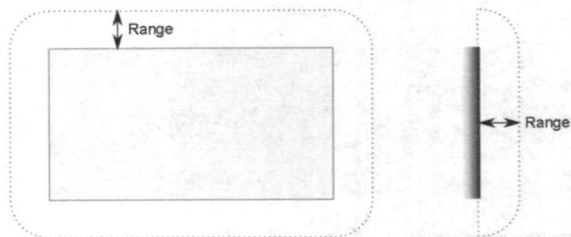

图4-7　光源强度在与物体距离的平方反比处减小

📢 **提示：**

光的平方反比定律又称照度第一定律，是指在用点光源照明时，物体表面上和光线垂直的照度与光源的发光强度成正比，与被照亮的面到光源的距离平方成反比。

光的强弱由两个因素决定：①光源的发光强度；②被照射对象和光源之间的距离。人工光条件下照度与光源距离的平方成反比。

由于面积光同时从几个不同方向照射物体，因此阴影趋向于比其他光类型更柔和与微妙。面积光可用于创建逼真的路灯，还常常用在室内照明中代替点光源，因为具有逼真的效果。

面积光在其表面上产生漫反射，形成具有柔和阴影的反射光，如图4-8所示。

图4-8　面积光的表面漫反射

4.2 Unity 的遮挡剔除系统

在开发大型 3D 游戏时，通常在一个场景中存在大量 3D 模型，这对 GPU 的渲染压力很大，导致游戏会很卡顿，那么如何优化呢？Unity 提供了一种遮挡剔除的方案，就是将摄像机看不到的物体隐藏、不渲染，只将摄像机能够看到的物体渲染出来，这样可以大大提高场景的流畅度。下面介绍具体操作。

4.2.1 遮挡剔除原理

在场景空间中创建一个遮挡区域，该遮挡区域由单元格（Cell）组成，每个单元格是构成整个场景遮挡区域的一部分。这些单元格会把整个场景拆分成多个部分，当摄像机能够看到某个单元格时，表示该单元格的物体会被渲染出来，其他的则不渲染。

4.2.2 遮挡剔除示例

（1）导入素材包：在菜单栏中选择 Assets→Import Package→Custom Package 命令，将"资源包→第 4 章资源文件"文件夹中的 Occlusion.unitypackage 导入，资源包中有完整的案例和完成案例的所有素材，将资源导入后，双击打开 Test_Occlusion.unity 场景，如图 4-9 所示。

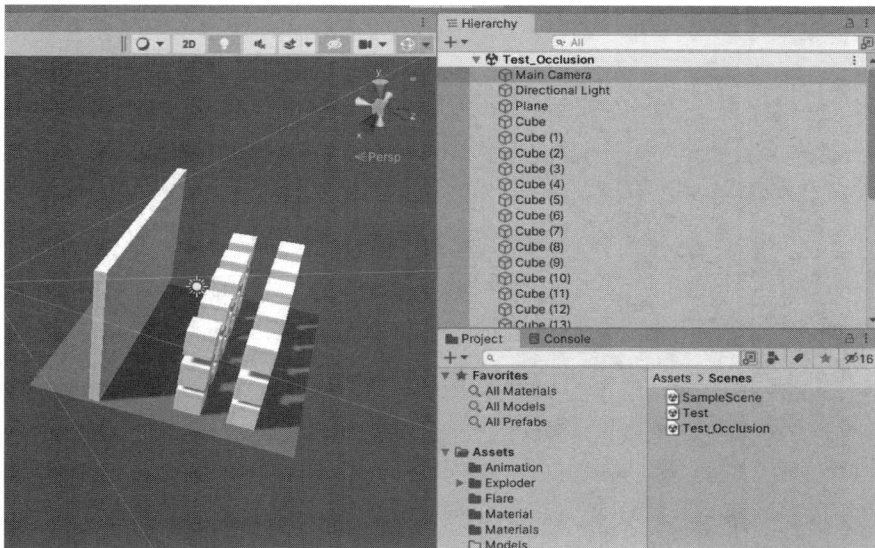

图 4-9　搭建简单场景演示遮挡剔除效果

（2）在菜单栏中选择 Window→Rendering→Occlusion Culling 命令，如图 4-10 所示。

◀》 提示：

　　不同版本的 Unity 可能命令不同，但是都可以在菜单栏中的 Window 目录下找到，Occlusion Culling 面板的属性相似，不同版本间的差距不大。

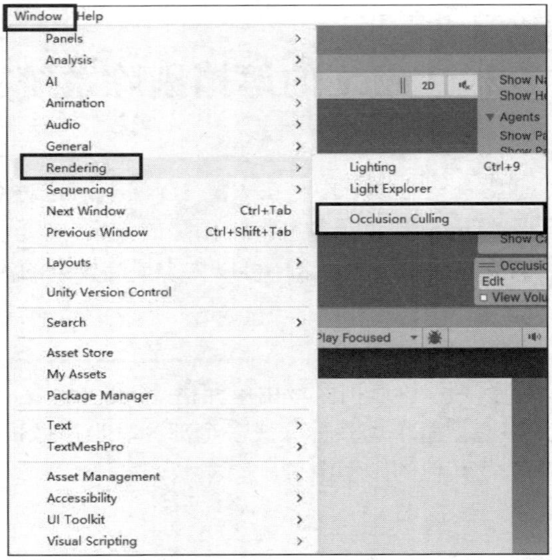

图 4-10 打开 Occlusion Culling 面板

（3）打开 Object 选项，在 Hierarchy 视图中选择所有可能的遮挡物，或者被遮挡物，然后勾选 Occluder Static 或者 Occludee Static 复选框，如图 4-11 所示。

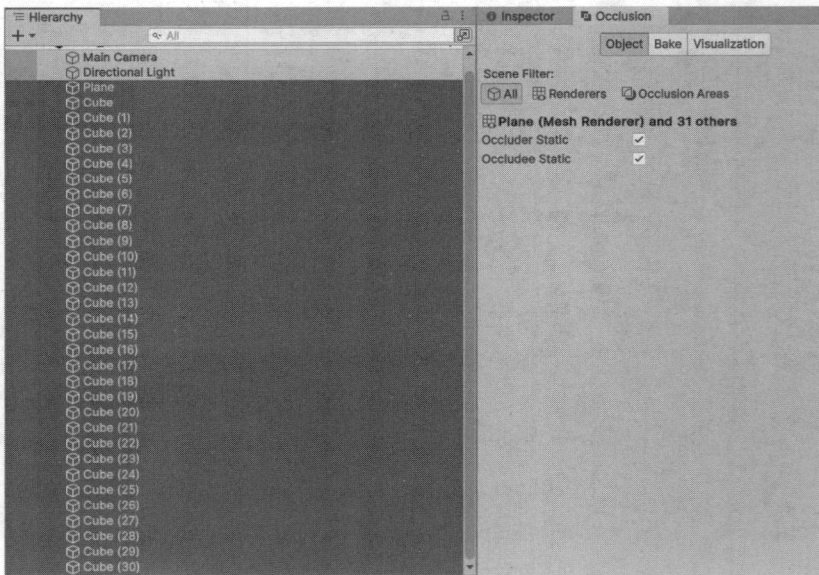

图 4-11 选中所有遮挡物或者被遮挡物

属性说明如下。

● Occluder Static（遮挡物）：通过勾选一个对象的 Occluder Static 可将其设置为静态遮挡物。理想的遮挡物应该是实心的、体积较大的物体。

● Occludee Static（被遮挡物）：通过勾选一个对象的 Occludee Static 可将其设置为静态被遮挡物。

（4）打开 Bake 选项，如图 4-12 所示。

参数说明如下。

- Set default parameters：设置默认参数。
- Smallest Occluder：设置可以被剔除的物体的最小尺寸，如果物体小于这个尺寸，即使被遮挡了也不会被剔除。例如，若这个物体的尺寸只有 1m×1m×1m，那么就算被遮挡也不会被剔除。
- Smallest Hole：设置可以被剔除的孔的最小尺寸，如果孔的大小小于这个参数值，就会忽略这个孔的存在，孔后面的物体就会被剔除。例如，一个物体上面带有孔，如果这个孔的大小小于设置的这个值，就会剔除这个孔后面的物体。

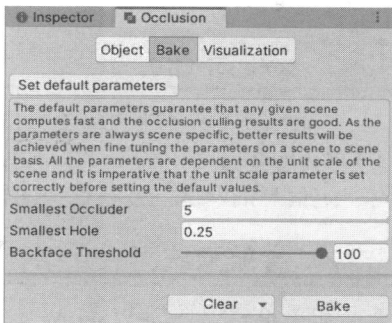

图 4-12 Bake 选项参数

- Backface Threshold：设置背景剔除的阈值。当值为 100 时，就不剔除背景；当小于 100 时，就对背景进行优化甚至去掉背景。

设置这三个值之后，单击 Occlusion 选项卡右下方的 Bake 按钮进行烘培。

（5）在 Scene 视图中选择 Occlusion Culling，切换 Edit 到 Visualize，然后勾选 Camera Volumes、Visibility Lines、Portals 复选框，如图 4-13 所示。

（6）可以看到大的立方体后面的物体已经被剔除，如图 4-14 所示。

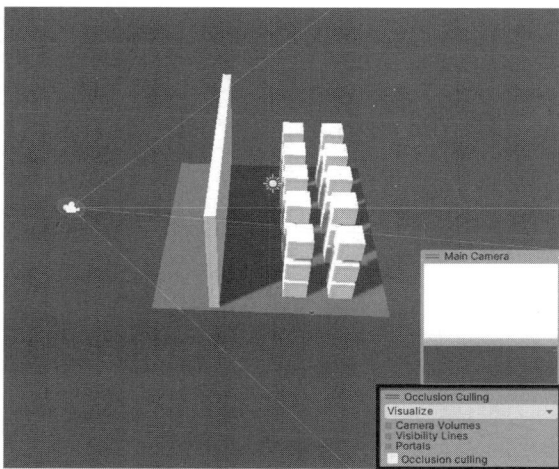

图 4-13 在 Scene 视图中勾选三个复选框

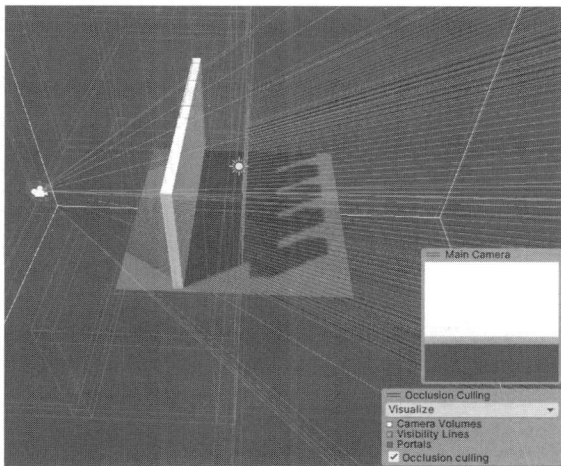

图 4-14 遮挡剔除效果

4.3 Unity 的导航系统

很多游戏都有自动寻路功能，单击场景中的一个位置，角色会自动选择一条相对较优的路线过去。大多数端游页游都会使用 A*算法，很多算法都是在 A*算法的基础上优化的，如 B*。Unity 也自带导航系统，将寻路的代码封装起来，集成了 Navigation 导航系统，既简化了开发难度，又提高了寻路稳定性。下面介绍 Unity 的导航系统。

4.3.1　导航系统介绍

Unity 的导航系统由三个组件、一个 Navigation 总控制面板组成，也是由 A*算法延伸扩展实现的。Navigation 是一种用于实现动态物体自动寻路的技术，它将游戏场景中复杂的结构关系简化为带有一定信息的网格，并在这些网格的基础上通过一系列相应的计算来实现自动寻路。

4.3.2　导航系统面板介绍

在菜单栏中选择 Window→AI→Navigation 命令，打开 Navigation 控制面板，如图 4-15 所示。

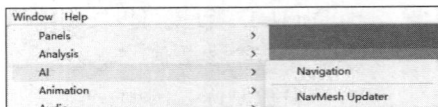

图 4-15　打开 Navigation 控制面板

🔊 **提示：**

如果 Window 菜单中没有 AI→Navigation 命令，可能是没有导入 Navigation 包，在菜单栏中选择 Window→Package Manager 命令，打开包管理器，找到 AI Navigation 包导入即可。

Navigation 面板由两部分组成，分别为 Agents、Areas。下面分别进行介绍。

（1）Agents（导航参数设置）面板，如图 4-16 所示。

- Name：设置烘培 Agents 的名字。
- Radius：烘培的半径，也就是物体的烘培半径。
- Height：设置具有代表性的物体的高度，可以通过的最低的空间高度。这个值越小，能通过的最小高度越小。例如，1.7 米的人想要通过 1.7 米的洞口，需要将 Height 参数设置为 1.7，否则无法通过洞口。
- Step Height：设置梯子的高度，这个值要根据模型阶梯的高度来设置。
- Max Slope：设置烘培的最大角度，就是坡度。

（2）Areas（层设置）面板，如图 4-17 所示。

设置自动寻路时，物体可以通过哪些层。

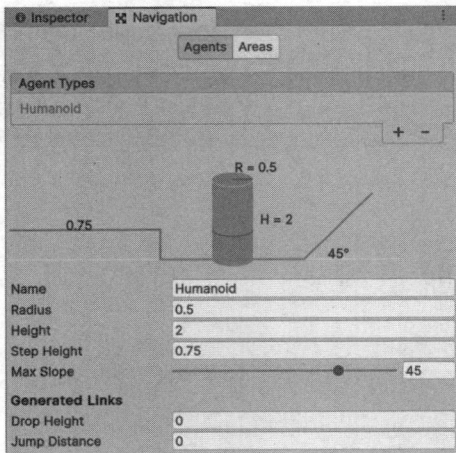

图 4-16　Navigation 的 Agents 面板

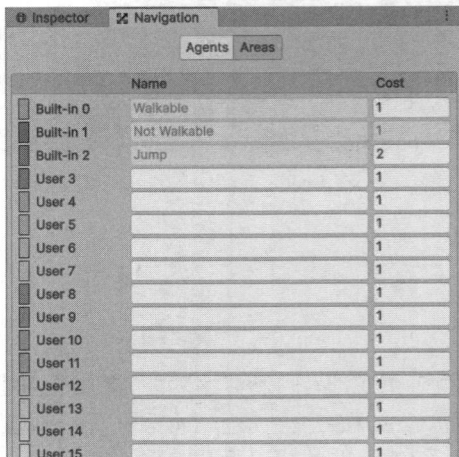

图 4-17　Navigation 的 Areas 面板

> **提示：**
>
> 在 Unity 2022.1 版本之前还有 Bake 按钮，在设置完导航参数后，需要单击 Bake 按钮才开始烘焙；在 Unity 2022.1 版本之后对导航系统进行了优化。在新版本中，导航系统的烘焙过程是自动进行的，无须手动触发，当对场景进行更改或添加导航代理时，Unity 会自动检测并更新导航数据，这样可以提高工作效率并简化导航系统的使用。

4.3.3　导航系统属性介绍

（1）Nav Mesh Agent（自动寻路组件），如图 4-18 所示。

- Agent Type：寻路类型，可以在 Navigation 主控制面板中设置类型。
- Base Offset：偏移值，这个值越大越容易寻路，但是偏离目标越远。
- Speed：对象自动寻路的速度。
- Angular Speed：对象自动寻路转弯的速度。
- Acceleration：加速度。
- Stopping Distance：物体停下来的距离，设置为 0，则表示与目标点的距离为 0 时停下来。
- Auto Braking：是否自动停下来。
- Radius：物体躲避障碍物的半径，大于这个半径则无法躲开障碍物。
- Height：物体躲避障碍物的高度，大于这个高度则无法躲开障碍物。
- Quality：躲避障碍物的等级，等级越高，躲避障碍物越准确。

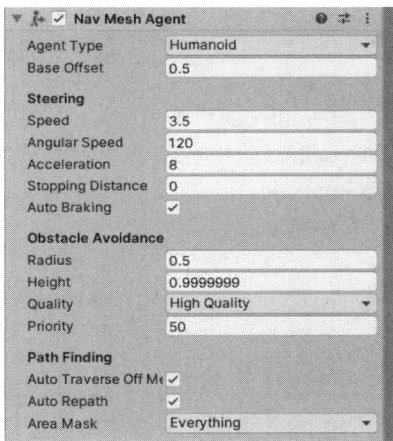

图 4-18　Navigation 的 Nav Mesh Agent 组件

- Priority：优先级，值越大，障碍物躲避越优先。
- Auto Traverse Off Mesh Link：自动跳跃链接。
- Auto Repath：自动复制路径。
- Area Mask：能通过的 Mask 层，可以配合 Navigation 组件中的 Areas 使用。

（2）Nav Mesh Obstacle（障碍物组件），如图 4-19 所示。

- Shape：障碍物的形状。
- Center：障碍物的中心点坐标。
- Size：障碍物的大小。
- Carve：障碍物的网格。

（3）Off Mesh Link（跳跃组件），如图 4-20 所示。

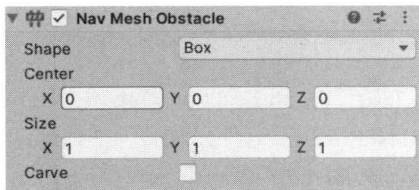

图 4-19　Navigation 的障碍物组件

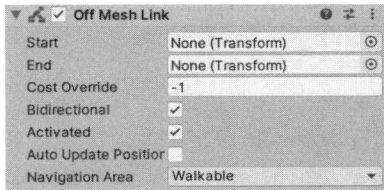

图 4-20　Navigation 的跳跃组件

- Start：跳跃的开始点。
- End：跳跃的结束点。
- Cost Override：设置不同的 Cost Override 值，可以模拟地形差异对 AI 角色移动成本的影响。
- Bidirectional：起始点和终止点是否可以互跳。
- Activated：是否激活。
- Auto Update Position：自动更新位置坐标。
- Navigation Area：可以寻路的层。

（4）NavMeshSurface（导航网格表面），如图 4-21 所示。

- Agent Type：寻路类型，可以在 Navigation 主控制面板中设置类型。
- Default Area：默认的层。
- Generate Links：是否生成跳跃的线。
- Use Geometry：使用生成的网格类型，有 Mesh 和 Collider 两种类型。
- Object Collection：设置烘焙的对象集合。
- Advanced：设置像素的大小、瓦片的大小、网格高度等参数。
- Nav Mesh Data：导航数据。
- Bake：烘焙导航网格数据。

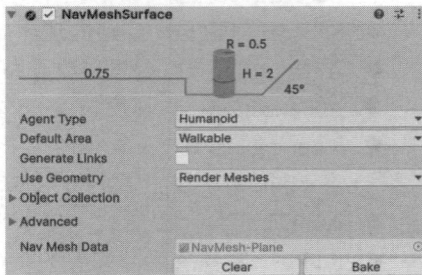

图 4-21　Navigation 的网格组件

4.3.4　AI 寻路示例

（1）导入素材包，在菜单栏中选择 Assets→Import Package→Custom Package 命令，将"资源包→第 4 章资源文件"文件夹中的 Navigation.unitypackage 导入，资源包中有完整的案例和完成案例的所有素材，将资源导入后，双击打开 Test_Navigation.unity 场景，如图 4-22 所示。

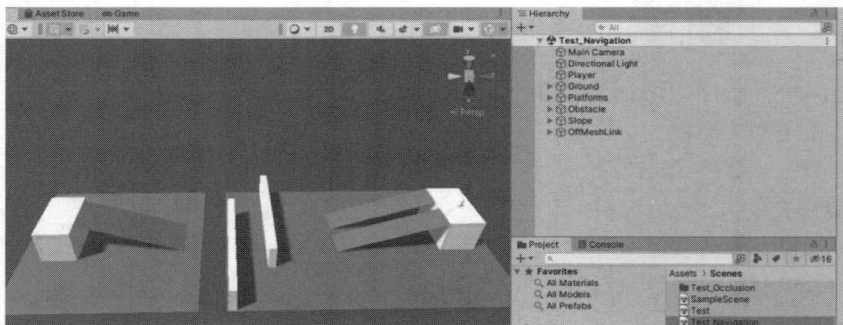

图 4-22　双击打开 Test_Navigation.unity 场景

（2）设置可以行走的地方，在 Hierarchy 视图中选中 Platforms01、Platforms02、Ground01 和 Ground02 对象，然后在 Inspector 视图中单击 Add Component→NavMeshSurface 组件，如图 4-23 所示。

（3）单击 NavMeshSurface 组件的 Bake 按钮，烘焙网格，如图 4-24 所示。

（4）为网格分层，选择 Navigation 视图中的 Areas 选项卡，更改 User 3 的 Name 属性为 Bridge1，更改 User 4 的 Name 属性为 Bridge2，如图 4-25 所示。

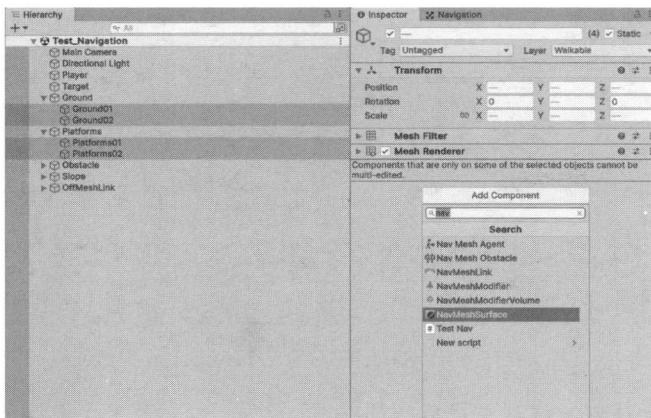

图 4-23　给可以行走的路面添加 NavMeshSurface 组件

图 4-24　烘焙网格

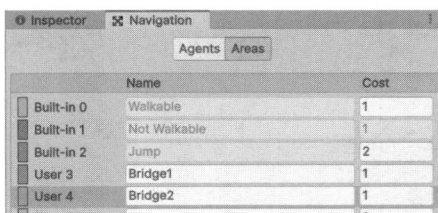

图 4-25　自定义 Navigation 的 Areas 层

（5）在 Hierarchy 视图中，首先选中 Slope01 和 Slope02，添加 NavMeshSurface 组件，设置 Default Area 为 Bridge1，如图 4-26 所示；然后选中 Slope03，添加 NavMeshSurface 组件，设置 Default Area 为 Bridge2，如图 4-27 所示。

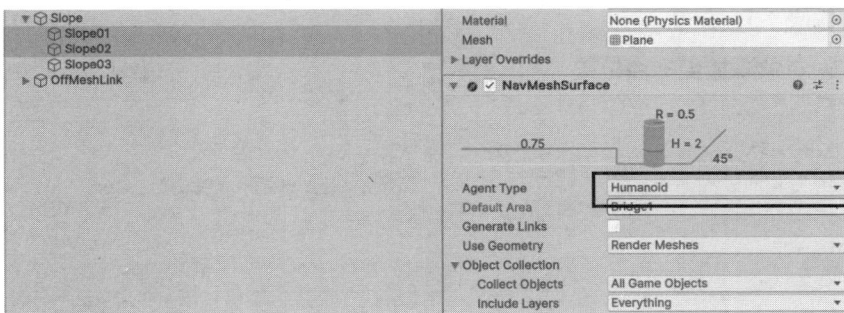

图 4-26　修改 Slope01 和 Slope02 对象的 Navigation 参数

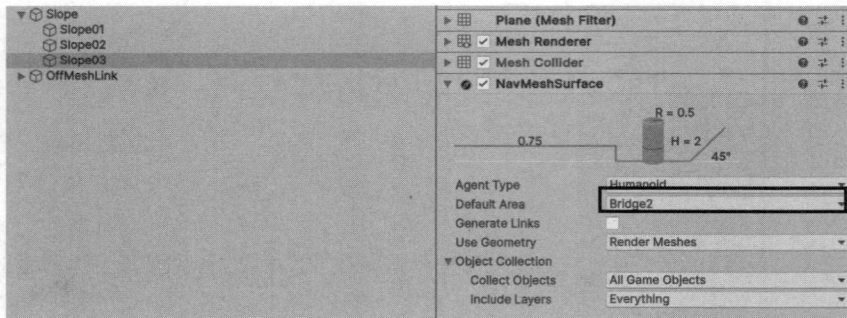

图 4-27　修改 Slope03 对象的 Navigation 参数

（6）分层是为了让对象寻路时寻找特定的路线。例如，分成三路，上路的对象只从上路寻路。

（7）设置障碍物，在 Hierarchy 视图中选中 Obstacle01 和 Obstacle02，在 Navigation 视图中切换到 Object 选项卡，勾选 Navigation Static，将 Navigation Area 设置成 Not Walkable，在 Inspector 视图中，单击后选择 Add Component→Navigation→Nav Mesh Obstacle 选项，添加障碍物组件，如图 4-28 所示。

（8）在 Hierarchy 视图中选中 Ground01 对象，在 Inspector 视图中找到 NavMeshSurface 组件，单击 Bake 按钮烘焙导航网格，烘焙后的导航网格如图 4-29 所示。

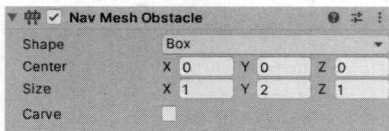

图 4-28　为障碍物对象添加障碍物组件

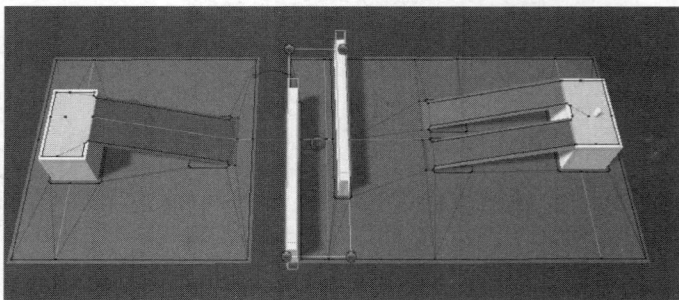

图 4-29　烘焙后的导航网格

（9）新建一个 Sphere 作为可见的导航对象，将对象重命名为 Player，然后为 Player 编写脚本，让 Player 自动寻路到目标点。在 Insector 视图中，单击 Add Component→New Script 选项，将其命名为 Test_4_1，参考代码 4-1。

代码 4-1　为对象添加坐标点位置

```
using UnityEngine;
using UnityEngine.AI;
public class Test_4_1: MonoBehaviour
{
    public Transform TargetObject;

    void Start()
    {
        GetComponent<NavMeshAgent>().SetDestination(TargetObject.position);
    }
}
```

（10）执行对象自动寻路脚本，在 Hierarchy 视图中选中 Player 对象，然后将场景中的 Target 对象拖到 Test_4_1 组件的 Target Object 项，如图 4-30 所示。

（11）运行游戏，观察 Player 对象自动寻路的过程，然后修改 Player 的 Nav Mesh Agent 的 AreaMask 属性，观察勾选不同寻路层的效果。

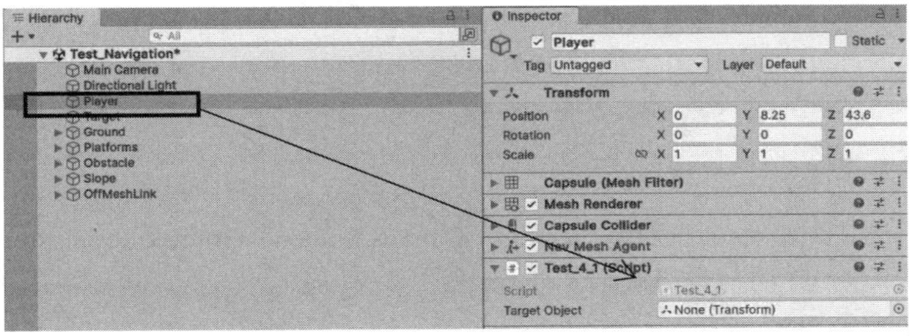

图 4-30　将 Target 对象拖到卡槽中

4.3.5　课后习题

前面学习了导航系统的使用，读者可以尝试制作更加复杂的迷宫，观察导航系统是否可以正常工作，示例图如图 4-31 所示。

图 4-31　示例图

4.4　Unity 的 UI 系统之 UGUI

UI 设计又称用户界面设计，是指对软件的人机交互、操作逻辑、界面美观的整体设计，UI 就相当于人可以看到的界面，并且用户可以与 UI 进行交互。

程序开发中通常要进行 UI 设计，在上一章中搭建了一个简单的登录界面，下面将详细介绍 Unity 中的 UI 系统。

Unity 中的 UI 包括 UGUI 和 GUI。其中，UGUI 是图形化展示效果，搭建方便，学习比较容易；GUI 是代码渲染界面，需要在编写代码时构思完善的界面布局，然后运行项目才能看到效果。

本节介绍 UGUI 系统。

4.4.1　UGUI——Canvas

1．Canvas 组件介绍

Canvas（画布）相当于所有 UI 组件的容器，所有 UI 组件都在它的子集中。

在创建 UI 组件时，Canvas 也会自动创建，所有 UI 元素都必须是 Canvas 的子物体。与 Canvas 一同创建的还有 EventSystem，它是一个基于 Input 的事件系统，可以对键盘、触摸、鼠标、自定义输入进行处理。

2．Canvas 组件属性

Canvas 组件自带三个组件，分别是 Canvas、Canvas Scaler、Graphic Raycaster，如图 4-32 所示。

（1）Canvas：控制 UI 的渲染模式。

Render Mode：渲染模式。

- Screen Space - Overlay：让 UI 始终位于界面最上面。
- Screen Space - Camera：赋值一个相机，按照相机的距离前后显示 UI 和物体。
- World Space：让画布编程一个 3D 物体，可以进行移动旋转等。

（2）Canvas Scaler：控制 UI 画布的缩放比例。

UI Scale Mode：缩放的比例模式。

- Constant Pixel Size：固定像素大小，无论屏幕尺寸如何变化，UI 都不会变化，只能通过 Scale Factor（比例因子）调节。
- Scale With Screen Size：根据屏幕分辨率自动调节 UI 比例。需要设置默认分辨率，改变屏幕尺寸后，根据当前分辨率调节 UI 比例。

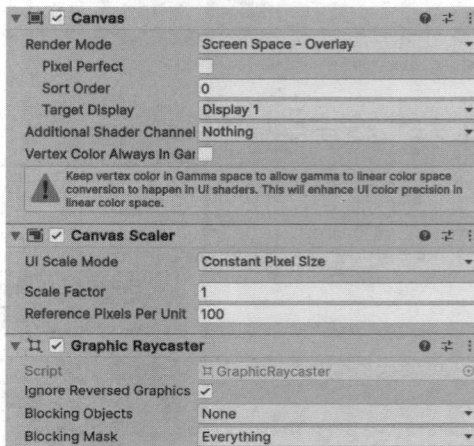

图 4-32　Canvas 自带的组件

- Constant Physical Size：固定物理像素大小，需要给 UI 添加物理效果后，根据分辨率改变 UI 的比例。

（3）Graphic Raycaster：控制是否让 UI 响应射线单击。

- Ignore Reversed Graphics：忽略反转的 UI，UI 反转后单击无效。
- Blocking Objects：阻挡单击物体，当 UI 前有物体时，单击前面的物体，射线会被阻挡。
- Blocking Mask：阻挡层级，当 UI 前有设置的层级时，单击前面的物体，射线会被阻挡。

4.4.2　UGUI——Text

1．Text 组件介绍

Text 组件是 UGUI 中最常用的组件，它的作用是对文本数据进行处理并显示。

2．Text 组件属性

下面在 Unity 中新建一个 Text 组件并查看它的属性。在 Hierarchy 视图中右击，在弹出的快捷菜单中选择 UI→Text 命令，可以看到 Text 组件的属性如图 4-33 所示。

（1）Character：特性。

- Text：文本内容。
- Font：文本的字体。
- Font Style：文本的样式，如普通、粗体、斜体。
- Font Size：文本字体的大小。
- Line Spacing：文本行与行之间的垂直距离。
- Rich Text：富文本格式，勾选该复选框后，可以显示文本中的标记标签信息。

（2）Paragraph：段落。

- Alignment：文本在水平和垂直方向上的对齐方式。
- Align By Geometry：使用字形几何范围执行水平对齐，而不是字形度量。

图 4-33　Text 组件的属性

- Horizontal Overflow：处理文本宽度超过文本框的情况时采用的方法，有 Wrap（隐藏）和 Overflow（溢出）两个选项。
- Vertical Overflow：处理文本高度超过文本框的情况时采用的方法，有 Truncate（截断）和 Overflow（溢出）两个选项。
- Best Fit：忽略 Size 属性，将文本合适地显示在文本框内。

（3）Color：文本颜色。

（4）Material：文本的材质。

（5）Raycast Target：是否作为射线目标，勾选该复选框后，可以被射线点击到；如果不勾选，就无法点击到。UGUI 创建的所有组件都会默认勾选该选项。UGUI 会遍历所有 Raycast Target 是 true 的 UI，发射射线找到玩家最先触发的那个 UI，抛出事件给逻辑层去响应。

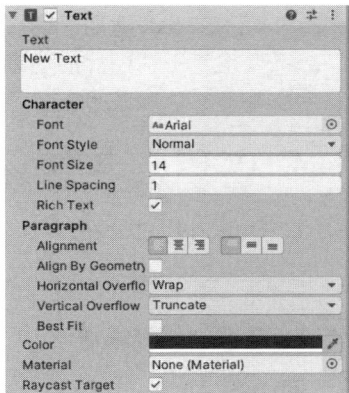

4.4.3　UGUI——Image

1．Image 组件介绍

Image 组件是 UGUI 中比较常用的组件，用来控制和显示图片。

2．Image 组件属性

下面在 Unity 中新建一个 Image 组件并查看它的属性。在 Hierarchy 视图中右击，在弹出的快捷菜单中选择 UI→Image 命令，可以看到 Image 组件的属性，如图 4-34 所示。

- Source Image：需要显示图片的来源。
- Color：图片的颜色。
- Material：渲染图像的材质。
- Raycast Target：能否接收到射线检测。
- Image Type：决定了图片如何填充 Image 组件。填充方式有 Simple 适用于不需要保持图片形状的场景，如背景图

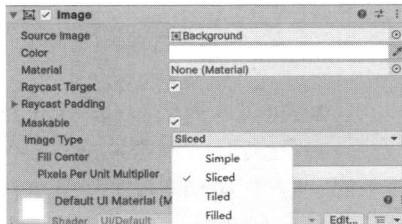

图 4-34　Image 组件的属性

等；Sliced 适用于需要保持图片边缘不变形的场景，如按钮背景、聊天框等；Tiled 适用于需要重复平铺图片的场景，如地面、墙面等；Filled 适用于需要显示图片进度的场景，如技能冷却条、进度条等。

4.4.4　UGUI——Button

1. Button 组件介绍

这是一个按钮组件，在开发中经常使用，通过单击按钮，执行某些事件、动作，以及切换状态等。

2. Button 组件属性

下面在 Unity 中新建一个 Button 组件并介绍它的属性。在 Hierarchy 视图中右击，在弹出的快捷菜单中选择 UI→Button 命令，如图 4-35 所示。

从图 4-35 中可以看到两个组件。其中，Image 组件用来显示 Button 的效果；Button 组件用来响应单击事件。Image 组件已经介绍过了，下面介绍 Button 组件。

- Interactable：是否启动按钮，取消勾选该复选框则按钮失效。
- Transition：按钮状态过渡的类型，默认为 Color Tint（颜色过渡），还有 None、Sprite Swap、Animation 三种类型。
- Navigation：导航。
- On Click：按钮单击事件的列表，设置单击后执行哪些函数。

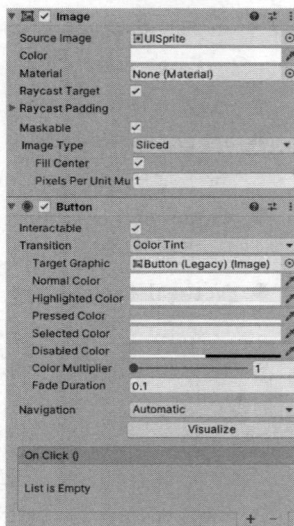

图 4-35　Button 组件的属性

3. Button 组件的使用

下面了解一下 Button 组件的使用。

Button 组件可以通过 On Click 手动添加监听事件，也可以通过代码动态添加监听事件。

1）手动添加监听事件

（1）创建脚本，写下监听函数，参考代码 4-2。

代码 4-2　Button 监听函数测试代码

```
using UnityEngine;
public class Test_4_2: MonoBehaviour
{
    public void OnClickTest()
    {
        Debug.Log("单击了按钮");
    }
}
```

（2）将脚本拖到 Main Camera 相机对象上，再添加到 OnClick（单击事件）中，如图 4-36 所示。

（3）运行后，单击按钮，结果如图 4-37 所示。

2）通过代码动态添加监听事件

（1）创建脚本，添加代码，参考代码 4-3。

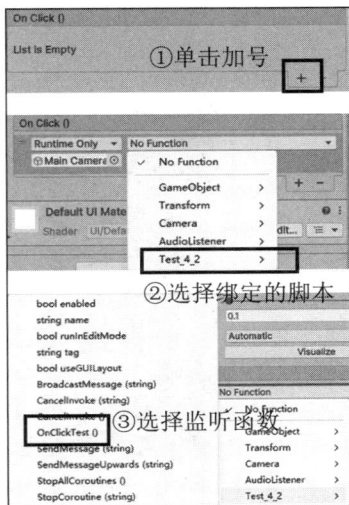

图 4-36　手动添加监听事件

图 4-37　运行后单击按钮的结果

代码 4-3　动态添加监听事件

```
using UnityEngine;
using UnityEngine.UI;
public class Test_4_3: MonoBehaviour
{
    Button TestBtn;
    void Start()
    {
        TestBtn = GetComponent<Button>();
        TestBtn.onClick.AddListener(OnClickTest);
    }
    public void OnClickTest()
    {
        Debug.Log("点击了按钮");
    }
}
```

（2）将脚本添加到 Button 组件上，如图 4-38 所示。

（3）运行后，单击按钮，结果如图 4-39 所示。

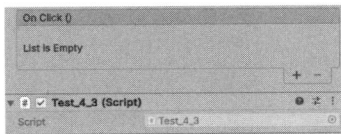

图 4-38　添加脚本给 Button 组件

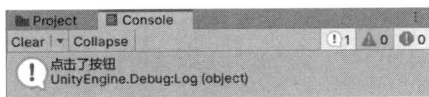

图 4-39　运行后单击按钮的结果

4.4.5　UGUI——Toggle

1. Toggle 组件介绍

在项目开发中，需要一个按钮来模拟和控制开关，这个就是 Toggle 组件的作用。Toggle 组件通常用于状态判断，如是否记住密码、是否开启某些指令等。

2．Toggle 组件的属性

下面在 Unity 中新建一个 Toggle 组件并介绍它的属性。在 Hierarchy 视图中右击，在弹出的快捷菜单中选择 UI→Toggle 命令，可以看到 Toggle 的属性，如图 4-40 所示。

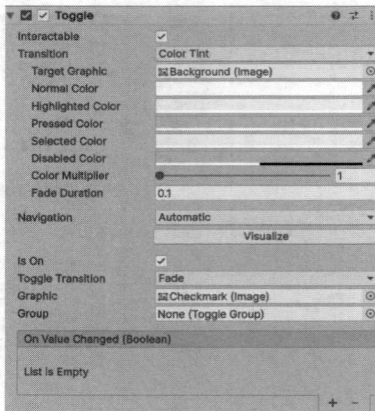

图 4-40   Toggle 组件的属性

- Interactable：是否启动按钮，取消勾选该复选框则按钮失效。
- Transition：按钮状态过渡的类型，默认为 Color Tint（颜色过渡），另外还有 None、Sprotes Swap、Animation 三种类型。
- Navigation：导航。
- Is On：用来表示 Toggle 开关状态。
- Toggle Transition：切换是否有过渡效果，Fade 表示有，None 表示没有。
- Graphic：设置开关要起作用的对象。
- Group：设置分组，多个 Toggle 在一组时，只能选择一个 Toggle 为单击状态。
- On Value Changed：Toggle 的值改变时调用的函数。

3．Toggle 组件的使用

Toggle 组件可以通过 On Value Changed 手动添加监听事件，也可以通过代码动态添加监听事件。

1）手动添加监听事件

（1）创建脚本，写下监听函数，参考代码 4-4。

代码 4-4   Toggle 组件监听函数测试代码

```
using UnityEngine;

public class Test_4_4: MonoBehaviour
{
    public void OnValueChanged(bool isOn)
    {
        if (isOn)
        {
            Debug.Log("开启");
        }
        else
        {
            Debug.Log("关闭");
        }
    }
}
```

（2）将脚本拖到 Main Camera 相机对象上后，单击 Toggle 组件的 On Value Changed 组件属性的加号，将 Main Camera 相机对象拖到 Runtime Only 下面的卡槽中，单击 No Function 选择 Test_4_4 脚本中的 OnClickTest()函数，如图 4-41 所示。

（3）运行后，单击按钮，结果如图 4-42 所示。

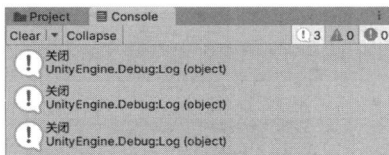

图 4-41　手动添加监听事件　　　　图 4-42　Toggle 测试绑定函数实例运行后单击按钮的结果

①单击加号

②选择绑定的脚本

③选择监听
的函数

运行后发现，无论 Toggle 的 IsOn 状态是开还是关，显示的信息一直都是"关闭"，这是因为手动绑定的监听事件无法将 Toggle 的 IsOn 状态发送给函数，只会在值变化时调用这个函数，动态添加监听事件就可以避免发生这个问题。

2）通过代码动态添加监听事件

（1）创建脚本，添加代码，参考代码 4-5。

代码 4-5　通过代码动态添加 Toggle 事件

```
using UnityEngine;
using UnityEngine.UI;

public class Test_4_5: MonoBehaviour
{
    Toggle TestToggle;
    void Start()
    {
        TestToggle = GetComponent<Toggle>();
        TestToggle.onValueChanged.AddListener(OnValueChanged);
    }
    public void OnValueChanged(bool isOn)
    {
        if (isOn)
        {
            Debug.Log("开启");
        }
        else
        {
```

```
        Debug.Log("关闭");
      }
    }
  }
```

（2）将脚本添加到 Toggle 组件上，如图 4-43 所示。

（3）运行后，单击按钮，结果如图 4-44 所示。

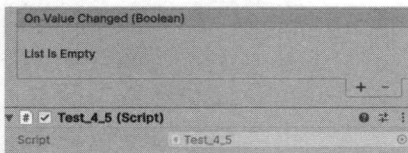

图 4-43　将脚本添加到 Toggle 组件

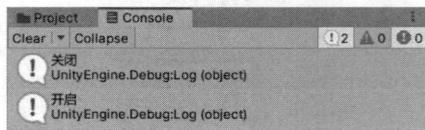

图 4-44　运行后单击切换按钮的结果

4.4.6　UGUI——Slider

1．Slider 组件介绍

Slider 是一个滑动条组件，一般用来制作血条或进度条。

2．Slider 组件的属性

下面在 Unity 中新建一个 Slider 组件并介绍它的属性。在 Hierarchy 视图中右击，在弹出的快捷菜单中选择 UI→Slider 命令，可以看到 Slider 的属性，如图 4-45 所示。

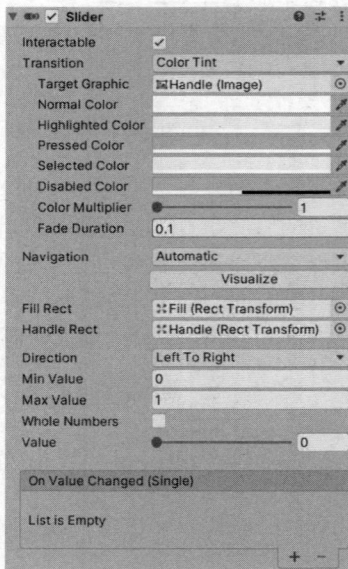

图 4-45　Slider 组件的属性

- Interactable：是否启用按钮，取消勾选该复选框则按钮失效。
- Transition：按钮状态过渡的类型，默认为 Color Tint（颜色着色），还有 None（无状态过渡效果）、Sprite Swap（精灵替换）、Animation（动画）三种类型。
- Navigation：导航设置。
- Fill Rect：Slider 组件的填充区域图形。
- Handle Rect：滑动条手柄部分的组件。
- Direction：拖动手柄时滑块的拖动方向，包括 Left To Right（从左到右）、Right To Left（从右到左）、Bottom To Top（从下到上）和 Top To Bottom（从上到下）。
- Min Value：最大值。
- Max Value：最小值。
- Whole Numbers：是否将值约束为整数。
- Value：填充区域的比例，范围是 0～1。
- On Value Changed：当 Slider 的值改变时调用的函数。

3．Slider 组件的使用

下面制作一个滑动条自增的效果，类似于进度条。

首先新建一个 Slider，在 Hierarchy 视图中右击，在弹出的快捷菜单中选择 UI→Slider 命令，然后隐藏 Slider 组件的 Handle 对象，如图 4-46 所示，最后调整 Slider 组件的 Max Value 值为 100。

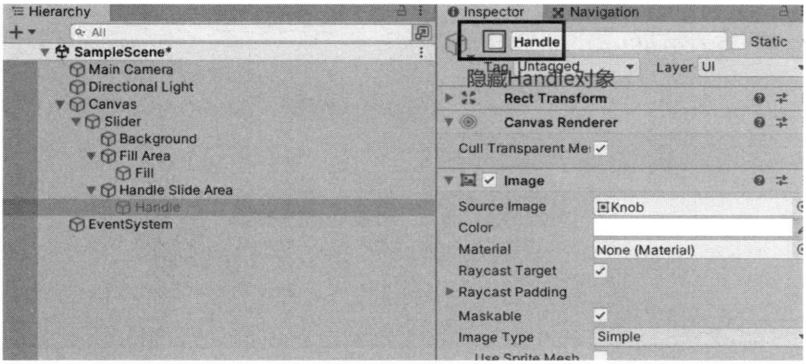

图 4-46　隐藏 Slider 组件的 Handle 对象

（1）将填充区域 Fill Area 的长度调整至 Slider 的最大长度，如图 4-47 所示。

（2）新建一个 Text 文本，放置到 Slider 组件上方中间位置，用来显示进度，如图 4-48 所示。

图 4-47　调整 Fill Area 的长度

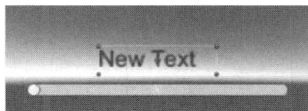

图 4-48　在 Slider 组件上方中间位置新建一个 Text 文本

（3）新建脚本，编写代码，参考代码 4-6。

代码 4-6　监听 Slider 组件的 Value 值，改变 Text 的值

```
using UnityEngine;
using UnityEngine.UI;
public class Test_4_6: MonoBehaviour
{
    public Slider m_Slider;                //Slider 组件
    public Text m_Text;                    //Text 组件
    void Start()
    {
        //值初始化
        m_Slider.value = 0;
        m_Text.text = "";
    }
    void Update()
    {
        if (m_Slider.value < 100)
        {
            m_Slider.value += Time.deltaTime;
            //将 value 的值取两位小数点
```

```
            m_Text.text = m_Slider.value.ToString(("F")) +"%";
        }
    }
}
```

（4）运行之后，查看效果，如图 4-49 所示。

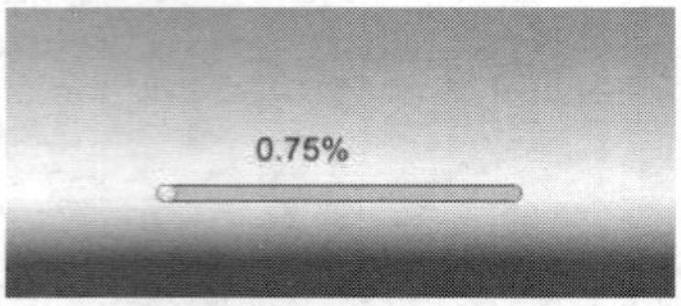

图 4-49　用 Slider 组件实现进度条效果

4.4.7　UGUI——ScrollView

1. ScrollView 组件介绍

ScrollView 组件是一个带有滚动窗口的区域组件，在游戏背包或商城等场景中，需要展示大量物品时，可以使用 ScrollView 组件。

2. ScrollView 组件的属性

下面在 Unity 中新建一个 ScrollView 组件并介绍它的属性。在 Hierarchy 视图中右击，在弹出的快捷菜单中选择 UI→ScrollView 命令，如图 4-50 所示。

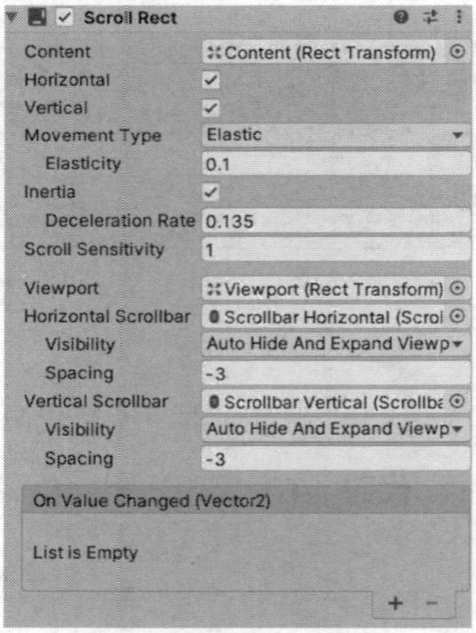

图 4-50　ScrollView 组件的属性

- Content：滚动的内容区域，其中所有的子物体都会显示在该滚动内容区域中。
- Horizontal：是否启用水平滚动。
- Vertical：是否启用垂直滚动。
- Movement Type：滑动框的运动类型，包括 Unrestricted（不受限）、Elastic（弹性）和 Clamped（夹紧）三种类型。
- Inertia：滚性，拖动结束后会根据惯性继续移动，未设置时仅在拖动时移动。
- Scroll Sensitivity：灵敏度，滚动时的灵敏程度。
- Viewport：视口，是 Content 的父物体。
- Horizontal Scrollbar：水平滚动条。
- Vertical Scrollbar：垂直滚动条。
- On Value Changed(Vector2)：ScrollView 组件的绑定事件，当拖动滚动条时，返回一个 Vector2 值，x 和 y 的值范围是 0～1。

3. ScrollView 组件的使用

下面用 ScrollView 组件制作一个背包 UI。

（1）在 Hierarchy 视图中右击，在弹出的快捷菜单中选择 UI→ScrollView 命令，找到 ScrollView 组件下面的 Content 对象，给 Content 对象添加 Grid Layout Group 组件，设置参数来布局排列所有的对象，如图 4-51 所示。

（2）选中 Content 对象，右击，在弹出的快捷菜单中选择 UI→Image 命令，添加多个 Image 组件作为背包物品，如图 4-52 所示。

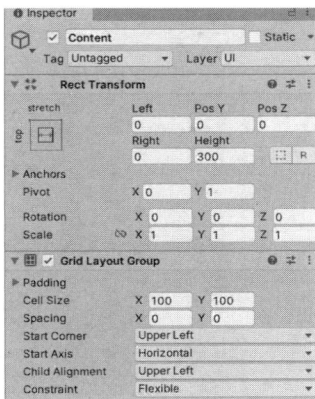

图 4-51　为 Content 对象添加布局组件并设置参数　　　图 4-52　添加多个 Image 组件作为背包物品

（3）运行程序，拖动滚动条即可看到 ScrollView 组件显示多个图片时的样子，如图 4-53 所示。

图 4-53　ScrollView 组件显示效果

4.4.8　UGUI——Dropdown

1．Dropdown 组件介绍

Dropdown（下拉菜单）可用于快速创建大量选择项和下拉菜单模板等。

2．Dropdown 组件的属性

下面在 Unity 中新建一个 Dropdown 组件并介绍它的属性。

在 Hierarchy 视图中右击，在弹出的快捷菜单中选择 UI→Dropdown 命令，可以看到 Dropdown 的属性，如图 4-54 所示。

- Interactable：是否启用按钮，取消勾选该复选框则按钮失效。
- Transition：按钮状态过渡的类型，默认为 Color Tint（颜色过渡），还有 None、Sprite Swap、Animation 三种类型。

- Navigation：导航设置。
- Template：模板。
- Caption Text：标题文字。
- Caption Image：标题图片。
- Item Text：下拉菜单中每个选项的文本。
- Item Image：下拉菜单中每个选项的图片。
- Value：选择下拉菜单的选项，按顺序排列。
- Options：所有的选项。
- On Value Changed(Int32)：Dropdown 的监听事件，用来监听 Dropdown 按钮的切换。

3．Dropdown 组件的使用

Dropdown 组件比较常用的功能有添加选项、添加监听事件等。下面使用实例来演示这两种功能的使用，参考代码 4-7。

代码 4-7　Dropdown 组件的使用实例

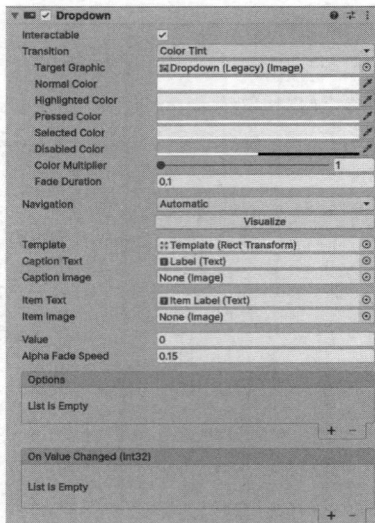

图 4-54　Dropdown 组件的属性

```
using System.Collections.Generic;
using UnityEngine;
using UnityEngine.UI;
public class Test_4_7: MonoBehaviour
{
    public Dropdown m_Dropdown;
    void Start()
    {
        //第一种添加下拉选项的方案
        Dropdown.OptionData data = new Dropdown.OptionData();
        data.text = "第一章";
        Dropdown.OptionData data2 = new Dropdown.OptionData();
        data2.text = "第二章";
        m_Dropdown.options.Add(data);
        m_Dropdown.options.Add(data2);
        //第二种添加下拉选项的方案
        List<Dropdown.OptionData> listOptions = new List<Dropdown.OptionData>();
        listOptions.Add(new Dropdown.OptionData("第三章"));
        listOptions.Add(new Dropdown.OptionData("第四章"));
        m_Dropdown.AddOptions(listOptions);
        m_Dropdown.onValueChanged.AddListener(OnValueChanged);
    }
    public void OnValueChanged(int value)
    {
        switch (value)
        {
            case 0:
                Debug.Log("第一章");
                break;
            case 1:
                Debug.Log("第二章");
                break;
```

```
        case 2:
            Debug.Log("第三章");
            break;
        case 3:
            Debug.Log("第四章");
            break;
        default:
            break;
        }
    }
}
```

　　首先将脚本绑定到 Main Camera 相机对象上，然后将 Dropdown 组件拖到 Dropdown 卡槽中，如图 4-55 所示。

图 4-55　将 Dropdown 组件拖到卡槽中

　　因为是动态生成选项，所以需要将 Dropdown 原来的选项清除，单击 Dropdown 组件，在属性面板中找到 Options 选项，然后选中并单击 "-" 号以删除所有现有选项。

　　然后运行程序，切换选项，可以看到监听函数已被成功调用，如图 4-56 所示。

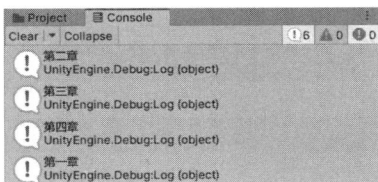

图 4-56　可以看到监听函数被调用

4.4.9　UGUI——InputField

1．InputField 组件介绍

InputField 组件是一个输入框组件，通常用来输入用户的账号、密码或聊天室文字等。

2．InputField 组件的属性

　　下面在 Unity 中新建一个 InputField 组件并介绍它的属性。在 Hierarchy 视图中右击，在弹出的快捷菜单中选择 UI→InputField 命令，可以看到 InputField 的属性，如图 4-57 所示。

- Interactable：是否启用按钮，取消勾选该复选框则按钮失效。
- Transition：按钮状态过渡的类型，默认为 Color Tint（颜色过渡），还有 None、Sprite Swap、Animation 三种类型。
- Navigation：设置导航。
- Text Component：用来输入文本的文本框。

- Text：输入的文本内容。
- Character Limit：字符长度限制，设置为 0 表示不限制。
- Content Type：显示输入的内容类型，有默认、整数、小数、字母数字、名字、E-mail、密码、自定义类型。
- Line Type：段落格式设置。
- Placeholder：占位符文本框，用来显示默认信息。
- Caret Blink Rate：光标闪烁频率。
- Caret Width：光标宽度设置。
- Custom Caret Color：自定义光标的颜色。
- Selection Color：文本选中部分的背景颜色。
- Hide Mobile Input：是否隐藏移动输入（仅限 iOS）。
- Read Only：设置是否只读。

3．InputField 组件的使用

InputField 组件用来获取用户的输入，下面用实例介绍如何获取用户输入的账号和密码并将其显示出来。

（1）新建两个 InputField 组件，找到 InputField 组件下面的 Placeholder 对象，然后分别修改 Text 内容为"请输入账号"和"请输入密码"，再新建两个 Text，Text 的内容分别设置为"账号"和"密码"，整体界面如图 4-58 所示。

图 4-57　InputField 组件的属性

（2）新建一个 Button 按钮用来登录，标题设置为"登录"，然后新建一个 Text，将内容清空，用来显示账号和密码，如图 4-59 所示。

（3）新建脚本，修改代码，参考代码 4-8。

图 4-58　新建两个 Text 和两个 InputField 并调整位置

图 4-59　新建 Button 和 Text

代码 4-8　修改脚本，添加单击登录按钮后显示账号和密码功能

```
using UnityEngine;
using UnityEngine.UI;
public class Test_4_8: MonoBehaviour
{
    public InputField m_InputFieldName;
    public InputField m_InputFieldPwd;
    public Button m_ButtonLogin;
    public Text m_TextInfo;
    void Start()
    {
```

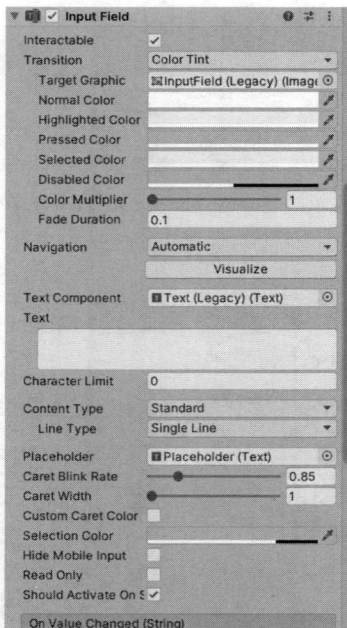

```
        m_ButtonLogin.onClick.AddListener(Button_OnClickEvent);
    }
    public void Button_OnClickEvent()
    {
        m_TextInfo.text = "账号: " + m_InputFieldName.text + " 密码: " +
        m_InputFieldPwd.text;
    }
}
```

将脚本绑定到相机对象上，然后将各个对象拖到对应卡槽中，如图 4-60 所示。

图 4-60　将对应的 UI 拖到组件的卡槽中

（4）运行程序，输入账号和密码，单击"登录"按钮，界面中会显示账号和密码，如图 4-61 所示。

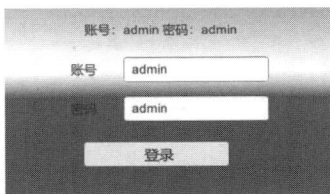

图 4-61　登录后在界面中显示账号和密码

4.4.10　课后习题

下面用 UGUI 的组件设计一个背包 UI，示例图如图 4-62 所示。

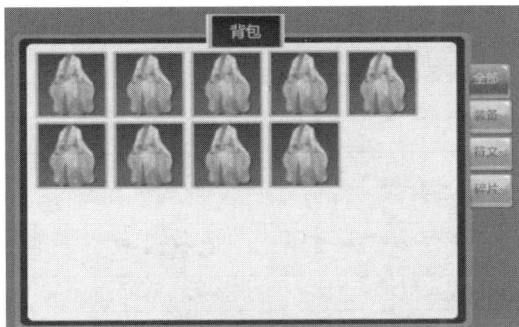

图 4-62　背包 UI

4.5 Unity 的 UI 系统之 GUI

在游戏开发的整个过程中，游戏界面占据了非常重要的位置。玩家在启动游戏时，首先看到的就是游戏的 UI，其中包含图片、按钮和高级控件等。UGUI 和 GUI 是 Unity 中常用的两个 UI 系统，上一节介绍了 UGUI，本节将介绍 GUI。

4.5.1 GUI 简介

GUI（Graphical User Interface，图形用户界面）可以快速创建各种游戏交互界面。该交互界面是游戏作品中不可或缺的部分，它可以为游戏提供导航，也可以提供重要的信息，同时也是美化游戏的一种重要手段。Unity 内置了一套完整的 GUI 系统，它提供了从布局、空间到皮肤的一整套 GUI 解决方案，可以做出各种风格和样式的 GUI。目前，Unity 没有提供内置的 GUI 可视化编辑器，因此 GUI 的制作需要全部通过编写脚本代码来实现。

GUI 技术是一种 UI 传统技术，但是 Unity 5.x 之后并没有取消这种 UI 技术。因为原生的 GUI 在一些早期开发的项目以及小型游戏中依然存在价值，如简单易用。

编写 GUI 脚本，必须注意以下两个重要特性。

（1）GUI 脚本控件必须定义在脚本文件的 OnGUI 事件函数中。

（2）GUI 每一帧都会调用。

4.5.2 GUI 的基本控件

GUI 的基本控件及其含义如表 4-1 所示。

表 4-1 GUI 的基本控件及其含义

控件名称	含　义
Label	绘制文本和图片
TextField	绘制一个单行文本输入框
TextArea	绘制一个多行文本输入框
PasswordField	绘制一个密码输入框
Button	绘制一个按钮
ToolBar	创建工具栏
ToolTip	显示提示信息
Toggle	绘制一个开关按钮
Box	绘制一个图形框
ScrollView	绘制一个滚动视图组件
Color	与 Background Color 控件类似，都是渲染 GUI 颜色的，但是两者不同的是，Color 不仅会渲染 GUI 的背景颜色，还会影响 GUI.Text 的颜色
Slider	包含水平滚动条 GUI.HorizontalSlider 和垂直滚动条 GUI.VerticalSlider，可以根据界面布局的需要选择使用
DragWindow	实现屏幕内的可拖曳窗口
Window	窗口组件，在窗口中可以添加任意组件

下面用具体实例介绍 GUI 常用控件的使用，参考代码 4-9。

代码 4-9 GUI 常用控件的使用

```csharp
using UnityEngine;

public class Test_4_9: MonoBehaviour
{
    private string userName = "";
    private string password = "";
    private string info = "";
    private bool manSex = false;
    private bool womanSex = false;

    Vector2 scrollPosition = Vector2.zero;

    int toolbarInt = 0;
    string[] toolbarStrings = {"红色", "绿色", "蓝色"};

    void OnGUI()
    {
        //将内容生成到 Box 组件中
        GUI.Box(new Rect(290, 260, 300, 300),"");
        //用 Toolbar 组件创建工具栏
        toolbarInt = GUI.Toolbar(new Rect(310, 270, 250, 30), toolbarInt, toolbarStrings);
        switch (toolbarInt)
        {
            case 0:
                GUI.color = Color.red;
                break;
            case 1:
                GUI.color = Color.green;
                break;
            case 2:
                GUI.color = Color.blue;
                break;
            default:
                break;
        }
        //用 Label 组件绘制文本
        GUI.Label(new Rect(310, 310, 70, 20), new GUIContent("用户名: ", "Label 组件"));
        //用 TextArea 组件绘制输入框
        userName = GUI.TextField(new Rect(380, 310, 200, 20), userName);
        GUI.Label(new Rect(310, 330, 70, 20), new GUIContent("密码: ", "Label 组件"));
        //用 PasswordField 组件绘制密码输入框
        password = GUI.PasswordField(new Rect(380, 330, 200, 20), password, '*');
        //用 Toggle 组件绘制开关按钮
        manSex = GUI.Toggle(new Rect(310, 370, 50, 20), manSex, "男");
        womanSex = GUI.Toggle(new Rect(350, 370, 50, 20), womanSex, "女");
        GUI.Label(new Rect(310, 420, 70, 20),new GUIContent("个人简介: ", "Label 组件"));
        //ScrollView 组件
        scrollPosition = GUI.BeginScrollView(new Rect(380, 420, 200, 100), scrollPosition,
        new Rect(0, 0, 200, 300));
        info = GUI.TextArea(new Rect(0, 0, 200, 300), info);
```

```
        GUI.EndScrollView();
        //用 Button 绘制按钮
        GUI.Button(new Rect(400, 530, 50, 20), new GUIContent("保存", "Button 组件"));
        //ToolTip 用户显示提示信息
        GUI.Label(new Rect(480, 530, 200, 40), GUI.tooltip);

        //Window 组件和 DragWindow 组件
        Rect windowRect0 = new Rect(300, 600, 120, 50);
        Rect windowRect1 = new Rect(450, 600, 120, 50);
        GUI.color = Color.red;
        windowRect0 = GUI.Window(0, windowRect0, DoMyWindow, "Red Window");
        GUI.color = Color.green;
        windowRect1 = GUI.Window(1, windowRect1, DoMyWindow, "Green Window");
    }

    private void DoMyWindow(int id)
    {
        if (GUI.Button(new Rect(10, 20, 100, 20), "可拖动窗口"))
        {
            Debug.Log("color" + GUI.color);
        }
        GUI.DragWindow(new Rect(0, 0, 10000, 10000));
    }
}
```

以上实例中用到了 GUI 中的 Button 组件、Label 组件、Box 组件、Toolbar 组件、TextField 组件、PasswordField 组件、ScrollView 组件、Color 组件、Toggle 组件、Window 组件以及 DragWindow 组件。

从以上代码可以看到，OnGUI 系统并不是可视化操作，大多数情况下，开发人员需要通过代码实现控件摆放以及功能的修改，然后通过给定坐标的方式对控件进行调整，规定屏幕左上角坐标是（0,0,0），并以像素为单位对控件进行定位。

运行以上实例代码后，界面如图 4-63 所示。

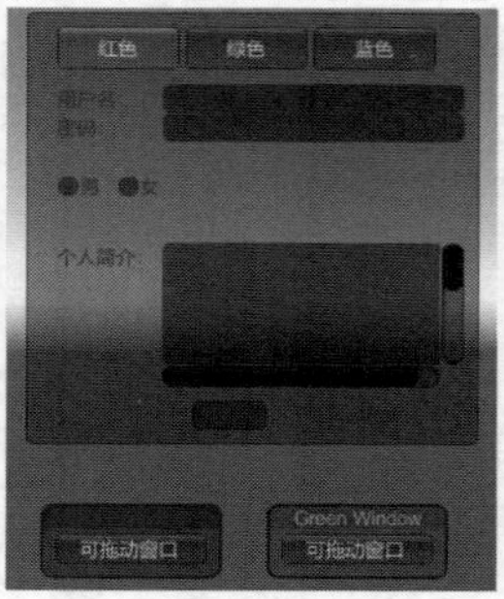

图 4-63　GUI 常用组件演示实例

4.5.3　GUILayout 自动布局

在前面介绍的实例中对每个控件进行布局时，都需要使用 new Rect()指定组件的位置和大小，包括 x 轴坐标、y 轴坐标、组件的宽度、组件的高度。为了解决这个问题，Unity 提供了一个相对简单的布局方案，即使用 GUILayout 自动布局，让每个组件的宽度和高度按照一些字体的大小进行统一计算，采取靠左对齐或靠右对齐的方式，一个组件占据一行的原则进行布局。

（1）使用默认 Rect 定位方式进行布局的方案，参考代码 4-10。

代码 4-10　使用默认 Rect 定位方式排列 Label

```
using UnityEngine;
public class Test_4_10: MonoBehaviour
{
    void OnGUI()
    {
        GUI.Label(new Rect(0, 0, 70, 20), "你好");
```

```
        GUI.Label(new Rect(0, 20, 70, 20), "世界");
        GUI.Label(new Rect(0, 40, 70, 20), "Hello");
        GUI.Label(new Rect(0, 60, 70, 20), "World");
    }
}
```

编译和执行以上代码，结果如图 4-64 所示。

（2）使用 GUILayout 自动布局，参考代码 4-11。

代码 4-11　使用 GUILayout 自动布局

```
using UnityEngine;
public class Test_4_11: MonoBehaviour{
    void OnGUI(){
        GUILayout.BeginArea(new Rect(400, 200, 300, 400));
        GUILayout.Label("你好");
        GUILayout.Label("世界");
        GUILayout.Label("Hello");
        GUILayout.Label("World");
        GUILayout.EndArea();
    }
}
```

编译和执行以上代码，结果如图 4-65 所示。

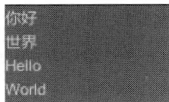

图 4-64　使用默认 Rect 定位方式
排列 Label

图 4-65　使用 GUILayout 自动布局，
每个 Label 占据一行空间

GUILayout.BeginArea 相当于一个盒子，盒子使用 Rect 进行定义，如果 Label 太多，超出范围则不显示。

4.6　Unity 的动画系统

动画是游戏的一个重要方面，带有动画的游戏会让人感觉更加精致和有趣。Unity 的动画系统 Mecanim 为游戏对象提供了丰富的动画可能性。本节将介绍动画资源的导入、参数设置、动画的播放以及动画状态的切换。

4.6.1　导入动画模型

动画的准备和制作一般是由美术师或动画师通过第三方工具来完成的，如 3ds Max 或 Maya。下面将介绍如何导入动画模型。

（1）新建一个项目，命名为 Test_Ani，并设置保存路径，如图 4-66 所示。

图 4-66　新建项目、设置名称和路径

（2）在 Project 视图中，新建一个 Models 文件夹，用来存放动画模型资源，如图 4-67 所示。

（3）将"资源包→第 4 章资源文件"文件夹中的 dog.fbx 文件导入 Unity 的 Project 视图下的 Models 文件夹中，如图 4-68 所示。

图 4-67　新建 Models 文件夹存放动画模型文件

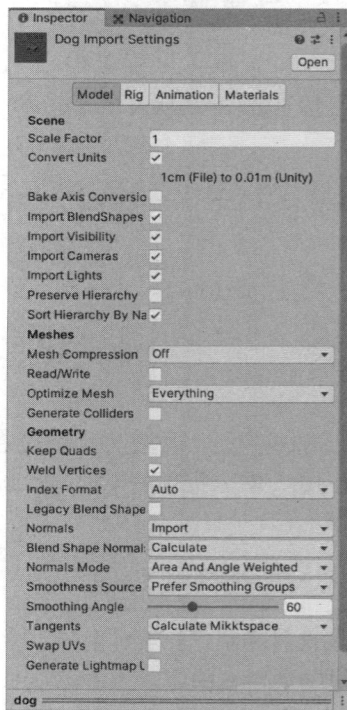

图 4-68　Inspector 面板属性

- Model：导入模型的参数设置，主要有缩放比例、网格设置等。
- Rig：设置动画的格式。
- Animation：动画设置面板，可以预览动画。
- Materials：设置导入模型材质的参数。

主要在 Rig 面板中设置导入模型的动画参数，如图 4-69 所示。

- Animation Type：动画类型。
  - ◆ None：不导入动画，Project 视图中的模型文件只有一个网格文件。
  - ◆ Legacy：旧版动画系统。
  - ◆ Generic：通用模式，既支持人形动画，也支持非人形动画。
  - ◆ Humanoid：专为人形动画设计，支持动画重定向。
- Avatar Definition：骨骼定义。
  - ◆ Create From This Model：从这个模型创建骨骼。
  - ◆ Copy From Other Avatar：从其他的模型复制骨骼。
- Root node：设置动画的根节点。

图 4-69　在 Rig 面板中设置动画参数

- Skin Weights：单个顶点的骨骼数量，它决定了在动画渲染过程中，每个顶点受到多少个骨骼的影响，默认是 Standard(4 Bones)：使用最多四个骨骼来影响单个顶点。
- Optimize Bones：优化角色模型的骨骼结构，以提高 CPU 性能，启用此选项，会剔除只包含 Transform 组件的骨骼节点。
- Optimize Game Object：优化游戏对象。

（4）Animation Type 设置为 Generic，Avatar Definition 设置为 Create From This Model，Root node 设置为 None，单击 Apply 按钮，如图 4-70 所示。

（5）单击 Animation 选项进入动画面板，单击 ▶ 按钮来预览动画，如图 4-71 所示。

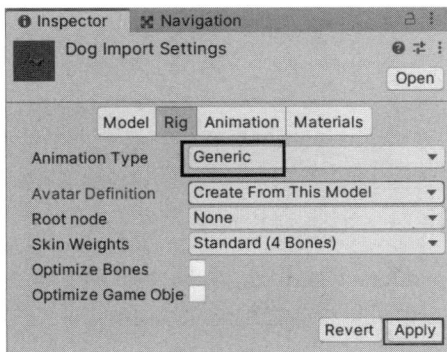

图 4-70　设置动画模型

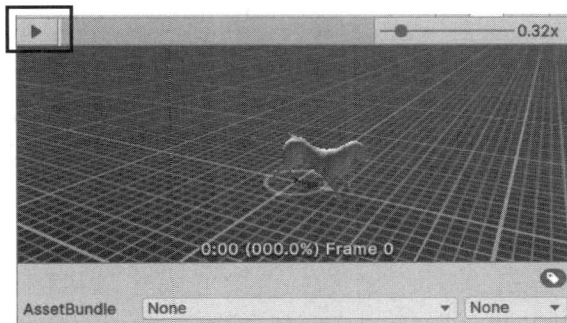

图 4-71　在动画预览面板中播放动画

（6）单击 Clips 条目下的加号创建动画片段，将 Start 设置为 90、End 设置为 115，动画重命名为 yap，单击 Apply 按钮，如图 4-72 所示。

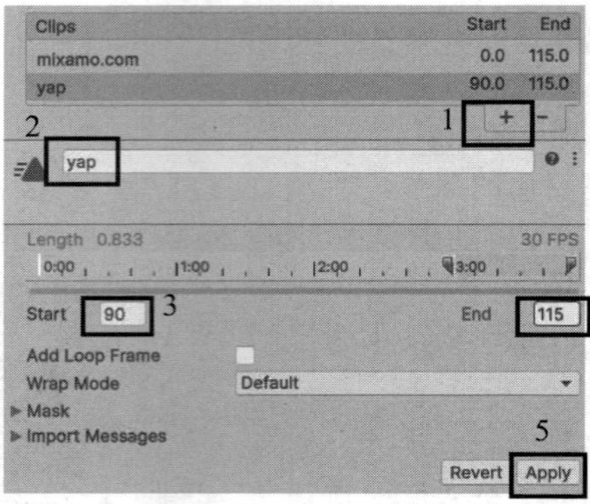

图 4-72　创建动画片段

4.6.2　切换动画

一个动画对象常常有多个动画片段，如站立、攻击、行走、跑动等。下面将介绍如何切换动画片段。

（1）将 Project 视图中的 Models 文件夹内的 dog.fbx 文件拖到 Hierarchy 视图中，如图 4-73 所示。

（2）在 Project 视图中右击，在弹出的快捷菜单中选择 Create→Animation→Animator Control 命令，新建动画控制器，将其命名为 dog，如图 4-74 所示。

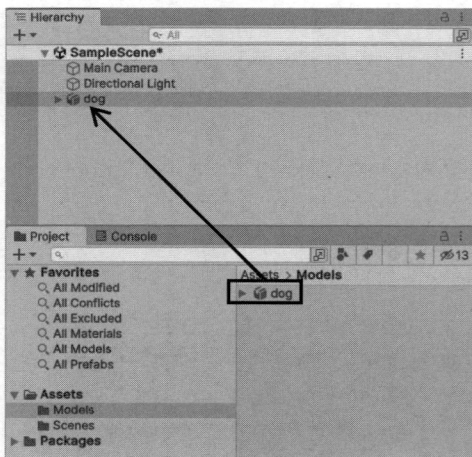

图 4-73　将模型文件拖到 Hierarchy 视图中

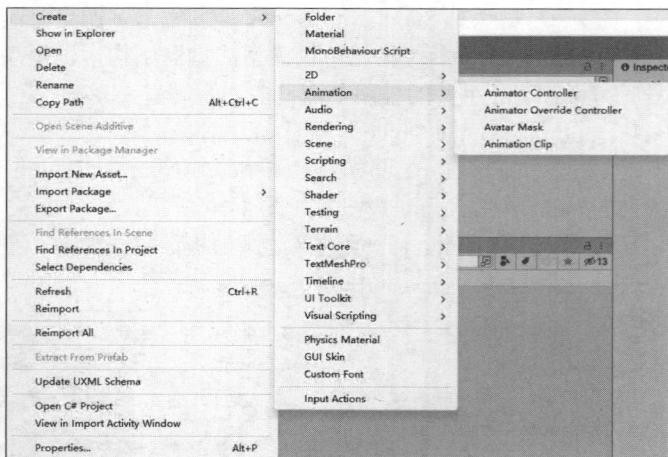

图 4-74　新建动画控制器

（3）双击打开动画控制器，然后将 dog 的动画片段拖到 Animator 视图中，如图 4-75 所示。

● Any State：任意状态，不管当前角色在播放什么动画，都可以直接播放这个动画。

● Entry：进入状态机默认连接的动画。

● Exit：退出状态机默认连接的动画。

● Layer：Layer（动画层）允许开发者将角色的动画分为不同的层次，每个层次可以独立控制角色的不同身体部位。例如，下半身 Layer 可以管理行走、跑动等腿部动作，而上半身 Layer 则可以控制投掷、射击等上半身动作。这样的分层管理方式使得动画的制作和编辑更加灵活和高效。

图 4-75　将动画片段拖入 Animator 视图中

04

● Paramters：左上角的 Paramters 按钮，可以用来切换状态面板。

（4）单击 Parameters 按钮，进入状态设置，单击■按钮，添加 bool 类型的状态值，命名为 yap，如图 4-76 所示。

（5）为动画片段添加状态切换。选择 mixamo_com 并右击，在弹出的快捷菜单中选择 Make Transition 命令，然后生成一条白色带箭头的线段，指向 yap，单击白色箭头，可以设置动画切换的状态，在 Inspector 视图中设置动画切换的状态，如图 4-77 所示。

● Has Exit Time：勾选该复选框，在切换动画时可以在上一动作结束后再播放下一动画。
● Solo：动画切换优先。
● Mute：动画切换禁止。

（6）按照步骤（5），右击 yap，生成白色带箭头线段，然后指向 mixamo_com，设置动画切换状态，yap 状态设置为 false，表示切换动画，如图 4-78 所示。

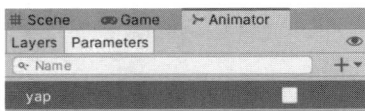

图 4-76　新建 bool 类型的状态值　　图 4-77　设置动画切换的状态 1　　图 4-78　设置动画切换的状态 2

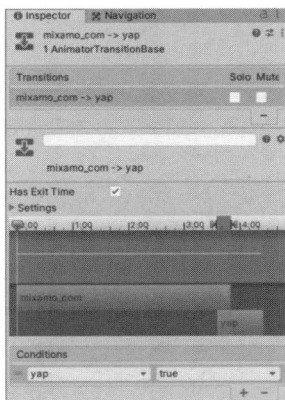

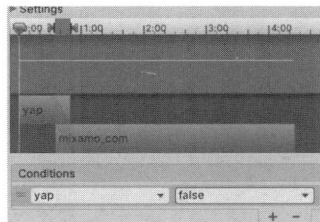

4.6.3　控制动画的播放

上一小节介绍了可以使用状态值来切换动画，动画对象具有很多动画片段。下面将介绍如何使用状态值控制对象在不同状态下播放不同的动画片段。

（1）添加动画控制器。将 Project 视图中的 dog.controller 动画控制器拖曳到 dog 对象的 Animator 组件的 Controller 卡槽中，表示将使用这个动画控制器来控制动画的播放，如图 4-79 所示。

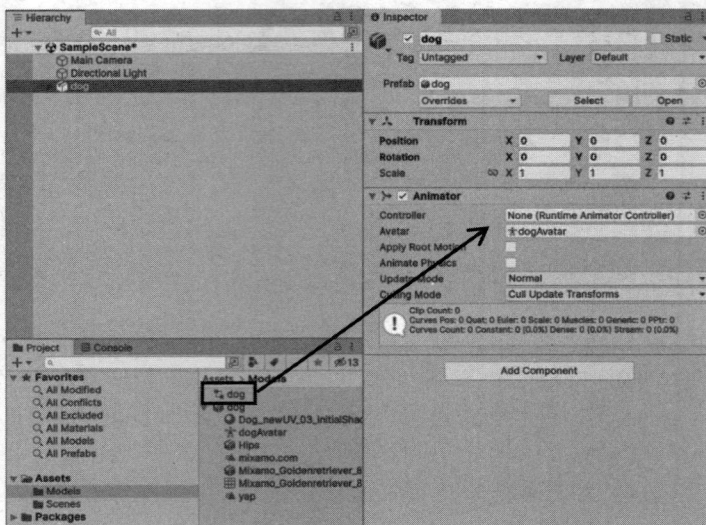

图 4-79　添加动画控制器

（2）添加动画控制脚本。单击 Add Component→New script，命名为 Test_4_12，双击打开脚本，参考代码 4-12。

代码 4-12　通过控制动画参数切换动画

```csharp
using UnityEngine;
public class Test_4_12: MonoBehaviour
{
    private Animator anim;
    void Start()
    {
        anim = GetComponent<Animator>();        //获取对象上的 Animator 组件
    }

    //Update is called once per frame
    void Update()
    {
        if (Input.GetKeyDown(KeyCode.W))
        {
            //按 W 键，切换 yap 状态为 true，播放 yap 动画
            anim.SetBool("yap", true);
        }
        if (Input.GetKeyDown(KeyCode.S))
        {
            //按 W 键，切换 yap 状态为 false，播放其他动画
            anim.SetBool("yap", false);
        }
    }
}
```

4.7　本　章　小　结

　　本章介绍了 Unity 的常用功能模块，并对这些功能模块的属性逐一进行了讲解。此外，还详细拆分讲解了功能操作步骤，演示了如何使用这些功能。例如，介绍了场景中的灯光系统的使用，演示不同灯光类型下的场景灯光效果；介绍了光晕效果的实现；介绍了 Unity 的大型 3D 场景优化技术遮挡剔除的实现，演示了如何实现遮挡剔除；介绍了导航系统，包括生成导航网格，实现自动寻路的功能；动画系统，涉及编辑模型动画、修改动画状态以及控制动画的播放等。

第 5 章　脚 本 开 发

本章主要介绍 Unity 中的脚本开发，Unity 最初支持三种开发语言：Boo、JavaScript 和 C#。目前选择 Boo 作为开发语言的使用者非常少，所以 Unity 在 5.0 以后放弃了对 Boo 语言的技术支持。同时，又在 Unity 2017.2 版本决定放弃支持 UnityScript。

C#语言是微软公司开发且由 Ecma 和 ISO 核准认可的编程语言。它是一个由 C 和 C++衍生出来的面向对象且运行于.NET Framework 和.NET Core 之上的高级程序设计语言。其主要特点有面向对象、面向组件、容易学习、可在多种计算机平台上编译。

本书使用 C#语言作为开发语言，下面将讲解如何在 Unity 中编写脚本，以及如何使用 C#语言进行脚本编辑。

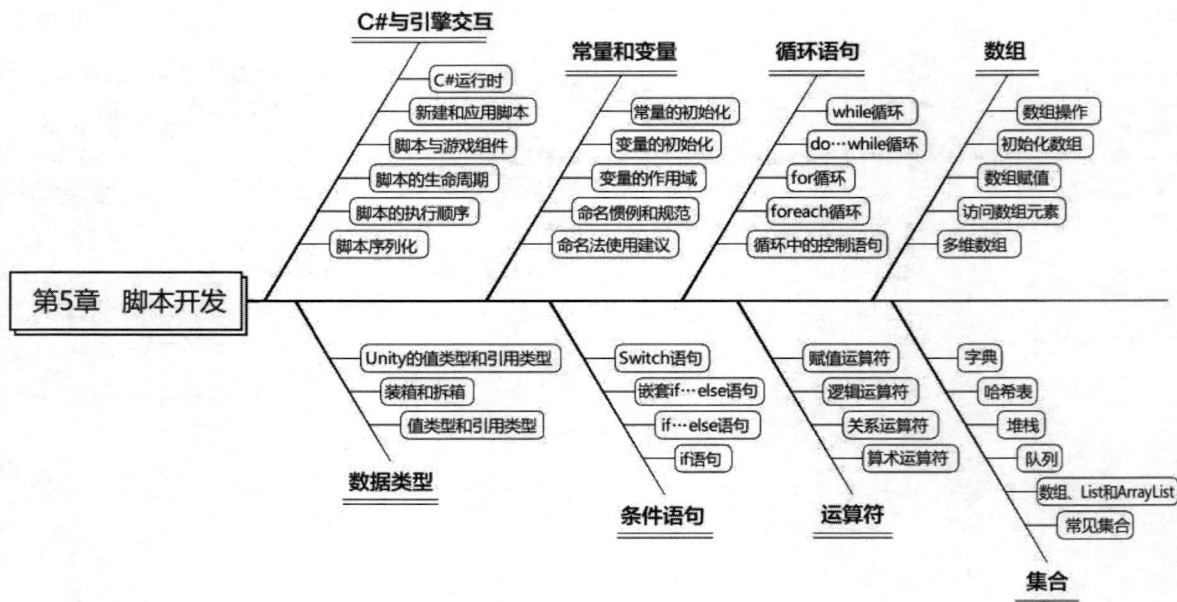

5.1　C#与引擎交互

在 Unity 编辑器中，Mono 和 IL2CPP 是两种常见的脚本运行时技术。其中，Mono 是一个跨平台的开源项目，实现了.NET 框架的一部分功能，提供对编程语言的支持，在 Unity 中，脚本运行时就是基于 Mono 的；IL2CPP 用于将 C#脚本代码转换为本地机器码，消除运行时解释执行的开销，提高游戏的性能，提供了安全性措施，使得反编译和逆向工程变得更加困难。Unity 提供了在程序发布后自动将 DLL 转换成 IL2CPP 的方式，提升了代码编译后的执行效率和稳定性。

在开发项目时，虽然 Mono 在后台运行，但是其作用很大，Mono 支持即时编译（JIT）和运行时代码执行，方便在开发过程中进行调试和修改，加速了开发过程。Mono 还支持跨平台编译、解析 C#脚本，使 Unity 能够支持跨平台开发。

接下来，详细介绍 Mono 和 C#的脚本开发。

5.1.1　C#运行时

在使用 Unity 开发时，首先需要新建脚本，Unity 会通过编译器将 C#脚本编译成 IL（Intermediate Language）执行，IL 是一种中间语言，由.NET 编译器生成，在 CLR（Common Language Runtime）中执行。

而 Mono 支持 IL，使得开发者可以动态生成和执行代码，从而实现反射、代码生成、动态加载程序集等高级功能，如图 5-1 所示。

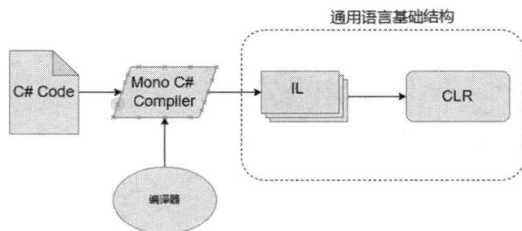

图 5-1　脚本开发运行时

新建一个脚本后，可以看到 Unity 编辑器右下角会短暂显示编译提示，这表示 Unity 的 Mono 脚本运行时正在自动编译 C#代码来生成 IL 指令，编译完成后便可以执行脚本，如图 5-2 所示。

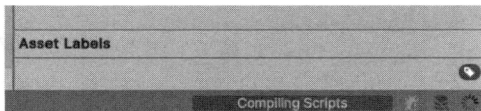

图 5-2　编译生成 IL 指令

最后，所有的 IL 指令会被编译到工程目录 Library/ScriptAssemblies/Assembly-CS 下的 harp.dll 中。只要修改代码，这个文件都会重新编译，开发者不需要做任何操作。

5.1.2　新建和应用脚本

前面介绍了 C#脚本的运行原理，下面介绍如何在 Unity 中新建和应用脚本。

（1）在 Project 视图的空白处右击，在弹出的快捷菜单中选择 Create→C# Script 命令，新建 C#脚本，如图 5-3 所示。

（2）将 C#脚本命名为 Test_5_1，名称最好不要用中文和纯数字，推荐使用英文，如图 5-4 所示。后缀名.cs 表示这是一个脚本文件。

（3）双击脚本，打开 Visual Studio 脚本编辑器编辑脚本，如图 5-5 所示。

图 5-3　新建 C#脚本

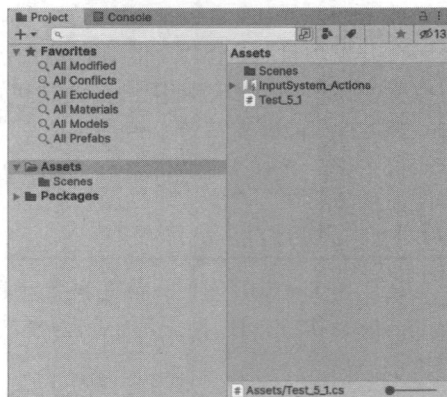

图 5-4　新建 Test_5_1 脚本

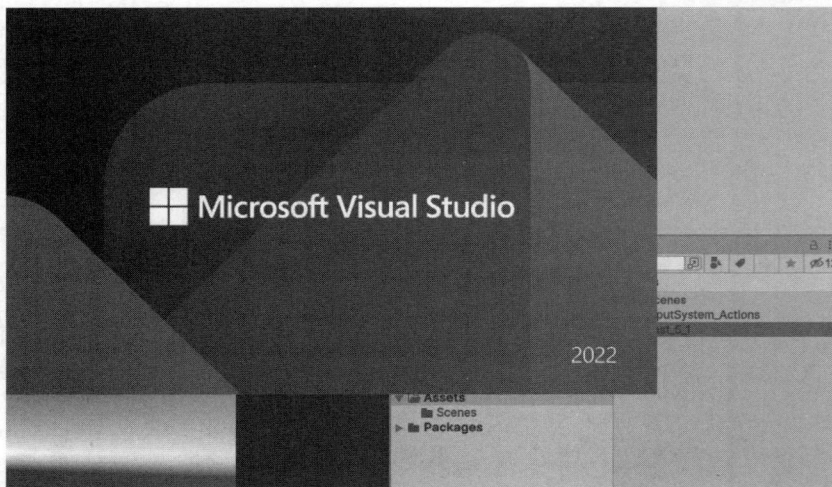

图 5-5　打开 Visual Studio

（4）编辑代码，参考代码 5-1。

代码 5-1　测试代码

```
using UnityEngine;

public class Test_5_1: MonoBehaviour
{
    void Start()
    {
        //Add()方法中两个参数相加再返回结果
        Debug.Log(Add(1,2));            //打印日志
    }

    private int Add(int a,int b)
```

```
        {
            return a + b;
        }
    }
```

（5）Unity 编辑器编译完成后，在 Hierarchy 视图中选中任意对象，然后将这个脚本拖到 Inspector 视图中，如图 5-6 所示。

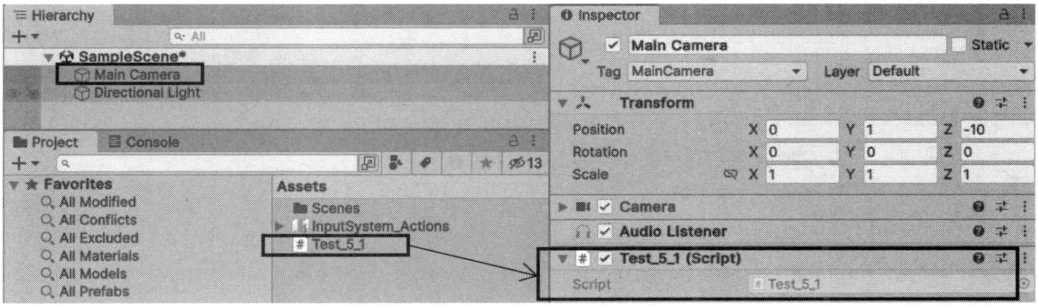

图 5-6　将脚本拖到 Inspector 视图中

（6）在 Console 日志视图中可以看到运行结果，如图 5-7 所示。

图 5-7　运行结果

5.1.3　脚本与游戏组件

Unity 编辑器是组件化开发模式，为物体添加组件后，物体就具有了一些特性。例如，给一个物体增加 Rigidbody 刚体组件，该物体就具有了物理特性。

每个物体都有一个 Transform 组件，这是每个物体必备的组件，它负责显示物体的 Position（位置）、Rotation（旋转）和 Scale（缩放）。

脚本在 Unity 编辑器中作为一个特殊的组件存在，它们可以实现代码逻辑、控制其他组件开启和禁用，以及调用这些组件的属性实现特定的效果。

下面介绍如何用脚本控制游戏组件的属性值。

（1）新建脚本，命名为 Test_5_2，双击编辑代码，参考代码 5-2。

代码 5-2　用脚本控制游戏组件的属性值

```
using UnityEngine;

public class Test_5_2: MonoBehaviour
{
    Transform m_transform;

    void Start()
    {
        //获取物体本身的 Transform 组件
```

```
            m_transform = GetComponent<Transform>();
            //设置物体的位置
            m_transform.position = new Vector3(10, 10, 10);
            //设置物体的旋转
            m_transform.rotation = Quaternion.Euler(10,10,10);
            //设置物体的缩放
            m_transform.localScale = new Vector3(1, 2, 3);
        }
    }
```

（2）在场景中新建一个 Cube，将 Test_5_2 脚本拖到 Cube 上，如图 5-8 所示。

（3）运行结果如图 5-9 所示。从这个结果可以看到，Cube 的位置、旋转、缩放参数都被改变了。

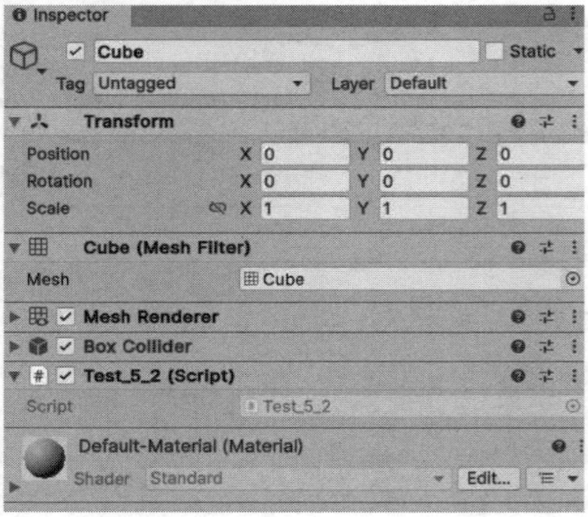

图 5-8　给 Cube 增加脚本组件

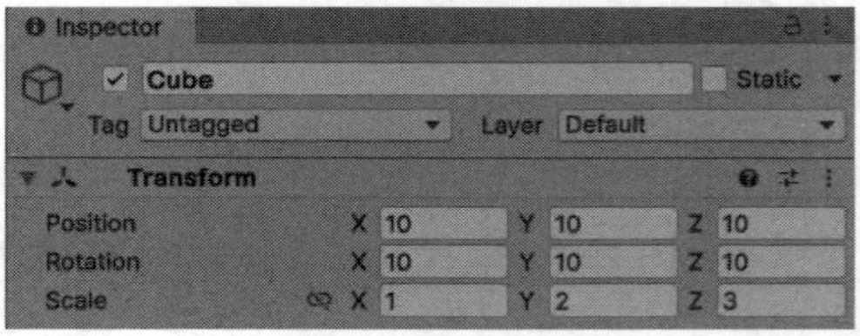

图 5-9　运行结果

5.1.4　脚本的生命周期

对于脚本而言，生命周期是指从激活（Activate）到销毁（Destroy）的全过程，它代表了代码中脚本函数的执行过程与执行顺序。

Unity 的脚本生命周期如图 5-10 所示。

（1）Awake 函数：在创建场景或预制体实例化时调用，一般是为了初始化变量或游戏状态，仅执行一次。如果游戏对象在启动期间处于非活动状态，它将在激活后调用 Awake。

（2）OnEnable 函数：仅在游戏对象处于可激活状态时调用，取消激活后再激活会再次响应。

（3）Start 函数：在 Awake 和 OnEnable 执行后，Start 会在第一帧 Update 更新之前调用。

（4）FixedUpdate 函数：每一帧都会执行的调用，所有物理行为的每帧更新都应该放在这里，FixedUpdate 的帧率是固定的，由 FixedTimestep 的值决定。

（5）Update 函数：在 FixedUpdate 调用后执行，每一帧都会调用，帧率不固定，受时间缩放的影响，会出现卡顿的问题。

（6）LateUpdate 函数：在 Update 函数执行后被调用，可以处理 Update 执行完成后的方法处理，如摄像机的跟随。

（7）OnGUI 函数：每帧调用多次以响应 GUI 事件，处理布局和重新绘制事件，为每个输入事件处理布局和键盘、鼠标事件。

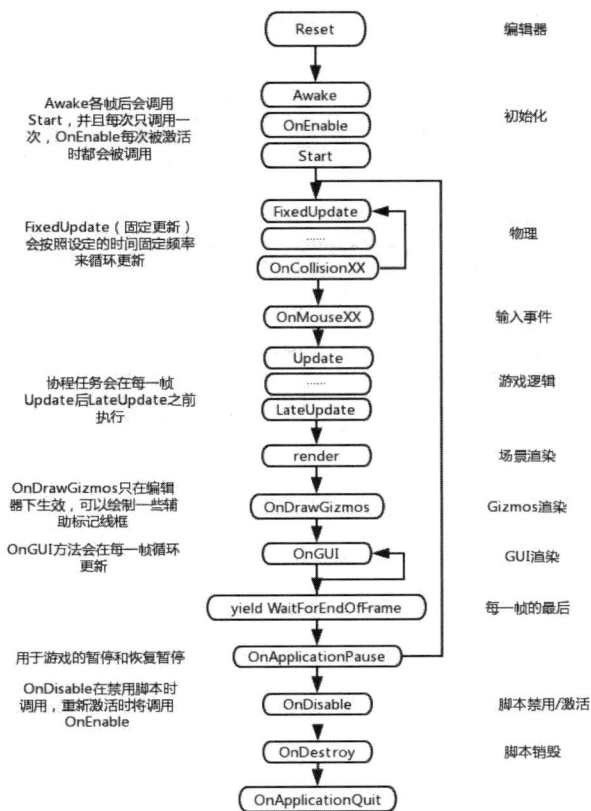

图 5-10　Unity 的脚本生命周期

（8）yield WaitForEndOfFrame（协程）：协程是一个可暂停执行（yield）直到给定的 YieldInstruction 达到完成状态的函数。

（9）OnDisable 函数：在对象被取消活跃状态时调用，与 OnEable 相对应。

（10）OnDestroy 函数：当一个被激活的对象被销毁时调用，未被激活的对象被销毁则不会调用。

（11）OnApplicationQuit 函数：在退出应用程序之前在所有游戏对象上调用此函数。在编辑器中，用户停止播放模式时，调用此函数。

5.1.5　脚本的执行顺序

脚本只要继承了 MonoBehaviour，就可以调用 Start 函数、Update 函数等，那么相同的 Start 函数之间的调用顺序该怎么控制呢？在 Edit→Project Settings→Script Execution Order 中可以设置脚本的执行顺序，单击加号（+）按钮即可添加需要调整顺序的脚本，数值越小越先执行，如图 5-11 所示。

也可以在代码中声明 DefaultExecutionOrder 来设置当前脚本的执行顺序，参考代码 5-3。

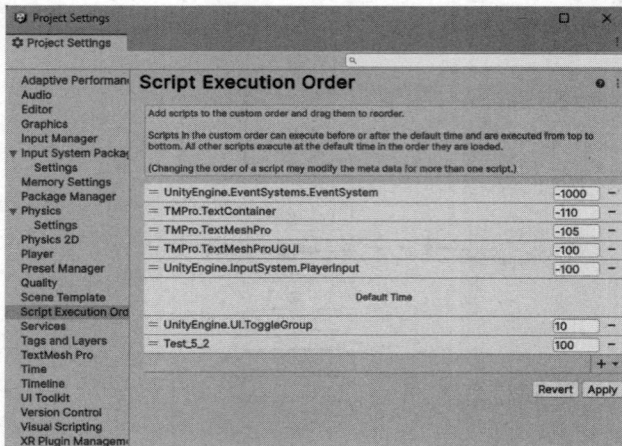

图 5-11　脚本排序

代码 5-3　脚本排序

```
using UnityEngine;
[DefaultExecutionOrder(100)]
public class Test_5_3 : MonoBehaviour
{
    void Start()
    {
    }
}
```

5.1.6　脚本序列化

脚本序列化是指将数据结构或对象状态转换为 Unity 可存储并在以后可重构的格式的自动过程。将数据类声明为[Serializable]来使用序列化数据，参考代码 5-4。

代码 5-4　脚本序列化

```
using UnityEngine;

public class Test_5_4: MonoBehaviour
{
    Person m_Person;
    void Start()
    {
        m_Person = new Person();
        m_Person.Name = "张三";
        m_Person.Age = 18;
    }
}
public class Person
{
    public string Name;
    public int Age;
}
```

序列化还有一个重要的作用，就是允许将对象状态转换为可以保存或传输的格式。与序列化相对的是反序列化，这两个过程结合起来，就可以轻松地存储和传输数据了。简单地说，序列化是将对象转换成字节保存到内存中，反序列化是将内存中的流数据转换为对象。

Unity 内置了一个用于序列化和反序列化 JSON 数据的工具类 JsonUtility，下面用一个例子演示JsonUtility 的序列化和反序列化，参考代码 5-5。

代码 5-5　JSON 的序列化和反序列化

```csharp
using System;
using UnityEngine;

[Serializable]
public class PlayerData
{
    public string playerName;
    public int playerScore;
}
public class Test_5_5: MonoBehaviour
{
    public PlayerData playerData;

    void Start()
    {
        playerData = new PlayerData();
        playerData.playerName = "John Doe";
        playerData.playerScore = 100;

        string json = JsonUtility.ToJson(playerData);
        Debug.Log(json);

        PlayerData loadedData = JsonUtility.FromJson<PlayerData>(json);
        Debug.Log("Loaded Name: " + loadedData.playerName);
        Debug.Log("Loaded Score: " + loadedData.playerScore);
    }
}
```

结果如图 5-12 所示。

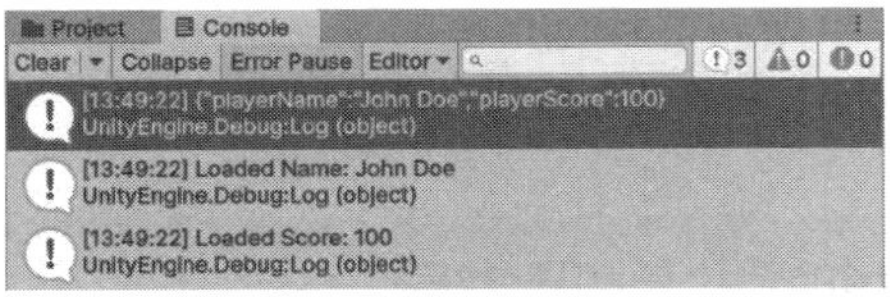

图 5-12　运行结果

5.1.7　课后习题

尝试新建一个 Cube 对象，为其添加 Rigidbody 组件，并用脚本控制 Rigidbody 组件，在 FixedUpdate 函数中，给它一个向前的力。

5.2 数据类型

在 C#中，数据类型分为值类型和引用类型，下面介绍值类型和引用类型之间的区别和联系。

5.2.1 值类型和引用类型

1. 值类型

值类型变量可以直接分配给一个值，它们是从类 System.ValueType 中派生的。

值类型直接包含数据，如 int、char、float，它们分别存储数字、字符、浮点数。当声明一个 int 类型变量时，系统分配内存来存储值。

表 5-1 列出了常用的值类型。

表 5-1　常用的值类型

类 型	描 述	范 围	默认值
bool	布尔值	True 或 False	False
byte	8 位无符号整数	$0\sim255$	0
char	16 位 Unicode 字符	U+0000～U+ffff	'\0'
decimal	128 位精确的十进制值，28～29 有效位数	$\pm1.0\times10^{-28}\sim\pm7.9\times10^{28}$	0.0M
double	64 位双精度浮点型	$\pm5.0\times10^{-324}\sim\pm1.7\times10^{308}$	0.0D
float	32 位单精度浮点型	$-3.4\times10^{38}\sim+3.4\times10^{38}$	0.0F
int	32 位有符号整数类型	$-2\ 147\ 483\ 648\sim2\ 147\ 483\ 647$	0
sbyte	8 位有符号整数类型	$-128\sim127$	0
short	16 位有符号整数类型	$-32\ 768\sim32\ 767$	0
uint	32 位无符号整数类型	$0\sim4\ 294\ 967\ 295$	0
ulong	64 位无符号整数类型	$0\sim18\ 446\ 744\ 073\ 709\ 551\ 615$	0
ushort	16 位无符号整数类型	$0\sim65\ 535$	0

对于值类型来说，C#中每种数据类型都有自己的取值范围，即能够存储的最大值和最小值。通过数据类型提供的两个属性 MinValue 和 MaxValue，可以轻松地获取该数据类型能存储的最大值和最小值，参考代码 5-6。

代码 5-6　打印不同数据类型的最小值和最大值

```
using UnityEngine;
public class Test_5_6: MonoBehaviour
{
    void Start()
    {
        Debug.Log("byte 类型的最小值: " + byte.MinValue + "\n 最大值: " + byte.MaxValue);
        Debug.Log("char 类型的最小值: " + char.MinValue + "\n 最大值: " + char.MaxValue);
        Debug.Log("double 类型的最小值: " + double.MinValue + "\n 最大值: " + double.MaxValue);
        Debug.Log("float 类型的最小值: " + float.MinValue + "\n 最大值: " + float.MaxValue);
```

```
        Debug.Log("int 类型的最小值: " + int.MinValue + "\n 最大值: " + int.MaxValue);
        Debug.Log("sbyte 类型的最小值: " + sbyte.MinValue + "\n 最大值: " + sbyte.MaxValue);
        Debug.Log("short 类型的最小值: " + short.MinValue + "\n 最大值: " + short.MaxValue);
        Debug.Log("uint 类型的最小值: " + uint.MinValue + "\n 最大值: " + uint.MaxValue);
        Debug.Log("ulong 类型的最小值: " + ulong.MinValue + "\n 最大值: " + ulong.MaxValue);
        Debug.Log("ushort 类型的最小值: " + ushort.MinValue + "\n 最大值: " + ushort.MaxValue);
    }
}
```

打印结果如图 5-13 所示。

2．引用类型

引用类型不包含存储在变量中的实际数据，但包含对变量的引用。

换句话说，它们指的是一个内存位置。在使用多个变量时，引用类型可以指向一个内存位置。如果内存位置的数据是由一个变量改变的，其他变量会自动反映这种值的变化。内置的引用类型有 Object（对象）、Dynamic（动态）和 String（字符串）。

图 5-13　打印结果

- Object 类型：Object 类型可以被分配任何其他类型（值类型、引用类型、预定义类型或用户自定义类型）的值。但是，在分配值之前，需要进行类型转换。
- Dynamic 类型：Dynamic 类型变量中可以存储任何类型的值，这些变量的类型检查是在运行时发生的。
- String 类型：String 类型可以给变量分配任何字符串值。String 类型是 System.String 类的别名，是从对象（Object）类型派生的。

3．值类型和引用类型的区别

- 存取速度：值类型存取速度快；引用类型存取速度慢。
- 用途：值类型表示实际数据，引用类型表示指向存储在内存堆中的数据的指针或引用。
- 来源：值类型继承自 System.ValueType，引用类型继承自 System.Object。
- 保存位置：值类型的数据存储在内存的栈中，引用类型的数据存储在内存的堆中，而内存单元中只存放堆中对象的地址。
- 类型：值类型的变量直接存放实际的数据，而引用类型的变量存放的是数据的地址，即对象的引用。

5.2.2　装箱和拆箱

1．装箱

装箱就是隐式地将一个值类型转换为引用型对象，参考代码 5-7。

代码 5-7　数据类型的装箱操作

```
using UnityEngine;
```

```
public class Test_5_7: MonoBehaviour
{
    void Start()
    {
        int i = 0;
        System.Object obj = i;
        Debug.Log(obj);
    }
}
```

这个过程就是装箱，就是将 i 装箱。打印结果如图 5-14 所示。

2. 拆箱

拆箱就是将一个引用类型对象转换成任意值类型，参考代码 5-8。

代码 5-8　将引用类型对象转换成任意值类型

```
using UnityEngine;
public class Test_5_8: MonoBehaviour
{
    void Start()
    {
        int i = 0;System.Object obj = i;
        int j = (int)obj;Debug.Log(j);
    }
}
```

这个过程中的前 2 条语句是将 i 装箱，后一条语句是将变量拆箱。
打印结果如图 5-15 所示。

图 5-14　装箱操作的打印结果

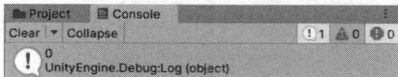

图 5-15　拆箱操作的打印结果

5.2.3　Unity 的值类型和引用类型

C#的数据类型可以分为值类型和引用类型，在定义数据类型时，如果逻辑上是大小不可变的值，就定义成值类型，如果逻辑上是可引用的可变对象，就定义成引用类型。下面介绍 Unity 中的值类型和引用类型。

1. Unity 中常见的值类型

Unity 中常见的值类型有 Vector3、Quaternion，修改值类型的值不会影响对象的值，参考代码 5-9。

代码 5-9　修改值类型的值不会影响对象的值

```
using UnityEngine;
public class Test_5_9: MonoBehaviour
{
    void Start()
    {
        Debug.Log(transform.position);
        Vector3 pos = transform.position;
```

```
        pos = Vector3.zero;
        Debug.Log(transform.position);
    }
}
```

在以上代码中，如果修改了 pos，不会对 transform.position 产生任何影响，也就是说这个物体的位置并不会改变。

打印结果如图 5-16 所示。

2．Unity 中常见的引用类型

Unity 中的 Transform、Gameobject 是 Class 类型，所以它们是引用类型。引用类型是对数据存储位置的引用，引用类型指向的内存区域称为堆，修改引用类型的值，会修改引用类型指向的内存位置的值，参考代码 5-10。

代码 5-10　修改物体的 MeshRenderer 组件的 Color 值

```
using UnityEngine;
public class Test_5_10: MonoBehaviour
{
    void Start()
    {
        Material mat = transform.GetComponent<MeshRenderer>().material;
        mat.color = Color.red;
    }
}
```

mat 是一个 Class 类型，也就是引用类型，如果修改了 mat，那么这个物体的材质颜色就被改变了。运行结果如图 5-17 所示。

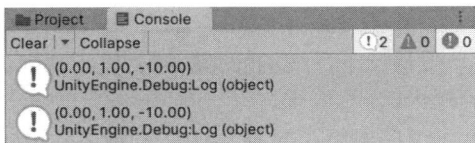

图 5-16　修改 pos 的值，物体的位置不会改变

图 5-17　物体的材质颜色被修改

5.3　常量和变量

变量是用于存储数据的命名容器，变量的值可以存储在内存中，开发者可以对变量进行一系列操作。Unity 通常变量存储位置旋转的值；常量是固定值，初始化之后就不会改变，常量可以当作特殊的变量。例如，在开发中对圆周率进行初始化，然后程序运行时不允许再修改。

5.3.1　常量的初始化

在声明和初始化变量时，如果在变量前面加上关键字 const，就可以把该变量指定为一个常量，参考代码 5-11。

代码 5-11 常量的初始化

```
using UnityEngine;
public class Test_5_11: MonoBehaviour
{
    const int a = 100;
}
```

常量的初始化有以下特性。

（1）在声明时必须初始化，指定值以后，不能再修改。

（2）常量的值必须能在编译时用于计算，因此不能用从变量中提取的值来初始化常量。如果需要从变量中提取值，那么应该使用只读字段。

（3）常量总是静态的，但不必在常量的声明中包含修饰符 static。

5.3.2 变量的初始化

变量的初始化是 C#安全性的一个体现，编译器需要对变量初始化，未初始化而调用的变量会被当成错误。C#变量的初始化：

数据类型 变量名 = 变量值；

变量的初始化参考代码 5-12。

代码 5-12 变量的初始化

```
using UnityEngine;
public class Test_5_12: MonoBehaviour
{
    int a = 100;
}
```

5.3.3 变量的作用域

变量的作用域是指可以访问该变量的代码区域。一般情况下，变量的作用域有以下规则。

（1）只要类在某个作用域内，其字段也在该作用域内。

（2）局部变量存在于声明该变量的块语句或方法结束的封闭花括号之前的作用域内。

（3）在 for、while 或类似语句中声明的局部变量存在于该循环体内。

大型程序的不同部分为不同的变量提供相同的变量名是很常见的。只要变量的作用域是程序的不同部分，就不会有问题。但要注意，同名的局部变量不能在同一作用域内声明两次，参考代码 5-13。

代码 5-13 同名局部变量不能在同一作用域内声明两次

```
using UnityEngine;
public class Test_5_13: MonoBehaviour
{
    int x = 20;
    int x = 30;
}
```

再来看如下例子，参考代码 5-14。

代码 5-14 循环体允许相同的变量名

```
using UnityEngine;
```

```
public class Test_5_14: MonoBehaviour
{
    void Start()
    {
        for (int i = 0; i < 10; i++)
        {
            Debug.Log(i);
        }
        for (int i = 0; i >= 10; i--)
        {
            Debug.Log(i);
        }
    }
}
```

在这段代码中，i 出现了两次，但是它们都是相对于循环体的变量。

再看一个例子，参考代码 5-15。

代码 5-15　变量作用域冲突代码

```
using UnityEngine;
public class Test_5_15: MonoBehaviour{
    void Start(){
        int j = 20;
        for (int i = 0; i < 10; i++){
            int j = 30;          //错误
            Debug.Log(j + i);
        }
    }
}
```

05

运行以上代码，编辑器会提示语法错误，因为同名的局部变量不能在同一作用域内重复声明。

变量的作用域代表了可以访问该变量的代码区域，循环外的变量 j 的作用域是包含循环作用域的，所以在循环外定义变量 j，然后在循环内再次定义同名变量 j，就会提示语法错误，编译器无法区分这两个变量。

5.3.4　命名惯例和规范

命名规范是一个十分重要但又比较有争议的话题，下面介绍常用的 C#命名规范。

1. 匈牙利命名法

匈牙利命名法出自微软，是在所有变量前建立一个前缀的规则。这个前缀会说明变量的类型，通过变量的前缀，开发者可以了解两个变量是否兼容。这种方法非常流行，在目前的 C 和 C++开发中仍广泛使用。

匈牙利命名法的最大不足是烦琐。随着计算机技术的飞速发展，IDE 已具备足够的能力实时探测变量的类型。因此，在编程时，IDE 能够警告类型不兼容的情况（通常类似于微软 Word 中用于自动拼写检查的红色波浪线）。

因为匈牙利命名法过分强调类型，所以在泛型方法中不适用。另外，开发者通常关心的只是这个变量所代表的意义而不是它的类型。例如，C++的 auto 关键字（虽然这个关键字在 C++98 中就存在，但没法用）和 C#的 var 关键字也说明了这一点。在编写小函数或者 Lambda 表达式等简洁流程中，过长的匈牙利变量也很不适用。

随着计算机行业的不断发展。微软也逐步减少了匈牙利命名法的使用，在其当家语言 C#中主要使用的是 Pascal（帕斯卡）命名法和 Camel（骆驼）命名法。

示例：

数组类型变量 前缀 a 示例：

```
string[] a_UserName;
```

布尔类型变量 前缀 b 示例：

```
bool b_Flag;
```

2. 帕斯卡命名法

帕斯卡命名法是首字母大写，如 TestCounter。类和方法名采用帕斯卡风格，参考代码 5-16。

代码 5-16　用帕斯卡命名法命名类和函数名

```
using UnityEngine;
public class Test_5_16: MonoBehaviour
{
    public void SomeMethod(){}
}
```

3. 骆驼命名法

骆驼命令法是指混合使用大小写字母来构成变量和函数的名字。例如，代码 5-17 是分别用骆驼式命名法和下画线法命名的同一个函数。

代码 5-17　分别用骆驼式命名法和下画线法命名同一个函数

```
using UnityEngine;
public class Test_5_17: MonoBehaviour
{
    public void someMethod(){}      //骆驼命名法
    public void some_method(){}     //下画线法命名
}
```

5.3.5　命名法使用建议

（1）string 类型变量：通常使用 str 前缀+帕斯卡命名方式，如 string strSql = ""。

（2）其他类型的对象命名：通常使用 obj 前缀+帕斯卡命名方式，或者直接使用类名的 Camel 命名规则。例如：

● Application objApplication = new Application();

● Application application = new Application();

（3）数据成员和属性命名：数据成员以骆驼方式命名，属性以帕斯卡方式命名。如果数据成员与属性成对出现，命名区别仅在于首字母大小写。例如，mProductType 这个数据成员就是典型的骆驼命名方式；StrName 这个属性就是典型的帕斯卡命名方式。

（4）委托命名：通常以帕斯卡方式命名，并在名称的后面加上 EventHandler。例如，public delegate void MouseEventHandler (object sender, MouseEventArgs e); //用于处理与鼠标相关的事件或委托。对于自定义的委托，其第一个参数建议使用 object sender，sender 代表触发这个事件或委托的源对象；第二个参数继承于 EventArgs 类，并且在派生类中实现自己的业务逻辑。

（5）异常类：异常类以 Exception 结尾，并且在类名中描述出该异常的原因。例如，NotFoundFileException 描述出了某个实体（文件、内存区域等）无法被找到。

（6）枚举：以帕斯卡方式命名，不需要在枚举中加入 Enum，枚举的名称能表明该枚举的用途，如 enum Pascal。

（7）常量：常量的名称全部大写，单词间以下画线间隔，如 public const int LOCK_ SECONDS = 3000; 虽然 MSDN 推荐使用帕斯卡命名方式，但是从 C++的命名规则来看，将常量全部大写更能清楚地表示常量与普通变量之间的区别。

（8）数据库的字段和表名：数据库的字段和表名的命名都推荐使用帕斯卡命名方式，尽量不采用缩写。注意，使用长的字段名、表名可能会给编写 SQL 语句带来负面影响。因此推荐开发者使用一些 ORM，虽然 ORM 的性能不如直接写 SQL，但是如果做业务系统，更重要的是系统多久能交付用户使用，ORM 不仅可以缩短开发时间，而且在后期的维护中也比直接写 SQL 便利很多。

5.3.6　课后习题

新建一个 C#脚本，在 Unity 中计算圆的面积，公式为：面积 = π * 半径^2。

5.4　条　件　语　句

在程序开发过程中，开发者需要根据特定的条件执行语句。例如，在游戏开发中，玩家是否要购买装备，如果购买装备，系统就扣除金币，然后玩家获得装备，否则不扣除金币，玩家也不会获得装备，这就是条件语句。

条件语句要求开发者指定一个或多个要评估或测试的条件，以及条件为真时要执行的语句（必需的）和条件为假时要执行的语句（可选的）。

在大多数编程语言中，典型判断结构的一般形式如图 5-18 所示。

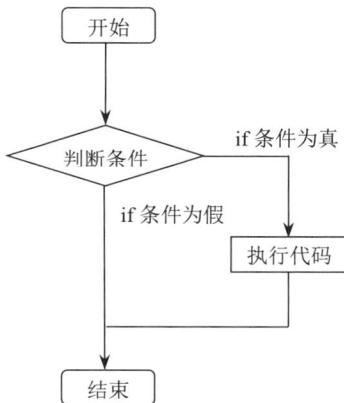

图 5-18　if 条件语句执行结构

C#中的条件语句如表 5-2 所示。

表 5-2　C#中的条件语句

语　　句	描　　述
if 语句	if 语句由一个布尔表达式后跟一个或多个语句组成
if…else 语句	if 语句后跟一个可选的 else 语句，else 语句在布尔表达式为假时执行
嵌套 if…else 语句	if 或 else if 语句内使用另一个 if 或 else if 语句
switch 语句	switch 语句可以测试一个变量等于多个值时的情况

下面详细介绍不同条件语句的用法。

5.4.1　if 语句

if 语句由一个布尔表达式后跟一个或多个语句组成。

语法格式如下：

```
if(表达式)
{
    //为真时执行的语句
}
```

如果布尔表达式为 true，则 if 语句内的代码块将被执行。如果布尔表达式为 false，则 if 语句结束后的语句将执行。

if 语句的流程图如图 5-19 所示。

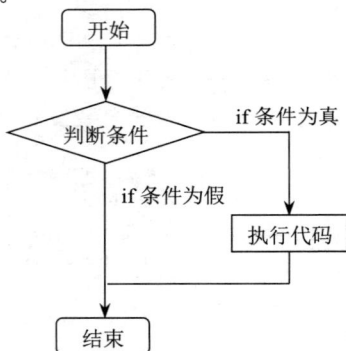

图 5-19　if 语句的流程图

if 语句执行流程示例参考代码 5-18。

代码 5-18　if 语句执行流程示例

```
using UnityEngine;

public class Test_5_18 : MonoBehaviour
{
    void Start()
    {
        /* 局部变量定义 */
        int a = 10;
        /* 使用 if 语句检查布尔条件 */
        if (a < 20)
```

```
        {
            /* 如果条件为真，则输出下面的语句 */
            Debug.Log("a 小于 20");
        }
        Debug.Log("a 的值是 :" + a);
    }
}
```

编译和执行以上代码，执行结果如图 5-20 所示。

图 5-20　if 语句执行结果

5.4.2　if…else 语句

一个 if 语句后可跟一个可选的 else 语句，else 语句在布尔表达式为假时执行。

语法格式如下：

```
if(表达式)
{
    //布尔表达式为真时执行的语句
}
else
{
    //布尔表达式为假时执行的语句
}
```

如果布尔表达式为 true，则执行 if 块内的代码。如果布尔表达式为 false，则执行 else 块内的代码。
if…else 语句执行流程图如图 5-21 所示。

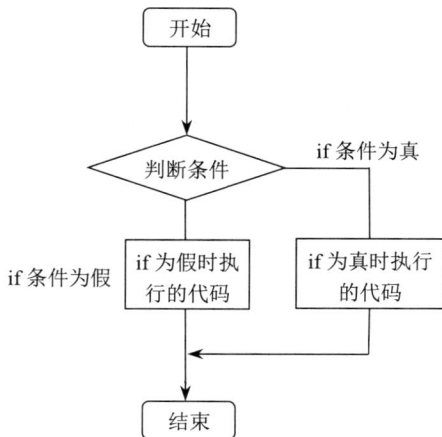

图 5-21　if…else 语句执行流程图

if…else 语句执行流程示例参考代码 5-19。

代码 5-19   if…else 语句执行流程示例

```
using UnityEngine;
public class Test_5_19: MonoBehaviour
{
    void Start()
    {
        /* 局部变量定义 */
        int a = 10;
        /* 使用 if 语句检查布尔条件 */
        if (a < 20)
        {
            /* 如果条件为真，则输出下面的语句 */
            Debug.Log("a 小于 20");
        }
        else
        {
            /* 如果条件为假，则输出下面的语句 */
            Debug.Log("a 大于 20");
        }
        Debug.Log("a 的值是 :" + a);
    }
}
```

编译和执行以上代码，结果如图 5-22 所示。

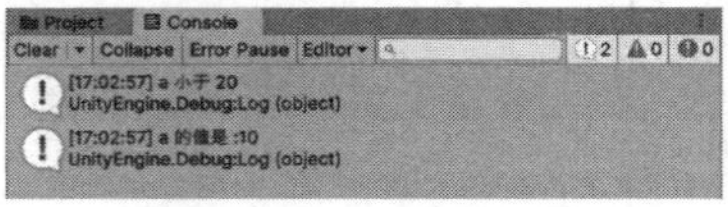

图 5-22   if…else 语句执行结果

5.4.3   嵌套 if…else 语句

一个 if 语句后可跟一个可选的 else if…else 语句，这可用于测试多种条件。当使用 if…else if…else 语句时，需要注意以下几点。

（1）一个 if 后可跟零个或一个 else，且该 else 必须位于所有 else if 之后。

（2）一个 if 后可跟零个或多个 else if，且这些 else if 必须位于任何 else 之前。

（3）一旦某个 else if 条件匹配成功，后续的 else if 或 else 将不会被执行。

嵌套 if…else 语句的语法如下：

```
if(boolean_expression 1)
{   /* 当布尔表达式 1 为真时执行 */}
else if( boolean_expression 2)
{   /* 当布尔表达式 2 为真时执行 */}
else if( boolean_expression 3)
{   /* 当布尔表达式 3 为真时执行 */}
else
{   /* 当上面条件都不为真时执行 */}
```

嵌套 if…else 语句流程图如图 5-23 所示。

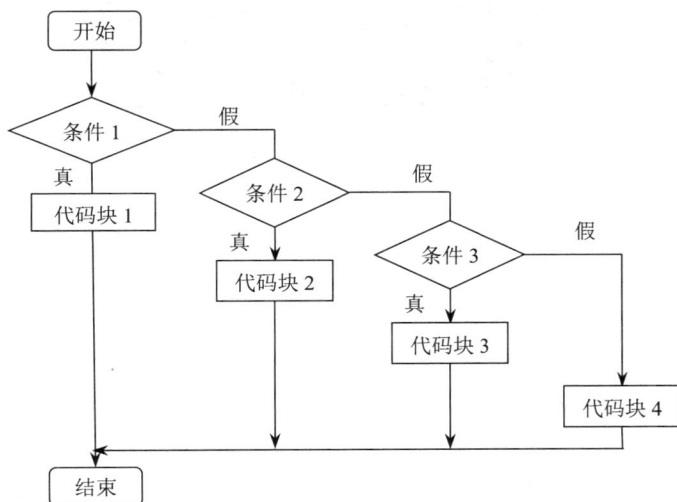

图 5-23　嵌套 if…else 语句流程图

嵌套 if…else 语句执行流程示例参考代码 5-20。

代码 5-20　嵌套 if…else 语句执行流程示例

```
using UnityEngine;
public class Test_5_20: MonoBehaviour
{
    void Start()
    {
        int a = 100;                      /* 定义局部变量 */
        if (a == 10)                      /* 检查布尔条件 */
        {
            Debug.Log("a 的值是 10");     /* 如果 if 条件为真，则输出下面的语句 */
        }
        else if (a == 20)
        {
            Debug.Log("a 的值是 20");     /* 如果 else if 条件为真，则输出下面的语句 */
        }
        else if (a == 30)
        {
            Debug.Log("a 的值是 30");     /* 如果 else if 条件为真，则输出下面的语句 */
        }
        else
        {
            Debug.Log("没有匹配的值");    /* 如果上面条件都不为真，则输出下面的语句 */
        }
        Debug.Log("a 的准确值是:"+ a);
    }
}
```

编译和执行以上代码，执行结果如图 5-24 所示。

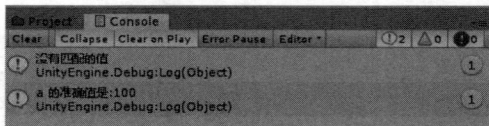

图 5-24 嵌套 if…else 语句执行结果

5.4.4 switch 语句

switch 语句可以测试一个变量等于多个值的情况。每个值称为一个 case，并且被测试的变量会对每个 switch case 进行检查。

switch 语句的语法如下：

```
switch(expression){
    case constant-expression:
        statement(s);
        break;
    case constant-expression:
        statement(s);
        break;
    /* 可以有任意数量的 case 语句 */
    default : /* 可选的 */
        statement(s);
        break;
}
```

switch 语句流程图如图 5-25 所示。

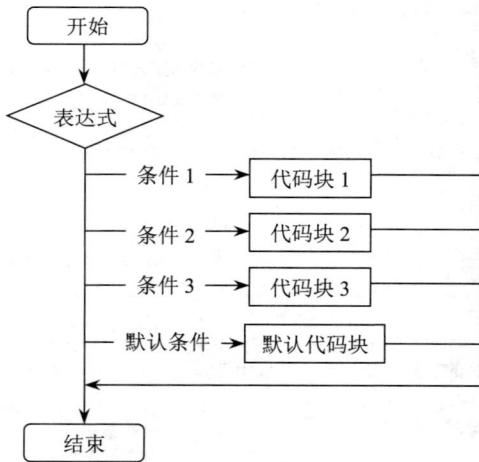

图 5-25　switch 语句流程图

switch 语句代码示例参考代码 5-21。

代码 5-21　switch 语句的代码示例

```
using UnityEngine;
public class Test_5_21: MonoBehaviour
{
```

```
void Start()
{
    /* 定义局部变量 */
    char grade = 'B';
    switch (grade)
    {
        case 'A':
            Debug.Log("很棒!");
            break;
        case 'B':
            Debug.Log("做得好!");
            break;
        case 'C':
            Debug.Log("还可以!");
            break;
        case 'D':
            Debug.Log("您通过了");
            break;
        case 'F':
            Debug.Log("最好再试一下");
            break;
        default:
            Debug.Log("无效的成绩");
            break;
    }
    Debug.Log("您的成绩是:" + grade);
}
```

编译和执行以上代码，执行结果如图 5-26 所示。

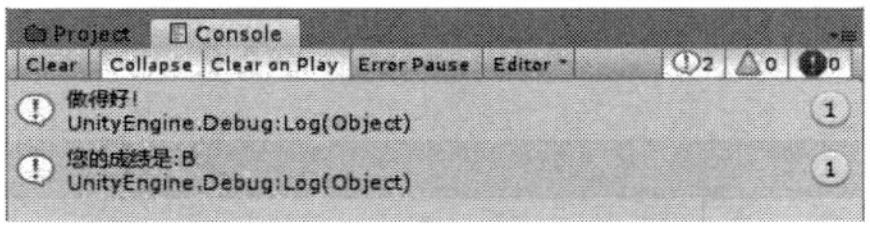

图 5-26　switch 语句执行结果

5.4.5　课后习题

使用 if…else 语句实现一个基于百分制成绩判断等级的算法。如果成绩大于或等于 90 分，则属于优秀；如果成绩大于等于 60 分且小于 90 分，则属于合格；如果成绩小于 60 分，则属于不合格。

5.5　循　环　语　句

循环语句用于多次执行一段代码块，并且其中的语句是按照自上而下的顺序执行的。下面介绍条件语句和循环语句的用法。

循环语句可能需要多次执行同一块代码。一般情况下，语句是顺序执行的：函数中的第一个语句先执行，接着是第二个语句，以此类推。

5.5.1 while 循环

只要给定的条件为真，C#中的 while 循环语句会重复执行一个目标语句。

while 循环语句的语法如下：

```
while(condition){
    statement(s);}
```

while 循环语句执行流程图如图 5-27 所示。

while 循环语句代码示例，参考代码 5-22。

代码 5-22　while 循环语句的代码示例

```
using UnityEngine;
public class Test_5_22: MonoBehaviour
{
    void Start()
    {
        /* 局部变量定义 */
        int a = 10;
        /* while 循环执行 */
        while (a < 20)
        {
            Debug.Log("a 的值: "+ a);
            a++;
        }
    }
}
```

编译和执行以上代码，执行结果如图 5-28 所示。

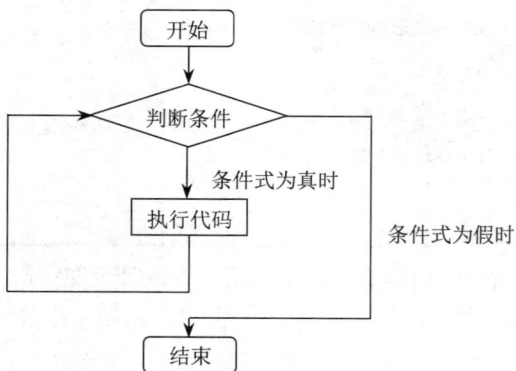

图 5-27　while 循环语句执行流程图

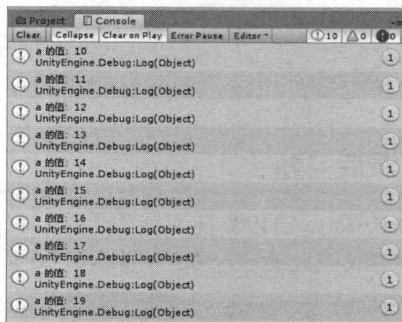

图 5-28　while 循环语句执行结果

5.5.2 do…while 循环

for 和 while 循环是在循环的头部测试循环条件，而 do…while 循环是在循环的尾部测试循环条件。

do…while 循环与 while 循环类似，但是 do…while 循环会确保至少执行一次循环。

do…while 循环语句的语法如下：

```
do{
    statement(s);
```

```
}while(condition);
```

do…while 循环语句执行流程图如图 5-29 所示。

do…while 循环语句代码示例参考代码 5-23。

代码 5-23 do…while 循环语句的代码示例

```
using UnityEngine;
public class Test_5_23: MonoBehaviour
{
    void Start()
    {
        /* 局部变量定义 */
        int a = 10;
        /* do 循环执行 */
        do
        {
            Debug.Log("a 的值: "+ a);
            a = a + 1;
        } while (a < 20);
    }
}
```

编译和执行以上代码，执行结果如图 5-30 所示。

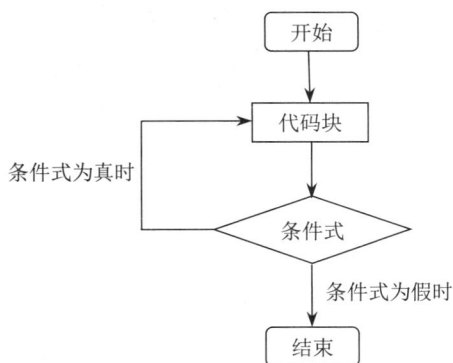

图 5-29 do…while 循环语句执行流程图

图 5-30 do…while 循环语句执行结果

5.5.3 for 循环

for 循环是一个执行特定次数循环的重复控制结构。

for 循环语句如下：

```
for (init; condition; increment){
    statement(s);}
```

for 循环语句执行流程图如图 5-31 所示。

for 循环语句代码示例参考代码 5-24。

代码 5-24 for 循环语句的代码示例

```
using UnityEngine;
public class Test_5_24: MonoBehaviour
```

```
    {
        void Start()
        {
            /* for 循环执行 */
            for (int a = 10; a < 20; a++)
            {
                Debug.Log("a 的值: "+ a);
            }
        }
    }
```

编译和执行以上代码，执行结果如图 5-32 所示。

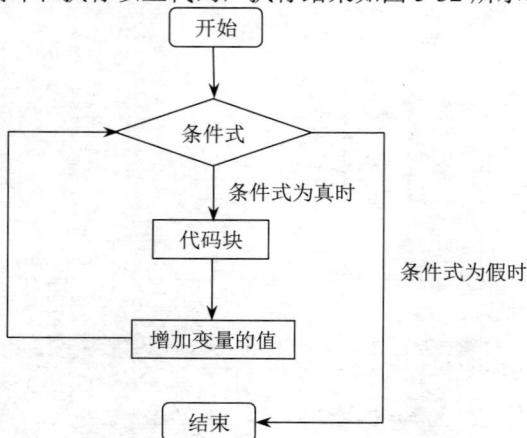

图 5-31　for 循环语句执行流程图

图 5-32　for 循环语句执行结果

5.5.4　foreach 循环

C#也支持 foreach 循环，使用 foreach 循环可以迭代数组或者一个集合对象。

代码 5-25 有三个部分。

● 通过 foreach 循环输出整型数组中的元素。

● 通过 for 循环输出整型数组中的元素。

● 通过 foreach 循环设置数组元素的计算器。

代码 5-25　for 循环和 foreach 循环语句的代码示例

```
using UnityEngine;
public class Test_5_25: MonoBehaviour
{
    void Start()
    {
        //foreach 循环
        int[] fibarray = new int[] {0, 8, 13};
        foreach (int element in fibarray)
        {
            Debug.Log(element);
        }

        //for 循环
```

```csharp
        for (int i = 0; i < fibarray.Length; i++)
        {
            Debug.Log(fibarray[i]);
        }

        //设置数组中元素的计算器
        int count = 0;
        foreach (int element in fibarray)
        {
            count += 1;
            Debug.Log("元素 #"+count+":"+element);
        }
        Debug.Log("数组中元素的数量: " + count);
    }
}
```

编译和执行以上代码，执行结果如图 5-33 所示。

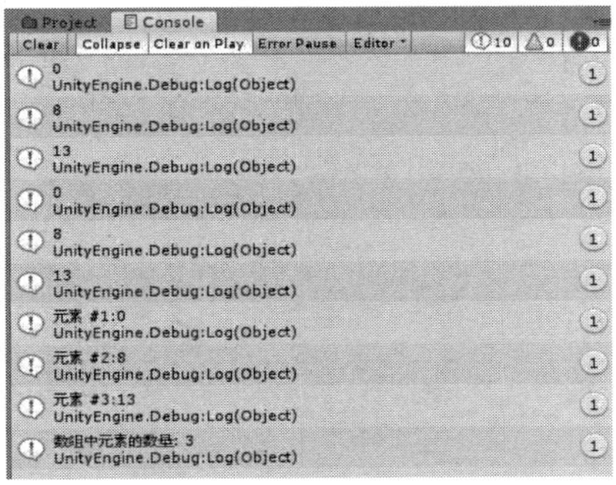

图 5-33　for 循环和 foreach 循环语句执行结果

5.5.5　循环中的控制语句

循环中的控制语句可以改变程序执行的正常序列。当执行离开一个作用域时，所有在该作用域中创建的自动对象都会被销毁。

C#提供了 break 和 continue 控制语句。

1．break 语句

C#中的 break 语句有以下两种用法。

● break 语句用于终止循环且程序流继续执行紧接着循环的下一条语句，如终止 switch 句中的一个 case。

● 如果使用的是嵌套循环（即一个循环内嵌套另一个循环），break 语句会停止执行最内层的循环，然后开始执行该循环块之后的下一行代码。

C#中 break 语句的语法如下：

```
break;
```

break 语句执行流程图如图 5-34 所示。

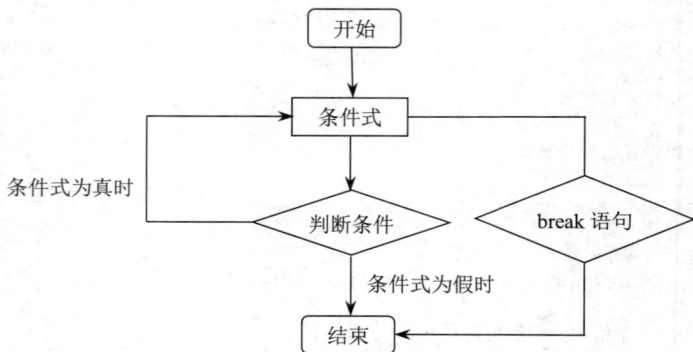

图 5-34　break 语句执行流程图

break 语句代码示例参考代码 5-26。

代码 5-26　break 语句的代码示例

```
using UnityEngine;
public class Test_5_26: MonoBehaviour
{
    void Start()
    {
        /* 局部变量定义 */
        int a = 10;
        /* while 循环执行 */
        while (a < 20)
        {
            Debug.Log("a 的值：:"+ a);
            a++;
            if (a > 15)
            {
                /* 使用 break 语句终止 loop */
                break;
            }
        }
    }
}
```

编译和执行以上代码，执行结果如图 5-35 所示。

2. continue 语句

C#中的 continue 语句有点像 break 语句，但它不是强迫终止循环，而是跳过当前循环中的代码，强制开始下一次循环。

对于 for 循环，continue 语句会导致立即执行条件测试和循环增量部分。对于 while 和 do…while 循环，continue 语句会导致程序控制立即回到条件测试上。

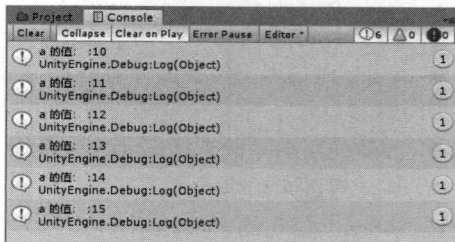

图 5-35　break 语句执行结果

continue 语句的语法如下：

```
continue;
```

continue 语句执行流程图如图 5-36 所示。

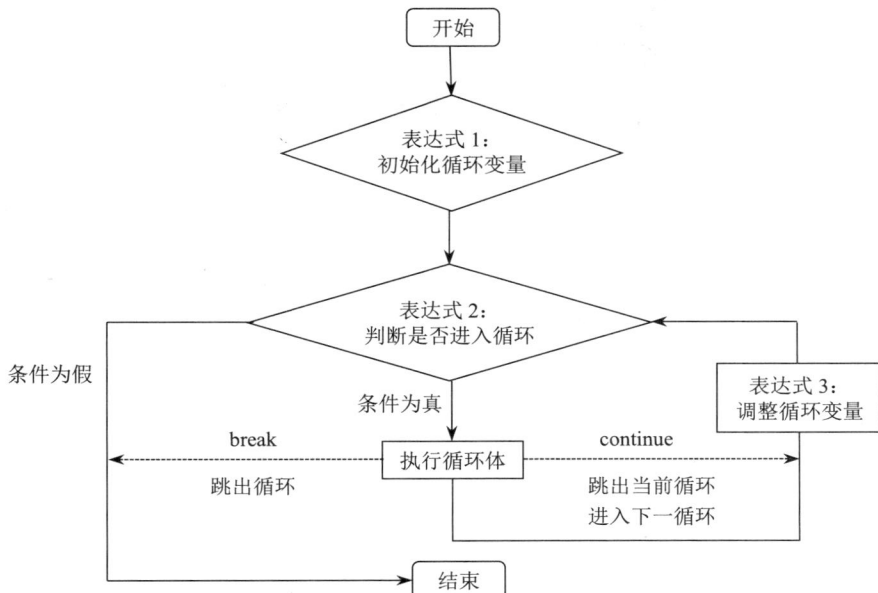

图 5-36　continue 语句执行流程图

continue 语句代码示例参考代码 5-27。

代码 5-27　continue 语句的代码示例

```
using UnityEngine;
public class Test_5_27: MonoBehaviour
{
    void Start()
    {
        /* 局部变量定义 */
        int a = 10;
        /* do 循环执行 */
        do
        {
            if (a == 12)
            {
                /* 跳过迭代 */
                a = a + 1;
                continue;
            }
            Debug.Log("a 的值：:"+ a);
            a++;
        } while (a < 15);
    }
}
```

编译和执行以上代码，执行结果如图 5-37 所示。

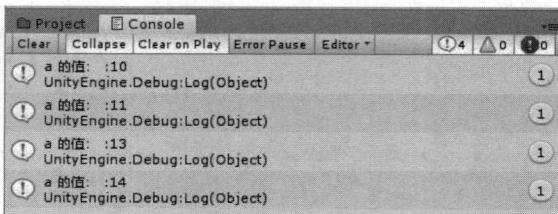

图 5-37 continue 语句执行结果

5.5.6 课后习题

九九乘法表是一个非常经典的乘法口诀，使用循环语句可以很方便地实现九九乘法表。试着在 Unity 中实现九九乘法表，并且在控制台中输出九九乘法表。

5.6 运 算 符

运算符是一种告诉编译器执行特定的数学或逻辑操作的符号。运算符可以提高代码编写的效率，让代码可读性提高。在 Unity 中运算符主要用于数值计算及条件判断等。C#中的运算符包括算术运算符、关系运算符、逻辑运算符、赋值运算符和其他运算符。

下面将逐一介绍以上运算符。

5.6.1 算术运算符

表 5-3 所示为 C#支持的所有算术运算符（假设变量 A 的值为 10、变量 B 的值为 20）。

表 5-3　C#支持的所有算术运算符

运算符	描　　述	实例	结果
+	把两个操作数相加	A+B	30
−	从第一个操作数中减去第二个操作数	A−B	−10
*	把两个操作数相乘	A*B	200
/	分子除以分母	B/A	2
%	取余运算，整除后的余数	B%A	0
++	自增运算，整数值增加 1	A++	11
——	自减运算，整数值减少 1	A——	9

算术运算符代码示例参考代码 5-28。

代码 5-28　算术运算符的代码示例

```
using UnityEngine;
public class Test_5_28: MonoBehaviour
{
    void Start()
    {
```

```
        int a = 21;
        int b = 10;
        int c;
        c = a + b;
        Debug.Log("行 1  c 的值是 "+ c);
        c = a - b;
        Debug.Log("行 2  c 的值是 " + c);
        c = a * b;
        Debug.Log("行 3  c 的值是 " + c);
        c = a / b;
        Debug.Log("行 4  c 的值是 " + c);
        c = a % b;
        Debug.Log("行 5  c 的值是 " + c);
        //++a 先进行自增运算再赋值
        c = ++a;
        Debug.Log("行 6  c 的值是 " + c);
        //此时 a 的值为 22
        //--a 先进行自减运算再赋值
        c = --a;
        Debug.Log("行 7  c 的值是 " + c);
    }
}
```

编译和执行以上代码，执行结果如图 5-38 所示。

说明：

● c=a++：先将 a 的当前值赋给 c，再对 a 进行自增运算。

● c=++a：先将 a 进行自增运算，再将结果赋给 c。

● c=a−−：先将 a 的当前值赋给 c，再对 a 进行自减运算。

● c=−−a：先将 a 进行自减运算，再将结果赋给 c。

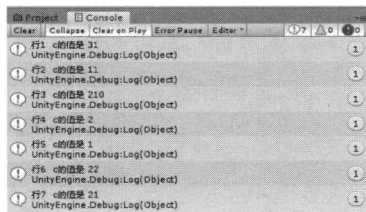

图 5-38　算术运算符代码示例执行结果

5.6.2　关系运算符

表 5-4 所示为 C#支持的所有关系运算符（假设变量 A 的值为 10、变量 B 的值为 20）。

表 5-4　C#支持的所有关系运算符

运算符	描　　述	实　　例	结　　果
==	检查两个操作数的值是否相等，如果相等则条件为真	(A==B)	假
!=	检查两个操作数的值是否相等，如果不相等则条件为真	(A!=B)	真
>	检查左操作数的值是否大于右操作数的值，如果是则条件为真	(A>B)	假
<	检查左操作数的值是否小于右操作数的值，如果是则条件为真	(A<B)	真
>=	检查左操作数的值是否大于或等于右操作数的值，如果是则条件为真	(A>=B)	假
<=	检查左操作数的值是否小于或等于右操作数的值，如果是则条件为真	(A<=B)	真

关系运算符代码示例参考代码 5-29。

代码 5-29　关系运算符的代码示例

```
using UnityEngine;
public class Test_5_29: MonoBehaviour
```

```
{
    void Start()
    {
        int a = 21;
        int b = 10;
        if (a == b)
        {
            Debug.Log("行 1  a 等于 b");
        }
        else
        {
            Debug.Log("行 1  a 不等于 b");
        }
        if (a < b)
        {
            Debug.Log("行 2  a 小于 b");
        }
        else
        {
            Debug.Log("行 2  a 不小于 b");
        }
        if (a > b)
        {
            Debug.Log("行 3  a 大于 b");
        }
        else
        {
            Debug.Log("行 3  a 不大于 b");
        }
        /* 改变 a 和 b 的值 */
        a = 5;
        b = 20;
        if (a <= b)
        {
            Debug.Log("行 4  a 小于或等于 b");
        }
        if (b >= a)
        {
            Debug.Log("行 5  b 大于或等于 a");
        }
    }
}
```

编译和执行以上代码，执行结果如图 5-39 所示。

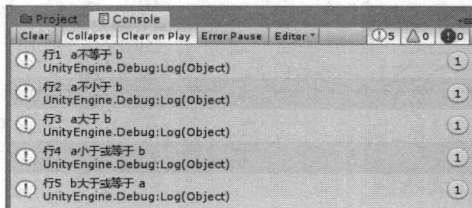

图 5-39　关系运算符代码示例执行结果

5.6.3 逻辑运算符

表 5-5 所示为 C#支持的所有逻辑运算符（假设变量 A 为布尔值 true、变量 B 为布尔值 false）。

表 5-5　C#支持的所有逻辑运算符

运算符	描　　述	实　例	结　果
&&	逻辑与运算，如果两个操作数都为真，则判断为真，如果一个操作数为假，则都为假	(A&&B)	假
||	逻辑或运算，如果两个操作数中任意一个为真，则判断为真	(A||B)	真
!	逻辑非运算，用来反转操作数的逻辑状态，如果判断为真，则逻辑非将使其为假	!(A&&B)	真

逻辑运算符代码示例参考代码 5-30。

代码 5-30　逻辑运算符代码示例

```
using UnityEngine;

public class Test_5_30: MonoBehaviour
{
    void Start()
    {
        bool a = true;
        bool b = true;

        if (a && b)
        {
            Debug.Log("行 1 - 条件为真");
        }
        if (a || b)
        {
            Debug.Log("行 2 - 条件为真");
        }
        /* 改变 a 和 b 的值 */
        a = false;
        b = true;
        if (a && b)
        {
            Debug.Log("行 3 - 条件为真");
        }
        else
        {
            Debug.Log("行 3 - 条件不为真");
        }
        if (!(a && b))
        {
            Debug.Log("行 4 - 条件为真");
        }
    }
}
```

编译和执行以上代码，执行结果如图 5-40 所示。

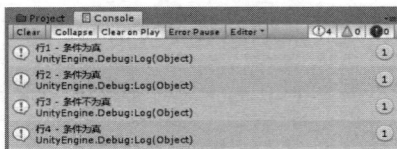

图 5-40　逻辑运算符代码示例执行结果

5.6.4　赋值运算符

表 5-6 所示为 C#支持的赋值运算符（假设变量 A 的值为 10、变量 B 的值为 20）。

表 5-6　C#支持的赋值运算符

运算符	描　　　　述	实　　例
=	把右边操作数的值赋给左边操作数	B=A 将 A 的值赋给 B,B=10
+=	把左边操作数加上右边操作数的结果复制给左边操作数	B+=A 相当于 B=B+A,B=30
-=	把左边操作数减去右边操作数的结果赋值给左边操作数	B-=A 相当于 B=B-A,B=10
*=	把左边操作数乘上右边操作数的结果赋值给左边操作数	B*=A 相当于 B=B*A,B=200
/=	把左边操作数除以右边操作数的结果赋值给左边操作数	B/=A 相当于 B=B/A, B=2
%=	求模且赋值，求两个操作数的模结果并赋值给左边操作数	B%=A 相当于 B=B%A，B=0
<<=	左移且赋值运算符	B<<=2 等同于 B=B<<2，B=80
>>=	右移且赋值运算符	B>>=2 等同于 B=B>>2，B=5

赋值运算符的代码示例参考代码 5-31。

代码 5-31　赋值运算符的代码示例

```csharp
using UnityEngine;

public class Test_5_31: MonoBehaviour
{
    void Start()
    {
        int A = 10;
        int B;
        B = A;
        Debug.Log("行 1 ＝ B 的值 = " + B);
        B = 20;
        B += A;  //B=B+A;
        Debug.Log("行 2 += B 的值 = " + B);
        B = 20;
        B -= A;  //B=B-A;
        Debug.Log("行 3 -= B 的值 = " + B);
        B = 20;
        B *= A;  //B=B*A;
        Debug.Log("行 4 *= B 的值 = " + B);
        B = 20;
        B /= A;  //B=B/A;
        Debug.Log("行 5 /= B 的值 = " + B);
```

```
        B = 20;
        B %= A;  //B=B%A;
        Debug.Log("行6  %=  B的值 = " + B);
        B = 20;
        B <<= 2;  //B=B<<2;
        Debug.Log("行7  <<=  B的值 = " + B);
        B = 20;
        B >>= 2;  //B=B>>2;
        Debug.Log("行8  >>=  B的值 = " + B);
    }
}
```

编译和执行以上代码，执行结果如图 5-41 所示。

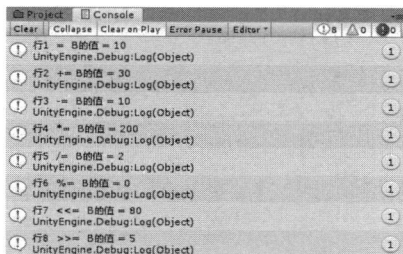

图 5-41　赋值运算符代码示例执行结果

5.7　数　　组

数组是最为常见的数据结构之一，它将相同类型的数据封装在一个标识符下，形成一个基本类型数据序列或对象序列，数组中的元素可以用统一的数组名和下标来唯一确定。实质上，数组是一个简单的线性序列，因此数组访问起来很快。而集合可以看成一种特殊的数组，它也可以存储多个数据。在 C#中，常用的集合包括 ArrayList 和 Hashtable（哈希表）。

5.7.1　数组操作

数组是一种有序的元素序列。如果将有限个类型相同的变量的集合命名，那么这个名称就称为数组名。组成数组的各个变量称为数组的分量，也称为数组的元素，有时也称为下标变量。用于区分数组中的各个元素的数字编号称为下标。

5.7.2　初始化数组

声明数组：

```
datatype[] arrayName;
```

参数说明：

● datatype 用于指定存储在数组中的元素的类型。

● [ ]指定数组的秩（维度），秩用于指定数组的大小。

● arrayName 用于指定数组的名称。

初始化数组：声明一个数组并不会立即在内存中初始化数组。当初始化数组变量时，可以为数组赋值。数组在 C#中是一个引用类型，所以需要使用 new 关键字来创建数组的实例。

例如：

```
double[] balance = new double[10];
```

5.7.3 数组赋值

可以使用索引号赋值给一个单独的数组元素。例如：

```
double[] balance = new double[10];
balance[0] = 4500.0;
```

可以在声明数组的同时给数组赋值。例如：

```
double[] balance = {2340.0, 4523.69, 3421.0};
```

可以创建并初始化一个数组。例如：

```
int [] marks = new int[5] {99, 98, 92, 97, 95};
```

在上述情况下，也可以省略数组的大小。例如：

```
int [] marks = new int[] {99, 98, 92, 97, 95};int[] score = marks;
```

可以将一个数组变量赋值给另一个目标数组变量。在这种情况下，目标和源数组变量将指向相同的内存位置。

```
int [] marks = new int[] {99, 98, 92, 97, 95};
```

5.7.4 访问数组元素

元素是通过带索引的数组名称来访问的，可以把元素的索引放置在数组名称后的方括号中。例如：

```
double salary = balance[9];
```

下面是一个示例，演示数组元素的访问，参考代码 5-32。

代码 5-32   访问数组元素的代码示例

```
using UnityEngine;
public class Test_5_32: MonoBehaviour
{
    void Start()
    {
        int[] n = new int[5]; /* n 是一个带有 5 个整数的数组 */
        int i, j;
        /* 初始化数组 n 中的元素 */
        for (i = 0; i < 5; i++)
        {
            n[i] = i + 100;
        }
        /* 输出每个数组元素的值 */
        for (j = 0; j < 5; j++)
        {
            Debug.Log("元素[{" + j + "}] = {" + n[j] + "}");
        }
    }
}
```

编译和执行以上代码，结果如图 5-42 所示。

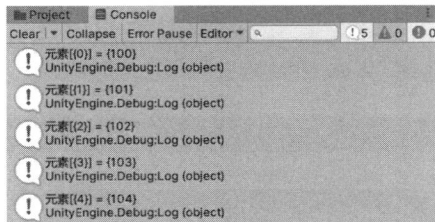

图 5-42　访问数组元素代码示例执行结果

5.7.5　多维数组

多维数组的最简单形式是二维数组。二维数组本质上是一个一维数组的列表。

二维数组可以看作一个 x 行和 y 列的表格。图 5-43 所示为一个二维数组，包含 3 行和 4 列。

图 5-43　3 行 4 列的多维数组

因此，数组中的每个元素可以用形式为 a[i,j]的元素名称来标识。其中，a 是数组名称；i 和 j 是唯一标识 a 中每个元素的下标。

初始化二维数组：二维数组可以通过在括号内为每行指定值来初始化。下面是一个具有 3 行 4 列的数组。

```
int[,] a = new int [3,4]{{0, 1, 2, 3},{4, 5, 6, 7},{8, 9, 10, 11}};
```

访问二维数组元素：

```
int val = a[2,3];
```

对于二维数组中的元素，可以通过下标（即数组的行索引和列索引）来访问。例如：

以上语句将获取数组中第 3 行第 4 列的元素。下面使用嵌套循环来处理二维数组。

多维数组的代码示例参考代码 5-33。

代码 5-33　多维数组的代码示例

```
using UnityEngine;
public class Test_5_33: MonoBehaviour
{
    void Start()
    {
        /* 一个具有 5 行 2 列的数组 */
        int[,] a = new int[5, 2] {{0, 1}, {2, 3}, {4, 5}, {6, 7}, {8, 9}};
        int i, j;
        /* 输出数组中每个元素的值 */
        for (i = 0; i < 5; i++)
        {
```

```
            for (j = 0; j < 2; j++)
            {
                Debug.Log("a[{"+i+"},{"+j+"}] = {"+a[i, j]+"}");
            }
        }
    }
```

编译和执行以上代码，执行结果如图 5-44 所示。

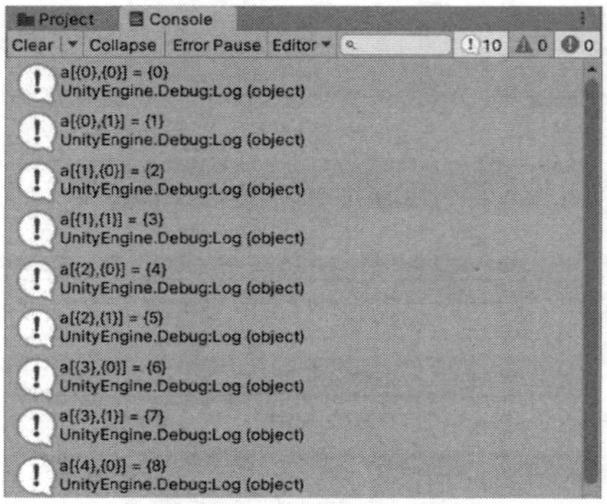

图 5-44　多维数组代码示例执行结果

5.7.6　课后习题

本节学习了如何创建数组、给数组赋值，以及访问数组元素。尝试创建一个数组，判断数组的类型并找出其中的最大值。

5.8　集　　合

集合（Collection）类用于数据存储和检索，提供了对栈（Stack）、队列（Queue）、列表（List）和哈希表（Hashtable）的支持。例如，为元素动态分配内存、基于索引访问列表项等。这些类还创建了 Object 类的对象集合。在 C#中，Object 类是所有数据类型的基类。

5.8.1　常见集合

表 5-7 所示为 C#中常见的集合。

表 5-7　C#中常见的集合

集 合 类	描述和用法
ArrayList（动态数组）	表示可被单独索引的对象的有序集合，基本可以替代一个数组，但是与数组不同的是，它可以在指定的位置添加和移除元素，动态数组会自动调整大小，可以在列表中动态分配内存、增加、搜索、排序各项
Hashtable（哈希表）	用键访问集合中的元素，哈希表中的每一项都有一个键/值对，键用来访问集合中的元素
SortedList（排序列表）	可以使用键和索引来访问列表中的元素。排序列表是数组和哈希表的组合，使用键访问元素时，它是一个哈希表；使用索引来访问元素时，它是一个动态数组

集 合 类	描述和用法
Stack（堆栈）	后进先出的对象集合，如果需要对各项元素进行后进先出的访问时，可以使用堆栈。当向堆栈中添加元素时，称为推入元素；当从堆栈中删除元素时，称为弹出元素
Queue（队列）	先进先出的对象集合。如果需要对各项元素进行先进先出的访问，可以使用队列。当向队列中添加元素时，称为入队；当从队列中删除元素时，称为出队
BitArray（位数组）	是一个用值 0 和 1 表示的二进制数组。当需要存储位，但是不知道位数时，使用位数组。可以使用整型索引从位数组集合中访问各项元素，索引从 0 开始

5.8.2　数组、ArrayList 和 List

在 C#中，数组、ArrayList、List 都能够存储一组对象，下面介绍这三者的区别。

1. 数组

数组在内存中是连续存储的，所以它的索引速度非常快，而且赋值与修改元素也很简单。

```
//数组
string[] s=new string[2];
s[0]="a";     //赋值
s[1]="b";
s[1]="a1";    //修改
```

但是在数组的两个数据之间插入数据比较麻烦，而且在声明数组时必须指定数组的长度。如果数组的长度过长，则会导致内存浪费；如果过短，则会导致数据溢出。如果在声明数组时不知道数组的长度，则无法定义数组。

针对数组的这些缺点，C#中最先提供了 ArrayList 对象。

2. ArrayList

ArrayList 是 System.Collections 命名空间的一部分。在使用该类时，必须进行引用。ArrayList 继承了 IList 接口，这为它提供了数据存储和检索的功能。ArrayList 对象的大小是按照其中存储的数据量动态扩充与收缩的。所以，在声明 ArrayList 对象时，并不需要指定它的长度。例如：

```
//ArrayList
ArrayList list1 = new ArrayList();
//新增数据
list1.Add("cde");
list1.Add(5678);
//修改数据
list1[2] = 34;
//移除数据
list1.RemoveAt(0);
//插入数据
list1.Insert(0, "qwe");
```

从上面的例子可以看出，在 list1 中，不仅插入了字符串 cde，而且插入了数字 5678。这样在 ArrayList 中插入不同类型的数据是允许的。因为 ArrayList 会把所有插入其中的数据当作 Object 类型来处理，所以在使用 ArrayList 处理数据时，很可能会报类型不匹配的错误，即 ArrayList 不是安全类型。在存储或检索值类型时，通常发生装箱和取消装箱操作，导致带来很大的性能耗损。

3. 泛型 List

因为 ArrayList 存在不安全类型与装箱拆箱的缺点，所以出现了泛型的概念。List 类是 ArrayList 类的泛型等效类，它的大部分用法都与 ArrayList 相似，因为 List 类也继承了 IList 接口。最关键的区别在于，在声明 List 集合时，需要为其声明 List 集合内数据的对象类型。例如：

```
List<string> list = new List<string>();
//新增数据
list.Add("abc");
//修改数据
list[0] = "def";
//移除数据
list.RemoveAt(0);
```

上例中，如果在 List 集合中插入 int 数组 123，IDE 就会报错且不能通过编译。这样就避免了前面讲的类型安全问题与装箱拆箱的性能问题了。

4. 小结

数组的容量是固定的，只能一次获取或设置一个元素的值，而 ArrayList 或 List<T>的容量可根据需要自动扩充、修改、删除或插入数据。

数组可以具有多个维度，而 ArrayList 或 List<T>始终只有一个维度，但是可以轻松创建数组列表或列表的列表。特定类型（Object 除外）数组的性能优于 ArrayList 的性能。这是因为 ArrayList 的元素属于 Object 类型，所以在存储或检索值类型时通常会发生装箱和取消装箱操作。不过，在不需要重新分配时（即最初的容量十分接近列表的最大容量），List<T>的性能与同类型的数组十分相近。

在决定使用 List<T>还是 ArrayList 类（两者具有类似的功能）时，List<T>类在大多数情况下执行得更好且是安全类型。如果对 List<T>类的类型 T 使用引用类型，则两个类的行为是完全相同的。但是，如果对类型 T 使用值类型，则需要考虑拆箱和装箱问题。

5.8.3 队列

队列（Queue）代表了一个先进先出的对象集合。当需要对各项进行先进先出的访问时，则使用 Queue。当在列表中添加一项时，称为入队；当从列表中移除一项时，称为出队。

Queue 类的属性和方法如下。

表 5-8 列出了 Queue 类的常用属性。

表 5-8　Queue 类的常用属性

属性	描　　述
Count	获取 Queue 类中包含的元素个数

表 5-9 列出了 Queue 类的常用方法。

表 5-9　Queue 类的常用方法

序号	方　　法	描　　述
1	public virtual void Clear();	从 Queue 中移除所有的元素
2	public virtual bool Contains(object obj);	判断某个元素是否在 Queue 中

序号	方　法	描　述
3	public virtual object Dequeue();	移出并返回在 Queue 开头的对象
4	public virtual void Enqueue(object obj);	向 Queue 的末尾添加一个对象
5	public virtual object[] ToArray();	复制 Queue 到一个新的数组中
6	public virtual void TrimToSize();	设置容量为 Queue 中元素的个数

下面的示例演示了 Queue 的使用，参考代码 5-34。

代码 5-34　Queue 的代码示例

```
using System.Collections;
using UnityEngine;

public class Test_5_34: MonoBehaviour
{
    void Start()
    {
        Queue q = new Queue();              //初始化队列
        q.Enqueue('A');                     //添加元素
        q.Enqueue('B');
        Debug.Log("添加元素前: ");
        foreach (char item in q)
        {
            Debug.Log(item);
        }
        q.Enqueue('C');
        Debug.Log("添加元素后: ");
        foreach (char item in q)
        {
            Debug.Log(item);
        }
        q.Dequeue();                        //删除元素
        Debug.Log("删除元素后: ");
        foreach (char item in q)
        {
            Debug.Log(item);
        }
    }
}
```

编译和执行以上代码，执行结果如图 5-45 所示。

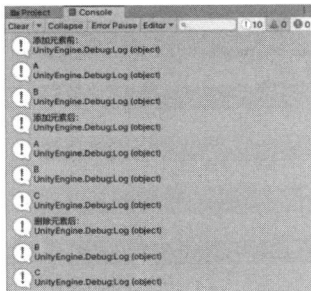

图 5-45　Queue 代码示例执行结果

5.8.4　堆栈

堆栈（Stack）代表了一个后进先出的对象集合。需要对各项进行后进先出的访问时，则使用 Stack。当在 Stack 中添加一项时，称为推入元素；当从 Stack 中移除一项时，称为弹出元素。

Stack 类的属性和方法如下。

表 5-10 列出了 Stack 类的常用属性。

表 5-10　Stack 类的常用属性

属　　性	描　　述
Count	获取 Stack 中包含的元素个数

表 5-11 列出了 Stack 类的常用方法。

表 5-11　Stack 类的常用方法

序号	方　　法	描　　述
1	public virtual void Clear();	从 Stack 中移除所有的元素
2	public virtual bool Contains(object obj);	判断某个元素是否在 Stack 中
3	public virtual object Peek();	返回 Stack 顶部的对象，但不移除它
4	public virtual object Pop();	移除并返回 Stack 顶部的对象
5	public virtual void Push(object obj);	向 Stack 的顶部添加一个对象
6	public virtual object[] ToArray();	将 Stack 复制到一个新的数组中

下面演示 Stack 的使用，参考代码 5-35。

代码 5-35　Stack 的代码示例

```
using System.Collections;
using UnityEngine;
public class Test_5_35: MonoBehaviour
{
    void Start()
    {
        Stack st = new Stack();        //初始化队列
        st.Push('A');                  //添加元素
        st.Push('B');
        Debug.Log("添加元素前: ");
        foreach (char item in st)
        {
            Debug.Log(item);
        }
        st.Push('C');
        Debug.Log("添加元素后: ");
        foreach (char item in st)
        {
            Debug.Log(item);
        }
        char ch =(char)st.Peek();     //返回 Stack 顶部的对象，但不移除它
        Debug.Log("返回 Stack 顶部的对象: "+ch);
```

```
        st.Pop();                           //删除元素
        Debug.Log("删除元素后: ");
        foreach (char item in st)
        {
            Debug.Log(item);
        }
    }
}
```

编译和执行以上代码，执行结果如图 5-46 所示。

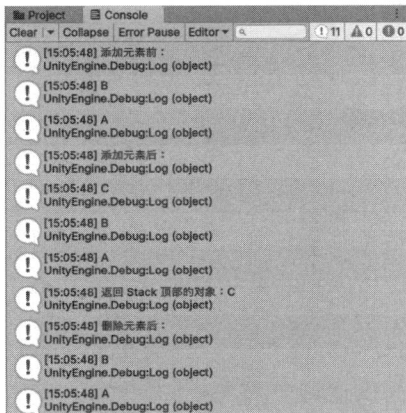

图 5-46　Stack 代码示例执行结果

5.8.5　哈希表

哈希表（Hashtable）类代表了一系列基于键的哈希代码组织起来的键/值对。它使用键来访问集合中的元素。

如果要使用键访问元素，则使用 Hashtable，而且可以识别一个唯一的键值。Hashtable 中的每一项都有一个键/值对，其中键用于访问集合中的项目。

表 5-12 列出了 Hashtable 类的常用属性。

表 5-12　Hashtable 类的常用属性

属　　性	描　　述
Count	获取 Hashtable 中包含的键/值对个数
IsFixedSize	获取一个值，表示 Hashtable 是否具有固定大小
IsReadOnly	获取一个值，表示 Hashtable 是否只读
Item	获取或设置与指定的键相关的值
Keys	获取一个 ICollection，包含 Hashtable 中的键
Values	获取一个 ICollection，包含 Hashtable 中的值

表 5-13 列出了 Hashtable 类的常用方法。

表 5-13　Hashtable 类的常用方法

序号	方　　法	描　　述
1	public virtual void Add(object key, object value);	向 Hashtable 添加一个带有指定的键和值的元素
2	public virtual void Clear();	从 Hashtable 中移除所有的元素
3	public virtual bool ContainsKey(object key);	判断 Hashtable 是否包含指定的键
4	public virtual bool ContainsValue(object value);	判断 Hashtable 是否包含指定的值
5	public virtual void Remove(object key);	从 Hashtable 中移除带有指定的键的元素

下面演示 Hashtable 的概念，参考代码 5-36。

代码 5-36　Hashtable 的代码示例

```
using System.Collections;
using UnityEngine;
public class Test_5_36: MonoBehaviour
{
    void Start()
    {
        Hashtable ht = new Hashtable();
        ht.Add("001", "张三");
        ht.Add("002", "李四");
        if (ht.ContainsValue("李四"))
        {
            Debug.Log("这个名字已经添加到名单上了");
        }
        else
        {
            ht.Add("003", "王五");
        }
        //获取键的集合
        ICollection key = ht.Keys;
        foreach (string k in key)
        {
            Debug.Log(k + ": " + ht[k]);
        }
    }
}
```

编译和执行以上代码，执行结果如图 5-47 所示。

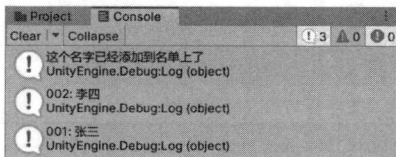

图 5-47　Hashtable 代码示例执行结果

5.8.6　字典

一般情况下，开发者可以通过 int 型的索引号从数组或 list 集合中查询所需的数据。但是如果索引号是非 int 型数据（如 string 或其他类型）该如何操作呢？这种情况下可以使用字典（Dictionary）。Dictionary 是一种可以通过索引号查询到特定数据的数据结构类型。

Dictionary 的用法及注意事项：

（1）C#中的 Dictionary<TKey,TValue>类通过在内部维护两个数组来实现键/值对的存储和管理。一个数组用于存储键（key），另一个数组用于存储对应的值（Value）。当在 Dictionary<TKey,TValue>集合中插入键/值对时，将自动将键和值关联，这样开发人员可以快速且简单地获取与指定键关联的值。

（2）Dictionary<TKey,TValue>集合不能包含重复的键。如果调用 Add 方法添加键数组中已有的键，系统将抛出异常。但是，如果使用方括号记法（类似给数组元素赋值）来添加键/值对，就不用担心异常——如果键已经存在，其对应的值就会被新值覆盖，可以用 ContainKey 方法测试 Dictionary<TKey,TValue>集合是否已包含特定的键。

（3）Dictionary<TKey,TValue>集合内部采用一种稀疏数据结构，这种结果在有大量内存可用时最高效。随着更多元素的插入，Dictionary<TKey,TValue>集合可能会快速消耗大量内存。

（4）用 foreach 遍历 Dictionary<TKey,TValue>集合会返回一个 KeyValuePair<TKey, TValue>。该结构包含数据项的键和值副本，可通过 Key 和 Value 属性访问每个元素的键和值。在 foreach 循环中，元素是只读的，不能用它们修改 Dictionary<TKey,TValue>集合中的数据。

下面演示 Dictionary 的用法，参考代码 5-37。

代码 5-37　Dictionary 的代码示例

```
using System.Collections.Generic;
using UnityEngine;
public class Test_5_37: MonoBehaviour
{
   void Start()
   {
     Dictionary<string, string> students = new Dictionary<string, string>();
     students.Add("S001", "张三");                      //添加
     students.Add("S002", "李四");                      //添加
     students.Add("S003", "王五");                      //添加
     students["S003"] = "赵六";                         //修改
     students.Remove("S000");                           //删除
     foreach (string key in students.Keys)              //查询 Keys
         Debug.Log(key);
     foreach (string value in students.Values)          //查询 Values
         Debug.Log(value);
     foreach (KeyValuePair<string, string> stu in students) //查询 Keys 和 Values
         Debug.Log("Key:" + stu.Key + "  Name:" + stu.Value);
   }
}
```

编译和执行以上代码，执行结果如图 5-48 所示。

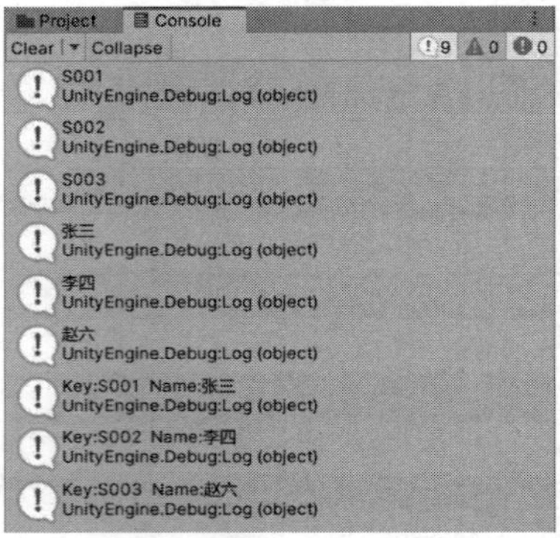

图 5-48　Dictionary 代码示例执行结果

5.9　本章小结

　　本章介绍了 C#与引擎的交互过程，了解了脚本从创建到运行的过程，还介绍了 C#的数据类型和变量。数据类型主要分为两种：值类型和对象类型，值类型和对象类型可以相互转换。当一个值类型转换为对象类型时，则称为装箱；当一个对象类型转换为值类型时，则称为拆箱。

　　然后介绍了 C#语法中比较重要的概念：条件语句和循环语句。这两种语句是 C#语言的基础，复杂的语句都是这两种语法的叠加和优化，学好语法，再难的代码也能看懂，运算符是一种简写代码的方式，熟练掌握运算符的用法，不仅可以提高编写代码的效率，还可以提高代码的可读性。

　　接下来是数组和集合，数组可以说是最基本的数据结构，一个数组可以分解为多个数组元素，按照数据元素的类型，数组可以分为整型数组、字符型数组、浮点型数组、指针数组和结构数组等。数组还可以有一维、二维以及多维等表现形式。

　　数组是一个简单的线性序列，因此数组访问速度快。而集合可以看成一种特殊的数组，它也可以存储多个数据，C#中常用的集合包括 ArrayList 集合和 Hashtable（哈希表）。

　　数组、ArrayList 和 List 都可以存储对象，但是各有优缺点。其中，数组读取快，但是在中间插入值比较麻烦，还需要增加大小，改变序列，所以出现了 ArrayList；ArrayList 可以自动增加大小、方便地在中间插入值，但是不限制类型，数据都以对象的形式保存，所以读取时多了一个装箱和拆箱的过程，比较耗费资源，所以就出现了 List；List 可以限定类型，提高效率。

第 6 章 文件与文件夹

文件是指一个存储在磁盘中带有指定名称和目录路径的数据集合。当打开文件进行读/写时，它变成一个流。

从根本上说，流是指通过通信路径传递的字节序列。有两个主要的流：输入流和输出流。输入流用于从文件读取数据（读操作）；输出流用于向文件写入数据（写操作）。

对于文件的操作，可以分为对文件夹的操作和文件的操作。对文件夹的操作包括创建文件夹、删除文件夹、删除文件夹中所有的文件、找到文件夹中所有的文件等；对文件的操作包括文件创建、文件复制、文件移动、文件重命名、文件读/写等。接下来介绍如何操作文件。

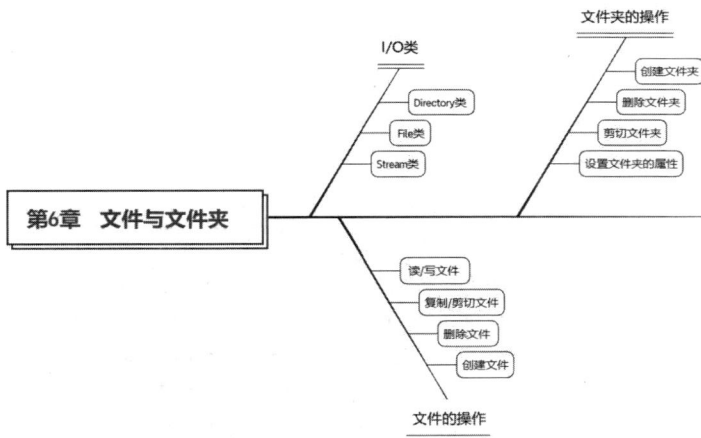

6.1 I/O 类

System.IO 命名空间有多种不同的类，用于执行各种文件操作，如创建和删除文件、读取或写入文件，以及关闭文件等。

表 6-1 列出了 System.IO 命名空间中常用的非抽象类。

表 6-1 System.IO 命名空间中常用的非抽象类

I/O 类	描　　述
Directory	用来创建、移动、删除和枚举所有目录或子目录的成员，静态类
DirectoryInfo	用来创建、移动、删除和枚举所有目录或子目录的成员，非静态类
File	用来创建、复制、删除、移动和打开文件的静态方法

续表

I/O 类	描　述
FileInfo	用来创建、复制、删除、移动和打开文件的非静态方法
Path	对路径信息的操作类
SteamReader	用来从字节流中读取数据
SteamWriter	用来向一个流中写入数据

下面介绍 Directory 类的使用方法。

6.1.1　Directory 类

对于文件夹的操作主要通过 Directory 类和 DirectoryInfo 类来完成，这两个类中都包含一组用来创建、移动、删除和枚举所有目录或子目录的成员的方法。

表 6-2 列出了 Directory 类的常见方法。

表 6-2　Directory 类的常见方法

方　　法	描　　述
CreateDirectory(String)	在指定路径中创建所有目录和子目录，除非它们已经存在
Delete(String)	从指定路径删除空目录
Delete(String,Boolean)	删除指定的目录，并删除该目录中所有的子目录和文件
Exists(String)	判断指定目录中是否存在现有目录

Directory 类和 DirectoryInfo 类都可以用来操作文件夹，两者的区别在于：Directory 类是静态类，所有方法都是静态的，可以直接进行调用；而 DirectoryInfo 类是普通类，需要实例化之后才能使用。如果要对文件执行几种操作，则实例化 DirectoryInfo 对象并调用方法会更好一些，这样会提高效率。因为实例化时会设置文件路径，所以这个实例化出来的 DirectoryInfo 对象将在文件系统上引用正确的文件，而静态类每次都必须要寻找文件。两者的具体使用区别会在后面的示例中演示。

选择 Directory 类还是选择 DirectoryInfo 类主要看使用的场景和具体情况。

6.1.2　File 类

对于文件的创建、删除、移动、打开操作主要使用 File 类和 FileInfo 类。

表 6-3 列出了 File 类的常用方法。

表 6-3　File 类的常用方法

方　　法	描　　述
Create(String)	在指定路径中创建或者覆盖文件
Delete(String)	删除指定的文件
Exists(String)	确定指定的文件是否存在
Move(String,String)	将指定的文件移动到新位置
Open(String,FileMode)	打开指定路径的文件，指定读/写访问的模式

File 类和 FileInfo 类都可以用来操作文件，两者的区别与 Directory 类和 DirectoryInfo 类的区别基本相同。其中，File 类是静态类，可以直接被调用；FileInfo 类是普通类，需要实例化之后才能使用。两者的具体使用区别会在后面的示例中演示。

6.1.3　Stream 类

Stream 类用于从文件中读取二进制数据，使用流来读/写文件时，数据流会先进入缓冲区，而不会立刻写入文件，当执行写入的方法后，缓冲区的数据会立即注入基础流。表 6-4 列出了 Stream 类的常用方法。

表 6-4　Stream 类的常用方法

方　　法	描　　述
Read()	从基础流中读取字符，并把流的当前位置往前移
Close()	关闭当前 Stream 对象和基础流
Write()	把数据写入基础流
Flush()	清理当前所有缓冲区，使得所有缓冲数据写入基础设备
Seek()	设置当前流内的位置

在开发中，Stream 类常要用 File 类的方法打开文件，然后使用流来读/写文件，还可以用直接的文件流类 FileStream 以文件流的形式打开文件，具体的使用方法会在后面的示例中演示。

6.2　文件的操作

对文件的操作主要有创建文件、删除文件、复制文件、剪切文件、读取文件、写入文件等。下面介绍如何对文件进行操作。

6.2.1　创建文件

File 类和 FileInfo 类都可以创建文件，下面就来了解一下使用这两个类如何创建文件。

用 File 类创建文件：

```
//用 File 类创建文件
File.Create(@"C:\Temp\MyTest.txt");
```

用 FileInfo 类创建文件：

```
//用 FileInfo 类创建文件
FileInfo info = new FileInfo(@"C:\Temp\MyTest.txt");
info.Create();
```

以上两段代码都可以创建文件，如图 6-1 所示。

从以上两段代码可以看到，File 类和 FileInfo 类的用法区别是，File 类是静态类，可以直接用静态方法 File.Create；而 FileInfo 类是普通类，需要先实例化 FileInfo 类才能使用。

在创建文件之前需要先判断文件是否已经存在，如果文件

图 6-1　使用 File 类中的方法创建新文件

存在，再创建会报错，可以使用 File.Exists 函数判断文件是否存在，返回值是一个 bool 类型的值。

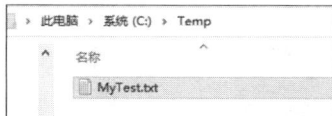

6.2.2　删除文件

删除文件也是比较常见的操作，下面就来了解一下如何删除文件。

用 File 类删除文件：

```
//用 File 类删除文件
File.Delete(@"C:\Temp\MyTest.txt");
```

用 DirectoryInfo 类删除文件：

```
//用 DirectoryInfo 类删除文件
FileInfo info = new FileInfo(@"C:\Temp\MyTest.txt");
info.Delete();
```

◀» 提示：

两段代码都可以删除文件，但是要注意的是，在删除文件时，要先判断文件是否存在，可以使用 Exists 方法判断文件是否存在，文件存在才能删除。若文件不存在，删除时会出错。

6.2.3　复制/剪切文件

复制和剪切文件也是比较常见的操作，下面就来了解一下如何复制和剪切文件。

用 File 类复制、剪切文件：

```
//用 File 类复制文件
File.Copy(@"C:\Temp\MyTest.txt", @"C:\Temp\MyTest2.txt");
//用 File 类剪切文件
File.Move(@"C:\Temp\MyTest.txt", @"C:\Temp\MyTest2.txt");
```

用 FileInfo 类复制、剪切文件：

```
//用 FileInfo 类复制文件
FileInfo info4 = new FileInfo(@"C:\Temp\MyTest.txt");
info4.CopyTo(@"C:\Temp\MyTest2.txt");
//用 FileInfo 类剪切文件
FileInfo info3 = new FileInfo(@"C:\Temp\MyTest.txt");
info3.MoveTo(@"C:\Temp\MyTest2.txt");
```

File 类和 FileInfo 类的复制和剪切方法用法相似，都是指定一个源文件地址，然后指定一个目标地址，就可以将源地址的文件复制或剪切到目标地址。

当然，无论是复制还是剪切，都要保证源文件是存在的，不然就无法复制或剪切文件，可以使用 Exists 函数判断文件是否存在。

6.2.4　读/写文件

读/写文件是对文件最基本的操作，读/写文件主要通过文件流的形式来实现。比较常用的方法就是使用 File 类打开文件，读取数据，将数据保存到 FileStream 文件流对象，FileStream 类继承 Stream 类，然后通过 FileStream 文件流对象写入数据。

下面演示如何使用 FileStream 对象写入数据，参考代码 6-1。

代码 6-1　用 FileStream 写入数据的代码示例

```
using System.IO;
using System.Text;
using UnityEngine;
```

06

```
public class Test_6_1: MonoBehaviour
{
    void Start()
    {
        string path = @"C:\Temp\MyTest.txt";
        //首先判断文件是否存在
        if (!File.Exists(path))
        {
            //创建文件
            using (FileStream fs=File.Create(path))
            {
                byte[] info = new UTF8Encoding(true).GetBytes("new text");
                //添加数据到文件中
                fs.Write(info, 0, info.Length);
            }
        }
    }
}
```

编译和执行以上代码，执行结果如图 6-2 所示。

图 6-2   先用 File 类的常用方法在 C 盘创建 MyTest 文件，然后写入数据

使用 File 类读取文件数据。例如：

```
File.Open(@"C:\Temp\MyTest.txt", FileMode.OpenOrCreate);
```

其中，参数 FileMode 是一个枚举类，代表了读取的权限。

● Open：以只读的权限读取文件。

● Create：以写的权限读取文件。

● OpenOrCreate：以读/写的权限读取文件。

● CreateNew：以创建新文件的方式读取文件。

下面演示如何在 Unity 中读取文件，参考代码 6-2。

代码 6-2　用 FileStream 类读取文件的代码示例

```
using System.IO;
using System.Text;
using UnityEngine;
public class Test_6_2: MonoBehaviour
{
    void Start()
    {
        string path = @"C:\Temp\MyTest.txt";
        using (FileStream fs = File.Open(path, FileMode.Open, FileAccess.Read,
        FileShare.None))
        {
            byte[] b = new byte[1024];
            UTF8Encoding temp = new UTF8Encoding(true);
            while (fs.Read(b, 0, b.Length) > 0)
            {
                Debug.Log(temp.GetString(b));
            }
        }
    }
}
```

编译和执行以上代码，执行结果如图 6-3 所示。

图 6-3　用 FileStream 类读取 MyTest 文件数据

6.2.5　课后习题

本节学习了如何创建文件、写入内容。下面试着自己创建文件，并且把"你好世界"写入文件，然后将内容修改为"你好，世界"。

6.3　文件夹的操作

对于文件夹的操作主要有创建文件夹、删除文件夹、移动文件夹、设置文件夹的属性等，下面就来看一下如何对文件夹进行操作。

6.3.1　创建文件夹

Directory 类和 DirectoryInfo 类都可以用来创建文件夹，下面就来了解一下如何创建文件夹。

用 Directory 类创建文件夹：

```
//用 Directory 类创建文件夹
Directory.CreateDirectory(@"c:\Temp");
```

用 DirectoryInfo 类创建文件夹：

```
//用 DirectoryInfo 类创建文件夹
DirectoryInfo info = new DirectoryInfo(@"c:\Temp");
info.Create();
```

以上两段代码都可以创建文件夹，如图 6-4 所示。

图 6-4　用 Directory 类的创建文件夹方法在 C 盘创建一个空文件夹

由以上代码可以看到，Directory 类和 DirectoryInfo 类的用法区别是，Directory 类是静态类，可以直接使用静态方法 Directory.CreateDirectory；而 DirectoryInfo 类是普通类，需要先实例化 DirectoryInfo 类才能使用。

6.3.2　删除文件夹

删除文件夹也是比较常见的操作，下面就来了解一下如何删除文件夹。

用 Directory 类删除文件夹：

```
//用 Directory 类删除文件夹
Directory.Delete(@"c:\Temp");
```

用 DirectoryInfo 类删除文件夹：

```
//用 DirectoryInfo 类删除文件夹
DirectoryInfo info = new DirectoryInfo(@"c:\Temp");
info.Delete();
```

📢 提示：

以上两段代码都可以删除文件夹，但是要注意，在删除文件夹时，要先判断文件夹是否存在，可以使用 Exists 方法判断文件夹是否存在，文件夹存在才能删除；若不存在，删除时会出错。

```
//用 Directory 类判断文件夹是否存在
bool isDireExist = Directory.Exists(@"c:\Temp");
//用 DirectoryInfo 类判断文件夹是否存在
DirectoryInfo info = new DirectoryInfo(@"c:\Temp");
bool isDireExist = info.Exists;
```

6.3.3　剪切文件夹

剪切文件夹也是比较常见的操作，下面就来了解一下如何剪切文件夹。

用 Directory 类剪切文件夹：

```
//用 Directory 类剪切文件夹
Directory.Move(@"c:\Temp", @"c:\Temp2");
```

用 DirectoryInfo 类剪切文件夹：

```
//用 DirectoryInfo 类剪切文件夹
DirectoryInfo info4 = new DirectoryInfo(@"c:\Temp");
info4.MoveTo(@"c:\Temp2");
```

以上两段代码都可以剪切文件夹。剪切文件夹是将原文件夹中的所有文件移动到目标文件夹中，如果目标文件夹已经存在，就不能剪切到目标文件夹，否则会报错，所以要先判断是否存在目标文件夹。

6.3.4　设置文件夹的属性

设置文件夹属性也是比较常见的操作，下面就来了解一下如何设置文件夹的属性。

用 Directory 类设置文件夹的属性：

```
//用 Directory 类设置文件夹的属性
Directory.CreateDirectory(@"c:\Temp").Attributes = FileAttributes.ReadOnly;
```

用 DirectoryInfo 类设置文件夹的属性：

```
//用 DirectoryInfo 类设置文件夹的属性
DirectoryInfo info = new DirectoryInfo(@"c:\Temp");
info.Attributes = FileAttributes.ReadOnly;
```

要设置文件夹的属性，首先需要确保文件夹存在；否则就会报错，判断文件夹是否存在可以使用 Exists 函数。

文件夹的属性可以通过枚举 FileAttributes 来获取，常用的参数如下。

- ReadOnly：只读。
- Hidden：隐藏文件夹。
- Temporary：临时文件夹。
- Encrypted：加密文件夹。

6.3.5　课后习题

对于文件夹的操作，需要多多练习，试着自己创建、剪切、删除文件夹。

6.4　本章小结

本章介绍了如何使用 C#中的各种类对文件夹和文件进行操作。例如，Directory 类和 DirectoryInfo 类用来对文件夹进行操作，常见操作有创建、删除、剪切文件夹。

对于文件的操作，常用 File 类和 FileInfo 类，常见操作有创建、删除、剪切、复制、读/写文件。

无论是对文件目录的操作还是对文件的操作，首先要判断文件夹或文件是否已经存在，有些操作只有文件夹或文件存在才能执行，如读取文件、剪切文件夹，有些操作必须是文件夹或文件不存在才能执行，如创建文件、创建文件夹等。

在实际的开发中要灵活地应用这些类和方法。

第 7 章 String 类

C#中提供了比较全面的字符串处理方法，很多函数都进行了封装，为编程工作提供了很大的便利。String 是最常用的字符串操作类，可以帮助开发者完成绝大部分的字符串操作功能。

7.1 String 类简介

字符串是一种比较常用的数据类型，如用户名、邮箱、家庭住址、商品名称等信息，都需要使用字符串类型来存取。C#语言提供了对字符串类型数据进行操作的方法，如截取字符串中的内容、查找字符串中的内容等。

String 类中包含丰富的对字符串的操作，如比较字符串、定位字符串、连接字符串、分割字符串等，在程序开发中通常要用到字符串的操作，开发者需要多练习才能掌握这些常用的字符串操作。

7.1.1 String 类的属性

String 类自带一些属性，如字符串的长度。类中包含方法和属性，方法用来执行动作，属性用来保存数据。属性是个封装结构，对外开放，用于保护类中的私有字段。通过属性，可以确保字段不会受到非法数据的破坏。

表 7-1 列出了 String 类的属性。

表 7-1　String 类的属性

序号	属　　性	描　　述
1	Chars	在当前 String 对象中获取 Char 对象的指定位置
2	Length	在当前 String 对象中获取字符数

Length 属性可以得到字符串的长度，使用方法如下：

```
string Str = "Hello,World";
Debug.Log(Str.Length);        //得到字符串的长度
```

7.1.2　创建 String 类对象

使用一个类，需要从创建这个类开始，创建 String 类对象有多种方法，如使用构造函数、使用字符串拼接。在实际开发中，没有固定的使用格式，通常是根据习惯和情况而定。

可以使用以下方法之一来创建 String 类对象：

- 通过给 String 变量指定一个字符串。
- 通过 String 类构造函数。
- 通过字符串串联运算符（+）。
- 通过检索属性或调用一个返回字符串的方法。
- 通过格式化方法将一个值或对象转换为字符串表示形式。

下面演示创建 String 类对象，参考代码 7-1。

代码 7-1　创建 String 类对象的代码示例

```
using System;
using UnityEngine;

public class Test_7_1: MonoBehaviour
{
    void Start()
    {
        //声明两个字符串变量
        string fname, lname;
        fname = "张";
        lname = "三";
        string fullname = fname + lname;
        Debug.Log("名字: "+ fullname);
        //使用 string 构造函数
        char[] letters = {'H', 'e', 'l', 'l', 'o'};
        string greetings = new string(letters);
        Debug.Log("使用 string 构造函数: " + greetings);
        //使用 Join 方法返回字符串
        string[] sarray = {"h", "e", "l", "l", "o"};
        string message = string.Join("", sarray);
        Debug.Log("使用 Join 方法: "+ message);
```

```
//用于转化值的格式化方法
DateTime waiting = new DateTime(2012, 10, 10, 17, 58, 1);
string chat = string.Format("当前时间: {0:t} on {0:D}", waiting);
Debug.Log("使用 Format 方法: " + chat);
    }
}
```

编译和执行以上代码，执行结果如图 7-1 所示。

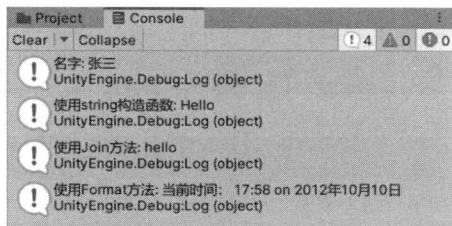

图 7-1　String 类对象的代码示例编译和执行结果

7.2　字符串的常用操作

在 C#编程中，字符串是一种非常重要的数据类型，用于表示文本信息。字符串操作涉及多个方面，这些操作不仅丰富多样，而且在实际编程中扮演着至关重要的角色。接下来，我们将简要概述一些 C# 中字符串的常用操作，旨在为读者提供一个大致的方向，鼓励大家深入学习和实践。

7.2.1　比较字符串

比较字符串是指按照字典排序规则，判定两个字符的相对大小。按照字典排序规则，在一本英文字典中，出现在前面的单词小于出现在后面的单词。在 String 类中，常用的比较字符串的方法包括 Compare、CompareTo、CompareOrdinal 以及 Equals。

Compare 方法是 String 类的静态方法，用于全面比较两个字符串对象。CompareTo 方法用于将当前字符串对象与另一个对象进行比较，其作用与 Compare 类似，返回值也相同。CompareTo 方法与 Compare 方法相比，区别在于：CompareTo 方法不是静态方法，可以通过一个 String 对象调用；CompareTo 方法没有重载形式，只能按照大小写敏感方式比较两个字符串。

Equals 方法可用于方便地判定两个字符串是否相同，有两种重载形式。

```
public boolEquals(string)
public static boolEquals(string,string)
```

如果两个字符串相同，则 Equals()的返回值为 True；否则，返回 False。

下面演示 Compare 和 Equals 方法的使用，参考代码 7-2。

代码 7-2　Compare 和 Equals 方法的代码示例

```
using System;
using System.Collections.Generic;
using UnityEngine;
```

```
public class Test_7_2: MonoBehaviour
{
    void Start()
    {
        string str1 = "Hello";
        string str2 = "hello";

        //用 Equals 方法比较 str1 和 str2
        Debug.Log("Equals 方法: "+str1.Equals(str2));
        Debug.Log("Equals 方法（另一种写法）: " + string.Equals(str1, str2));
        //用 Compare 方法比较 str1 和 str2
        Debug.Log("Compare 方法（不区分大小写）: " + string.Compare(str1, str2));
        Debug.Log("Compare 方法（区分大小写）: " + string.Compare(str1, str2, true));
        Debug.Log("Compare 方法（设置索引,比较长度,不区分大小写）: " + string.Compare(str1,
        0, str2, 0, 7));
        Debug.Log("Compare 方法（设置索引,比较长度,区分大小写）: " + string.Compare(str1,
        0, str2, 0, 7, true));
    }
}
```

编译和执行以上代码，执行结果如图 7-2 所示。

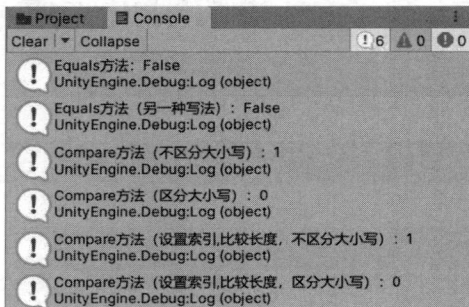

图 7-2　Compare 和 Equals 方法的代码示例编译和执行结果

7.2.2　定位字符串

定位子串是指在一个字符串中寻找其包含的子串或某个字符。在 String 类中，常用的定位子串和字符的方法包括 StartsWith/EndsWith、IndexOf/LastIndexOf 以及 IndexOfAny/LastIndexOf。

1．StartsWith/EndsWith 方法

StartsWith/EndsWith 方法可以判定一个字符串对象是否以另一个子字符串开头。如果是，返回 True；否则返回 False。其定义如下：

```
//参数 value 即待判定的子字符串
Public bool StartsWith(string value)
```

2．IndexOf/LastIndexOf 方法

IndexOf 方法用于搜索一个字符串中某个特定的字符或子串第一次出现的位置。该方法区分大小写，并且从字符串的首字符开始以 0 计数。如果字符串中不包含这个字符或子串，则返回-1。IndexOf 共有以下 6 种重载形式。

定位字符：

```
int IndexOf(char value)
int IndexOf(char value, int startIndex)
int IndexOf(char value, int startIndex, int count)
```

定位子串：

```
int IndexOf(string value)
int IndexOf(string value, int startIndex)
int IndexOf(string value, int startIndex, int count)
```

在上述重载形式中，其参数含义如下。

- value：待定位的字符或者子串。
- startIndex：在总串中开始搜索的起始位置。
- count：在总串中从起始位置开始搜索的字符数。

3. IndexOfAny/LastIndexOf 方法

IndexOfAny/LastIndexOf 方法的功能同 IndexOf 类似，区别在于，IndexOf 是找到特定字符在字符串中第一次出现的位置，IndexOfAny/LastIndexOf 是找到特定字符数组在字符串中第一次或者最后一次出现的位置。同样，该方法区分大小写，并从字符串的首字符开始以 0 计数。如果字符串中不包括这个字符或子串，则返回-1。IndexOfAny 有 3 种重载形式。

```
int IndexOfAny(char[] anyOf)
int IndexOf(char[] anyOf, int startIndex)
int IndexOf(char[] anyOf, int startIndex, int count)
```

在上述重载形式中，参数的含义如下。

- anyOf：待定位的字符数组，将返回这个数组中任意一个字符在字符串中第一次出现的位置。
- startIndex：在总串中开始搜索的起始位置。
- count：在总串中从起始位置开始搜索的字符数。

下面演示 StartsWith、EndsWith 以及 IndexOf 相关方法的使用，参考代码 7-3。

代码 7-3　StartsWith、EndsWith 以及 IndexOf 相关方法的代码示例

```
using UnityEngine;

public class Test_7_3: MonoBehaviour
{
    void Start()
    {
        string str1 = "HelloWorld";
        //StartsWith 和 EndsWith 方法
        //返回一个 Boolean 值，确定此字符串实例的开始/结尾是否与指定的字符串匹配
        Debug.Log("StartsWith 方法: " + str1.StartsWith("He"));
        Debug.Log("EndsWith 方法: " + str1.EndsWith("He"));
        //IndexOf 方法
        //返回指定字符或字符串在此实例中指定范围内的第一个匹配项的索引
        Debug.Log("IndexOf 方法(直接搜索): " + str1.IndexOf("H"));
        Debug.Log("IndexOf 方法(限定开始查找的位置): " + str1.IndexOf("H", 0));
        Debug.Log("IndexOf 方法(限定开始查找的位置，以及查找结束的位置): " +
        str1.IndexOf("H", 0, 5));
        //LastIndexOf 方法
```

07

```
//从后往前找，返回指定字符或字符串在此实例中指定范围内的第一个匹配项的索引
Debug.Log("LastIndexOf 方法(直接搜索): " + str1.LastIndexOf("H"));
Debug.Log("LastIndexOf 方法(限定开始查找的位置): " + str1.LastIndexOf("H", 0));
Debug.Log("LastIndexOf 方法(限定开始查找的位置，以及查找结束的位置): " +
str1.LastIndexOf("H", str1.Length, 5));
//IndexOfAny 方法
//从字符串 str1 第一个字符开始(0 号索引)和字符数组 testArr 中的元素进行匹配,匹配到了则返
//回当前索引
char[] testArr = {'H', 'W'};
Debug.Log("IndexOfAny 方法(直接搜索): " + str1.IndexOfAny(testArr));
Debug.Log("IndexOfAny 方法(限定开始查找的位置):" + str1.IndexOfAny(testArr, 0));
Debug.Log("IndexOfAny 方法(限定开始查找的位置，以及查找结束的位置): " +
str1.IndexOfAny(testArr, 0, 5));
//LastIndexOfAny 方法
//从后往前找，从字符串 str1 和字符数组 testArr 中的元素进行匹配,匹配到了则返回当前索引
Debug.Log("LastIndexOfAny 方法(直接搜索): " + str1.LastIndexOfAny(testArr));
Debug.Log("LastIndexOfAny 方法(限定开始查找的位置): " + str1.LastIndexOfAny
(testArr, 0));
Debug.Log("LastIndexOfAny 方法(限定开始查找的位置，以及查找结束的位置): " +
str1.LastIndexOfAny(testArr, str1.Length-1, 5));
    }
}
```

编译和执行以上代码，执行结果如图 7-3 所示。

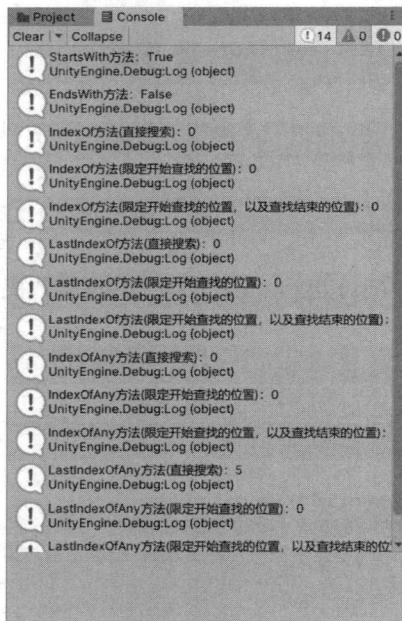

图 7-3 StartsWith、EndsWith 以及 IndexOf 相关方法的代码示例编译和执行结果

7.2.3 格式化字符串

Format 方法主要用于将指定的字符串格式化为多种形式。例如，可以将字符串转换为十六进制、十进制形式，保留小数点后几位等。表 7-2 列出了常用的格式化数值结果。

表 7-2　常用的格式化数值结果

字　符	说　　明	示　　例	输　　出
C	货币	string.Format("{0:C3}",2)	$2.000
D	十进制	string.Format("{0:D3}", 2)	002
E	科学记数法	string.Format("{0:E3}", 2)	2.000E+000
G	常规	string.Format("{0:G}", 2)	2
N	数值	string.Format("{0:N}",250000)	250,000.00
X	十六进制	string.Format("{0:X}", 255)	FF

Format 方法也有多种重载形式，常用的如下：

```
public static string Format(string format, object arg0);
//将指定 string 中的格式项替换为指定的 Object 实例的值的文本等效项
public static string Format(string format, params object[] args);
//将指定 string 中的格式项替换为指定数组中相应 Object 实例的值的文本等效项
public static string Format(string format, object arg0, object arg1);
//将指定 string 中的格式项替换为两个指定的 Object 实例的值的文本等效项
public static string Format(string format, object arg0, object arg1, object arg2);
//将指定 string 中的格式项替换为三个指定的 Object 实例的值的文本等效项
```

其中，参数 format 用于指定返回字符串的格式；而 args 为一系列变量参数。下面通过示例来掌握其使用方法，参考代码 7-4。

代码 7-4　Format 方法的代码示例

```
using UnityEngine;
public class Test_7_4: MonoBehaviour
{
    void Start()
    {
        string str1 = string.Format("{0:C}", 2);
        Debug.Log("格式化为货币格式: "+str1);
        str1 = string.Format("{0:D2}", 2);
        Debug.Log("格式化为十进制格式（固定二位数）: " + str1);
        str1 = string.Format("{0:D3}", 2);
        Debug.Log("格式化为十进制格式（固定三位数）: " + str1);
        str1 = string.Format("{0:N1}", 250000);
        Debug.Log("格式化为带千位分隔符的数字格式（小数点保留 1 位）: " + str1);
        str1 = string.Format("{0:N3}", 250000);
        Debug.Log("格式化为带千位分隔符的数字格式（小数点保留 3 位）: " + str1);
        str1 = string.Format("{0:P}", 0.24583);
        Debug.Log("格式化为百分比格式（默认保留两位小数）: " + str1);
        str1 = string.Format("{0:P3}", 0.24583);
        Debug.Log("格式化为百分比格式（保留三位小数）: " + str1);
        str1 = string.Format("{0:D}", System.DateTime.Now);
        Debug.Log("格式化为日期格式（××年××月××日）: " + str1);
        str1 = string.Format("{0:F}", System.DateTime.Now);
        Debug.Log("格式化为日期格式（××年××月××日 时: 分: 秒）: " + str1);
    }
}
```

编译和执行以上代码，执行结果如图 7-4 所示。

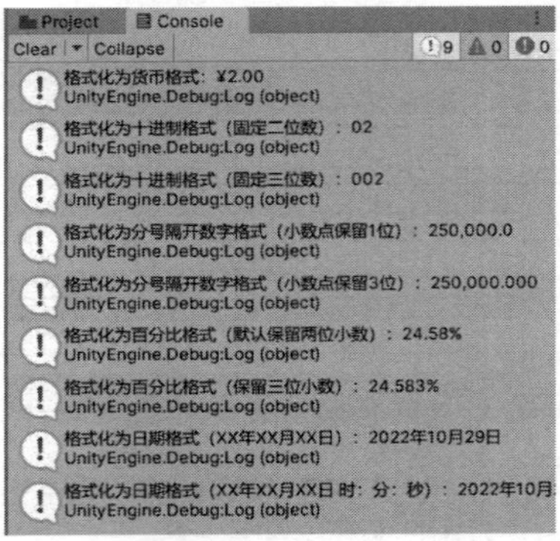

图 7-4　Format 方法的代码示例编译和执行结果

7.2.4　连接字符串

1．Concat 方法

Concat 方法用于连接两个或多个字符串。Concat 方法有多种重载形式，其常用的形式如下：

```
public static string Concat(paramsstring[] values);
```

其中，参数 values 用于指定所要连接的多个字符串。

2．Join 方法

Join 方法利用一个字符串数组和一个分隔符字符串构造新的字符串。常用于把多个字符串连接在一起，并用一个特殊的符号来分隔。Join 方法的常用形式如下：

```
public static string Join(string separator,string[] values);
```

其中，参数 separator 为指定的分隔符；而 values 用于指定所要连接的多个字符串组成的数组。

3．连接运算符"+"

String 类支持连接运算符"+"，可以连接多个字符串。

下面演示 Concat、Join 方法以及连接运算符"+"的使用，参考代码 7-5。

代码 7-5　Concat、Join 方法以及连接运算符"+"的代码示例

```
using UnityEngine;
public class Test_7_5: MonoBehaviour
{
    void Start()
    {
        string str1 = "Hello";
        string str2 = "World";
        string newStr;
        newStr = string.Concat(str1, str2);
        Debug.Log("Concat 方法: "+newStr);
        newStr = string.Join("^^", str1, str2);
        Debug.Log("Join 方法: " + newStr);
        newStr = str1+str2;
        Debug.Log("连接运算符: " + newStr);
```

160

```
            }
        }
```
编译和执行以上代码，执行结果如图 7-5 所示。

图 7-5　Concat、Join 方法以及连接运算符"+"的代码示例编译和执行结果

7.2.5　分割字符串

通过前面介绍的 Join 方法可以用一个分隔符把多个字符串连接起来。反过来，使用 Split 方法可以把一个整串按照某个分隔符分裂成一系列小的字符串。例如，把整串"Hello^^World"按照字符"^"进行分割，可以得到 3 个小的字符串，即"Hello"""（空串）和"World"。

Split 方法有多种重载形式，其常用的形式如下：

```
public string[] Split(paramschar[] separator);
```

下面演示 Split 方法的使用，参考代码 7-6。

代码 7-6　Split 方法的代码示例

```
using UnityEngine;
public class Test_7_6: MonoBehaviour
{
    void Start()
    {
        string str1 = "Hello^World";
        char[] separtor = {'^'};
        string[] newStr;
        newStr = str1.Split(separtor);
        for (int i = 0; i < newStr.Length; i++)
        {
            Debug.Log("Split 方法: " + newStr[i]);
        }
    }
}
```

编译和执行以上代码，执行结果如图 7-6 所示。

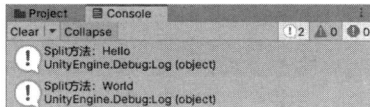

图 7-6　Split 方法的代码示例编译和执行结果

7.2.6　插入和填充字符串

String 类包含在一个字符串中插入新元素的方法，可以用 Insert 方法在任意位置插入任意字符。Insert 方法用于在一个字符串的指定位置插入另一个字符串，从而构造一个新的串。Insert 方法有多种重载形式，其常用的形式如下：

```
public string Insert(int startIndex,string value);
```

其中，参数 startIndex 用于指定所要插入的位置，从 0 开始索引；value 用于指定所要插入的字符串。下面演示 Insert 方法的使用，参考代码 7-7。

代码 7-7　Insert 方法的代码示例

```
using UnityEngine;

public class Test_7_7: MonoBehaviour
{
    void Start()
    {
        string str1 = "HelloWorld";
        string newStr = str1.Insert(3, "ABC");
        Debug.Log("Insert 方法: " + newStr);
    }
}
```

编译和执行以上代码，执行结果如图 7-7 所示。

图 7-7　Insert 方法的代码示例编译和执行结果

7.2.7　删除字符串

1. Remove 方法

Remove 方法可以从一个字符串的指定位置开始，删除指定数量的字符。其常用的形式如下：

```
public string Remove(int startIndex, int count);
```

其中，参数 startIndex 用于指定开始删除的位置，从 0 开始索引；count 用于指定删除的字符数量。

2. Trim 方法

如果要把一个字符串首尾处的一些特殊字符剪切掉，如去掉一个字符串首尾的空格等，可以使用 String 类的 Trim 方法。其形式如下：

```
public string Trim();
public string Trim(paramschar[] trimChars);
```

其中，参数 trimChars 数组包含指定要去掉的字符，如果缺省，则删除空格符号。

下面演示 Remove 和 Trim 方法的使用，参考代码 7-8。

代码 7-8　Remove 和 Trim 方法的代码示例

```
using UnityEngine;
public class Test_7_8: MonoBehaviour
{
    void Start()
    {
        string str1 = "HelloWorld";
        Debug.Log("Remove 方法: " + str1.Remove(0, 2));
```

```
        string str2 = " Hello World ";
        Debug.Log("Trim 方法（去掉前后空格）: " + str2.Trim());
        Debug.Log("TrimStart 方法（去掉字符串前面空格）: " + str2.TrimStart());
        Debug.Log("TrimEnd 方法（去掉字符串后面空格）: " + str2.TrimEnd());
    }
}
```

编译和执行以上代码，执行结果如图 7-8 所示。

图 7-8　Remove 和 Trim 方法的代码示例编译和执行结果

7.2.8　复制字符串

String 类包括复制字符串的方法 Copy 和 CopyTo，可以完成对一个字符串及其一部分的复制操作。

1. Copy 方法

如果要将一个字符串复制到另一个字符数组中，可以使用 String 类的静态方法 Copy 来实现，其形式如下：

```
public string Copy(string str);
```

其中，参数 str 为需要复制的源字符串，方法返回目标字符串。

2. CopyTo 方法

CopyTo 方法可以实现与 Copy 方法同样的功能，但功能更为丰富，可以复制字符串的一部分到一个字符数组中。另外，CopyTo 不是静态方法，其形式如下：

```
public void CopyTo(int sourceIndex,char[] destination, int destinationIndex, int count);
```

其中，参数 sourceIndex 为需要复制的字符起始位置；destination 为目标字符数组；destinationIndex 用于指定目标数组中的开始存放位置；count 用于指定要复制的字符个数。

下面演示 Copy 和 CopyTo 方法的使用，参考代码 7-9。

代码 7-9　Copy 和 CopyTo 方法的代码示例

```
using UnityEngine;
public class Test_7_9: MonoBehaviour
{
    void Start()
    {
        string str1 = "HelloWorld";
        Debug.Log("Copy 方法: " + string.Copy(str1));

        char[] newChar = new char[3];
```

```
        str1.CopyTo(0, newChar, 0, 3);
        for (int i = 0; i < newChar.Length; i++)
        {
            Debug.Log("CopyTo 方法: " + newChar[i]);
        }
    }
}
```

编译和执行以上代码，执行结果如图 7-9 所示。

图 7-9　Copy 和 CopyTo 方法的代码示例编译和执行结果

7.2.9　替换字符串

要替换一个字符串中的某些特定字符或某个子串，可以使用 Replace 方法来实现，其形式如下：

```
public string Replace(char oldChar, char newChar);
public string Replace(string oldValue, string newValue);
```

其中，参数 oldChar 和 oldValue 为待替换的字符和子串；newChar 和 newValue 为替换后的新字符和新子串。

下面演示 Replace 方法的使用，参考代码 7-10。

代码 7-10　Replace 方法的代码示例

```
using UnityEngine;
public class Test_7_10: MonoBehaviour
{
    void Start()
    {
        string str1 = "HelloWorld";
        Debug.Log(str1);
        Debug.Log("Replace 方法(o->z): " + str1.Replace('o','z'));
        Debug.Log("Replace 方法(World->Hello): " + str1.Replace("World", "Hello"));
    }
}
```

编译和执行以上代码，执行结果如图 7-10 所示。

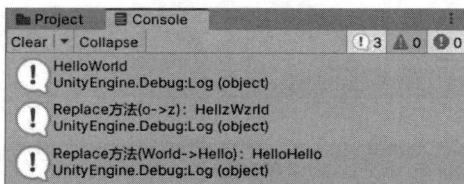

图 7-10　Replace 方法的代码示例编译和执行结果

7.2.10　更改大小写

String 类提供了转换字符串中所有字符大小写的方法 ToUpper 和 ToLower。
下面演示 ToUpper 和 ToLower 方法的使用，参考代码 7-11。

代码 7-11　ToUpper 和 ToLower 方法的代码示例

```
using UnityEngine;
public class Test_7_11: MonoBehaviour
{
    void Start()
    {
        string str1 = "HelloWorld";
        Debug.Log(str1);
        Debug.Log("ToLower 方法(转小写)： " + str1.ToLower());
        Debug.Log("ToUpper 方法(转大写)： " + str1.ToUpper());
    }
}
```

编译和执行以上代码，执行结果如图 7-11 所示。

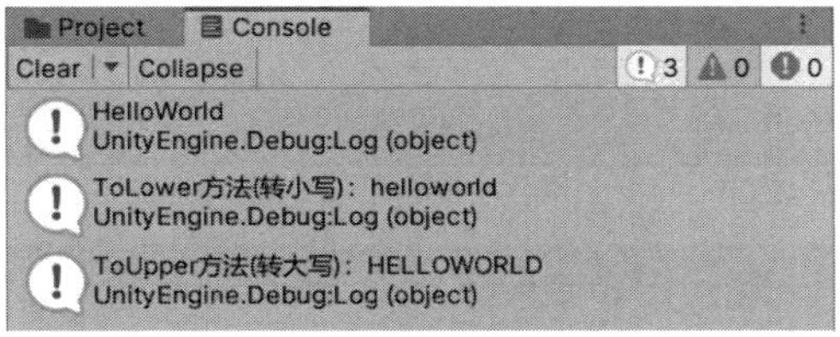

图 7-11　ToUpper 和 ToLower 方法的代码示例编译和执行结果

7.2.11　课后习题

下面给出两个字符串 word1 和 word2，现在从 word1 开始，通过交替添加字母来合并字符串，然后返回合并后的字符串。

例如，输入：word1 = "abc", word2 = "pqr"，输出："apbqcr"。

7.3　本 章 小 结

本章介绍了常用的 String 类，分别从比较、定位子串、格式化、连接、分割、插入、删除、复制、替换、大小写转换 10 个方面介绍了该类的方法。

String 对象为静态串，String 对象一旦定义，就是不可改变的。在使用 String 类的方法（如插入、删除操作）时，每次都要创建一个新的 String 对象，而不能在原对象的基础上进行修改，这就需要开辟新的内存空间。

如果需要经常进行串修改操作，使用 String 类是非常耗费资源的，这时需要使用 StringBuilder 类。

第 8 章　正则表达式

正则表达式又称规则表达式（Regular Expression，代码中常简写为 regex、regexp 或 RE），是计算机科学的一个概念。正则表达式通常用来检索、替换那些符合某个模式（规则）的文本。

许多程序设计语言都支持利用正则表达式进行字符串操作。

例如，在 Perl 中就内置了一个功能强大的正则表达式引擎。正则表达式这个概念最初是由 UNIX 中的工具软件（如 sed 和 grep）普及开的。正则表达式通常缩写成 regex，单数有 regexp、regex，复数有 regexps、regexes、regexen。

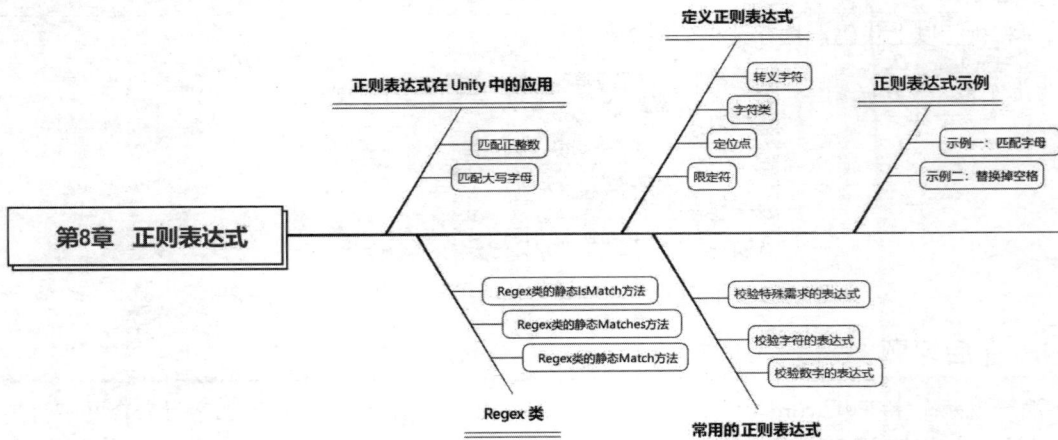

8.1　正则表达式在 Unity 中的应用

正则表达式常用来检查输入的文本格式。例如，检查输入是否为中文、英文、日期类型或邮箱类型。C#提供的 Regex 类实现了检查文本格式的方法。正则表达式的功能强大且灵活。下面介绍如何在 Unity 中使用正则表达式。

8.1.1　匹配正整数

下面的例子演示了在 Unity 中如何使用正则表达式，检查文本是否为正整数，参考代码 8-1。

代码 8-1　在 Unity 中使用正则表达式匹配正整数

```
using System.Text.RegularExpressions;
using UnityEngine;
```

```
public class Test_8_1: MonoBehaviour
{
    void Start()
    {
        string temp = "123";
        Debug.Log(IsNumber(temp));
    }
    ///<summary>
    ///匹配正整数
    ///</summary>
    ///<param name="strInput"></param>
    ///<returns></returns>
    public bool IsNumber(string strInput)
    {
        Regex reg = new Regex("^[0-9]*[1-9][0-9]*$");
        if (reg.IsMatch(strInput))
        {
            return true;
        }
        else
        {
            return false;
        }
    }
}
```

在 Unity 中使用正则表达式匹配正整数代码编译运行结果如图 8-1 所示。

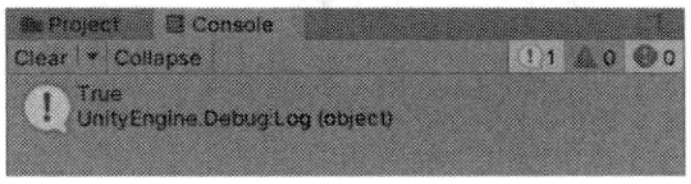

图 8-1　在 Unity 中使用正则表达式匹配正整数代码编译运行结果

8.1.2　匹配大写字母

在 Unity 中，还可以使用正则表达式匹配大写字母，检查文本是否都是大写字母，参考代码 8-2。

代码 8-2　在 Unity 中使用正则表达式匹配大写字母

```
using System.Text.RegularExpressions;
using UnityEngine;
public class Test_8_2: MonoBehaviour
{
    void Start()
    {
        string temp = "ABC";
        Debug.Log(IsCapital(temp));
    }
    ///<summary>
    ///匹配由 26 个大写英文字母组成的字符串
    ///</summary>
    ///<param name="strInput"></param>
    ///<returns></returns>
    public bool IsCapital(string strInput)
```

```
    {
        Regex reg = new Regex("^[A-Z]+$");
        if (reg.IsMatch(strInput))
        {
            return true;
        }
        else
        {
            return false;
        }
    }
}
```

在 Unity 中使用正则表达式匹配大写字母代码编译运行结果如图 8-2 所示。

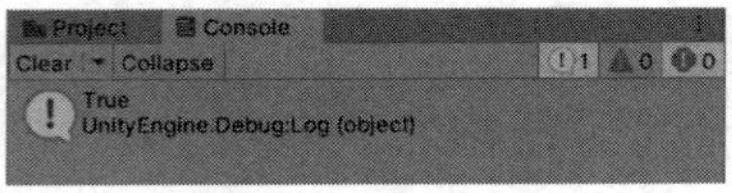

图 8-2　在 Unity 中使用正则表达式匹配大写字母代码编译运行结果

8.1.3　课后习题

使用正则表达式匹配小写字母，检查文本是否都是小写字母。

8.2　Regex 类

正则表达式是一种文本模式，包括普通字符（如 a～z 之间的字母）和特殊字符（称为"元字符"）。正则表达式使用单个字符串来描述、匹配一系列符合特定句法规则的字符串。

C#提供了 Regex 类来表示和实现正则表达式，Regex 类还包含各种静态方法，允许在未实例化类的情况下使用 Regex 类的方法来实现正则表达式。

表 8-1 列出了 Regex 类的常用方法。

表 8-1　Regex 类的常用方法

序号	方　　法	描　　述
1	public bool IsMatch(string input, int startat);	指示 Regex 构造函数中指定的正则表达式是否在指定的输入字符串中找到匹配项，从字符串中指定的开始位置开始
2	public static bool IsMatch(string input, string pattern);	指示指定的正则表达式是否在指定的输入字符串中找到匹配项
3	public MatchCollection Matches(string input);	在指定的输入字符串中搜索正则表达式的所有匹配项
4	public string Replace(string input, string replacement);	在指定的输入字符串中，把所有匹配正则表达式模式的所有匹配的字符串替换为指定的替换字符串
5	public string[] Split(string input);	把输入字符串分割为子字符串数组，根据在 Regex 构造函数中指定的正则表达式模式定义的位置进行分割

8.2.1　Regex 类的静态 Match 方法

Regex 类的 Match 是比较常用的方法，用于在输入的字符串中使用正则表达式搜索匹配项，并将结果作为单个 Match 对象返回。静态 Match 方法可以将匹配到的第一个字符串返回。

静态 Match 方法有两种重载方法。

```
//第一种重载方法
public static Match Match(string input, string pattern);
//第二种重载方法
public static Match Match(string input, string pattern, RegexOptions options);
```

第一种重载方法是根据正则表达式搜索匹配项，并且返回第一个匹配对象。第二种重载方法多了一个正则表达式匹配选项 RegexOptions 枚举，RegexOptions 枚举的有效值如表 8-2 所示。

表 8-2　RegexOptions 枚举的有效值

枚 举 值	说　　明
Compiled	表示编译此模式
CultureInvariant	表示不考虑文化背景
ECMAScript	表示符合 ECMAScript 规则，只能和 IgnoreCase、Multiline、Compiled 连用
ExplicitCapture	表示只保存显示命名的组
IgnoreCase	表示不区分输入的大小写
IgnorePatternWhitespace	表示去掉模式中的非转义空白，并启用由#标示的注释
Multiline	标示多行模式，改变元字符^和$的含义，它们可以匹配行的开头和结尾
None	表示无设置，此枚举项没有意义
RightToLeft	静态的匹配函数，表示从右向左扫描、匹配，返回第一个匹配到的字符串
Singleline	表示单行模式，改变元字符的意义，它可以匹配换行符

🔊 提示：

　　Multiline 在没有 ECMAScript 的情况下，可以和 Singleline 连用，Singleline 和 Multiline 不互斥，但是和 ECMAScript 互斥。

下面演示 Regex 类的静态 Match 方法的使用，参考代码 8-3。

代码 8-3　Regex 类的静态 Match 方法的使用示例

```
using System.Text.RegularExpressions;
using UnityEngine;
public class Test_8_3: MonoBehaviour
{
    void Start()
    {
        string temp = "aaaa(bbb)aaaaaaaaa(bb)aaaaaa";
        IsMatch(temp);
    }
    ///<summary>
    ///在输入的字符串中搜索正则表达式的匹配项
    ///</summary>
    ///<param name="strInput">输入的字符串</param>
    public void IsMatch(string strInput)
    {
        string pattern = "\\(\\w+\\))";
        Match result = Regex.Match(strInput, pattern);
```

```
            Debug.Log("第一种重载方法: "+result.Value);
            Match result2 = Regex.Match(strInput, pattern,RegexOptions.RightToLeft);
            Debug.Log("第二种重载方法: " + result2.Value);
        }
    }
```

📢 提示:

"\\(\\w+\\)" 是一段正则表达式，括号表示匹配括号中的字符，小写 w 表示匹配所有字符，双斜杠起转义作用，不然 C#无法识别。这段正则表达式表示匹配小括号中的所有字符。

编译和执行以上代码，执行结果如图 8-3 所示。

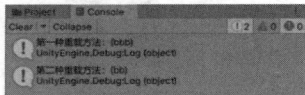

图 8-3　Regex 类的静态 Match 方法的使用示例编译和执行结果

8.2.2　Regex 类的静态 Matches 方法

Regex 类的静态 Matches 方法是在输入的字符串中使用正则表达式搜索匹配项，返回一个 MatchCollection 对象，MatchCollection 对象中包含所有匹配项。

Regex 类的静态 Matches 方法与 Match 方法比较相似，都是返回匹配项，但是 Match 方法返回第一个匹配项，而 Matches 方法返回所有的匹配项，也就是所有匹配项的集合。

下面演示 Regex 类的静态 Matches 方法的使用，参考代码 8-4。

代码 8-4　Regex 类的静态 Matches 方法的使用示例

```
using System.Text.RegularExpressions;
using UnityEngine;

public class Test_8_4: MonoBehaviour
{
    void Start()
    {
        string temp = "aaaa(bbb)aaaaaaaaa(bb)aaaaaa";
        IsCapital(temp);
    }
    ///<summary>
    ///在输入的字符串中搜索正则表达式的匹配项
    ///</summary>
    ///<param name="strInput">输入的字符串</param>
    public void IsCapital(string strInput)
    {
        string pattern = "\\(\\w+\\)";
        MatchCollection results = Regex.Matches(strInput, pattern);
        for (int i = 0; i < results.Count; i++)
        {
            Debug.Log("第一种重载方法: " + results[i].Value);
        }
        MatchCollection results2 = Regex.Matches(strInput, pattern,
        RegexOptions.RightToLeft);
```

```
        for (int i = 0; i < results.Count; i++)
        {
            Debug.Log("第二种重载方法: " + results2[i].Value);
        }
    }
}
```

编译和执行以上代码，执行结果如图 8-4 所示。

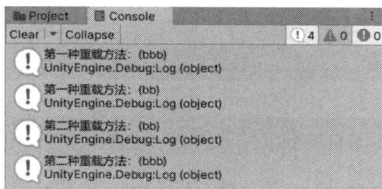

图 8-4　Regex 类的静态 Matches 方法的使用示例编译和执行结果

8.2.3　Regex 类的静态 IsMatch 方法

Regex 类的静态 IsMatch 方法是在输入的字符串中使用正则表达式搜索匹配项，如果找到匹配项，则返回 true；如果没有找到匹配项，则返回 false。

静态 IsMatch 方法有两种重载方法。

```
//第一种重载方法
public static bool IsMatch(string input, string pattern);
//第二种重载方法
public static bool IsMatch(string input, string pattern, RegexOptions options);
```

下面演示 Regex 类的静态 IsMatch 方法的使用，参考代码 8-5。

代码 8-5　Regex 类的静态 IsMatch 方法的使用示例

```
using System.Text.RegularExpressions;
using UnityEngine;
public class Test_8_5: MonoBehaviour
{
    void Start()
    {
        string temp = "aaaa(bbb)aaaaaaaaa(bb)aaaaaa";
        IsMatch(temp);
    }
    ///<summary>
    ///在输入的字符串中搜索正则表达式的匹配项
    ///</summary>
    ///<param name="strInput">输入的字符串</param>
    public void IsMatch(string strInput)
    {
        string pattern = "\\(\\w+\\)";
        bool resultBool = Regex.IsMatch(strInput, pattern);
        Debug.Log(resultBool);
        bool resultBool2 = Regex.IsMatch(strInput, pattern, RegexOptions.RightToLeft);
        Debug.Log(resultBool2);
    }
}
```

编译和执行以上代码，执行结果如图 8-5 所示。

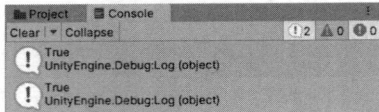

图 8-5　Regex 类的静态 IsMatch 方法的使用示例编译和执行结果

8.2.4　课后习题

判断字符串是否全部由字母组成。

8.3　定义正则表达式

使用正则表达式需要先定义正则表达式，也就是按照什么规则匹配字符串。正则表达式由字符构成，定义正则表达式需要先了解什么是正则表达式的字符，下面将介绍正则表达式的常见字符。

8.3.1　转义字符

正则表达式中的反斜杠字符（\）用于指示其后跟的字符是特殊字符，或应按原义解释该字符。

表 8-3 列出了正则表达式的常用转义字符。

表 8-3　正则表达式的常用转义字符

转义字符	描　　述
\	在后面带有不识别的转义字符时，与该字符匹配
\b	匹配一个单词边界，也就是指单词和空格键的位置
\B	匹配非单词边界
\t	匹配一个制表符
\r	匹配一个回车符
\v	匹配一个垂直制表符
\f	匹配一个换页符
\n	匹配一个换行符

下面演示正则表达式中的转义字符的使用，参考代码 8-6。

代码 8-6　正则表达式转义字符的使用示例

```
using System.Text.RegularExpressions;
using UnityEngine;

public class Test_8_6: MonoBehaviour
{
    void Start()
    {
```

```
        string temp = "\r\nHello\nWorld.";
        IsMatch(temp);
    }
    ///<summary>
    ///在输入的字符串中搜索正则表达式的匹配项
    ///</summary>
    ///<param name="strInput">输入的字符串</param>
    public void IsMatch(string strInput)
    {
        string pattern = "\\r\\n(\\w+)";
        Match resultBool = Regex.Match(strInput, pattern);
        Debug.Log(resultBool.Value);
    }
}
```

编译和执行以上代码，执行结果如图 8-6 所示。

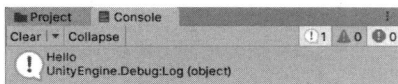

图 8-6　正则表达式转义字符的使用示例编译和执行结果

8.3.2　字符类

正则表达式中的字符类可以与一组字符中的任何一个字符匹配。例如，使用\r 时可以加上\w，这样就可以匹配换行之后的所有单词字符。表 8-4 列出了正则表达式的常用字符类。

表 8-4　正则表达式的常用字符类

字符类	描　　述
\w	匹配任何单词字符
\W	匹配任何非单词字符
\s	匹配任何空白字符
\S	匹配任何非空白字符
\d	匹配十进制数字
\D	匹配非十进制数字的任意字符

下面演示正则表达式中的字符类的使用，参考代码 8-7。

代码 8-7　正则表达式字符类的使用示例

```
using System.Text.RegularExpressions;
using UnityEngine;

public class Test_8_7: MonoBehaviour
{
    void Start()
    {
        string temp = "Hello World 2020";
        IsMatch(temp);
```

```
    }
    ///<summary>
    ///在输入的字符串中搜索正则表达式的匹配项
    ///</summary>
    ///<param name="strInput">输入的字符串</param>
    public void IsMatch(string strInput)
    {
        string pattern = "(\\d+)";
        Match resultBool = Regex.Match(strInput, pattern);
        Debug.Log(resultBool.Value);
    }
}
```

编译和执行以上代码，执行结果如图 8-7 所示。

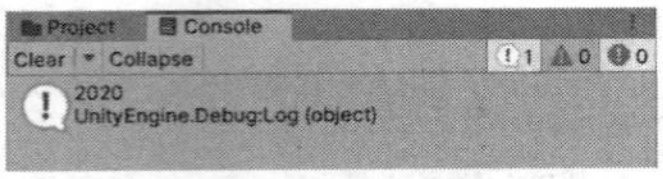

图 8-7　正则表达式字符类的使用示例编译和执行结果

8.3.3　定位点

正则表达式中的定位点可以设置匹配字符串的索引位置，所以可以使用定位点来对要匹配的字符串进行限定，以此得到想要的匹配项。表 8-5 列出了正则表达式中的常用定位点。

表 8-5　正则表达式中的常用定位点

定位点	描　　述
^	匹配项必须从字符串或一行的开头开始
$	匹配项必须出现在字符串的末尾或行的末尾，或者字符串\n 之前
\A	匹配项必须出现在字符串的开头
\Z	匹配项必须出现在字符串的末尾，或者字符串\n 之前
\z	匹配项必须出现在字符串的末尾
\G	匹配项必须出现在上一个匹配结束的地方

下面演示正则表达式定位点的使用，参考代码 8-8。

代码 8-8　正则表达式定位点的使用示例

```
using System.Text.RegularExpressions;
using UnityEngine;

public class Test_8_8: MonoBehaviour
{
    void Start()
    {
        string temp = "Hello World 2020";
        IsMatch(temp);
    }
    ///<summary>
    ///在输入的字符串中搜索正则表达式的匹配项
    ///</summary>
```

```
///<param name="strInput">输入的字符串</param>
public void IsMatch(string strInput)
{
    string pattern = "(\\w+)$";
    Match resultBool = Regex.Match(strInput, pattern);
    Debug.Log(resultBool.Value);
}
}
```

编译和执行以上代码，执行结果如图 8-8 所示。

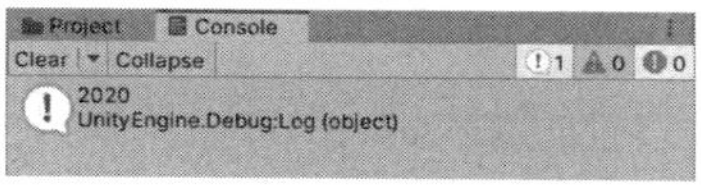

图 8-8　正则表达式定位点的使用示例编译和执行结果

8.3.4　限定符

正则表达式中的限定符用于指定在输入字符串中必须存在上一个元素（可以是字符、组或字符类）的多少个实例，才能出现匹配项。表 8-6 列出了正则表达式的常用限定符。

表 8-6　正则表达式的常用限定符

定位点	描　　述
*	匹配上一个元素零次或多次
+	匹配上一个元素一次或多次
?	匹配上一个元素零次或一次
{n}	匹配上一个元素 n 次
{n,m}	匹配上一个元素最少 n 次，最多 m 次

下面演示正则表达式限定符的使用，参考代码 8-9。

代码 8-9　正则表达式限定符的使用示例

```
using System.Text.RegularExpressions;
using UnityEngine;

public class Test_8_9: MonoBehaviour
{
    void Start()
    {
        string temp = "Hello World";
        IsMatch(temp);
    }
    ///<summary>
    ///在输入的字符串中搜索正则表达式的匹配项
    ///</summary>
    ///<param name="strInput">输入的字符串</param>
    public void IsMatch(string strInput)
    {
        string pattern = "\\w{5}";
        Match resultBool = Regex.Match(strInput, pattern);
```

```
        Debug.Log(resultBool.Value);
    }
}
```

编译和执行以上代码，执行结果如图 8-9 所示。

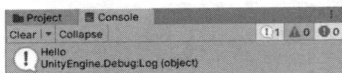

图 8-9　正则表达式限定符的使用示例编译和执行结果

8.3.5　课后习题

判断输入字符串中的手机号码是否合理（提示：手机号码一般是 11 位）。

8.4　常用的正则表达式

正则表达式的功能很强大，可以匹配各种类型的字符串，如可以匹配大写字母、小写字母、正整数、负整数、汉字、E-mail 地址、电话号码、身份证号。下面介绍常用的正则表达式。

8.4.1　校验数字的表达式

数字包含整数、负整数、正整数、正负整数、正数、负数、浮点数、正浮点数、负浮点数，使用正则表达式可以将这些数字类型匹配出来。表 8-7 列出了常用校验数字的表达式。

表 8-7　常用校验数字的表达式

序号	表达式	描　述
1	Regex reg = new Regex(@"^[0-9]*$");	匹配数字
2	Regex reg = new Regex(@"^\d{n}$");	匹配 n 位数字
3	Regex reg = new Regex(@"^(\-)?\d+(\.\d{1,2})?$");	匹配带 1~2 位小数的数字
4	Regex reg = new Regex(@"^[0-9]\d*$");	匹配正整数
5	Regex reg = new Regex(@"^-[0-9]\d*$");	匹配正负整数
6	Regex reg = new Regex(@"^(-?\d+)(\.\d+)?$");	匹配浮点数
7	Regex reg = new Regex(@"^-([1-9]\d*\.\d*|0\.\d*[1-9]\d*)$");	匹配负浮点数

下面演示常用校验数字的正则表达式的使用，参考代码 8-10。

代码 8-10　常用校验数字的正则表达式的使用示例

```
using System.Text.RegularExpressions;
using UnityEngine;

public class Test_8_10: MonoBehaviour
{
    void Start()
    {
```

```
        string temp = "2020";
        IsMatch(temp);
    }
    ///<summary>
    ///在输入的字符串中搜索正则表达式的匹配项
    ///</summary>
    ///<param name="strInput">输入的字符串</param>
    public void IsMatch(string strInput)
    {
        Regex reg = new Regex(@"^[0-9]*$");
        bool result = reg.IsMatch(strInput);
        Debug.Log(result);
    }
}
```

编译和执行以上代码，执行结果如图 8-10 所示。

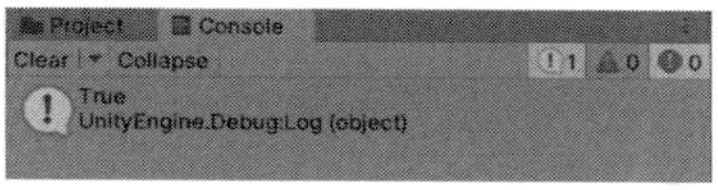

图 8-10　常用校验数字的正则表达式的使用示例编译和执行结果

8.4.2　校验字符的表达式

字符包含汉字、英文、数字以及特殊符号，使用正则表达式可以将这些字符匹配出来。表 8-8 列出了常用校验字符的表达式。

表 8-8　常用校验字符的表达式

序号	表 达 式	描 述
1	Regex reg = new Regex(@"^[\u4e00-\u9fa5]");	匹配汉字
2	Regex reg = new Regex(@"^[A-Za-z0-9]+$");	匹配英文和数字
3	Regex reg = new Regex(@"^[A-Za-z]+$");	匹配英文
4	Regex reg = new Regex(@"^[\u4E00-\u9FA5A-Za-z0-9]");	匹配汉字、英文和数字
5	Regex reg = new Regex(@"[^%&',;=?$\x22]+");	匹配^%&',;=?$\"等字符
6	Regex reg = new Regex(@"[^~\x22]+");	匹配~的字符

下面演示常用校验字符的正则表达式的使用，参考代码 8-11。

代码 8-11　常用校验字符的正则表达式的使用示例

```
using System.Text.RegularExpressions;
using UnityEngine;

public class Test_8_11: MonoBehaviour
{
    void Start()
    {
        string temp = "你好，世界 2020";
        IsMatch(temp);
    }
    ///<summary>
```

```
///在输入的字符串中搜索正则表达式的匹配项
///</summary>
///<param name="strInput">输入的字符串</param>
public void IsMatch(string strInput)
{
    Regex reg = new Regex(@"^[\u4E00-\u9FA5A-Za-z0-9]");
    bool result = reg.IsMatch(strInput);
    Debug.Log("匹配中文、英文和数字: " + result);
    Regex reg2 = new Regex(@"^[A-Za-z0-9]");
    bool result2 = reg2.IsMatch(strInput);
    Debug.Log("匹配英文和数字: " + result2);
}
}
```

编译和执行以上代码，执行结果如图 8-11 所示。

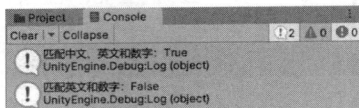

图 8-11　常用校验字符的正则表达式的使用示例编译和执行结果

8.4.3　校验特殊需求的表达式

正则表达式还可以匹配 E-mail 地址、域名、网址、手机号码、电话号码、身份证号，以及日期格式。表 8-9 列出了常用校验特殊需求的表达式。

表 8-9　常用校验特殊需求的表达式

序号	表 达 式	描 述
1	Regex reg = new Regex(@"^\w+([-+.]\w+)*@\w+([-.]\w+)*\.\w+([-.]\w+)*$");	匹配 E-mail 地址
2	Regex reg = new Regex(@"[a-zA-Z0-9][-a-zA-Z0-9]{0,62}(/.[a-zA-Z0-9][-a-zA-Z0-9]{0,62})+/.?");	匹配域名
3	Regex reg = new Regex(@"[a-zA-z]+://[^\s]*");	匹配网址
4	Regex reg = new Regex(@"^(13[0-9]|14[5|7]|15[0|1|2|3|5|6|7|8|9]|18[0|1|2|3|5|6|7|8|9])\d{8}$");	匹配手机号码
5	Regex reg = new Regex(@"^(\$\$\d{3,4}-)|\d{3.4}-)?\d{7,8}$");	匹配电话号码
6	Regex reg = new Regex(@"^\d{15}|\d{18}$");	匹配身份证号
7	Regex reg = new Regex(@"^\d{4}-\d{1,2}-\d{1,2}");	匹配日期格式

下面演示常用校验特殊需求的正则表达式的使用，参考代码 8-12。

代码 8-12　常用校验特殊需求的正则表达式的使用示例

```
using System.Text.RegularExpressions;
using UnityEngine;

public class Test_8_12: MonoBehaviour
{
    void Start()
    {
        IsMatch();
    }
    ///<summary>
```

```
        ///在输入的字符串中搜索正则表达式的匹配项
        ///</summary>
        ///<param name="strInput">输入的字符串</param>
        public void IsMatch()
        {
            Regex reg = new Regex(@"[a-zA-z]+://[^\s]*");
            bool result = reg.IsMatch("http://www.baidu.com");
            Debug.Log("匹配网址: " + result);
            Regex reg2 = new Regex(@"^(13[0-9]|14[5|7]|15[0|1|2|3|5|6|7|8|9]|18[0|1|2|
3|5|6|7|8|9])\d{8}$");
            bool result2 = reg2.IsMatch("13512341234");
            Debug.Log("匹配手机号码: " + result2);
        }
    }
```

编译和执行以上代码，执行结果如图 8-12 所示。

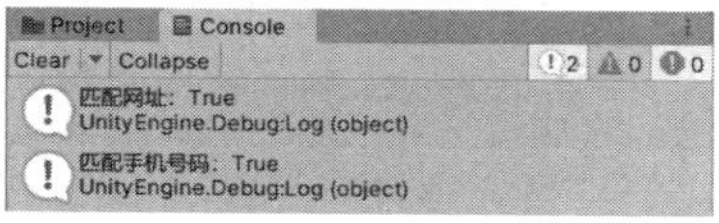

图 8-12　常用校验特殊需求的正则表达式的使用示例编译和执行结果

8.4.4　课后习题

匹配身份证号（15 位、18 位数字）是否是合法的。

8.5　正则表达式示例

在实际的开发过程中，开发者不需要掌握所有正则表达式的使用，只要掌握常用正则表达式的使用技巧即可满足大部分开发需求。下面介绍两个示例，帮助开发者理解正则表达式的使用。

8.5.1　示例一：匹配字母

在开发中常常遇到要找到以某个字母开头，以及某个字母结尾的单词。例如：输入一段字符串，要找到以 m 开头、e 结尾的单词，参考代码 8-13。

代码 8-13　使用正则表达式匹配以 m 开头、e 结尾的单词示例

```
using System.Text.RegularExpressions;
using UnityEngine;

public class Test_8_13: MonoBehaviour
{
    void Start()
    {
        string temp = "make maze and manage to measure it";
        MatchStr(temp);
    }
    ///<summary>
```

```
///在输入的字符串中搜索正则表达式的匹配项
///</summary>
///<param name="strInput">输入的字符串</param>
public void MatchStr(string str)
{
    Regex reg = new Regex(@"\bm\S*e\b");
    MatchCollection mat = reg.Matches(str);
    foreach (Match item in mat)
    {
        Debug.Log(item);
    }
}
}
```

编译和执行以上代码，执行结果如图 8-13 所示。

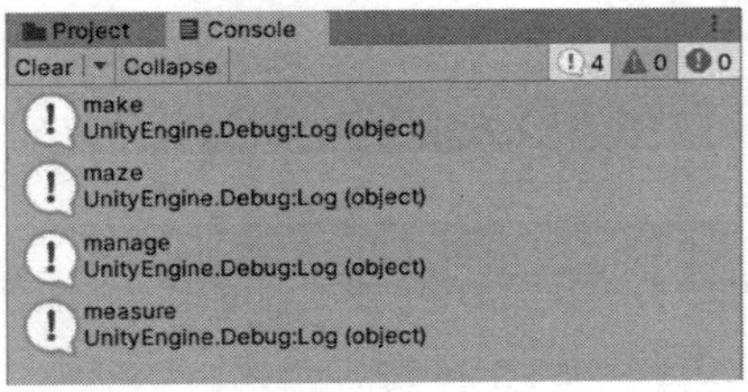

图 8-13　使用正则表达式匹配以 m 开头、e 结尾的单词示例编译和执行结果

8.5.2　示例二：替换掉空格

在数据传输中，可能会无意添加多余空格，影响解析，下面演示如何去掉多余的空格，参考代码 8-14。

代码 8-14　使用正则表达式去掉多余空格的示例

```
using System.Text.RegularExpressions;
using UnityEngine;

public class Test_8_14: MonoBehaviour
{
    void Start()
    {
        string temp = "Hello          World";
        MatchStr(temp);
    }
    ///<summary>
    ///在输入的字符串中搜索正则表达式的匹配项
    ///</summary>
    ///<param name="strInput">输入的字符串</param>
    public void MatchStr(string str)
    {
        Regex reg = new Regex("\\s+");
        Debug.Log(reg.Replace(str, " "));
    }
}
```

编译和执行以上代码，执行结果如图 8-14 所示。

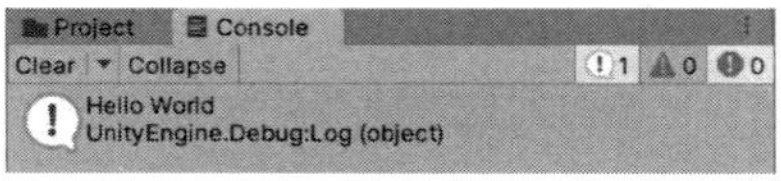

图 8-14　使用正则表达式去掉多余空格的示例编译和执行结果

8.5.3　课后习题

在输入密码时，通常要判断密码是否符合规则。例如，密码以字母开头，长度在 6～18 之间，只能包含字母、数字和下画线，判断输入的字符串是否合理。

8.6　本 章 小 结

本章讲解了如何在 Unity 中使用正则表达式。正则表达式又称规则表达式，通常用来检索那些符合模式（规则）的文本，许多设计语言都支持利用正则表达式进行字符串的检索。

Regex 类实现了验证正则表达式的方法，它包含多种静态方法。其中，静态 Match 方法可以匹配输入的字符串中符合正则表达式的匹配项，但是这个方法只能返回第一个匹配项；Matches 方法可以返回多个对象集合，将输入的字符串中符合正则表达式的所有匹配项返回。如果要判断输入的字符串是否满足正则表达式，可以使用 Regex 类的 IsMatch 方法。

第9章 持久化与数据读取

在程序开发中，通常需要从文件中读取数据，如常用的装备数据、怪物数据和关卡数据等。如何从文件中读取数据就显得尤为重要，因为将游戏数据放入文件中，会大幅提高调整游戏参数的效率。

除了可以从文件中读取数据外，还可以从数据库中读取数据，数据库保存数据的优势就是列表清晰，便于增删改查等操作。

下面介绍如何用持久化数据类、JSON、XML 和数据库来存储和读取数据。

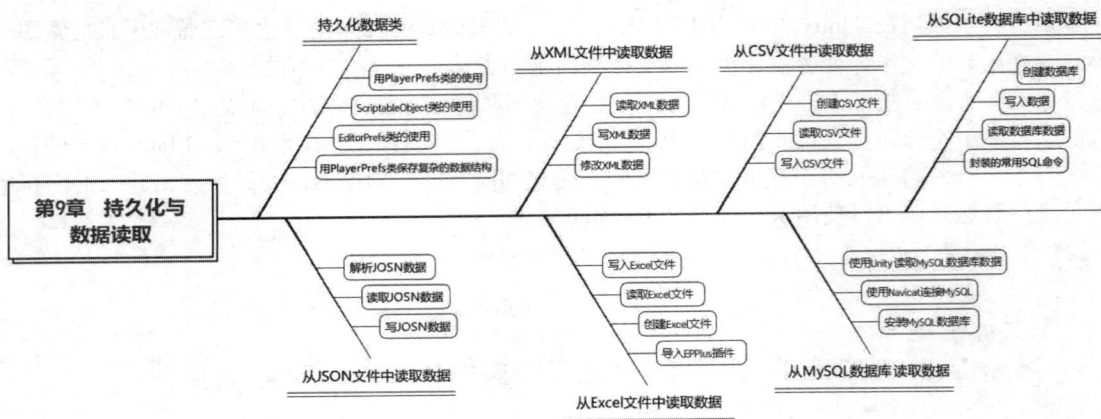

9.1 持久化数据类

Unity 提供了用于持久化数据的类有 PlayerPrefs、ScriptableObject 和 EditorPrefs。

（1）PlayerPrefs 类：PlayerPrefs 类用于本地持久化保存和读取数据，它的实现机制就是将数据以键值对的形式保存在本地存储中，然后从本地存储读取。PlayerPrefs 类存储的数据是全局共享的，存储在用户设备的本地存储中，并且可以被应用程序的所有部分访问。这意味着，无论在哪个场景、哪个脚本中，只要是同一个应用程序中的代码，都可以读取和修改 PlayerPrefs 类中的数据。

PlayerPrefs 适合存储少量的基本数据（如玩家的偏好设置、游戏设置、游戏进度等），一般不适合存储大量或复杂的数据结构。但是，在特定情况下也可以用 PlayerPrefs 来存储大量或复杂的数据结构，下文会讲解如何使用 PlayerPrefs 来存储复杂的数据结构。

（2）ScriptableObject 类：ScriptableObject 类的值在播放模式之后不会恢复原样，会保留修改，可以用于只读和读/写两种数据，不过原则上还是只用于只读数据。ScriptableObject 类并不依赖于游戏对象（GameObject），也不受场景加载和卸载的影响。它的生命周期是由 Unity 引擎管理的。

（3）EditorPrefs 类：EditorPrefs 类的数据保存方式与 PlayerPrefs 类类似，也是键值对形式，EditorPrefs 类适用于编辑器模式，PlayerPrefs 类适用于运行时。

9.1.1　PlayerPrefs 类的作用

（1）保存数据。PlayerPrefs 的数据存储类似于键值对。其中，键是 string 类型，它提供了 3 种存储数据类型的方法，即 int、float、string，每种数据对应一个 API，参考代码 9-1。

代码 9-1　用 PlayerPrefs 类保存数据

```
using UnityEngine;

public class Test_9_1: MonoBehaviour
{
    void Start()
    {
        //PlayerPrefs 的数据存储类似于键值对存储，一个键对应一个值
        //提供了存储 3 种数据类型的方法，即 int、float、string
        //键: string 类型
        //值: int float string 对应 3 种 API
        PlayerPrefs.SetInt("myAge", 20);
        PlayerPrefs.SetFloat("myHeight", 180.5f);
        PlayerPrefs.SetString("myName", "Frank");

        PlayerPrefs.Save();
    }
}
```

🔊 提示：

直接调用 Set 相关方法，只会把数据存储到内存中，当游戏结束时，Unity 会自动把数据存储到硬盘中。如果游戏不是正常结束，而是崩溃，则数据不会存储到硬盘中，所以需要使用 PlayerPrefs.Save() 保存。

（2）读取数据。程序运行时，只要 set 了对应键值对，即使没有马上将数据存储（save）在本地，也能够读取数据，参考代码 9-2。

代码 9-2　用 PlayerPrefs 类读取数据

```
using UnityEngine;

public class Test_9_2: MonoBehaviour
{
    void Start()
    {
        //运行时，只要 set 了对应键值对，即使没有马上将数据存储（save）在本地，也能够读取数据

        //int
        int age = PlayerPrefs.GetInt("myAge");
        Debug.Log(age);

        //如果找不到 myAge，可以填写默认值，返回的就是默认值
        age = PlayerPrefs.GetInt("myAge", 19);
        Debug.Log(age);
```

```
//float
float height = PlayerPrefs.GetFloat("myHeight", 188.1f);
Debug.Log(height);

//string
string myName = PlayerPrefs.GetString("myName", "zt");
Debug.Log($"{myName} {age}");

//判断数据是否存在
if (PlayerPrefs.HasKey("myB+Name"))
{
    Debug.Log("存在相同的键名 myName");
}
}
}
```

编译和执行以上代码，结果如图 9-1 所示。

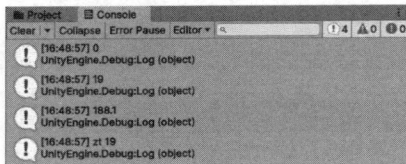

图 9-1　运行结果

（3）PlayerPrefs 类的存储位置。PlayerPrefs 类在不同平台中的存储位置不同，具体存储位置如下。

● Windows：PlayerPrefs 存储在 HKCU\Software\[公司名称]\[产品名称]项下的注册表中。其中，公司和产品名称是在 "Project settings" 中设置的名称。

● Android：data/data/包名/shared_prefs/pkg-name.xml。

● iOS：Library /Preferences/[应用 ID].plist。

9.1.2　ScriptableObject 类的使用

ScriptableObject 类是一个用来保存数据的数据容器，这些数据将作为项目中的资源存在，并在编辑器运行结束后一直保留。ScriptableObject 类可用于只读和读/写两种数据，不过原则上只用于只读数据。

ScriptableObject 类并不依赖于游戏对象（GameObject），也不受场景加载和卸载的影响。它的生命周期是由 Unity 引擎管理的。

ScriptableObject 类的使用流程如下：

（1）派生自 ScriptableObject 创建基类。

（2）实例化后由编辑器对实例进行配置。

（3）其他 C#脚本使用这个实例。

下面用一个示例来演示如何使用 ScriptableObject 类创建脚本，命名为 MyData，继承 ScriptableObject 类，参考代码 9-3。

代码 9-3　ScriptableObject 类的使用

```
using UnityEngine;
```

```
[CreateAssetMenu(fileName = "MyData", menuName = "Custom/MyDataAsset", order = 1)]
public class MyData: ScriptableObject
{
    public int id;
    public string objName;
    public float value;
    public bool isUsed;
}
```

这里要注意[CreateAssetMenu(fileName = "mySharedData", menuName = "SharedData/MySharedData", order = 1)]这样的代码，其中各参数的含义如下。

● fileName：新建实例的默认文件名为 mySharedData。

● menuName：在"Assets/Create"菜单中显示的类型条目名称为 SharedData 下的 MySharedData。

● order：菜单项在"Assets/Create"菜单中的位置为 1（显示靠前的优先级）。

接着，在 Project 面板中右击，在弹出的快捷菜单中选择 Create 命令，创建该资源，如图 9-2 所示。

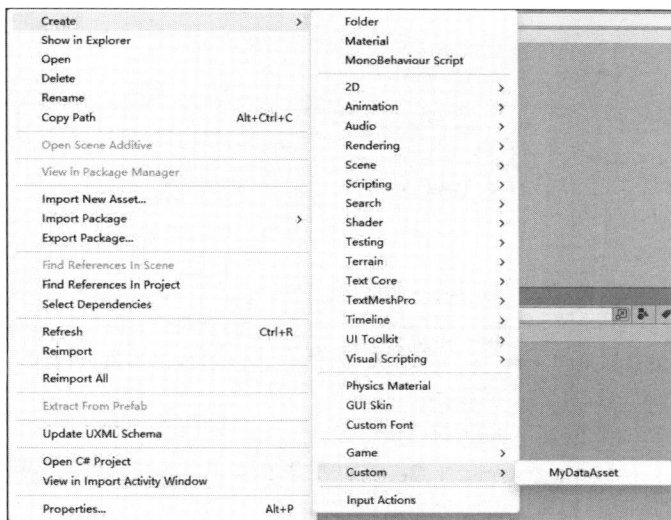

图 9-2　创建 C#数据类资源

将创建的数据类资源存放在 Resources 文件夹中，通过动态的方式加载，如图 9-3 所示。

修改数据类资源的值，如图 9-4 所示。

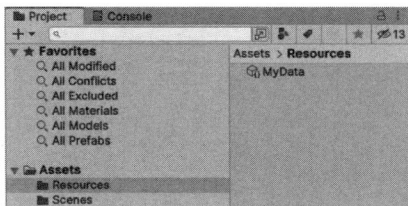

图 9-3　将数据类资源存放在 Resources 文件夹中

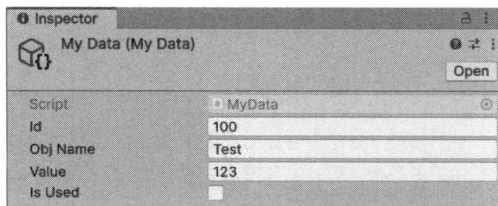

图 9-4　修改数据类资源的值

新建代码，命名为 ReadData，双击并编辑代码，参考代码 9-4。

代码 9-4　用 ReadData 类读取数据类资源

```
using UnityEngine;

public class ReadData: MonoBehaviour
{
    private MyData myData;

    private void Start()
    {
        myData = Resources.Load<MyData>("MyData");
        Debug.Log(myData.id);
        Debug.Log(myData.objName);
        Debug.Log(myData.value);
        Debug.Log(myData.isUsed);
    }
}
```

编译和执行以上代码，结果如图 9-5 所示。

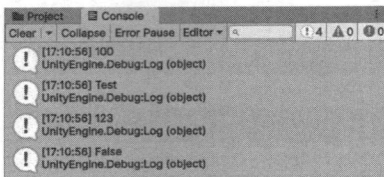

图 9-5　运行结果

9.1.3　EditorPrefs 类的使用

Unity 编辑器为开发者提供了两种不同的数据保存方式：PlayerPrefs 和 EditorPrefs。EditorPrefs 适用于编辑器模式，而 PlayerPrefs 适用于游戏运行时。

EditorPrefs 提供了 4 种数据类型的保存：int、float、string、bool。

首先通过 Set 方法保存数据，然后通过 Get 方法来获取数据，使用 HasKey 方法可以判断是否存在特定数据的保存，而删除数据调用 DeleteKey 方法即可。

要使用 EditorPrefs，需要新建脚本，命名为 WindowExample。该脚本需要存放在 Editor 文件夹内，所以新建 Editor 文件夹，将 WindowExample 脚本拖入 Editor 文件夹内，然后编辑代码，参考代码 9-5。

代码 9-5　EditorPrefs 类的使用

```
using UnityEditor;
using UnityEngine;

public class WindowExample: EditorWindow
{
    private static WindowExample window;    //窗体实例
    private string tempMsg;

    //显示窗体
    [MenuItem("MyWindow/Second Window")]
    private static void ShowWindow()
    {
```

```
        window = EditorWindow.GetWindow<WindowExample>("Window Example");
        window.Show();
    }

    private void OnEnable()
    {
        if (EditorPrefs.HasKey("TempMsg"))
        {
            tempMsg = EditorPrefs.GetString("TempMsg");
        }
    }

    private void OnGUI()
    {
        tempMsg = EditorGUILayout.TextField("TempMsg", tempMsg);
        if (GUILayout.Button("Save"))
        {
            EditorPrefs.SetString("TempMsg", tempMsg);
        }
    }
}
```

编译以上代码后，在菜单栏中选择 MyWindow→Second Window 命令，即可看到生成的自定义窗口，单击 Save 按钮，就可以使用 EditorPrefs 类保存数据，如图 9-6 所示。

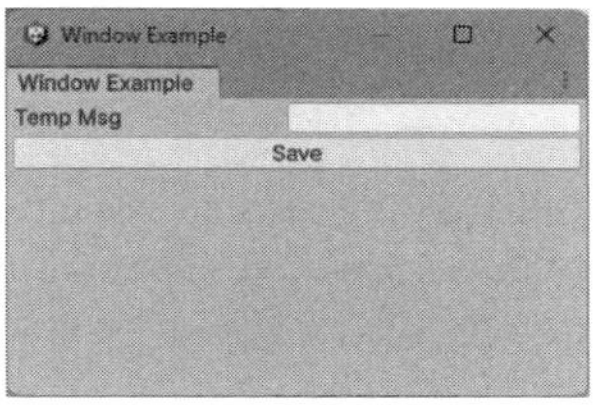

图 9-6　自定义窗口

9.1.4　用 PlayerPrefs 类保存复杂的数据结构

PlayerPrefs 类保存了 3 个 API，分别是 SetInt、SetFloat、SetString，但只能保存简单的数据，接下来，演示如何用 PlayerPrefs 类保存复杂的数据结构。

首先将复杂的数据结构（如包含数组的 JSON 类）转换为字符串，然后使用 PlayerPrefs 类进行保存，参考代码 9-6。

代码 9-6　用 PlayerPrefs 类保存复杂的数据结构

```
using UnityEngine;

[System.Serializable]
class UserData
{
    public string Name;
    public int Grade;
}
[System.Serializable]
class RootData
```

```
{
    public UserData[] userData;
}

public class Test_9_6: MonoBehaviour
{
    void Start()
    {
        //新建一个数据类
        RootData m_Data = new RootData();
        //新建一个字段类，进行赋值
        m_Data.userData = new UserData[5];
        for (int i = 0; i < 5; i++)
        {
            UserData m_Person = new UserData();
            m_Person.Name = "User" + i;
            m_Person.Grade = i + 50;
            m_Data.userData[i] = m_Person;
        }
        //将数据转换成 JSON 格式
        string js = JsonUtility.ToJson(m_Data);
        //保存数据
        PlayerPrefs.SetString("userData", js);

        //读取数据
        string data = PlayerPrefs.GetString("userData");
        Debug.Log(data);
        //解析数据
        RootData rootData=JsonUtility.FromJson<RootData>(data);
        for (int i = 0; i < rootData.userData.Length; i++)
        {
            Debug.Log(rootData.userData[i].Name);
            Debug.Log(rootData.userData[i].Grade);
        }
    }
}
```

编译和执行以上代码，结果如图 9-7 所示。

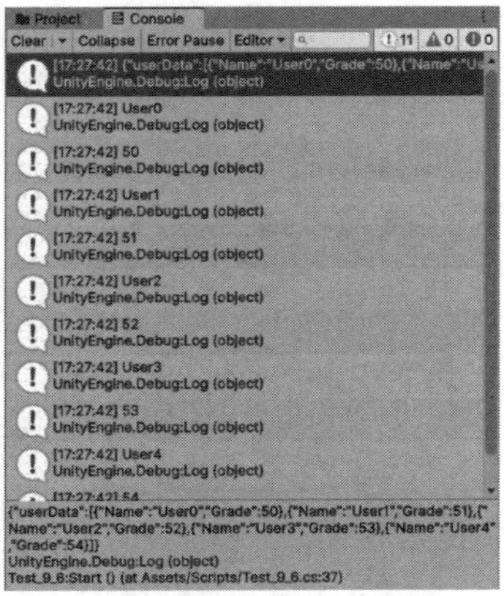

图 9-7 运行结果

9.1.5　课后习题

制作一个简单的登录界面，使用 PlayerPrefs 类将登录后的用户名保存，然后跳转到另一个场景显示这个用户名。

9.2　JSON 文件的处理

JSON 是一种轻量级的数据交换格式，采用完全独立于编程语言的文本格式来存储和表示数据，简洁、清晰的层次结构使 JSON 成为理想的数据交换语言，易于用户阅读和编写，同时也易于机器解析和生成，并有效提高了网络传输效率。

下面介绍如何在 Unity 中生成 JSON 数据并将其写入本地文件夹中。

9.2.1　写 JSON 数据

（1）先写一个字段类 Person，其中包括 string 类型的 Name 变量和 int 类型的 Grade 变量，然后写一个 Data 数据类，其中存放的是字段类 Person。

```
[System.Serializable]
class Person
{
    public string Name;
    public int Grade;
}
[System.Serializable]
class Data
{
    public Person Person;
}
```

（2）根据类型输入数据，然后生成 JSON 数据，参考代码 9-7。

代码 9-7　生成 JSON 数据

```
using UnityEngine;

public class Test_9_7: MonoBehaviour
{
    void Start()
    {
        WriteData();
    }

    //写数据
    public void WriteData()
    {
        //新建一个数据类
        Data m_Data = new Data();
        //新建一个字段类并进行赋值
        m_Data.Person = new Person[3];
```

```
            //添加数据
            Person p1 = new Person();
            p1.Name = "张三";
            p1.Grade = 98;
            m_Data.Person[0] = p1;
            Person p2 = new Person();
            p2.Name = "李四";
            p2.Grade = 95;
            m_Data.Person[1] = p2;
            Person p3 = new Person();
            p3.Name = "王五";
            p3.Grade = 97;
            m_Data.Person[2] = p3;
            //将数据转换成 JSON 格式
            string js = JsonUtility.ToJson(m_Data);
            //显示 JSON 数据
            Debug.Log(js);
        }
    }
[System.Serializable]
class Person
{
    public string Name;
    public int Grade;
}
[System.Serializable]
class Data
{
    public Person[] Person;
}
```

编译和执行以上代码，结果如图 9-8 所示。

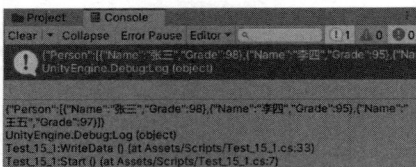

图 9-8   生成 JSON 数据

（3）将 JSON 数据保存到本地，参考代码 9-8。

代码 9-8   将 JSON 数据以文本格式保存到本地文件夹

```
using System.IO;
using UnityEngine;

public class Test_9_8: MonoBehaviour
{
    void Start()
    {
        WriteData();
    }
```

```csharp
//写数据
public void WriteData()
{
    //新建一个数据类
    Data m_Data = new Data();
    //新建一个字段类并进行赋值
    m_Data.Person = new Person[3];
    //添加数据
    Person p1 = new Person();
    p1.Name = "张三";
    p1.Grade = 98;
    m_Data.Person[0] = p1;
    Person p2 = new Person();
    p2.Name = "李四";
    p2.Grade = 95;
    m_Data.Person[1] = p2;
    Person p3 = new Person();
    p3.Name = "王五";
    p3.Grade = 97;
    m_Data.Person[2] = p3;
    //将数据转换成 JSON 格式
    string js = JsonUtility.ToJson(m_Data);
    //保存到 C 盘的 Temp 文件夹中
    string fileUrl = @"c:\Temp\jsonInfo.txt";
    //打开或新建文档
    StreamWriter sw = new StreamWriter(fileUrl);
    //保存数据
    sw.WriteLine(js);
    //关闭文档
    sw.Close();
}
}
[System.Serializable]
class Person
{
    public string Name;
    public int Grade;
}
[System.Serializable]
class Data
{
    public Person[] Person;
}
```

编译和执行以上代码，结果如图 9-9 所示。

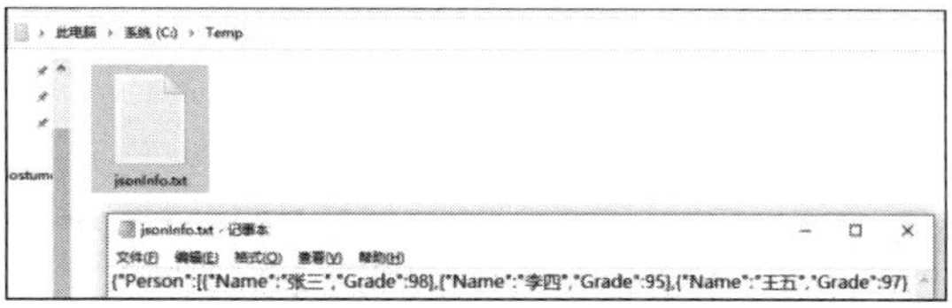

图 9-9　在 C 盘的 Temp 文件夹中生成 jsonInfo.txt 文件

9.2.2 读取 JSON 数据

读取 JSON 数据，将用到第 11 章中介绍的文件的输入与输出内容。下面使用 StreamReader 类从文件中读取流数据，参考代码 9-9。

代码 9-9 从文件中读取 JSON 数据

```csharp
using System.IO;
using UnityEngine;

public class Test_9_9: MonoBehaviour
{
    void Start()
    {
        string jsonData = ReadData();
        Debug.Log(jsonData);
    }
    //读取文件
    public string ReadData()
    {
        //获取到路径
        string fileUrl = @"c:\Temp\jsonInfo.txt";
        //读取文件
        StreamReader str = File.OpenText(fileUrl);
        //string 类型的数据常量
        //数据保存
        string readData = str.ReadToEnd();
        str.Close();
        //返回数据
        return readData;
    }
}
```

编译和执行以上代码，结果如图 9-10 所示。

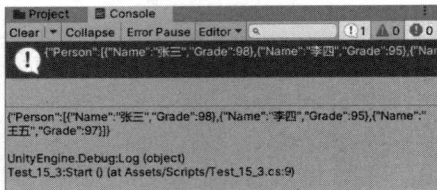

图 9-10 从文件中读取到的 JSON 数据

从文件中读取到的数据无法直接使用，还需要将 JSON 数据进行解析，接下来，介绍如何解析 JSON 数据。

9.2.3 解析 JSON 数据

解析 JSON 数据，需要生成与 JSON 数据同样类型的字段。例如，JSON 数据中包括 Person 字段、Name 字段和 Grade 字段。如果 Person 字段是一个数组，那么根节点是一个带有 Person 数组字段的类，这个 Person 字段本身也是一个类，其中包括 Name 和 Grade 字段，整体结构如下：

```
[System.Serializable]
class Person
{
    public string Name;
    public int Grade;
}
[System.Serializable]
class Data
{
    public Person[] Person;
}
```

以上结构与生成 JSON 数据的字段一样,在实际开发中,只有做好类型匹配,才能解析到正确的数据。下面就来解析 JSON 数据,参考代码 9-10。

代码 9-10   解析 JSON 数据

```
using System.IO;
using UnityEngine;

public class Test_9_10: MonoBehaviour
{
    void Start()
    {
        //获取 JSON 数据
        string json = ReadData();
        //将 JSON 数据传递给 ParseData 函数进行解析
        ParseData(json);
    }

    //读取文件
    public string ReadData()
    {
        //获取路径
        string fileUrl = @"c:\Temp\jsonInfo.txt";
        //读取文件
        StreamReader str = File.OpenText(fileUrl);
        //string 类型的数据常量
        //数据保存
        string readData = str.ReadToEnd();
        str.Close();
        //返回数据
        return readData;
    }

    //解析 JSON 数据
    public void ParseData(string jsonData)
    {
        //解析数据并把数据保存到 m_PersonData 变量中
        Data m_PersonData = JsonUtility.FromJson<Data>(jsonData);
        foreach (var item in m_PersonData.Person)
        {
            Debug.Log(item.Name);
            Debug.Log(item.Grade);
        }
```

```
        }
    }
```

编译和执行以上代码，结果如图 9-11 所示。

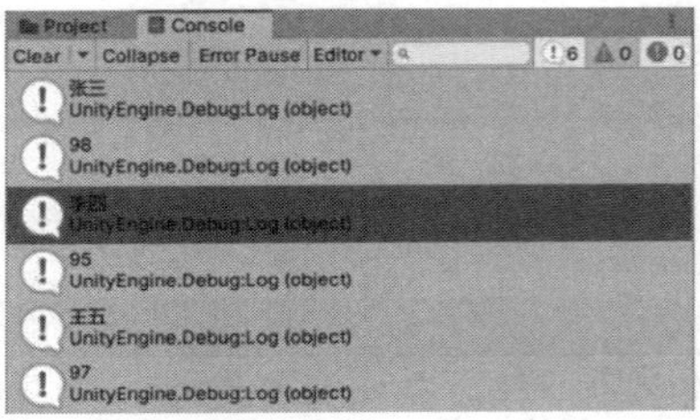

图 9-11　从文件中读取 JSON 数据并解析，最后显示数据

9.2.4　课后习题

Person 类增加了一个表示身高的字段 Height（float 类型），将这个数据加入设置值后生成 JSON 数据，并且可以正常解析出这个字段的值，示例图如图 9-12 所示。

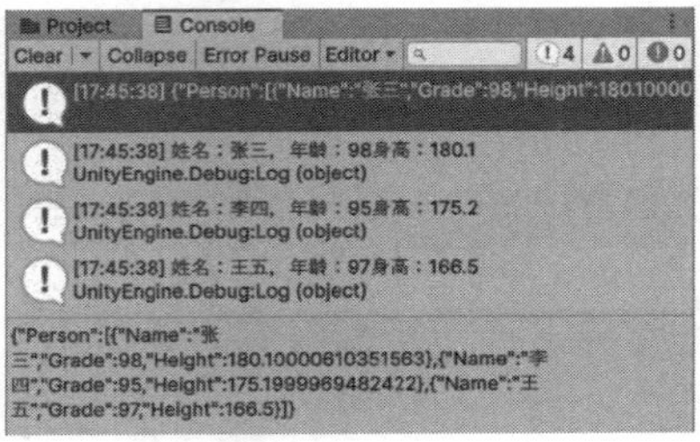

图 9-12　示例图

9.3　XML 文件的处理

XML 全称为可扩展标记语言，是一种用于标记电子文件使其具有结构性的标记语言。在电子计算机中，标记是指计算机所能理解的信息符号。通过这种符号，计算机之间可以处理包含各种信息的数据。XML 可以用来标记数据、定义数据结构，是一种用户对自己的标记语言进行定义的源语言。下面介绍 XML 文件的读/写和修改。

9.3.1　读取 XML 数据

读取 XML 数据即根据节点一层一层地读取数据，如生成的 XML 文件，最外层是 Data，就要先读 Data，然后以 Data 为根节点读取子节点 Person，再根据子节点 Person 读取下一层节点的数据。下面用实例演示读取 XML 数据的过程，参考代码 9-11。

代码 9-11　读取 XML 数据

```
using System.IO;
```

```csharp
using System.Xml;
using UnityEngine;

public class Test_9_11: MonoBehaviour
{
    void Start()
    {
        ReadXML();
    }

    //读取 XML
    void ReadXML()
    {
        //创建 xml 文档
        XmlDocument xml = new XmlDocument();
        xml.Load(@"c:\Temp\jsonInfo.xml");
        //得到 Data 节点下的所有子节点
        XmlNodeList xmlNodeList = xml.SelectSingleNode("Data").ChildNodes;
        //遍历所有子节点
        foreach (XmlElement item in xmlNodeList)
        {
            if (item.GetAttribute("id") == "1")
            {
                //继续遍历 id 为 1 的节点下的子节点
                foreach (XmlElement itemChild in item.ChildNodes)
                {
                    if (itemChild.Name== "Name")
                    {
                        Debug.Log(itemChild.InnerText);
                    }
                    else if (itemChild.Name == "Grade")
                    {
                        Debug.Log(itemChild.InnerText);
                    }
                }
            }
            if(item.GetAttribute("id") == "2")
            {
                //继续遍历 id 为 2 的节点下的子节点
                foreach (XmlElement itemChild in item.ChildNodes)
                {
                    if (itemChild.Name == "Name")
                    {
                        Debug.Log(itemChild.InnerText);
                    }
                    else if (itemChild.Name == "Grade")
                    {
                        Debug.Log(itemChild.InnerText);
                    }
                }
            }
        }
    }
}
```

编译和执行以上代码，结果如图 9-13 所示。

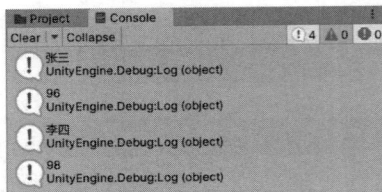

图 9-13　读取 XML 数据

9.3.2　写 XML 数据

写 XML 数据，首先要清楚节点的内容，然后将节点一层一层地添加到 XML 中，要明确它们之间的先后顺序，这个先后顺序就是生成的 XML 文件的先后顺序。下面演示如何生成 XML 文件，参考代码 9-12。

代码 9-12　生成 XML 文件

```
using System.IO;
using System.Xml;
using UnityEngine;

public class Test_9_12: MonoBehaviour
{
    void Start()
    {
        CreateXML();
    }

    void CreateXML()
    {
        string path = @"c:\Temp\jsonInfo.xml";
        //创建 XML 实例对象
        XmlDocument xml = new XmlDocument();
        //创建根节点
        XmlElement root = xml.CreateElement("Data");

        //创建第一个子节点
        XmlElement element = xml.CreateElement("Person");      //设置子节点的名字
        element.SetAttribute("id", "1");                        //设置子节点的属性
        //设置节点对应的内容
        XmlElement elementChild1 = xml.CreateElement("Name");
        elementChild1.InnerText = "张三";
        XmlElement elementChild2 = xml.CreateElement("Grade");
        elementChild2.InnerText = "96";
        //将内容添加到子节点
        element.AppendChild(elementChild1);
        element.AppendChild(elementChild2);
        //将子节点添加到根节点
        root.AppendChild(element);

        //创建第二个子节点
        XmlElement element2 = xml.CreateElement("Person");      //设置子节点的名字
```

```
        element2.SetAttribute("id", "2");//设置子节点的属性
        //设置节点对应的内容
        XmlElement elementChild3 = xml.CreateElement("Name");
        elementChild3.InnerText = "李四";
        XmlElement elementChild4 = xml.CreateElement("Grade");
        elementChild4.InnerText = "98";
        //将内容添加到子节点
        element2.AppendChild(elementChild3);
        element2.AppendChild(elementChild4);
        //将子节点添加到根节点
        root.AppendChild(element2);

        //将根节点添加到 XML 实例对象中
        xml.AppendChild(root);
        //保存文件
        xml.Save(path);
    }
}
```

编译和执行以上代码，结果如图 9-14 所示。

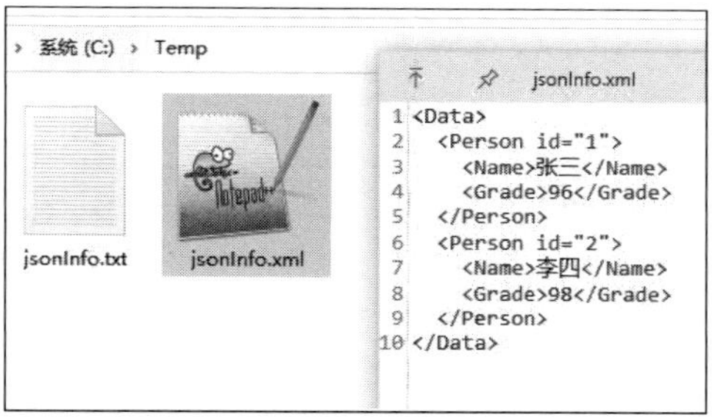

图 9-14 生成 XML 数据并保存为 XML 文件

9.3.3 修改 XML 数据

修改 XML 数据也是同样的道理，需要根据节点一层一层地找到数据，然后进行修改。下面的示例演示了修改 XML 数据的过程，参考代码 9-13。

代码 9-13 修改 XML 数据

```
using System.IO;
using System.Xml;
using UnityEngine;

public class Test_9_13: MonoBehaviour
{
    void Start()
    {
        UpdateXML();
    }

    //修改 XML
    void UpdateXML()
    {
```

```
string path = @"c:\Temp\jsonInfo.xml";
if (File.Exists(path))
{
    XmlDocument xml = new XmlDocument();
    xml.Load(path);
    XmlNodeList xmlNodeList = xml.SelectSingleNode("Data").ChildNodes;
    foreach (XmlElement item in xmlNodeList)
    {
        if (item.GetAttribute("id") == "1")
        {
            //把 Person 中 id 为 1 的属性改为 5
            item.SetAttribute("id", "5");
        }
        if (item.GetAttribute("id") == "2")
        {
            foreach (XmlElement itemChild in item.ChildNodes)
            {
                if (itemChild.Name == "Name")
                {
                    itemChild.InnerText = "王五";
                }
                else if (itemChild.Name == "Grade")
                {
                    itemChild.InnerText = "0";
                }
            }
        }
    }
    xml.Save(path);
}
```

编译和执行以上代码，结果如图 9-15 所示。

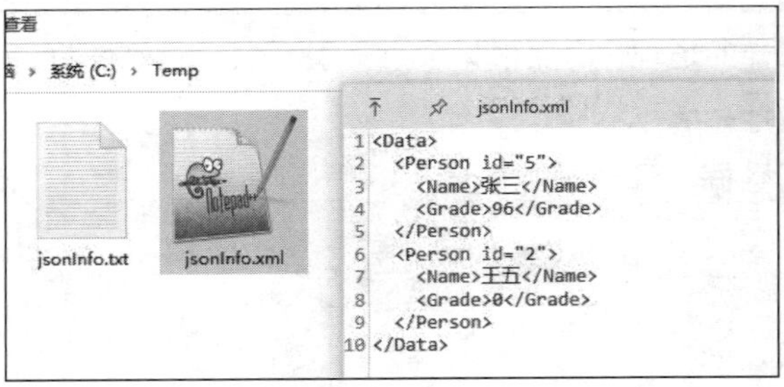

图 9-15　修改 XML 数据

9.3.4　课后习题

在 Unity 中利用 XML 文件制作一个简单的登录系统。通过 XML 文件保存账号和密码，存储到本地，读取 XML 文件，判断账号和密码是否正确，示例图如图 9-16 所示。

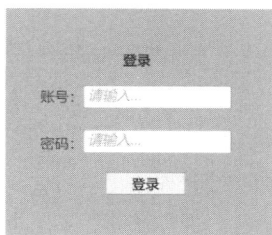

图 9-16　示例图

9.4　Excel 文件的处理

在游戏开发中，策划人员通常使用 Excel 表格来管理和维护游戏中的各种数据，如角色属性、装备信息、关卡配置等。Unity 作为一个强大的游戏引擎，本身并不直接支持读取 Excel 文件，但可以通过 EPPlus 插件来实现读取 Excel 文件的功能。

EPPlus 是一个用于处理 Excel 文件的开源 C#库。它允许开发人员创建、读取和编辑 Excel 工作簿、工作表和单元格，而无须安装 Microsoft Office 或使用 COM 互操作。EPPlus 是在.NET 平台上构建的，因此它与.NET 应用程序无缝集成，并提供了强大的 Excel 文件处理功能。

下面介绍如何使用 EPPlus 插件来读取、写入 Excel 文件。

9.4.1　导入 EPPlus 插件

在工程中新建 Plugins 文件夹，用来存放本地插件，放到该文件夹中的 DLL 文件会被自动调用，这些插件也会自动包含到构件中。

打开"资源包→第 9 章资源文件"文件夹，将文件夹中的 EPPlus.dll、Excel.dll、ICSharpCode.SharpZipLib.dll 三个文件拖入 Unity 的 Plugins 文件夹中，就可以使用 EPPlus 插件了，如图 9-17 所示。

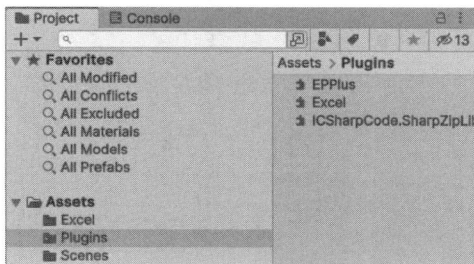

图 9-17　导入 EPPlus 插件

9.4.2　创建 Excel 文件

新建脚本，命名为 CreateExcel，将该脚本挂载到 Hierarchy 视图中的任意对象上，双击脚本编辑代码，参考代码 9-14。

代码 9-14　创建 Excel 文件

```csharp
using OfficeOpenXml;
using System.IO;
using UnityEngine;

public class CreateExcel: MonoBehaviour
{
    void Start()
    {
        string _filePath = Application.dataPath + "/Excel/学生信息.xlsx";
        string _sheetName = "详情";

        FileInfo _excelName = new FileInfo(_filePath);
        if (_excelName.Exists)
        {
            //删除旧文件，并创建一个新的 Excel 文件
            _excelName.Delete();
            _excelName = new FileInfo(_filePath);
        }

        //通过 ExcelPackage 打开文件
        using (ExcelPackage package = new ExcelPackage(_excelName))
        {
            //在 Excel 空文件中添加新的 sheet，并设置名称
            ExcelWorksheet worksheet = package.Workbook.Worksheets.Add(_sheetName);

            //添加列名
            worksheet.Cells[1, 1].Value = "学号";
            worksheet.Cells[1, 2].Value = "姓名";
            worksheet.Cells[1, 3].Value = "性别";

            //添加一行数据
            worksheet.Cells[2, 1].Value = 100001;
            worksheet.Cells[2, 2].Value = "张三";
            worksheet.Cells[2, 3].Value = "男";

            //添加一行数据
            worksheet.Cells[3, 1].Value = 100002;
            worksheet.Cells[3, 2].Value = "李四";
            worksheet.Cells[3, 3].Value = "女";

            //添加一行数据
            worksheet.Cells[4, 1].Value = 120033;
            worksheet.Cells[4, 2].Value = "王五";
            worksheet.Cells[4, 3].Value = "男";

            //保存 Excel 文件
            package.Save();
        }
    }
}
```

运行程序后，可以看到 Project 视图的 Assets→Excel 文件夹中创建了'学生信息.xlsx'文件，如图 9-18 所示。

Excel 文件中的内容如图 9-19 所示。

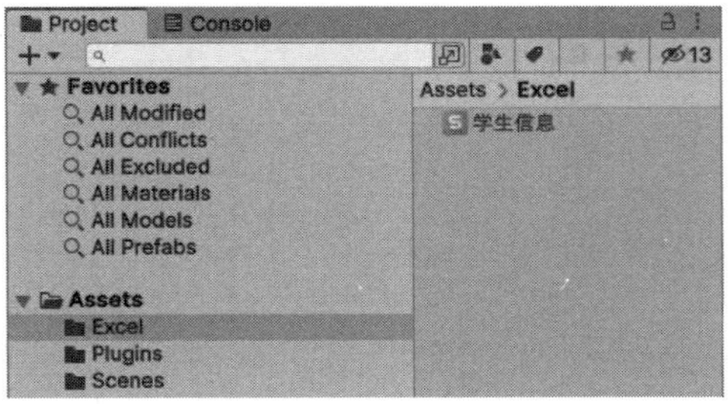

图 9-18 创建 Excel 文件

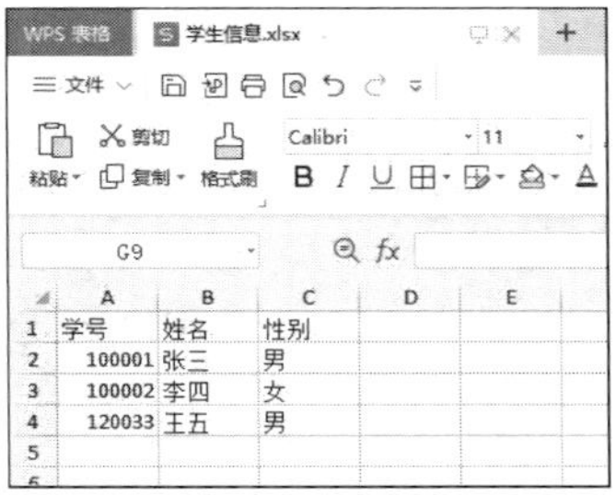

图 9-19 Excel 文件中的内容

9.4.3 读取 Excel 文件

新建脚本，命名为 ReadExcel，编辑代码，读取 Excel 文件，参考代码 9-15。

代码 9-15 读取 Excel 文件

```
using Excel;
using System.Data;
using System.IO;
using UnityEngine;

public class ReadExcel: MonoBehaviour
{
    void Start()
    {
        DataRowCollection _dataRowCollection = ReadExcelAgent(Application.dataPath +
        "/Excel/学生信息.xlsx");
        for (int i = 0; i < _dataRowCollection.Count; i++)
        {
            Debug.Log(_dataRowCollection[i][0] + " " + _dataRowCollection[i][1] +
            " " + _dataRowCollection[i][2]);
        }
    }

    //通过表的索引，返回一个 DataRowCollection 表数据对象
    private DataRowCollection ReadExcelAgent(string _path, int _sheetIndex = 0)
    {
        FileStream stream = File.Open(_path, FileMode.Open, FileAccess.Read,
        FileShare.Read);
        IExcelDataReader excelReader = ExcelReaderFactory.CreateOpenXmlReader(stream);
        DataSet result = excelReader.AsDataSet();
        return result.Tables[_sheetIndex].Rows;
    }

    //通过表的名字，返回一个 DataRowCollection 表数据对象
    private DataRowCollection ReadExcelAgent(string _path, string _sheetName)
    {
        FileStream stream = File.Open(_path, FileMode.Open, FileAccess.Read,
        FileShare.Read);
        IExcelDataReader excelReader = ExcelReaderFactory.CreateOpenXmlReader(stream);
        DataSet result = excelReader.AsDataSet();
        return result.Tables[_sheetName].Rows;
```

```
        }
    }
```

编译和执行以上代码，结果如图 9-20 所示。

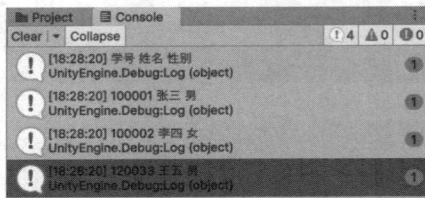

图 9-20　运行结果

9.4.4　写入 Excel 文件

新建脚本，命名为 WriteExcel，编辑代码，修改 Excel 文件中的内容，并且保存 Excel 文件，参考代码 9-16。

代码 9-16　写入 Excel 文件

```csharp
using Excel;
using OfficeOpenXml;
using System.Data;
using System.IO;
using UnityEngine;

public class WriteExcel: MonoBehaviour
{
    void Start()
    {
        string _filePath = Application.dataPath + "/Excel/学生信息.xlsx";

        //读取并显示数据
        DataRowCollection _dataRowCollection = ReadExcelAgent(_filePath);

        Debug.Log("更新前...");
        for (int i = 1; i < _dataRowCollection.Count; i++)
        {
            Debug.Log(_dataRowCollection[i][0] + " " + _dataRowCollection[i][1] +
            " " + _dataRowCollection[i][2]);
        }

        //更新数据并保存 Excel 文件
        UpdateExcel(_filePath, "详情", 3, 3, "女");

        Debug.Log("更新后...");
        for (int i = 1; i < _dataRowCollection.Count; i++)
        {
            Debug.Log(_dataRowCollection[i][0] + " " + _dataRowCollection[i][1] +
            " " + _dataRowCollection[i][2]);
        }
    }
```

```
///<summary>
///修改并保存 Excel 文件
///</summary>
///<param name="filePath">路径</param>
///<param name="tableName">表名</param>
///<param name="row">行</param>
///<param name="column">列</param>
///<param name="value">修改值</param>
private void UpdateExcel(string filePath, string tableName, int row, int column,
string value)
{
    FileInfo _excelName = new FileInfo(filePath);
    using (ExcelPackage package = new ExcelPackage(_excelName))
    {
        ExcelWorksheet worksheet = package.Workbook.Worksheets[tableName];
        //修改某一行的数据
        worksheet.Cells[row, column].Value = value;
        //保存 Excel 文件
        package.Save();
    }
}

//通过表的索引，返回一个 DataRowCollection 表数据对象
private DataRowCollection ReadExcelAgent(string _path, int _sheetIndex = 0)
{
    FileStream stream = File.Open(_path, FileMode.Open, FileAccess.Read,
    FileShare.Read);
    IExcelDataReader excelReader = ExcelReaderFactory.CreateOpenXmlReader(stream);
    DataSet result = excelReader.AsDataSet();
    return result.Tables[_sheetIndex].Rows;
}
}
```

编译和执行以上代码，结果如图 9-21 所示。

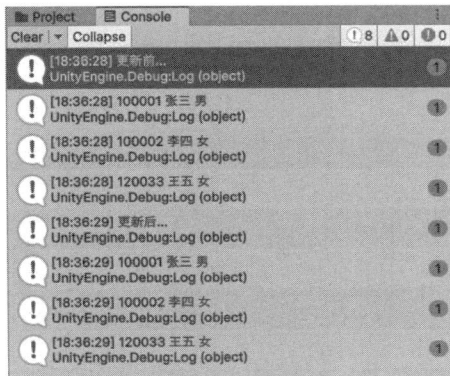

图 9-21　运行结果

9.4.5　课后习题

试着编写代码给 Excel 表格增加一列年龄数据，如图 9-22 所示。

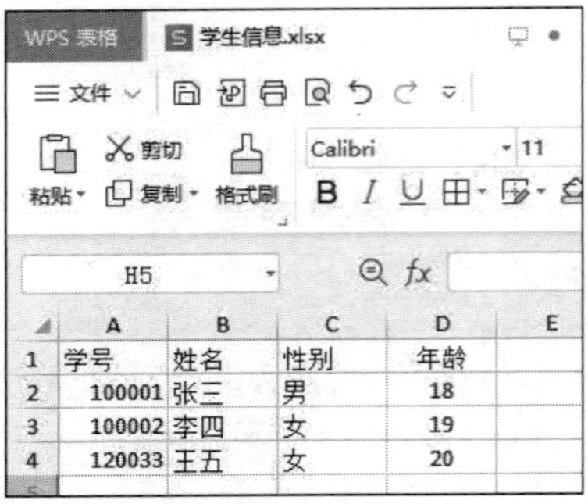

图 9-22　增加一列年龄数据

9.5　从 CSV 文件中读取数据

CSV 文件又称逗号分隔值文件，文件以纯文本的形式存储表格数据，所以 CSV 也是一种特殊的表格。纯文本就表示该文件必须像二进制文件那样解析，使用记事本打开 CSV 文件，可以看到其中的数据字段之间都是以逗号分隔的。

CSV 文件由任意条数据组成，记录之间以换行符分隔，每条数据字段之间以逗号分隔。

虽然 CSV 文件和 Excel 文件都是表格文件，但是格式有很大不同，Excel 文件用文本编辑器打开是一堆乱码，CSV 文件用文本编辑器打开就是以逗号分隔的数据。

CSV 文件的出现就是为了实现简单的数据存储，是一种纯文本的文件，最广泛的应用是在程序之间转移表格数据，能够兼容各种程序。下面详细介绍如何在 Unity 中创建、读取、写入、修改 CSV 文件。

9.5.1　创建 CSV 文件

CSV 文件是纯文本文档，只需按照特定的格式保存文档，然后添加后缀.csv 即可。

特定的格式：以换行分隔符分隔每一行，以逗号分隔每一列。

下面的例子演示了如何创建 CSV 文档，参考代码 9-17。

代码 9-17　创建 CSV 文档

```
using System.Data;
using System.IO;
using UnityEngine;

public class CreateCSV: MonoBehaviour
{
    void Start()
    {

    }
    //将 DataTable 中的数据写入 CSV 文件中
    public static void SaveCSV(string filePath, DataTable dt)
    {
        FileInfo fi = new FileInfo(filePath);
```

```
        if (!fi.Directory.Exists)
        {
            fi.Directory.Create();
        }
        using (FileStream fs = new FileStream(filePath, FileMode.Create,
        FileAccess.Write))
        {
            using (StreamWriter sw = new StreamWriter(fs,
            System.Text.Encoding.UTF8))
            {
                string data = "";
                //写入表头
                for (int i = 0; i < dt.Columns.Count; i++)
                {
                    data += dt.Columns[i].ColumnName.ToString();
                    if (i < dt.Columns.Count - 1)
                    {
                        data += ",";
                    }
                }
                sw.WriteLine(data);
                //写入每一行每一列的数据
                for (int i = 0; i < dt.Rows.Count; i++)
                {
                    data = "";
                    for (int j = 0; j < dt.Columns.Count; j++)
                    {
                        string str = dt.Rows[i][j].ToString();
                        data += str;
                        if (j < dt.Columns.Count - 1)
                        {
                            data += ",";
                        }
                    }
                    sw.WriteLine(data);
                }
                sw.Close();
                fs.Close();
            }
        }
    }
}
```

因为以上代码中的 SaveCSV 函数需要传入一个 DataTable 数据，所以要先构建一个 DataTable 数据。下面演示如何创建 DataTable 数据，参考代码 9-18。

代码 9-18　创建 DataTable 数据

```
using System.Data;
using System.IO;
using UnityEngine;

public class CreateCSV: MonoBehaviour
{
    void Start()
```

```
    {
        //创建表，设置表名
        DataTable dt = new DataTable("Sheet1");
        //创建列，共三列
        dt.Columns.Add("名字");
        dt.Columns.Add("年龄");
        dt.Columns.Add("性别");
        //创建行，每一行有三列数据
        DataRow dr = dt.NewRow();
        dr["column0"] = "张三";
        dr["column1"] = "18";
        dr["column2"] = "男";
        dt.Rows.Add(dr);
        //取值，第一行的1～3列的数据
        Debug.Log(dt.Rows[0][0].ToString());
        Debug.Log(dt.Rows[0][1].ToString());
        Debug.Log(dt.Rows[0][2].ToString());
    }
    //将 DataTable 中的数据写入 CSV 文件中
    public static void SaveCSV(string filePath, DataTable dt)
    {
        FileInfo fi = new FileInfo(filePath);
        if (!fi.Directory.Exists)
        {
            fi.Directory.Create();
        }
        using (FileStream fs = new FileStream(filePath, FileMode.Create,
        FileAccess.Write))
        {
            using (StreamWriter sw = new StreamWriter(fs, System.Text.Encoding.UTF8))
            {
                string data = "";
                //写入表头
                for (int i = 0; i < dt.Columns.Count; i++)
                {
                    data += dt.Columns[i].ColumnName.ToString();
                    if (i < dt.Columns.Count - 1)
                    {
                        data += ",";
                    }
                }
                sw.WriteLine(data);
                //写入每一行每一列的数据
                for (int i = 0; i < dt.Rows.Count; i++)
                {
                    data = "";
                    for (int j = 0; j < dt.Columns.Count; j++)
                    {
                        string str = dt.Rows[i][j].ToString();
                        data += str;
                        if (j < dt.Columns.Count - 1)
                        {
                            data += ",";
                        }
```

```
                    }
                    sw.WriteLine(data);
                }
                sw.Close();
                fs.Close();
            }
        }
    }
}
```

编译和执行以上代码，结果如图 9-23 所示。

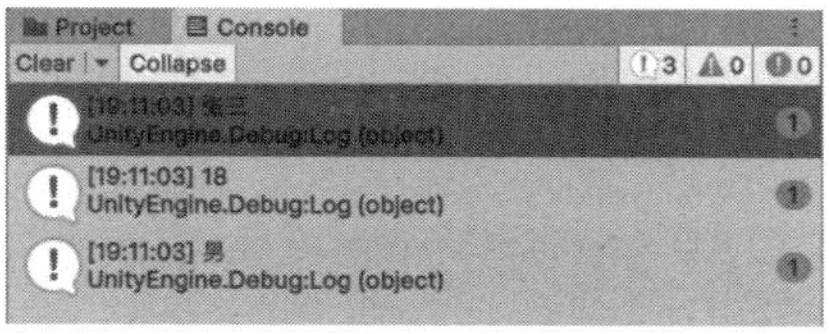

图 9-23　运行结果

有了 DataTable 数据，就可以创建 CSV 文件了，参考代码 9-19。

代码 9-19　创建 CSV 文件

```
using System.Data;
using System.IO;
using UnityEngine;

public class CreateCSV: MonoBehaviour
{
    void Start()
    {
        //创建表，设置表名
        DataTable dt = new DataTable("Sheet1");
        //创建列，共三列
        dt.Columns.Add("名字");
        dt.Columns.Add("年龄");
        dt.Columns.Add("性别");
        //创建行，每一行有三列数据
        DataRow dr = dt.NewRow();
        dr["名字"] = "张三";
        dr["年龄"] = "18";
        dr["性别"] = "男";
        dt.Rows.Add(dr);
        //取值，第一行的 1～3 列的数据
        Debug.Log(dt.Rows[0][0].ToString());
        Debug.Log(dt.Rows[0][1].ToString());
        Debug.Log(dt.Rows[0][2].ToString());
        //保存 CSV 文件
        string filePath = Application.streamingAssetsPath + "\\data.csv";
        SaveCSV(filePath,dt);
    }
    //将 DataTable 中的数据写入 CSV 文件中
    public static void SaveCSV(string filePath, DataTable dt)
    {
```

```
FileInfo fi = new FileInfo(filePath);
if (!fi.Directory.Exists)
{
    fi.Directory.Create();
}
using (FileStream fs = new FileStream(filePath, FileMode.Create, FileAccess.Write))
{
    using (StreamWriter sw = new StreamWriter(fs, System.Text.Encoding.UTF8))
    {
        string data = "";
        //写入表头
        for (int i = 0; i < dt.Columns.Count; i++)
        {
            data += dt.Columns[i].ColumnName.ToString();
            if (i < dt.Columns.Count - 1)
            {
                data += ",";
            }
        }
        sw.WriteLine(data);
        //写入每一行每一列的数据
        for (int i = 0; i < dt.Rows.Count; i++)
        {
            data = "";
            for (int j = 0; j < dt.Columns.Count; j++)
            {
                string str = dt.Rows[i][j].ToString();
                data += str;
                if (j < dt.Columns.Count - 1)
                {
                    data += ",";
                }
            }
            sw.WriteLine(data);
        }
        sw.Close();
        fs.Close();
    }
}
```

运行和编译以上代码，结果如图 9-24 所示。

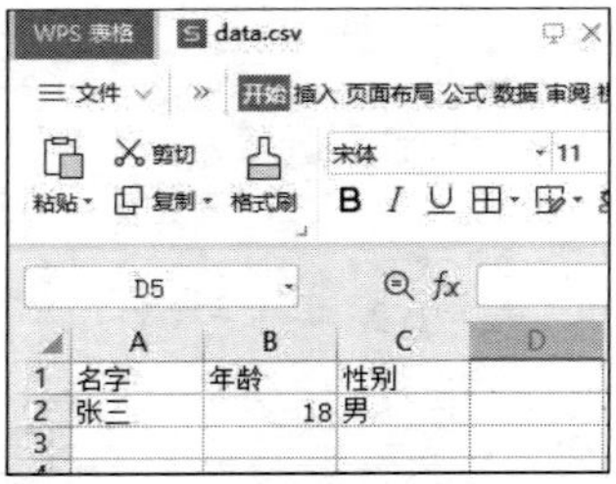

图 9-24　运行结果

9.5.2 读取 CSV 文件

读取 CSV 文件，就是将读取到的数据保存到 DataTable 数据表中，然后读取数据表中的数据即可，参考代码 9-20。

代码 9-20　读取 CSV 文件

```
using System.Data;
using System.IO;
using System.Text;
using UnityEngine;

public class ReadCSV: MonoBehaviour
{
    void Start()
    {
        string filePath = Application.streamingAssetsPath + "\\data.csv";
        DataTable dt = OpenCSV(filePath);
        Debug.Log(dt.Rows[0][0]);
        Debug.Log(dt.Rows[0][1]);
        Debug.Log(dt.Rows[0][2]);
    }

    public static DataTable OpenCSV(string filePath)//从CSV文件中读取数据并返回table
    {
        DataTable dt = new DataTable();
        using (FileStream fs = new FileStream(filePath, FileMode.Open, FileAccess.Read))
        {
            using (StreamReader sr = new StreamReader(fs, Encoding.UTF8))
            {
                //记录每次读取的一行记录
                string strLine = "";
                //记录每行记录中的各字段内容
                string[] aryLine = null;
                string[] tableHead = null;
                //标示列数
                int columnCount = 0;
                //标示是否读取的第一行
                bool IsFirst = true;
                //逐行读取CSV中的数据
                while ((strLine = sr.ReadLine()) != null)
                {
                    if (IsFirst == true)
                    {
                        tableHead = strLine.Split(',');
                        IsFirst = false;
                        columnCount = tableHead.Length;
                        //创建列
                        for (int i = 0; i < columnCount; i++)
                        {
                            DataColumn dc = new DataColumn(tableHead[i]);
                            dt.Columns.Add(dc);
                        }
                    }
```

```
                    else
                    {
                        aryLine = strLine.Split(',');
                        DataRow dr = dt.NewRow();
                        for (int j = 0; j < columnCount; j++)
                        {
                            dr[j] = aryLine[j];
                        }
                        dt.Rows.Add(dr);
                    }
                }
                if (aryLine != null && aryLine.Length > 0)
                {
                    dt.DefaultView.Sort = tableHead[0] + " " + "asc";
                }
                sr.Close();
                fs.Close();
                return dt;
            }
        }
    }
}
```

编译和执行以上代码，运行结果如图 9-25 所示。

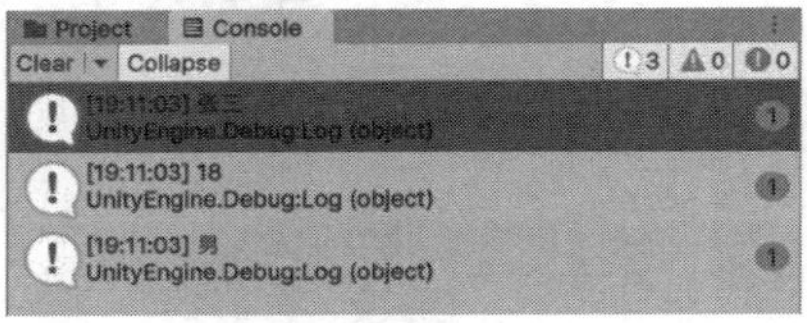

图 9-25　运行结果

9.5.3　写入 CSV 文件

写入 CSV 文件，如果数据量少，可以再构建一个 DataTable，然后保存为 CSV 文件；如果数据量多，可以先读取 CSV 文件，找到需要修改的数据的行和列，然后仅修改这些数据。下面演示如何构建 DataTable 数据，然后将其写入 CSV 文件，参考代码 9-21。

代码 9-21　将 DataTable 数据写入 CSV 文件

```
using System.Data;
using System.IO;
using System.Text;
using UnityEngine;

public class WriteCSV: MonoBehaviour
{
    void Start()
    {
        //修改数据 将年龄 18 改成 19
        UpdateData("张三","19","男");

        //查看修改后的数据
```

```
    string filePath = Application.streamingAssetsPath + "\\data.csv";
    DataTable dt = OpenCSV(filePath);
    Debug.Log(dt.Rows[0][0]);
    Debug.Log(dt.Rows[0][1]);
    Debug.Log(dt.Rows[0][2]);
}

//修改数据
public void UpdateData(string name,string age,string sex)
{
    //创建表，设置表名
    DataTable dt = new DataTable("Sheet1");
    //创建列，共三列
    dt.Columns.Add("名字");
    dt.Columns.Add("年龄");
    dt.Columns.Add("性别");
    //创建行，每一行有三列数据
    DataRow dr = dt.NewRow();
    dr["名字"] = name;
    dr["年龄"] = age;
    dr["性别"] = sex;
    dt.Rows.Add(dr);
    string filePath = Application.streamingAssetsPath + "\\data.csv";
    SaveCSV(filePath, dt);
}

//将 DataTable 中的数据写入 CSV 文件中
public void SaveCSV(string filePath, DataTable dt)
{
    FileInfo fi = new FileInfo(filePath);
    if (!fi.Directory.Exists)
    {
        fi.Directory.Create();
    }
    using (FileStream fs = new FileStream(filePath, FileMode.Create, FileAccess.Write))
    {
        using (StreamWriter sw = new StreamWriter(fs, System.Text.Encoding.UTF8))
        {
            string data = "";
            //写入表头
            for (int i = 0; i < dt.Columns.Count; i++)
            {
                data += dt.Columns[i].ColumnName.ToString();
                if (i < dt.Columns.Count - 1)
                {
                    data += ",";
                }
            }
            sw.WriteLine(data);
            //写入每一行每一列的数据
            for (int i = 0; i < dt.Rows.Count; i++)
            {
                data = "";
                for (int j = 0; j < dt.Columns.Count; j++)
```

```
                {
                    string str = dt.Rows[i][j].ToString();
                    data += str;
                    if (j < dt.Columns.Count - 1)
                    {
                        data += ",";
                    }
                }
                sw.WriteLine(data);
            }
            sw.Close();
            fs.Close();
        }
    }
}

public static DataTable OpenCSV(string filePath)//从CSV文件读取数据并返回table
{
    DataTable dt = new DataTable();
    using (FileStream fs = new FileStream(filePath, FileMode.Open, FileAccess.Read))
    {
        using (StreamReader sr = new StreamReader(fs, Encoding.UTF8))
        {
            //记录每次读取的一行记录
            string strLine = "";
            //记录每行记录中的各字段内容
            string[] aryLine = null;
            string[] tableHead = null;
            //标示列数
            int columnCount = 0;
            //标示是否是读取的第一行
            bool IsFirst = true;
            //逐行读取CSV中的数据
            while ((strLine = sr.ReadLine()) != null)
            {
                if (IsFirst == true)
                {
                    tableHead = strLine.Split(',');
                    IsFirst = false;
                    columnCount = tableHead.Length;
                    //创建列
                    for (int i = 0; i < columnCount; i++)
                    {
                        DataColumn dc = new DataColumn(tableHead[i]);
                        dt.Columns.Add(dc);
                    }
                }
                else
                {
                    aryLine = strLine.Split(',');
                    DataRow dr = dt.NewRow();
                    for (int j = 0; j < columnCount; j++)
                    {
                        dr[j] = aryLine[j];
```

```
            }
            dt.Rows.Add(dr);
        }
    }
    if (aryLine != null && aryLine.Length > 0)
    {
        dt.DefaultView.Sort = tableHead[0] + " " + "asc";
    }
    sr.Close();
    fs.Close();
    return dt;
}
    }
}
```

编译和执行以上代码，运行结果如图 9-26 所示。

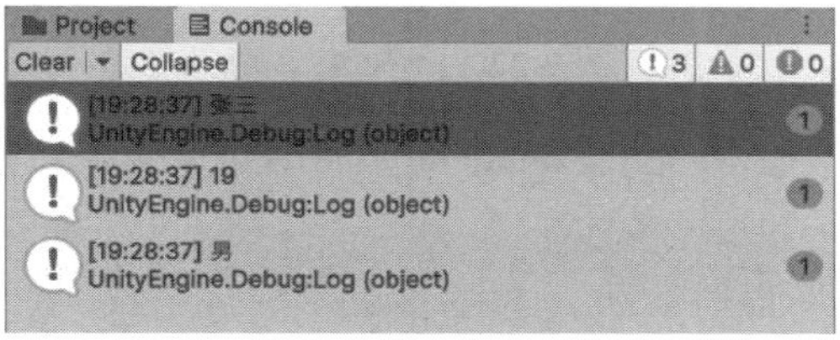

图 9-26　运行结果

9.5.4　课后习题

写入 CSV 文件有两种方式：第一种是重新构建 DataTable 数据，然后写入 CSV 文件；第二种是找到需要修改的行和列，修改后保存在 CSV 文件中。请试着实现第二种写入 CSV 文件的方式。

9.6　从 MySQL 数据库读取数据

数据库是按照数据结构来组织、存储和管理数据的仓库，是一个长期存储在计算机内的、有组织的、可共享的、统一管理的大量数据的集合。

数据库又分为关系型数据库和非关系型数据库。关系型数据库是把复杂的数据结构归结为简单的二元关系（即二维表格形式），对数据的操作建立在一个或多个关系表格上，通过对这些关联的表格分类、合并、连接或选取等运算来实现数据库的管理。关系型数据库的代表产品有 Oracle 和 MySQL。

非关系型数据库严格上说不是一种数据库，应该是一种数据结构化存储方法的集合，可以是文档或者键值对等。常见的非关系型数据库的类型有文档型、键值对型、列式数据库和图形数据库。非关系型数据库的出现主要是为了解决超大规模和高并发访问时出现的响应过慢的问题，非关系型数据库由于自身的特点，可以在特定场景下发挥难以想象的高效率和高性能，是对传统关系型数据库的一个有效补充。

本节主要使用关系型数据库 MySQL 进行数据库的读取操作，下面介绍 MySQL 数据的安装和使用。

9.6.1 安装 MySQL 数据库

（1）首先登录 MySQL 的官网（https://www.mysql.com/），然后单击 DOWNLOADS 按钮，如图 9-27 所示（页面内容会根据官网的更新而改变，下载界面也会随着版本的更新而有所改变）。

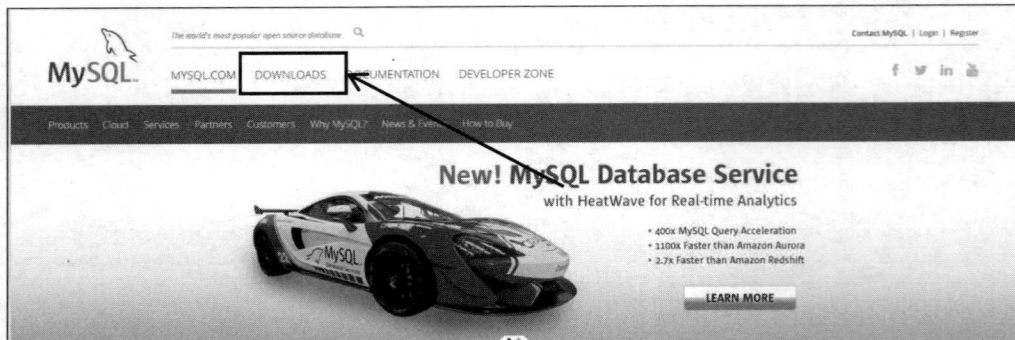

图 9-27　MySQL 官网

（2）滑动页面到底部，单击 MySQL Community(GPL) Downloads 按钮，如图 9-28 所示。

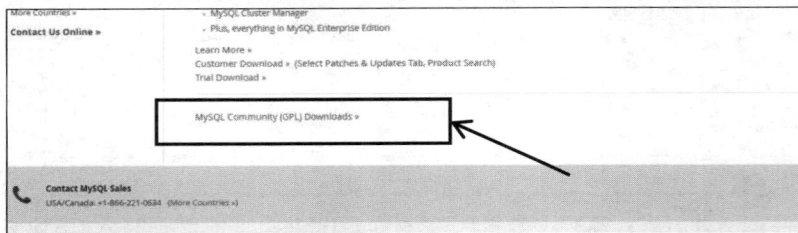

图 9-28　选择下载社区版的 MySQL

（3）在下载页面中单击 MySQL Community Server 按钮，如图 9-29 所示。
（4）下载 Windows 免安装版，如图 9-30 所示。

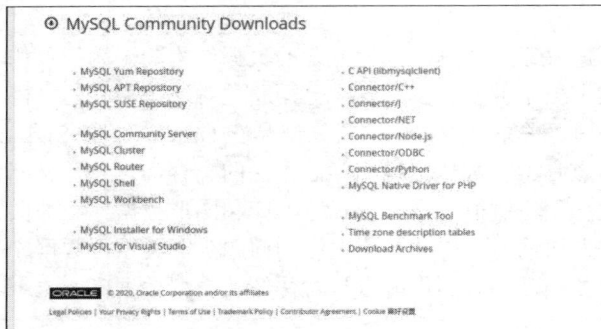

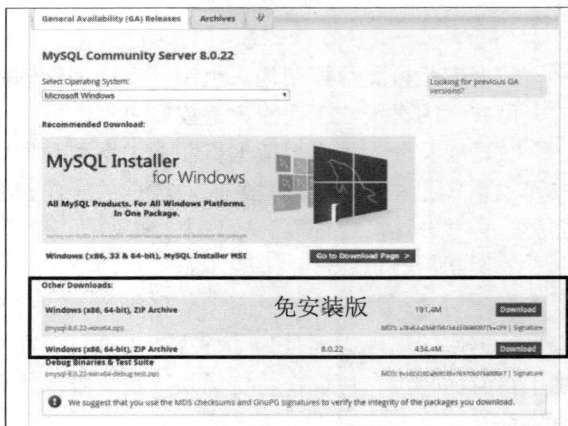

图 9-29　下载社区版的 MySQL Community Server　　　　图 9-30　下载 MySQL

（5）将下载的安装包解压到指定位置，绝对路径中避免出现中文，如图 9-31 所示。

（6）配置 MySQL 的环境变量。在计算机的控制面板中找到"系统和安全→系统"，然后单击"高级系统设置"选项，切换到"高级"选项卡，单击"环境变量"按钮，找到系统变量中的 Path 变量，如图 9-32 所示。

图 9-31　将下载的安装包进行解压

（7）单击"编辑"按钮，编辑环境变量，再单击"新建"按钮，输入 MySQL 的安装目录，如"C:\mysql\mysql"，如图 9-33 所示。

（8）在 MySQL 的解压目录中新建 data 文件夹，用来存放数据表等，如图 9-34 所示。

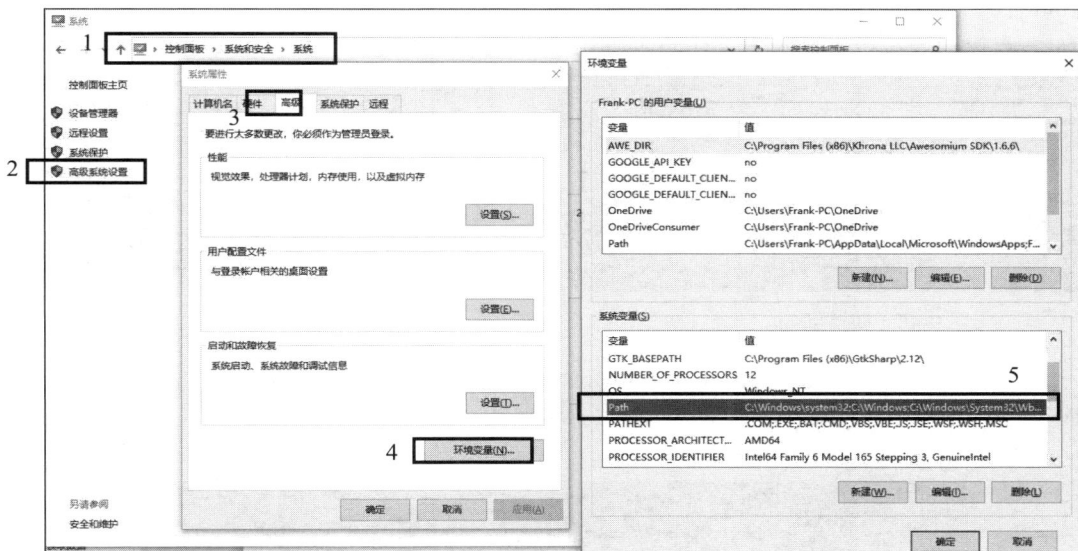

图 9-32　配置 MySQL 的环境变量

图 9-33　将 mysql 的解压路径添加到环境变量中

图 9-34　在 mysql 的解压目录中新建 data 文件夹

（9）在 mysql 解压目录中新建一个 my.ini 配置文件，用来保存基本配置，内容如下：

```
[mysql]
#设置 mysql 客户端默认字符集
default-character-set=utf8 [mysqld]
#设置 3306 端口
```

```
port = 3306
#设置 mysql 的安装目录
basedir = C:\mysql\mysql
#设置 mysql 数据库中数据的存放目录
datadir = C:\mysql\mysql\data
#允许最大连接数
max_connections=20
#服务端使用的字符集默认为 8 比特编码的 latin1 字符集
character-set-server=utf8
#创建新表时将使用的默认存储引擎
default-storage-engine=INNODB
```

（10）打开 C:\Windows\System32 目录，选中 cmd.exe，右击，在弹出的快捷菜单中选择"以管理员身份运行"命令，然后输入并执行 cd c:\mysql\mysql\bin 指令，如图 9-35 所示。

（11）在控制台窗口中输入并执行 mysqld--install 指令，安装 MySQL 服务，如图 9-36 所示。

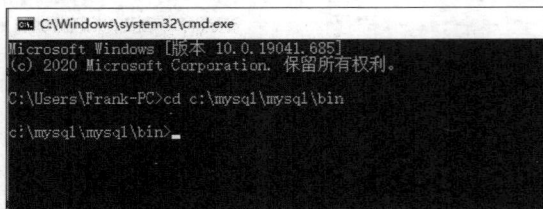

图 9-35　切换到 bin 目录

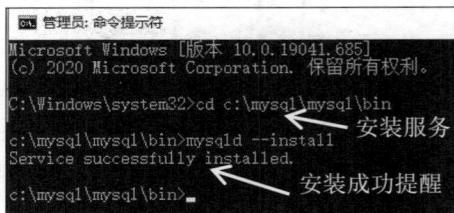

图 9-36　安装 MySQL 服务

（12）在控制台窗口中输入并执行 mysqld--initialize--console 指令，初始化 MySQL 服务，产生一个随机密码，记住这个密码，如图 9-37 所示。

图 9-37　初始化 MySQL 服务

（13）在控制台窗口中输入并执行 net start mysql 指令，开启 MySQL 服务，然后输入并执行 mysql -u root p 指令，登录 MySQL 服务，最后输入初始化 MySQL 服务时产生的随机密码进行登录，如图 9-38 所示。

（14）由于初始化时产生的随机密码太复杂，不便于用户记忆 MySQL，因此，用户可以修改一个自己能记住的密码，在控制台中输入并执行 alter user 'root'@'localhost' identified by '123456';指令，其中 by 后面的是新密码，如图 9-39 所示。

（15）输入并执行 exit 指令，退出 MySQL，然后输入并执行 mysql -u root -p 指令，使用新密码重新登录 MySQL 服务，如图 9-40 所示。

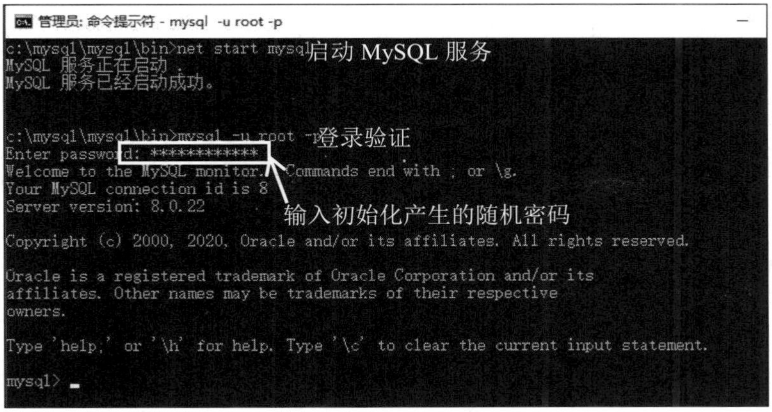

图 9-38　启动 MySQL 服务，登录验证 MySQL

图 9-39　修改 MySQL 的登录密码

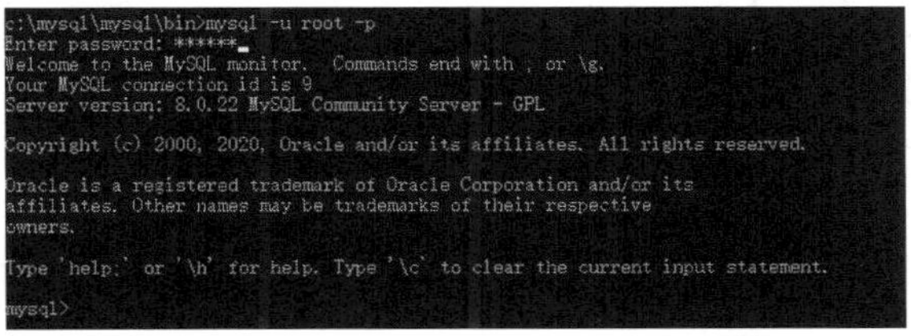

图 9-40　退出 MySQL，使用新密码重新登录 MySQL

9.6.2　使用 Navicat 连接 MySQL

Navicat 是一个可视化数据库管理工具，可以连接 MySQL、PostgreSQL、Oracle、SQLite、SQL Server、MariaDB 等数据库。接下来，介绍如何使用 Navicat 连接 MySQL。

（1）首先登录 Navicat 的官网（http://www.navicat.com.cn/），然后单击产品，如图 9-41 所示。（页面内容会根据官网的更新而改变，下载界面也会随着版本的更新而有所改变。）

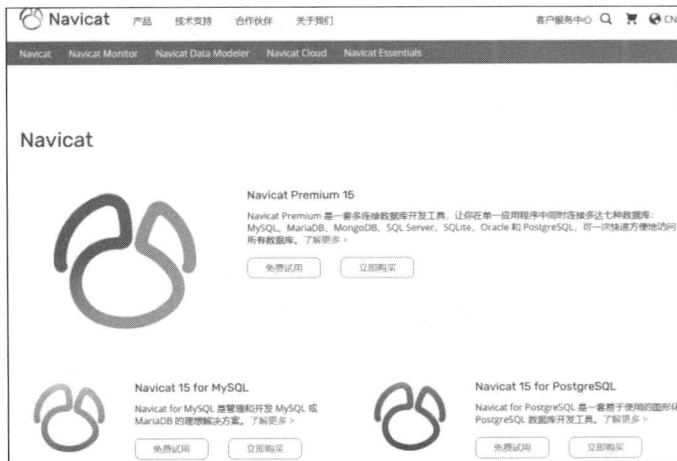

图 9-41　下载 Navicat

（2）单击"免费试用"按钮，然后选择下载 64 位安装程序，如图 9-42 所示。

（3）直接双击安装包即可安装，如图 9-43 所示。

图 9-42 下载 64 位安装程序

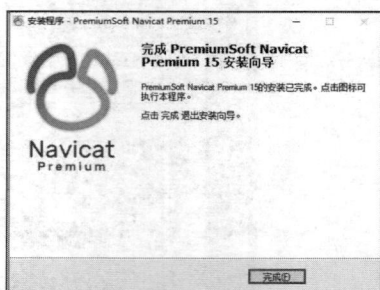

图 9-43 安装 Navicat

（4）打开 Navicat，在"文件"菜单下选择"新建连接"→MySQL 命令，如图 9-44 所示。

● 连接名：自定义名字，无限制。

● 主机：localhost，不用修改。

● 端口：端口 3306 在 my.ini 文档中自己配置。

● 用户名：root。

● 密码：修改的密码。

（5）输入参数，单击"确定"按钮，即可成功连接 MySQL，如图 9-45 所示。

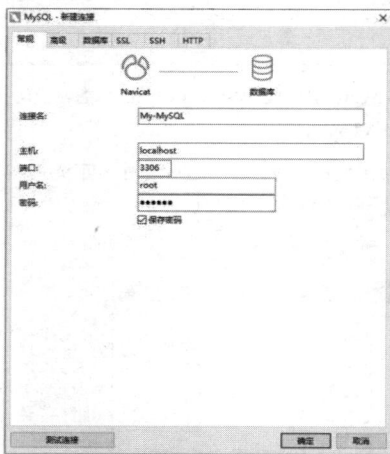

图 9-44 设置连接 MySQL 参数

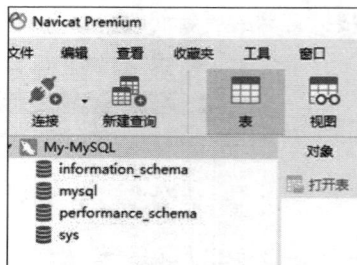

图 9-45 连接 MySQL 数据库

9.6.3 使用 Unity 读取 MySQL 数据库数据

在使用 Unity 读取 MySQL 数据库中的数据之前，首先新建数据库，然后写入数据。

（1）在 Navicat 中，先选中连接成功的 MySQL 数据库并右击，然后选择"新建数据库"命令，最后单击"确定"按钮，如图 9-46 所示。

（2）双击新建的 user 数据库，选中"表"选项，右击，在弹出的快捷菜单中选择"新建表"命令，新建 uID、uName 和 uPwd 三个字段。将 uID 字段类型设置成 int，长度为 100，不为空，设置键；将 uName 和 uPwd 字段类型设置成 varchar，长度为 255。三个字段分别表示 ID、名字和密码，然后按 Ctrl+S 组合键，输入 user 表名字，进行保存，如图 9-47 所示。

图 9-46　新建数据库　　　　　　　　　　　　　　　图 9-47　新建表

（3）双击打开 user 表，添加数据，如图 9-48 所示。
接下来，将 Unity 与 MySQL 进行连接。

（4）新建 Unity 项目，在 Project 视图中新建 Plugins 文件夹。将数据库与 Unity 进行连接，需要相应的驱动包，将"资源包→第 9 章资源文件"文件夹中的 6 个 DLL 动态链接库拖入项目的 Plugins 文件夹中，Unity 将自动引用这些 DLL，如图 9-49 所示。

图 9-48　为表 user 添加数据

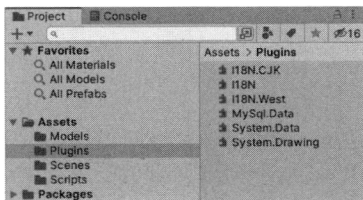

（5）创建所需要的界面。为了方便使用，此处直接用 UGUI 搭建页面。有基础的读者可以自行搭建 UGUI 界面，没有基础的读者，可以使用"资源包→第 9 章资源文件"文件夹中的 UGUIDemo.unitypackage 资源包导入 UGUI 搭建的界面，登录界面如图 9-50 所示。

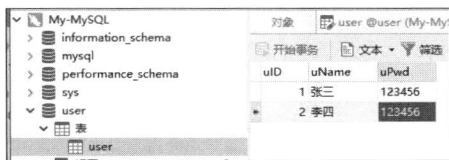

图 9-49　导入 6 个 DLL 动态链接库　　　　　　　图 9-50　在 Unity 中使用 UGUI 搭建的
　　　　　　　　　　　　　　　　　　　　　　　　　　　　　登录界面

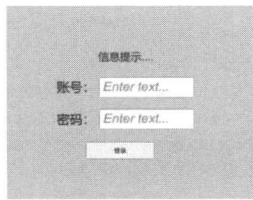

（6）为了便于使用和管理，先新建 SqlAccess.cs 类，然后封装一些 SQL 语句，参考代码 9-22。

代码 9-22　新建 SqlAccess.cs 类封装 SQL 语句

```
using System;
using System.Data;
```

```csharp
using MySql.Data.MySqlClient;

public class SqlAccess
{
    //mysql 连接对象
    public static MySqlConnection dbConnection;

    //默认构造函数
    public SqlAccess(string connectionString)
    {
        OpenSql(connectionString);
    }

    //打开数据库
    public void OpenSql(string connectionString)
    {
        try
        {
            dbConnection = new MySqlConnection(connectionString);
            dbConnection.Open();
        }
        catch (Exception e)
        {
            throw new Exception("服务器连接失败 " + e.Message.ToString());
        }
    }

    //关闭数据库
    public void CloseSql()
    {
        if (dbConnection != null)
        {
            dbConnection.Close();
            dbConnection.Dispose();
            dbConnection = null;
        }
    }

    ///<summary>
    ///执行方法
    ///</summary>
    ///<param name="sqlString">SQL 命令</param>
    ///<returns></returns>
    public DataSet ExecuteQuery(string sqlString)
    {
        if (dbConnection.State == ConnectionState.Open)
        {
            //表的集合
            DataSet ds = new DataSet();
            try
            {
                MySqlDataAdapter da = new MySqlDataAdapter(sqlString, dbConnection);
                da.Fill(ds);
            }
```

```
        catch (Exception e)
        {
            throw new Exception("SQL:" + sqlString + "/n" + e.Message.ToString());
        }
        return ds;
    }
    return null;
}

///<summary>
///根据条件进行查询
///</summary>
///<param name="tableName">表名</param>
///<param name="tb_name">查询表中的名字</param>
///<param name="tb_password">查询表中的密码</param>
///<param name="name">查询的具体参数 名字</param>
///<param name="password">查询的具体参数 密码</param>
///<returns></returns>
public DataSet SelectInto(string tableName, string tb_name, string tb_password,
string name, string password)
{
    string query = "SELECT * FROM " + tableName + " WHERE " + tb_name + "=" +
    "'" + name + "' " + "AND " + tb_password + "=" + "'" + password + "'";
    return ExecuteQuery(query);
}
}
```

（7）在 Unity 中新建 Login.cs 脚本，调用 SqlAccess 类中封装的函数读取 MySQL 数据库的操作，参考代码 9-23。

代码 9-23 新建 Login.cs 脚本，调用 SqlAccess 类中的函数进行账号验证

```
Using System.Data;
using UnityEngine;
using UnityEngine.UI;
public class Login: MonoBehaviour
{
    //数据库对象
    public SqlAccess sql;
    //输入信息
    public InputField inputName;
    public InputField inputPassword;
    //登录按钮
    public Button btnLogin;
    //提示信息
    public Text tipText;

    //初始化
    void Start()
    {
        //MySQL 数据参数设置
        string connectionString = "Server = localhost;port = 3306;Database =
        user;User ID = root;Password = 123456";
        //调用 SqlAccess 类的构造函数进行初始化
        sql = new SqlAccess(connectionString);
```

```
        //与登录按钮绑定的响应事件
        btnLogin.onClick.AddListener(LoginID);
    }

    public void LoginID()
    {
        //输入参数"表名 列名 列名 数据 数据"
        DataSet ds = sql.SelectInto("user", "uName", "uPwd", inputName.text,
        inputPassword.text);
        Debug.Log("检索到: " + ds.Tables[0].Rows.Count+" 条数据");
        if (ds.Tables[0].Rows.Count > 0)
        {
            Debug.Log("登录成功");
            tipText.text = "登录成功";
        }
        else
        {
            Debug.Log("登录失败");
            tipText.text = "登录失败";
        }
    }
}
```

（8）将 Login 脚本添加到 Main Camera 对象上，然后将该对象拖入 Login 组件的指定卡槽中，如图 9-51 所示。

图 9-51　将指定对象拖入 Login 组件的指定卡槽中

（9）运行程序，输入账号和密码，单击"登录"按钮，如图 9-52 所示。

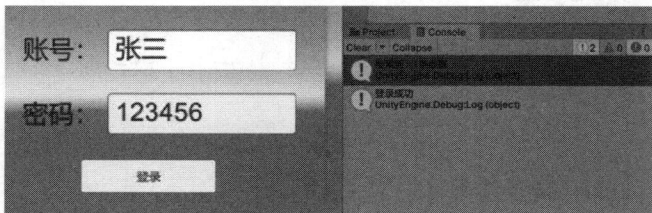

图 9-52　读取 MySQL 中的数据，验证登录

9.6.4　课后习题

数据库中的账号和密码都是明文，这样容易泄露账号，请在 Unity 中用 MD5 加密密码，并把这条数据保存到数据库中。

9.7　从 SQLite 数据库中读取数据

SQLite 是一个开源的 C 语言数据库引擎，具有轻量、快速、功能全面等特点，被全世界广泛使用，尤其在移动原生应用程序开发中被经常使用。因为 Unity 是使用 C#语言开发的，无法直接使用 SQLite，所以需要通过官方推荐的 SQLite.NET 来接入数据库。下面演示如何使用 SQLite.NET 来创建、读取数据库，并向数据库中写入数据。

9.7.1　创建数据库

（1）将"资源包→第 9 章资源文件"文件夹中的"SQLite 插件.zip"文件解压，再将解压文件拖入项目的 Plugins 文件夹中，如图 9-53 所示。

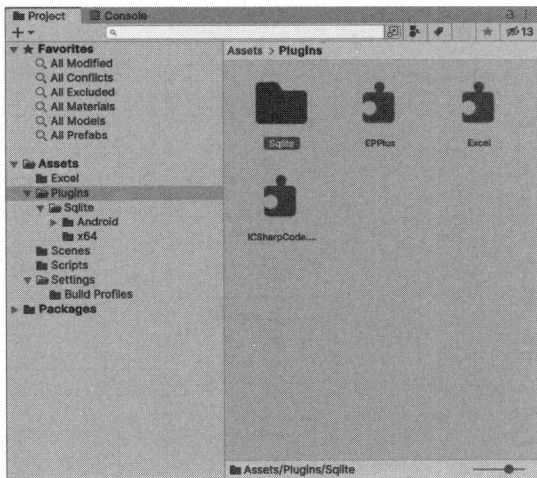

图 9-53　导入 SQLite 插件

（2）新建 CreateSQLite.cs 脚本，创建 SQLite 数据库，参考代码 9-24。

代码 9-24　创建 SQLite 数据库

```
using Mono.Data.Sqlite;
using System.IO;
using UnityEngine;

public class CreateSQLite : MonoBehaviour
{
    private void Start()
    {
```

```
        string filePath = Path.Combine(Application.streamingAssetsPath, "SQLiteData.db");
        OpenSQLiteFile(filePath);
    }

    ///<summary>
    ///打开或创建数据库
    ///</summary>
    ///<param name="path"></param>
    public static void OpenSQLiteFile(string path)
    {
        try
        {
            var _connection = new SqliteConnection($"URI=file:{path}");
            _connection.Open();

            Debug.Log("Database Connect!!!");
        }
        catch (System.Exception e)
        {

            Debug.LogError(e.Message);
        }
    }
}
```

将 CreatSQLite.cs 脚本挂载到场景中，运行程序后可以看到，在 StreamingAssets 文件夹中创建了一个 SQLiteData.db 数据库文件，如图 9-54 所示。

这样就用 Unity 创建了一个数据库，可以用 9.6.2 小节中介绍的 Navicat 工具打开 SQLite 数据库，配置参数如图 9-55 所示。

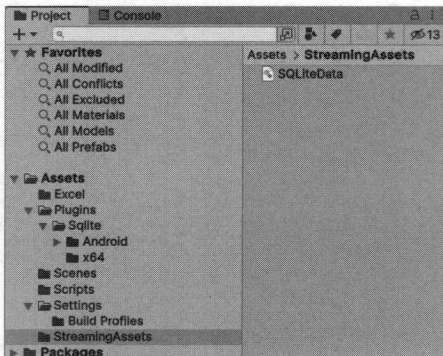

图 9-54 运行结果

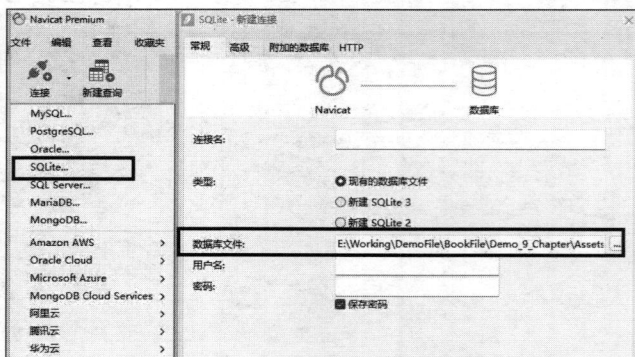

图 9-55 Navicat 配置参数

现在数据库中还没有数据，9.7.2 小节将介绍如何创建表，以及写入数据操作。

9.7.2 写入数据

新建 WriteSQLite.cs 脚本，进行写入 SQLite 数据库数据的操作，参考代码 9-25。

代码 9-25 写入 SQLite 数据库数据

```
using Mono.Data.Sqlite;
using System.IO;
```

```csharp
using UnityEngine;

public class WriteSQLite: MonoBehaviour
{
    private string dbPath;

    void Start()
    {
        dbPath = Path.Combine(Application.streamingAssetsPath, "SQLiteData.db");
        CreateDatabase();
        InsertData("张三","18");
    }

    //创建数据库及表
    private void CreateDatabase()
    {
        //建立 SQLite 数据库连接对象，如果找不到该文件，则直接创建
        using (var connection = new SqliteConnection($"URI=file:{dbPath}"))
        {
            //打开该数据库对象
            connection.Open();
            Debug.Log("数据库创建成功");

            //用 SQL 命令创建表
            //在数据库中创建 MyTable 表，id 主键，name、Value 列
            string sql = "CREATE TABLE IF NOT EXISTS MyTable (id INTEGER PRIMARY KEY,
            name TEXT, value TEXT)";
            SqliteCommand command = new SqliteCommand(sql, connection);
            command.ExecuteNonQuery();
            Debug.Log("表创建成功");
        }
    }

    //插入数据
    private void InsertData(string name,string value)
    {
        string sql = "INSERT INTO MyTable (name, value) VALUES (@name, @value)";
        using (var connection = new SqliteConnection($"URI=file:{dbPath}"))
        {
            connection.Open();
            SqliteCommand command = new SqliteCommand(sql, connection);
            command.Parameters.AddWithValue("@name", name);
            command.Parameters.AddWithValue("@value", value);
            int rowsAffected = command.ExecuteNonQuery();
            if (rowsAffected > 0)
            {
                Debug.Log("数据插入成功");
            }
        }
    }
}
```

将以上脚本挂载到场景中，运行程序后，用 Navicat 工具打开数据库即可看到更新后的数据，如图 9-56 所示。

图 9-56　插入数据

9.7.3　读取数据库数据

读取数据库数据是数据库的常见功能。

下面新建 ReadSQLite.cs 脚本，进行读取 SQLite 数据库数据的操作，参考代码 9-26。

代码 9-26　读取 SQLite 数据库数据

```csharp
using Mono.Data.Sqlite;
using System.Data.Common;
using System.IO;
using UnityEngine;

public class ReadSQLite: MonoBehaviour
{
    private string dbPath;
    private SqliteConnection dbConnection;        //SQL 连接
    private SqliteCommand dbCommand = null;       //SQL 命令
    private SqliteDataReader dbReader;            //SQL 读取器

    void Start()
    {
        dbPath = Path.Combine(Application.streamingAssetsPath, "SQLiteData.db");
        OpenDB(dbPath);

        SqliteDataReader reader = ReadFullTable("MyTable");
        //前进到结果集中的下一行
        while (reader.Read())
        {
            for (int i = 0; i < reader.FieldCount; i++)
            {
                Debug.Log(reader.GetValue(i));
            }
        }
    }

    private void OpenDB(string connectionString)
    {
        try
        {
            dbConnection = new SqliteConnection($"URI=file:{connectionString}");
            dbConnection.Open();
            Debug.Log("打开数据库");
        }
        catch (System.Exception ex)
```

```
        {
            Debug.Log(ex.Message);
        }
    }

    public SqliteDataReader ReadFullTable(string tableName)        //读取整个表
    {
        string query = "SELECT * FROM " + tableName + ";";
        return ExecuteQuery(query);
    }

    public SqliteDataReader ExecuteQuery(string sqlQuery)          //执行查询
    {
        dbCommand = dbConnection.CreateCommand();
        dbCommand.CommandText = sqlQuery;
        dbReader = dbCommand.ExecuteReader();
        return dbReader;
    }
}
```

将以上脚本挂载到场景中，运行程序，结果如图 9-57 所示。

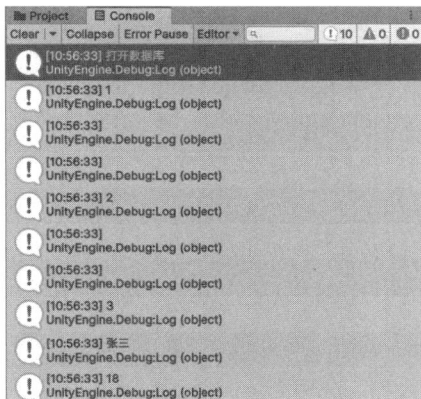

图 9-57　查看数据

9.7.4　封装的常用 SQL 命令

读取数据、查看数据、插入数据、删除数据都要使用 SQL 命令，下面将常用的 SQL 命令封装，以方便使用，新建代码，命名为 SQLiteDB，参考代码 9-27。

代码 9-27　封装 SQLite 数据库操作

```
using Mono.Data.Sqlite;
using UnityEngine;

public class SQLiteDB
{
    private SqliteConnection dbConnection;        //SQL 连接
    private SqliteCommand dbCommand = null;        //SQL 命令
    private SqliteDataReader dbReader;        //SQL 读取器
```

```
        private string dbPath;

        public SQLiteDB(string dbPath)
        {
            this.dbPath = dbPath;
            OpenDB(dbPath);
        }

        //打开数据库连接
        private void OpenDB(string dbPath)
        {
            try
            {
                dbConnection = new SqliteConnection($"URI=file:{dbPath}");
                dbConnection.Open();
                Debug.Log("打开数据库");
            }
            catch(System.Exception ex)
            {
                Debug.Log("打开数据库失败："+ex.Message);
            }
        }

        //关闭数据库连接
        public void CloseSqlConnection()
        {
            if (dbCommand != null)
                dbCommand.Dispose();
            dbCommand = null;

            if (dbReader != null)
                dbReader.Dispose();
            dbReader = null;

            if (dbConnection != null)
                dbConnection.Close();
            dbConnection = null;
        }

        //创建表
        public SqliteDataReader CreateTable(string name, string[] col, string[] colType)
        {
            if (col.Length != colType.Length)
            {
                throw new SqliteException("columns.Length != colType.Length");
            }
            string query = "CREATE TABLE " + name + " (" + col[0] + " " + colType[0];
            for (int i = 1; i < col.Length; ++i)
            {
                query += ", " + col[i] + " " + colType[i];
            }
            query += ")";
            return ExecuteQuery(query);
        }
```

09

```
//删除表
public SqliteDataReader DeleteContents(string tableName)
{
    string query = "DELETE FROM " + tableName;
    return ExecuteQuery(query);
}

//读取整个表
public SqliteDataReader ReadFullTable(string tableName)
{
    string query = "SELECT * FROM " + tableName + ";";
    return ExecuteQuery(query);
}

//在表中插入数据
public SqliteDataReader InsertInto(string tableName, string[] values)
{
    string query = "INSERT INTO " + tableName + " VALUES('" + values[0];
    for (int i = 1; i < values.Length; i++)
    {
        query += "','" + values[i];
    }
    query += "')";
    return ExecuteQuery(query);
}

//修改表中数据
public SqliteDataReader UpdateInto(string tableName, string[] cols, string
colsValues, string selectKey, string selectValue)
{
    string query = "UPDATE " + tableName + " SET " + cols[0] + " = " + colsValues[0];
    for (int i = 1; i < colsValues.Length; ++i)
    {
        query += ", " + cols[i] + " =" + colsValues[i];
    }
    query += " WHERE " + selectKey + " = " + selectValue + " ";
    return ExecuteQuery(query);
}

//删除表中数据
public SqliteDataReader Delete(string tableName, string[] cols, string[] colsvalues)
{
    string query = "DELETE FROM " + tableName + " WHERE " + cols[0] + " = " +
    colsvalues[0];
    for (int i = 1; i < colsvalues.Length; ++i)
    {
        query += " or " + cols[i] + " = " + colsvalues[i];
    }
    return ExecuteQuery(query);
}

//插入特定值
public SqliteDataReader InsertIntoSpecific(string tableName, string[] cols,
```

```
                      string[] values)
{
    if (cols.Length != values.Length)
    {
        throw new SqliteException("columns.Length != values.Length");
    }
    string query = "INSERT INTO " + tableName + "(" + cols[0];
    for (int i = 1; i < cols.Length; ++i)
    {
        query += ", " + cols[i];
    }
    query += ") VALUES (" + values[0];
    for (int i = 1; i < values.Length; ++i)
    {
        query += ", " + values[i];
    }
    query += ")";
    return ExecuteQuery(query);
}

//集成所有操作后执行
public SqliteDataReader SelectWhere(string tableName, string[] items, string[]
col, string[] operation, string[] values)
{
    if (col.Length != operation.Length || operation.Length != values.Length)
    {
        throw new SqliteException("col.Length != operation.Length != values.Length");
    }
    string query = "SELECT " + items[0];
    for (int i = 1; i < items.Length; ++i)
    {
        query += ", " + items[i];
    }

    query += " FROM " + tableName + " WHERE " + col[0] + operation[0] + "'" +
values[0] + "' ";

    for (int i = 1; i < col.Length; ++i)
    {
        query += " AND " + col[i] + operation[i] + "'" + values[0] + "' ";
    }
    return ExecuteQuery(query);
}

//查询器
public SqliteDataReader ExecuteQuery(string sqlQuery)                //执行查询
{
    dbCommand = dbConnection.CreateCommand();
    dbCommand.CommandText = sqlQuery;
    dbReader = dbCommand.ExecuteReader();
    return dbReader;
}
}
```

接下来，使用以上封装好的 SQLite 工具类新建脚本，命名为 SQLiteTest，编辑代码，参考代码 9-28。

代码 9-28 操作 SQLite 数据库

```
using System.IO;
using UnityEngine;

public class SQLiteTest: MonoBehaviour
{
    SQLiteDB db;                              //声明一个 SQLite 工具类

    void Start()
    {
        string dbPath = Path.Combine(Application.streamingAssetsPath, "SQLiteData2.db");
        //实例化 SQLite 工具类并传递路径
        db = new SQLiteDB(dbPath);
        //在数据库中创建一个名为 MyTable 的表，包含字段和字段的数据类型
        db.CreateTable("MyTable",new string[3] {"ID","Name", "Age" },new string[3]
        {"INTEGER PRIMARY KEY", "TEXT", "TEXT"});
        //在名为 MyTable 的表中插入相应字段的值
        db.InsertInto("MyTable", new string[3] { "1", "张三", "18" });
        db.InsertInto("MyTable", new string[3] { "2", "李四", "22" });
        db.InsertInto("MyTable", new string[3] { "3", "王五", "23" });
        //由于 ID 为 1 的同学的年龄 Age 数据错误，现在需要更改为 17
        //在名为 MyTable 的表中更新相应字段的值
        db.UpdateInto("MyTable",new string[1] { "Age"}, new string[1]
        { "17" },"ID","1");
        //关闭数据库
        db.CloseSqlConnection();
    }
}
```

将以上脚本挂载到场景中，运行程序后，在 Navicat 软件中查看数据库，即可看到结果，如图 9-58 所示。

图 9-58 查看数据

9.7.5 课后习题

前面章节演示了如何读取整个表的数据，即"SELECT * FROM "，那么，思考一下，该如何查询到某一行的数据？

9.8 本章小结

在 Unity 游戏开发中，数据持久化是确保游戏状态、玩家进度、配置信息等关键数据能够在游戏会

话之间保持不变的核心技术。本章详细探讨了多种数据持久化与读取的方法，以满足不同场景下的需求。

持久化数据类，通过设计合理的 C#类，结合 Unity 的序列化机制（如 ISerializationCallbackReceiver 接口或 ScriptableObject），实现了游戏数据的结构化存储。这些类能够清晰地定义数据的组织方式，便于后续的数据操作。

JSON 文件读取，利用 Unity 内置的 JsonUtility 类，开发者可以轻松地从 JSON 文件中读取数据，并将其转换为 C#对象。JSON 格式因其简洁性和易读性，在游戏开发中得到了广泛应用。

XML 文件读取，虽然 XML 文件相对于 JSON 更为复杂，但其在数据描述和结构化方面更具优势。Unity 提供了 XmlDocument 和 XmlNode 等类，用于解析和操作 XML 文件，从而实现了从 XML 文件中读取数据的功能。

Excel 与 CSV 文件读取，对于包含大量表格数据的场景，Excel 和 CSV 文件是理想的选择。通过第三方库（如 EPPlus、CsvHelper 等）或自定义解析器，开发者可以方便地读取这些文件中的数据，并将其转换为游戏内可用的格式。

数据库读取，对于需要高效存储和查询大量数据的游戏，数据库是不可或缺的工具。本章介绍了如何从 MySQL 和 SQLite 等数据库中读取数据。通过 Unity 的 MySql.Data.MySqlClient 和 System.Data.SQLite 等命名空间，开发者可以建立与数据库的连接，并执行 SQL 查询以获取所需数据。

综上所述，Unity 提供了多种数据持久化与读取的方法，开发者可以根据游戏的具体需求选择合适的技术方案。通过合理的数据结构设计、高效的读取策略以及适当的存储技术，可以确保游戏数据的完整性和一致性，从而提升玩家的游戏体验。

09

第 10 章 实现一般游戏机制

随着逐步深入 Unity 的奇妙世界，从最初的安装探索到编辑器的熟练运用，再到掌握 Unity 中构建游戏世界的基石——常用组件与脚本开发的奥秘，我们已经在游戏开发的征途上迈出了坚实的步伐。现在是时候揭开游戏设计的神秘面纱了，深入探索让游戏充满生命力与吸引力的灵魂所在——一般游戏机制。

本章将深入探讨让游戏世界鲜活起来的深层逻辑与交互设计。无论是紧张刺激的战斗系统、引人入胜的谜题解谜，还是令人沉迷的收集与成就系统，这些元素都是游戏机制巧妙运用的结果。

下面将从基础出发，逐步构建起对游戏机制全面而深刻的理解。通过示例讲解与实战演练，读者将学会如何设计并实现能够吸引玩家、挑战玩家并最终让玩家沉浸其中的游戏机制。这不仅是对技术的深度挖掘，更是对游戏设计艺术的深刻领悟。

10.1 实现角色移动

游戏机制的角色移动是基础而又常用的机制。下面介绍基于不同方式的角色移动。

10.1.1 用 Character Controller 组件实现角色移动

Character Controller 组件用于控制第一人称或第三人称角色的移动，这种方式可以模拟人的一些行为，如限制角色爬坡的最大斜度、步伐的高度等。

接下来，介绍用 Character Controller 组件实现角色移动。

（1）在场景中新建一个胶囊体，在 Hierarchy 视图中单击 "+" 号→3D Object→Capsule，创建一个胶囊体，如图 10-1 所示。

（2）选中物体，在 Inspector 视图中的 Transform 组件右上角，单击三个点按钮，在弹出的下拉菜单中选择 Reset 选项，重置物体的位置、旋转和缩放参数，如图 10-2 所示。

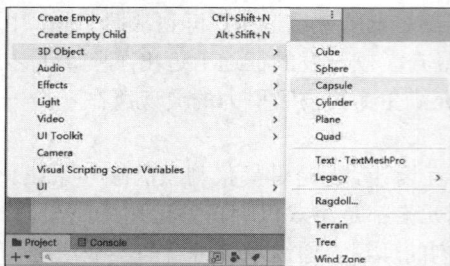

图 10-1　新建胶囊体

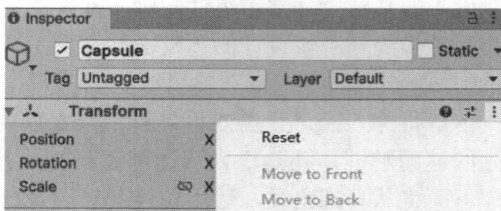

图 10-2　选择重置命令

（3）在场景中新建一个 Plane 作为地面，设置位置和缩放，如图 10-3 所示。

（4）给胶囊体添加 Character Controller 组件，在 Inspector 视图最下面单击 Add Component 按钮，在弹出的下拉列表中找到 Physics→Character Controller 组件，单击添加组件，如图 10-4 所示。

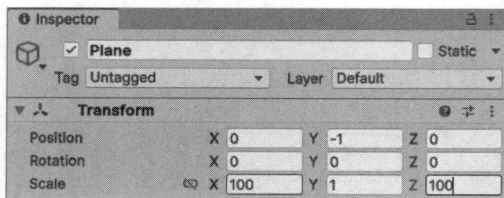

图 10-3　设置地面

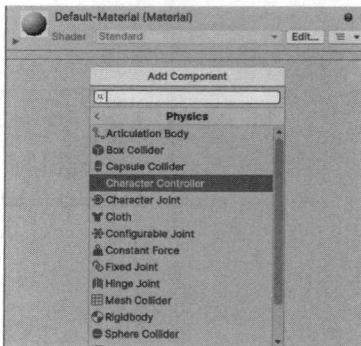

图 10-4　添加 Character Controller 组件

（5）给胶囊体增加脚本组件。在 Inspector 视图中单击 Add Component→New Script，新建脚本，命名为 CCMove，单击 Create and Add 按钮，即可将脚本添加到当前选中的胶囊体上，双击脚本组件，编辑代码，参考代码 10-1。

代码 10-1　使用 Character Controller 组件移动角色

```
using UnityEngine;

public class CCMove: MonoBehaviour
{
    private CharacterController m_character;
    public float m_speed;
```

```
    void Start()
    {
        m_character = GetComponent<CharacterController>();
        m_speed = 5;
    }

    void Update()
    {
        MoveControlByMove();
    }

//CharacterController.SimpleMove 用于模拟简单的运动状态，自动应用重力
    void MoveControlBySimpleMove()
    {
        float horizontal = Input.GetAxis("Horizontal");    //获取水平方向输入（AD 键）
        float vertical = Input.GetAxis("Vertical");        //获取垂直方向输入（WS 键）

        m_character.SimpleMove(new Vector3(horizontal, 0, vertical) * m_speed *
        Time.deltaTime);
    }


//CharacterController.Move 用于模拟有重力情况下的运动状态
    void MoveControlByMove()
    {
        float horizontal = Input.GetAxis("Horizontal");    //获取水平方向输入（AD 键）
        float vertical = Input.GetAxis("Vertical");        //获取垂直方向输入（WS 键）
        float moveY = 0;
        float m_gravity = 10f;
        moveY -= m_gravity * Time.deltaTime;               //应用重力

        m_character.Move(new Vector3(horizontal, moveY, vertical) * m_speed * Time.deltaTime);
    }
}
```

（6）运行程序，使用 W、S、A、D 键，即可控制角色移动。

10.1.2　用 Transform 组件实现角色移动

Transform 组件用于描述物体在空间中的状态，包括位置（position）、旋转（rotation）和缩放（scale）。其实所有的移动都会导致 position 的改变，这里所说的通过 Transform 组件来移动物体，是指直接操作 Transform 组件来控制物体的 position。

下面用 Transform 组件实现角色移动。

（1）选中场景中的胶囊体，在 Inspector 视图中的 Character Controller 组件右上角，单击三个点按钮，在弹出的下拉菜单中选择 Remove Component 命令移除组件，如图 10-5 所示。

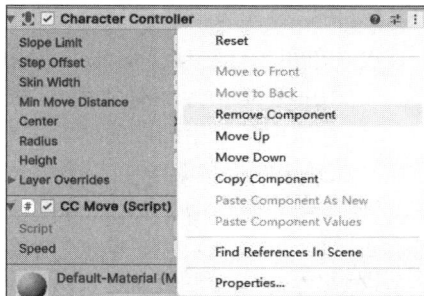

图 10-5　移除组件

用相同步骤移除 CCMove 脚本组件。

（2）因为物体自身就添加有 Transform 组件，所以不用再添加 Transform 组件。然后在胶囊体上增加脚本组件，命名为 Transform Move，编辑代码，参考代码 10-2。

代码 10-2　使用 Transform 组件移动角色

```csharp
using UnityEngine;

public class TransformMove : MonoBehaviour
{
    public float m_speed;// 移动速度

    void Start()
    {
        m_speed = 5;
    }

    void Update()
    {
        MoveControlByTranslateGetAxis();
    }

    //Translate 移动控制函数
    void MoveControlByTranslateGetAxis()
    {
        float horizontal = Input.GetAxis("Horizontal");        //A 左 D 右
        float vertical = Input.GetAxis("Vertical");            //W 上 S 下

        //该方法可以将物体从当前位置移动到指定位置，并且可以选择参照的坐标系
        //当需要进行坐标系转换时，可以考虑使用该方法，以省去转换坐标系的步骤
transform.Translate(Vector3.forward * vertical * m_speed * Time.deltaTime);
        //W 上 S 下
transform.Translate(Vector3.right * horizontal * m_speed * Time.deltaTime);
        //A 左 D 右
    }
}
```

（3）运行程序，使用 W、S、A、D 键，即可控制角色移动。

10.1.3　用 Rigidbody 组件实现角色移动

Rigidbody 组件用于模拟物体的物理状态，如物体受重力影响、物体被碰撞后的击飞等，设置刚体的速度，就可以让物体运动并且忽略摩擦力。

下面用 Rigidbody 组件实现角色移动。

（1）选中场景中的胶囊体，在 Inspector 视图中的 Transform Move 脚本组件右上角，单击三个点按钮，在弹出的下拉菜单中选择 Remove Component 选项，移除组件，如图 10-6 所示。

（2）给胶囊体增加 Rigidbody 组件，在 Inspector 视图的最下面，单击 Add Component 按钮，找到 Physics→Rigidbody 组件，单击添加组件，如图 10-7 所示。

（3）在胶囊体上增加脚本组件，命名为 RigidbodyMove，编辑代码，参考代码 10-3。

图 10-6 移除组件

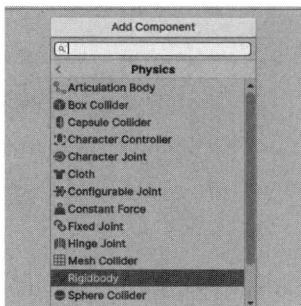

图 10-7 添加 Rigidbody 组件

代码 10-3 使用 Rigidbody 组件控制角色移动

```
using UnityEngine;

public class RigidbodyMove: MonoBehaviour
{
    private Rigidbody m_rigidbody;
    public float m_speed;

    void Start()
    {
        m_rigidbody = GetComponent<Rigidbody>();
        m_speed = 5;
    }

    void FixedUpdate()
    {
        MoveControlByVelocity();
    }

    //使用 Rigidbody.AddForce 来控制人物移动
    void MoveControlByVelocity()
    {
        float horizontal = Input.GetAxis("Horizontal");    //获取水平方向输入（A、D键）
        float vertical = Input.GetAxis("Vertical");        //获取垂直方向输入（W、S键）
        //这个必须分开判断，因为一个物体的速度只有一个
        if (Input.GetKey(KeyCode.W) | Input.GetKey(KeyCode.S))
        {
            m_rigidbody.AddForce(Vector3.forward * vertical * m_speed);
        }
        if (Input.GetKey(KeyCode.A) | Input.GetKey(KeyCode.D))
        {
            m_rigidbody.AddForce(Vector3.right * horizontal * m_speed);
        }
    }
}
```

（4）运行程序，使用 W、S、A、D 键，即可控制角色移动。

🔊 提示：

关于 Rigidbody 的调用均应放在 FixedUpdate 方法中，该方法会在每次执行物理模拟前被调用。

10.1.4　课后习题

本节介绍了三种不同的角色移动方式，但是，摄像机还没有跟随，试着将摄像机跟随角色进行移动。

10.2　实现游戏中的射击机制

本节将实现游戏中常见的射击机制，并且学习射线内容。

10.2.1　搭建场景

（1）新建项目，命名为 DemoFPS，如图 10-8 所示。

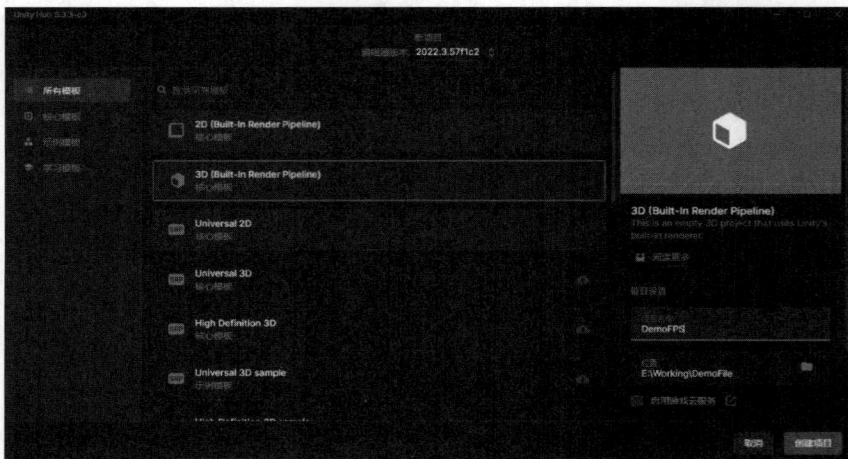

图 10-8　新建项目

（2）导入素材包，在菜单栏中选择 Assets→Import Package→Custom Package 命令，将"资源包→第 10 章资源文件"文件夹中的 Environment.unitypackage 导入，资源包中有地形及枪支的资源，如图 10-9 所示。

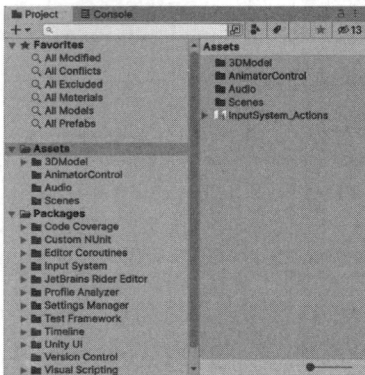

图 10-9　导入资源

（3）找到 Project 视图中的 3DModel→Environment→Prefab 文件夹，将 Environment 预制体拖入场景中，如图 10-10 所示。

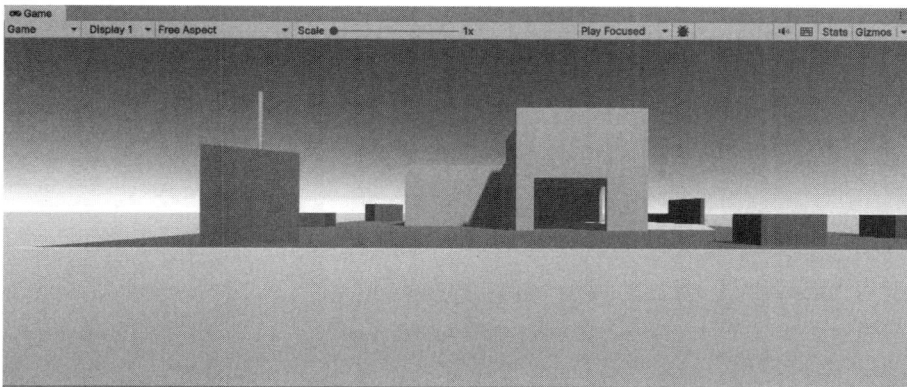

图 10-10　场景搭建

10.2.2　实现角色移动

在 10.1 节中已经用多种方法实现了角色移动，下面将完善 Character Controller 组件移动代码，实现角色移动。

（1）新建脚本，命名为 PlayerControl.cs，双击打开脚本，编辑代码，参考代码 10-4。

代码 10-4　实现角色移动

```
using UnityEngine;

[RequireComponent(typeof(CharacterController))]
[RequireComponent(typeof(Rigidbody))]
[RequireComponent(typeof(AudioSource))]
public class PlayerControl: MonoBehaviour
{
    [SerializeField] private bool m_IsWalking;
    [SerializeField] private float m_WalkSpeed;
    [SerializeField] private float m_RunSpeed;
    [SerializeField] private float m_JumpSpeed;
    [SerializeField] private float m_StickToGroundForce;
    [SerializeField] private float m_GravityMultiplier;
    [SerializeField] private MouseLook m_MouseLook;

    private Camera m_Camera;
    private bool m_Jump;
    private Vector2 m_Input;
    private Vector3 m_MoveDir = Vector3.zero;
    private CharacterController m_CharacterController;
    private bool m_PreviouslyGrounded;
    private bool m_Jumping;

    private AudioSource m_AudioSource;
    [SerializeField] private AudioClip m_JumpSound;  //角色跳跃时播放的声音
```

```csharp
[SerializeField] private AudioClip m_LandSound;    //角色在地面行走的声音

private void Start()
{
    m_CharacterController = GetComponent<CharacterController>();
    m_Camera = Camera.main;
    m_Jumping = false;
    m_MouseLook.Init(transform, m_Camera.transform);
    m_AudioSource = GetComponent<AudioSource>();
}

private void Update()
{
    RotateView();
    //跳转状态需要在这里读取，以确保它不会丢失
    if (!m_Jump)
    {
        m_Jump = Input.GetButtonDown("Jump");
    }

    if (!m_PreviouslyGrounded && m_CharacterController.isGrounded)
    {
        PlayLandingSound();
        m_MoveDir.y = 0f;
        m_Jumping = false;
    }
    if (!m_CharacterController.isGrounded && !m_Jumping && m_PreviouslyGrounded)
    {
        m_MoveDir.y = 0f;
    }
    m_PreviouslyGrounded = m_CharacterController.isGrounded;
}
private void PlayLandingSound()
{
    m_AudioSource.clip = m_LandSound;
    m_AudioSource.Play();
}

private void PlayJumpSound()
{
    m_AudioSource.clip = m_JumpSound;
    m_AudioSource.Play();
}

private void FixedUpdate()
{
    float speed;
    GetInput(out speed);
    //始终沿着相机向前移动，因为这是它瞄准的方向
    Vector3 desiredMove = transform.forward * m_Input.y + transform.right *
    m_Input.x;

    //获取被接触曲面的法线以沿其移动
    RaycastHit hitInfo;
```

```
        Physics.SphereCast(transform.position, m_CharacterController.radius, Vector3.down,
        out hitInfo, m_CharacterController.height / 2f, Physics.AllLayers,
        QueryTriggerInteraction.Ignore);
        desiredMove = Vector3.ProjectOnPlane(desiredMove, hitInfo.normal).normalized;

        m_MoveDir.x = desiredMove.x * speed;
        m_MoveDir.z = desiredMove.z * speed;

        if (m_CharacterController.isGrounded)
        {
            m_MoveDir.y = -m_StickToGroundForce;
            if (m_Jump)
            {
                m_MoveDir.y = m_JumpSpeed;
                m_Jump = false;
                m_Jumping = true;
                PlayJumpSound();
            }
        }
        else
        {
            m_MoveDir += Physics.gravity * m_GravityMultiplier * Time.fixedDeltaTime;
        }
        m_CharacterController.Move(m_MoveDir * Time.fixedDeltaTime);

        UpdateCameraPosition(speed);

        m_MouseLook.UpdateCursorLock();
    }


    private void UpdateCameraPosition(float speed)
    {
        Vector3 newCameraPosition;
        if (m_CharacterController.velocity.magnitude > 0 &&
        m_CharacterController.isGrounded)
        {
            m_Camera.transform.localPosition = newCameraPosition =
            m_Camera.transform.localPosition;
        }
        else
        {
            newCameraPosition = m_Camera.transform.localPosition;
        }
        m_Camera.transform.localPosition = newCameraPosition;
    }


    private void GetInput(out float speed)
    {
        //Read input
        float horizontal = Input.GetAxis("Horizontal");
        float vertical = Input.GetAxis("Vertical");
```

```
        bool waswalking = m_IsWalking;

        #if !MOBILE_INPUT
        //在独立构建中，步行/跑步速度通过按键进行修改
        //跟踪角色是在行走还是在跑步
        m_IsWalking = !Input.GetKey(KeyCode.LeftShift);
        #endif
        // set the desired speed to be walking or running
        speed = m_IsWalking ? m_WalkSpeed: m_RunSpeed;
        m_Input = new Vector2(horizontal, vertical);

        //如果该向量的平方长度超过1，则将该向量单位化处理（Normalize）
        if (m_Input.sqrMagnitude > 1)
        {
            m_Input.Normalize();
        }
    }

    private void RotateView()
    {
        m_MouseLook.LookRotation(transform, m_Camera.transform);
    }
}
```

上述代码保存后会提示缺少 MouseLook 类，接下来新建 MouseLook 类。

（2）新建脚本，命名为 MouseLook.cs，双击打开脚本，编辑代码，参考代码 10-5。

代码 10-5　鼠标锁定

```
using System;
using UnityEngine;

[Serializable]
public class MouseLook
{
    public float XSensitivity = 2f;
    public float YSensitivity = 2f;
    public bool clampVerticalRotation = true;
    public float MinimumX = -90F;
    public float MaximumX = 90F;
    public bool smooth;
    public float smoothTime = 5f;
    public bool lockCursor = true;


    private Quaternion m_CharacterTargetRot;
    private Quaternion m_CameraTargetRot;
    private bool m_cursorIsLocked = true;

    public void Init(Transform character, Transform camera)
    {
        m_CharacterTargetRot = character.localRotation;
        m_CameraTargetRot = camera.localRotation;
    }
```

```
public void LookRotation(Transform character, Transform camera)
{
    float yRot = Input.GetAxis("Mouse X") * XSensitivity;
    float xRot = Input.GetAxis("Mouse Y") * YSensitivity;

    m_CharacterTargetRot *= Quaternion.Euler(0f, yRot, 0f);
    m_CameraTargetRot *= Quaternion.Euler(-xRot, 0f, 0f);

    if (clampVerticalRotation)
        m_CameraTargetRot = ClampRotationAroundXAxis(m_CameraTargetRot);

    if (smooth)
    {
        character.localRotation = Quaternion.Slerp(character.localRotation,
        m_CharacterTargetRot, smoothTime * Time.deltaTime);
        camera.localRotation = Quaternion.Slerp(camera.localRotation,
        m_CameraTargetRot, smoothTime * Time.deltaTime);
    }
    else
    {
        character.localRotation = m_CharacterTargetRot;
        camera.localRotation = m_CameraTargetRot;
    }

    UpdateCursorLock();
}

public void LookRotation(Transform character, Transform camera, float xRot,
float yRot)
{
    m_CharacterTargetRot *= Quaternion.Euler(0f, yRot, 0f);
    m_CameraTargetRot *= Quaternion.Euler(-xRot, 0f, 0f);

    if (clampVerticalRotation)
        m_CameraTargetRot = ClampRotationAroundXAxis(m_CameraTargetRot);

    if (smooth)
    {
        character.localRotation = Quaternion.Slerp(character.localRotation,
        m_CharacterTargetRot, smoothTime * Time.deltaTime);
        camera.localRotation = Quaternion.Slerp(camera.localRotation,
        m_CameraTargetRot, smoothTime * Time.deltaTime);
    }
    else
    {
        character.localRotation = m_CharacterTargetRot;
        camera.localRotation = m_CameraTargetRot;
    }

    UpdateCursorLock();
}

public void SetCursorLock(bool value)
{
    lockCursor = value;
    if (!lockCursor)
    {//如果 lockCursor 为 false，则将光标（Cursor）解锁，并设置为可见
```

243

```
            Cursor.lockState = CursorLockMode.None;
            Cursor.visible = true;
        }
    }

    public void UpdateCursorLock()
    {
        //如果 lockCursor 为 true，则检查并锁定光标（Cursor）
        if (lockCursor)
            InternalLockUpdate();
    }

    private void InternalLockUpdate()
    {
        if (Input.GetKeyUp(KeyCode.Escape))
        {
            m_cursorIsLocked = false;
        }
        else if (Input.GetMouseButtonUp(0))
        {
            m_cursorIsLocked = true;
        }

        if (m_cursorIsLocked)
        {
            Cursor.lockState = CursorLockMode.Locked;
            Cursor.visible = false;
        }
        else if (!m_cursorIsLocked)
        {
            Cursor.lockState = CursorLockMode.None;
            Cursor.visible = true;
        }
    }

    Quaternion ClampRotationAroundXAxis(Quaternion q)
    {
        q.x /= q.w;
        q.y /= q.w;
        q.z /= q.w;
        q.w = 1.0f;

        float angleX = 2.0f * Mathf.Rad2Deg * Mathf.Atan(q.x);

        angleX = Mathf.Clamp(angleX, MinimumX, MaximumX);

        q.x = Mathf.Tan(0.5f * Mathf.Deg2Rad * angleX);

        return q;
    }
}
```

（3）在 Hierarchy 视图中新建一个对象，命名为 Player，将脚本组件 PlayerControl.cs 添加到这个对象上，如图 10-11 所示。

（4）修改 Character Controller、Rigidbody、Player Control 组件的参数，如图 10-12 所示。

（5）将 Hierarchy 视图中的 FPSController 对象拉高，并且将摄像机拖到 FPSController 对象下面，设置摄像机的位置，如图 10-13 所示。

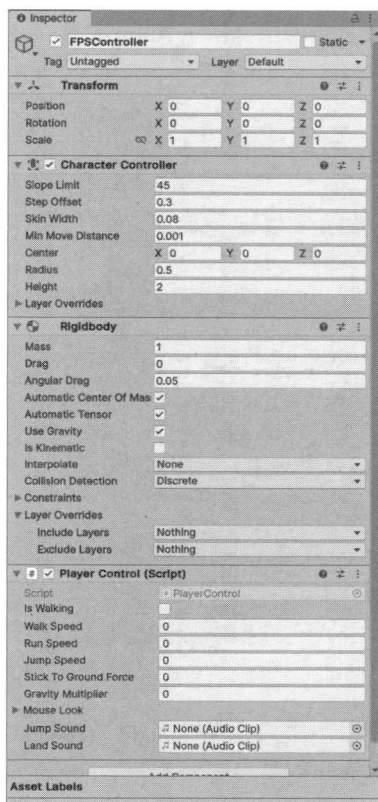

图 10-11　挂载对象　　　　　　　图 10-12　修改参数　　　　　　　图 10-13　修改位置

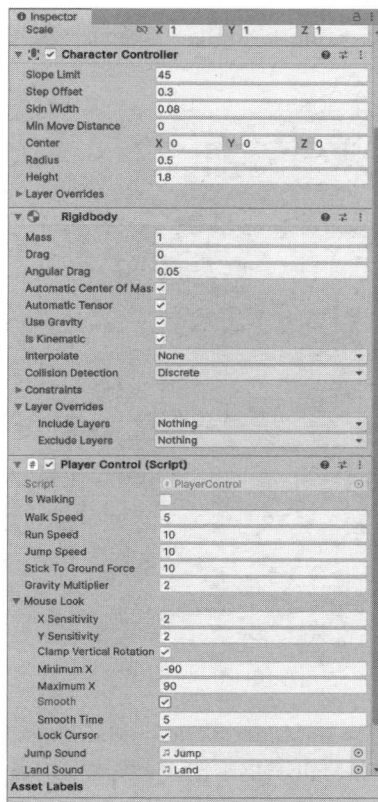

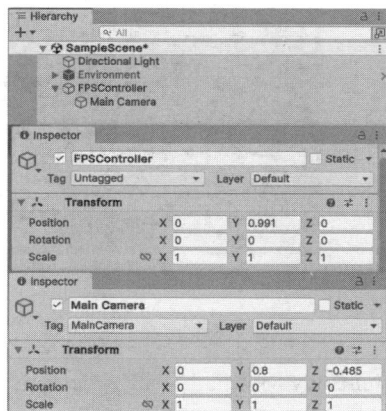

（6）运行程序，使用 W、S、A、D 键，即可控制角色移动。

10.2.3　了解射线

下面介绍射线，这是实现射击的基础。

在 Unity 中，射线检测（Raycasting）是一种从一个点沿着一个特定方向发射一条看不见的射线，并检测这条射线是否与任何物体相交的技术。返回的投射命中点信息保存在 RaycastHit 对象中，射线主要用于以下几个场景。

- 碰撞检测：判断玩家或物体是否与其他物体发生碰撞。例如，检测子弹是否击中目标。
- 物体选择：通过鼠标单击或触摸屏幕选择场景中的物体。例如，单击一个物体来选中它。
- 视线检测：检测玩家的视线是否被障碍物挡住。例如，AI 角色判断是否能看到玩家。
- 路径检测：检测路径上的障碍物。例如，自动驾驶车辆检测前方的障碍物。

接下来，介绍如何实现射击。

10.2.4　实现射击

要实现射击，首先需要一把枪支。

（1）找到 Project 视图中 3DModel→Gun→Models→Weapons_Anim 文件夹中的 AK47_Anim 对象，将这个模型拖到场景中，如图 10-14 所示。

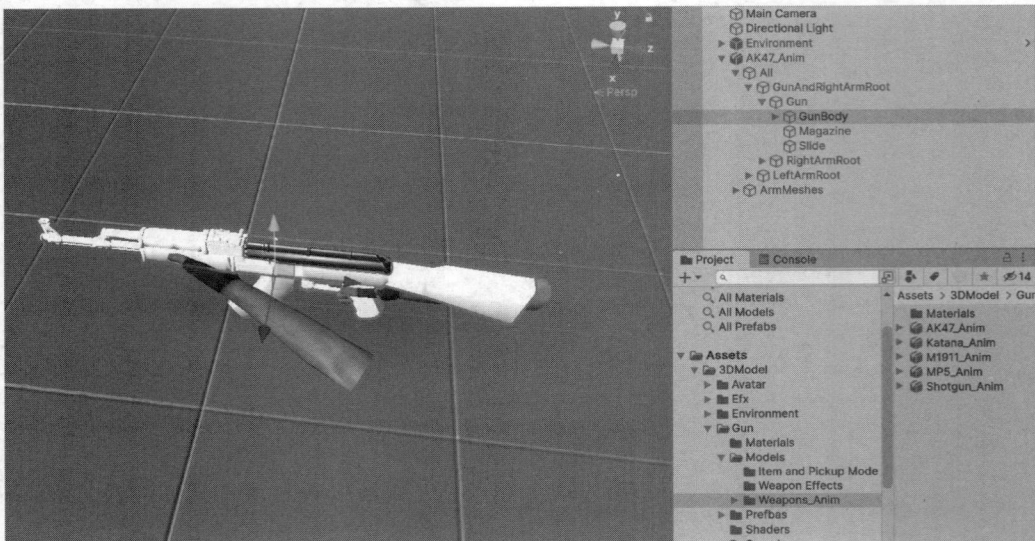

图 10-14　枪的模型

（2）选中枪支对象 GunBody，将 3DModel→Gun→Materials 文件夹中的 AK47.mat 材质球拖到 GunBody 对象的 MeshRenderer 对象的 Materials 卡槽中，如图 10-15 所示。

（3）选中弹匣对象 Magazine，将 3DModel→Gun→Materials 文件夹中的 AK47.mat 材质球拖到 Magazine 对象的 Mesh Renderer 组件的 Materials 卡槽中，修改完成后的模型效果如图 10-16 所示。

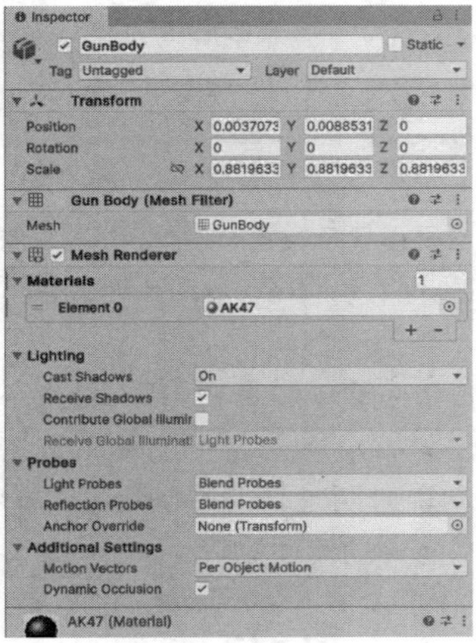

图 10-15　修改材质

图 10-16　修改完成后的模型效果

接下来设置枪支的动画。

（4）在 Project 视图中右击，在弹出的快捷菜单中选择 Create→Animation→Animator Controller 命令，新建一个动画控制器，命名为 AK47，如图 10-17 所示。

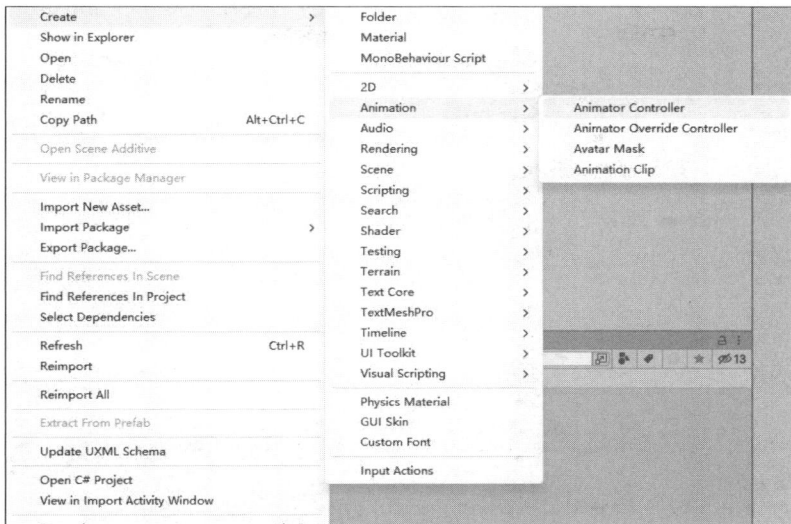

图 10-17　新建动画控制器

在 Project 视图中选中 AK47_Anim 对象，在 Hierarchy 视图中打开 Animation 选项卡，可以看到这个对象的动画片段有 Fire（开火）、Ready（准备）、Reload（换弹）和 Normal（默认）这几个状态，接下来就需要在动画控制器中控制这些动画片段。

（5）在 Project 视图中找到 AK47.control 动画控制器文件，双击这个文件，打开 Animator 控制面板，将 AK47_Anim 对象的动画片段都拖到动画控制器的控制台中，进行连线，如图 10-18 所示。

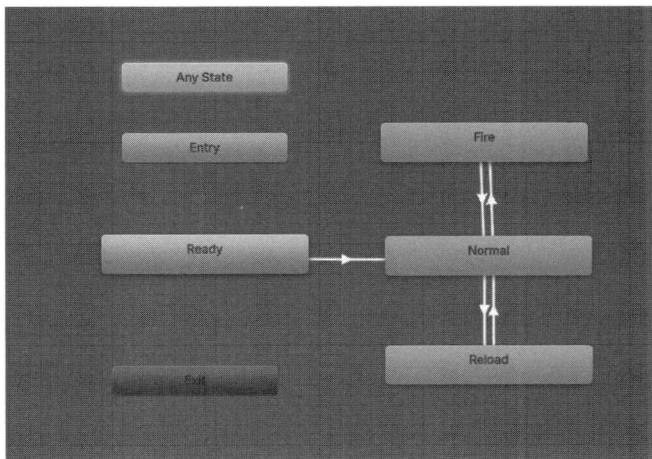

图 10-18　设置动画控制器

（6）在 Animator 控制面板中，添加参数 Fire 类型为 Trigger、参数 Reload 类型为 Trigger。默认是从 Ready 状态切换到 Normal 状态，当 Fire 为 true 时，从 Normal 状态切换到 Fire 状态；当换弹时，从 Normal 状态切换到 Reload 状态，如图 10-19 所示。

设置完动画控制器后，将这个动画控制器拖到 Hierarchy 视图中 AK47_Anim 对象的 Animator 组件的 Controller 卡槽中，如图 10-20 所示。

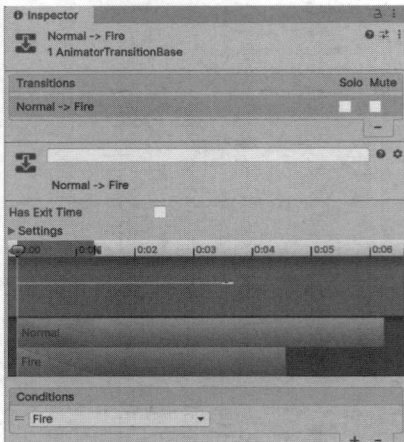

图 10-19　切换状态

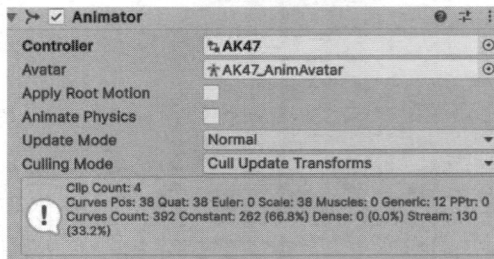

图 10-20　添加动画控制器

（7）新建脚本，命名为 GunSystem.cs，双击打开脚本，编辑代码，参考代码 10-6。

代码 10-6　射击控制

```
using UnityEngine;

public class GunSystem: MonoBehaviour
{
    public Camera fpsCam;

    [Header("枪械状态")]
    [Tooltip("是否正在射击")]
    bool shooting;
    [Tooltip("是否可以射击")]
    bool readyToShoot;
    [Tooltip("是否在换弹")]
    bool reloading;

    [Header("弹夹")]
    [Tooltip("弹夹容量")]
    public int magazineSize;
    [Tooltip("当前弹夹容量")]
    public int bulletsLeft;
    [Tooltip("储备弹药容量")]
    public int reservedAmmoCapacity = 300;
    [Tooltip("当前剩余射击发射的子弹数")]
    public int bulletsShot;
```

```
[Header("射击")]
[Tooltip("射击间隔时间")]
public float timeBetweenShooting;
[Tooltip("射击时的散布度")]
public float spread;
[Tooltip("射击的最大距离")]
public float range;
[Tooltip("每次射击发射的子弹数")]
public int bulletsPerTap;
[Tooltip("是否允许按住射击")]
public bool allowButtonHold;
[Tooltip("每次射击造成的伤害")]
public int damage;                          //伤害
[Tooltip("装填弹药的时间")]
public float reloadTime;
[Tooltip("连发射击之间的间隔时间")]
public float timeBetweenShots;
[Tooltip("后坐力")]
public float recouilForce;

[Tooltip("动画")]
private Animator animator;
[Header("音效")]
[Tooltip("开枪音效")]
public AudioClip fireClip;
[Tooltip("换弹音效")]
public AudioClip reloadClip;

private void Awake()
{
    bulletsLeft = magazineSize;             //赋值当前弹夹容量
    readyToShoot = true;
    animator = GetComponent<Animator>();
}

private void Update()
{
    MyInput();
}

private void MyInput()
{
    //是否允许按住射击
    if (allowButtonHold)
        shooting = Input.GetKey(KeyCode.Mouse0);
    else
        shooting = Input.GetKeyDown(KeyCode.Mouse0);
    //射击
    if (readyToShoot && shooting && !reloading && bulletsLeft > 0)
    {
        bulletsShot = bulletsPerTap;
        Shoot();
    }
```

```
    //换弹
    if (Input.GetKeyDown(KeyCode.R) && bulletsLeft < magazineSize && !reloading)
        Reload();
}

private void Shoot()
{
    //将开火名称转换为哈希
    int fire = Animator.StringToHash("Fire");
    //播放开火动画
    animator.SetTrigger(fire);
    //射击状态
    readyToShoot = false;
    transform.localPosition -= Vector3.forward * recouilForce; //后坐力使枪支向后移动
    //散布
    float x = Random.Range(-spread, spread);
    float y = Random.Range(-spread, spread);
    //计算带有散布的射击方向
    Vector3 direction = fpsCam.transform.forward +
    fpsCam.transform.TransformDirection(new Vector3(x, y, 0));
    //射线检测
    if (Physics.Raycast(fpsCam.transform.position, direction, out RaycastHit
    rayHit, range))
    {
        if (rayHit.collider.CompareTag("Enemy"))
        {
            //场景显示红线，方便调试查看
            Debug.DrawLine(fpsCam.transform.position, rayHit.point, Color.red, 10f);
            Debug.Log("击中敌人");
        }
        else
        {
            //场景显示红线，方便调试查看
            Debug.DrawLine(fpsCam.transform.position, rayHit.point, Color.blue, 10f);
            Debug.Log("击中其他对象");
        }
    }

    bulletsLeft--;
    bulletsShot--;

    //射击时间恢复
    Invoke("ResetShot", timeBetweenShooting);

    if (bulletsShot > 0 && bulletsLeft > 0)
        Invoke("Shoot", timeBetweenShots);
}

//射击时间恢复
private void ResetShot()
{
    readyToShoot = true;
}
```

10

```
//换弹
public void Reload()
{
    int reload = Animator.StringToHash("Reload");
    animator.SetTrigger(reload);
    reloading = true;
    Invoke("ReloadFinished", reloadTime);
}

//换弹
private void ReloadFinished()
{
    if (reservedAmmoCapacity <= 0) return;

    //计算需要填装的子弹数=1 个弹匣子弹数-当前弹匣子弹数
    int bullectToLoad = magazineSize - bulletsLeft;

    //计算备弹需扣除子弹数
    int bullectToReduce = (reservedAmmoCapacity >= bullectToLoad) ?
    bullectToLoad : reservedAmmoCapacity;

    reservedAmmoCapacity -= bullectToReduce;        //减少备弹数

    bulletsLeft += bullectToReduce;                 //当前子弹数增加
    bulletsLeft = magazineSize;
    reloading = false;
}
}
```

将脚本组件拖给 Hierarchy 视图中的 AK47_Anim 对象，设置参数如图 10-21 所示。

（8）将枪拖到摄像机下面，调整位置，如图 10-22 所示。

图 10-21　设置参数

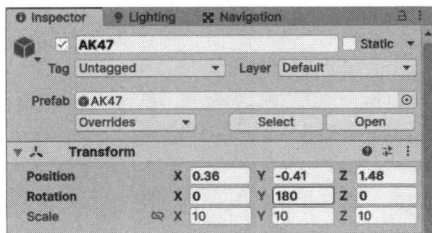

图 10-22　调整位置

（9）在 Inspector 视图中单击 Tags，选择 Add Tag 选项。在弹出的对话框中输入 Enemy 添加 Tag，如图 10-23 所示。

（10）运行程序，就可以开枪了，查看打印信息，可以看到击中的对象，如图 10-24 所示。

图 10-23 添加 Tag

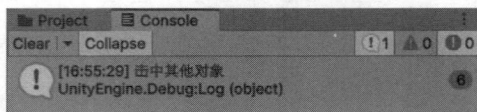

图 10-24 击中对象

10.2.5 课后习题

前面已经实现了一个简单的射击机制，接下来尝试自己搭建 UI，显示子弹数以及焦点，并且增加一些开枪特效及弹孔特效。

10.3 本 章 小 结

本章主要介绍了游戏中常用机制的实现。

首先，使用不同方式实现了角色的移动动画，如分别用 Character Controller 组件、Transform 组件、Rigidbody 组件实现了角色移动。在实际的开发中，应针对不同的情况，使用不同的方式来实现。

然后，实现了射击游戏机制，了解了射线的知识，实现了射击的机制，并且成功返回击中的对象。接下来，还可以增加开枪特效、弹孔特效，增加子弹预制体，增加子弹预制体射中物体后的物理效果，还可以增加血量系统。这些内容将在后面的实践章节进行详细讲解。

第 11 章　AssetBundle 资源热更新

Unity 中的 AssetBundle（简称 AB 包）是一个资源压缩包，包含模型、贴图、预制体、声音甚至整个场景等游戏资源。这些资源可以在游戏运行时被动态加载。AssetBundle 能够自动管理其内部资源的依赖关系，从而实现游戏内容的按需下载。AssetBundle 支持使用 LZMA 和 LZ4 压缩算法减少包大小，以更快地进行网络传输。另外，通过把一些可下载的内容放在 AssetBundle 中，可以显著减少安装包的大小，为玩家提供更快捷的下载体验。

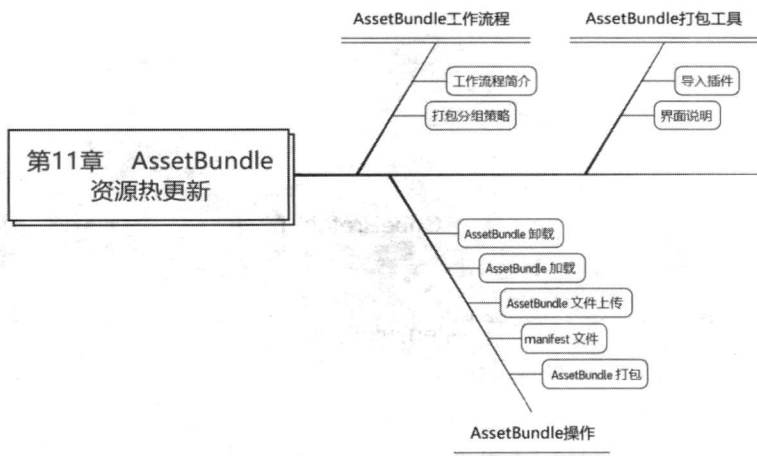

11.1　AssetBundle 工作流程

AssetBundle 主要用于优化安装包的大小。例如，先将比较耗费资源的模型、场景、预制体以及图片都放到 AssetBundle 包中，然后在运行时动态下载后进行加载，安装包就不会那么大。

在学习 AssetBundle 时，首先需要了解其工作流程。AssetBundle 的工作流程主要包括三个关键步骤：首先生成 AssetBundle 包，然后将这些包上传至服务器，最后下载、解析并使用这些资源。

下面具体介绍 AssetBundle 的工作流程。

11.1.1　工作流程简介

（1）指定资源的 AssetBundle 属性。

单击生成 AssetBundle 包的资源，然后在 Inspector 视图的最下面设置资源的名称和后缀名，如图 11-1 所示。

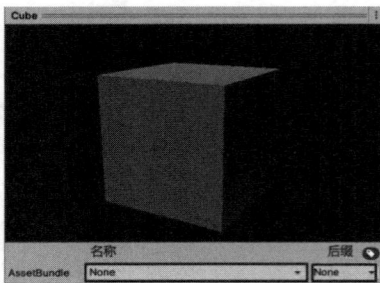

图 11-1　设置 AssetBundle 的属性

（2）构建 AssetBundle 包。

构建 AssetBundle 包，需要根据依赖关系进行打包，将需要同时加载的资源放在一个包中，每个包之间会保存相互依赖的信息，如图 11-2 所示。

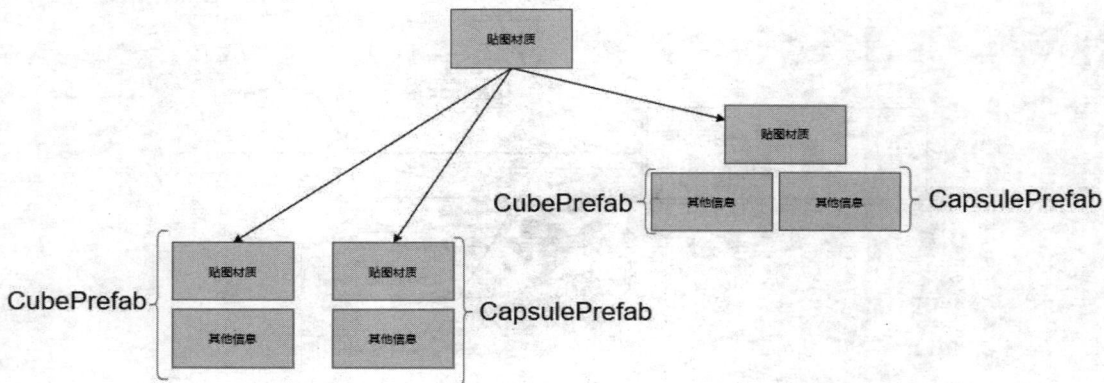

图 11-2　构建 AssetBundle 包的对应依赖关系

（3）上传 AssetBundle 包。

上传 AssetBundle 包，需要一个服务器来处理 AssetBundle 包的接收和分发，下面示例将使用本地 IIS 服务器来实现 AssetBundle 包的上传和下载。

（4）加载 AssetBundle 包及其中的资源。

下载 AssetBundle 包，然后读取 AssetBundle 包中的资源，再加载 AssetBundle 包中的资源。

11.1.2　打包分组策略

在生成 AssetBundle 包时，不能将所有的资源都生成到一个包中，因为这样会导致 AssetBundle 包体积过大，上传、下载过慢，会影响用户体验；也不能将每个资源都生成一个包，这样会耗费大量的加载时间，也会影响用户体验。

下面介绍常用的打包分组策略。

按逻辑实体分组：

（1）一个 UI 界面或者所有 UI 界面打成一个包（这个界面中的贴图和布局信息打成一个包）。

（2）一个角色或所有角色打成一个包（这个角色中的模型和动画打成一个包）。

（3）所有场景所共享的部分打成一个包（包括贴图和模型）。

按类型分组：

（1）所有声音资源打成一个包。

（2）所有 shader 打成一个包。

（3）所有模型打成一个包。

（4）所有材质打成一个包。

按使用分组：

（1）把在某一时间段内使用的所有资源打成一个包。

（2）把一个关卡需要的所有资源包括角色、贴图、声音等打成一个包。

（3）把一个场景所需要的资源打成一个包。

打包需要注意以下几点。

（1）经常更新的资源放在一个单独的包里面，与不经常更新的包分离。

（2）把需要同时加载的资源放在一个包里面。

（3）可以把包共享的资源放在一个单独的包里面。

（4）把一些需要同时加载的小资源打成一个包。

（5）如果同一个资源有两个版本，可以考虑通过后缀来区分，如 v1、v2。

11.2 AssetBundle 操作

AssetBundle 最重要的操作就是 AssetBundle 打包、下载、加载以及卸载 AssetBundle 包。下面介绍 AssetBundle 的常用操作。

11.2.1 AssetBundle 打包

AssetBundle 打包主要用到下面两个 API。

（1）BuildAssetBundles(string outputPath, AssetBundleBuild[] builds, BuildAssetBundleOptions assetBundleOptions, BuildTarget targetPlatform)。

（2）BuildAssetBundles(string outputPath, BuildAssetBundleOptions assetBundleOptions, BuildTarget targetPlatform)。

在上述重载形式中，其参数含义如下。

- outputPath：资源包构建后输出的路径，如 Assets/AssetBundles，这个文件夹不会自动创建，如果文件夹不存在，函数就会失败。
- builds：资源包构建数组，指定包的名称及其包含的资源。
  - ◆ assetBundleName：指定一个资源包的名字。
  - ◆ assetBundleVariant：指定一个资源包的拓展名，如 .unity。
  - ◆ assetNames：指定资源包中包含的资源的所有名字。
  - ◆ addressableNames：指定资源包中包含的资源的所有路径地址。
- assetBundleOptions：指定一个资源包的打包方式。

◆ None：没有任何特殊选项，正常打包方式。

◆ UncompressedAssetBundle：在构建 Bundle 时不要压缩数据。

◆ CollectDependencies：包含所有的依赖项。

● targetPlatform：资源包 Bundle 是选择的平台选项。

◆ iPhone：iOS 平台。

◆ StandaloneWindows：Windows 平台。

◆ Android：安卓平台。

综上所述，这两个 API 不同的地方在于：一个有 AssetBundleBuild 变量；另一个没有这个变量。如果没有这个变量，就默认将设置了 AssetBundle 属性的资源全部打包，否则就按照设置的格式以及资源进行打包。

简单来说，就是一个是选定资源打包，另一个是全部打包，下面通过具体示例介绍这两种打包方式的区别。

1. 选定资源打包

（1）新建一个 PackBundles.cs 脚本并放到 Editor 文件夹中，如图 11-3 所示。

（2）编辑 PackBundles.cs 脚本，参考代码 11-1。

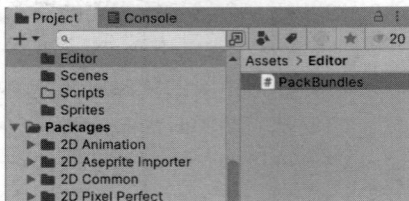

图 11-3　新建 PackBundles 脚本并放到 Editor 文件夹中

代码 11-1　PackBundles.cs 代码

```
using System.Collections.Generic;
using System.IO;
using UnityEditor;

public class PackBundles: Editor
{
    //选定资源打包
    [MenuItem("PackBundles/PackBundles")]
    static void PutBundleAssetes()
    {
        //初始化一个 AssetBundleBuild 表
        List<AssetBundleBuild> buildMap = new List<AssetBundleBuild>();
        AssetBundleBuild build = new AssetBundleBuild();
        //设置 AssetBundleBuild 的名字和资源路径
        build.assetBundleName = "tempImg.Unity";
        build.assetNames = new[] {"Assets/Textures/tempImg.jpg"};
        //添加进表
        buildMap.Add(build);

        //将这些资源包放在一个名为 ABs 的目录下
        string assetBundleDirectory = "Assets/ABs";
        //如果目录不存在，则创建一个目录
        if (!Directory.Exists(assetBundleDirectory))
        {
            Directory.CreateDirectory(assetBundleDirectory);
        }
        //资源打包
        BuildPipeline.BuildAssetBundles(assetBundleDirectory, buildMap.ToArray(),
```

```
        BuildAssetBundleOptions.None, BuildTarget.StandaloneWindows);
    }
}
```

（3）在 Project 视图中新建一个 Textures 文件夹，将 tempImg.jpg 文件保存在该文件夹中，如图 11-4 所示。

当 PackBundles.cs 脚本编译通过后，会在菜单栏中创建一个 PackBundles 菜单，该菜单下会有 PackBundles 选项，选择菜单栏中的 PackBundles→PackBundles 命令，可以看到 Project 项目区的 ABs 文件夹中生成的 AssetBundle 文件，如图 11-5 所示。

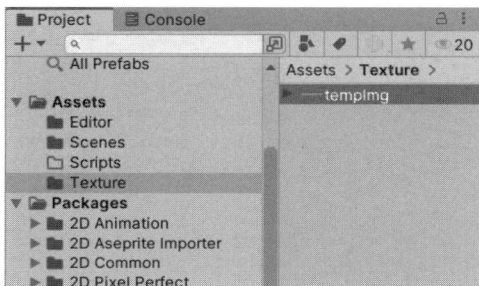

图 11-4　将 tempImg.jpg 文件保存在 Textures 文件夹中

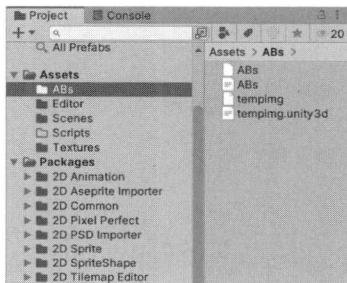

图 11-5　打包之后生成的文件

2. 全部打包

（1）设置每个需要打包的资源的属性，如图 11-6 所示。

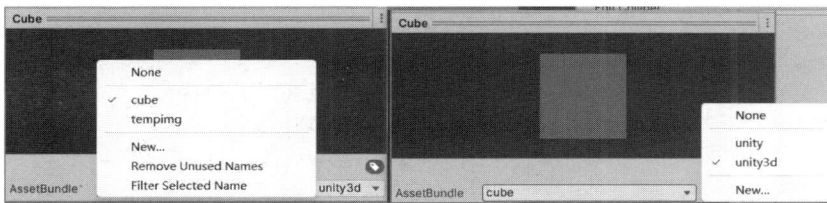

图 11-6　设置 AssetBundle 包的属性

（2）双击 PackBundles.cs 脚本，修改代码，参考代码 11-2。

代码 11-2　为 PackBundles.cs 脚本添加选定资源打包和全部打包功能

```
using System.Collections.Generic;
using System.IO;
using UnityEditor;
public class PackBundles: Editor
{
    //选定资源打包
    [MenuItem("PackBundles/PackBundles")]
    static void PutBundleAssetes()
    {
        //初始化一个 AssetBundleBuild 表
        List<AssetBundleBuild> buildMap = new List<AssetBundleBuild>();
        AssetBundleBuild build = new AssetBundleBuild();
```

```
        //设置 AssetBundleBuild 的名字和资源路径
        build.assetBundleName = "tempImg.Unity3d";
        build.assetNames = new[] {"Assets/Textures/tempImg.jpg"};
        //添加进表
        buildMap.Add(build);

        //将这些资源包保存在一个名为 ABs 的目录下
        string assetBundleDirectory = "Assets/ABs";
        //如果目录不存在，则创建一个目录
        if (!Directory.Exists(assetBundleDirectory))
        {
            Directory.CreateDirectory(assetBundleDirectory);
        }
        //资源打包
        BuildPipeline.BuildAssetBundles(assetBundleDirectory, buildMap.ToArray(),
        BuildAssetBundleOptions.None, BuildTarget.StandaloneWindows);
    }
    //全部打包
    [MenuItem("PackBundles/AllPackBundles")]
    static void PutBundleAssetesAll()
    {
        //将这些资源包保存在一个名为 ABs 的目录下
        string assetBundleDirectory = "Assets/ABs";
        //如果目录不存在，则创建一个目录
        if (!Directory.Exists(assetBundleDirectory))
        {
            Directory.CreateDirectory(assetBundleDirectory);
        }
        BuildPipeline.BuildAssetBundles(assetBundleDirectory,
        BuildAssetBundleOptions.None, BuildTarget.StandaloneWindows64);
    }
}
```

（3）在菜单栏中选择 PackBundles→AllPackBundles 命令，可以看到 Project 项目区的 ABs 文件夹中生成的 AssetBundle 资源文件，如图 11-7 所示。

从图 11-7 中可以看到，打包生成的文件有一个特点，就是每个 AssetBundle 资源包都会有一个后缀名为 manifest 的文件，如图 11-8 所示。

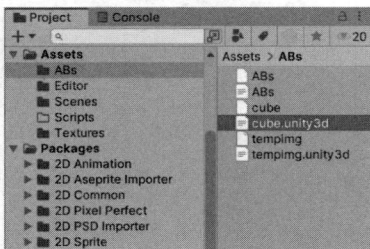

图 11-7　生成的 AssetBundle 资源文件

ABs	2021/1/19 14:57	文件	1 KB
ABs.manifest	2021/1/19 14:57	MANIFEST 文件	1 KB
ABs.manifest.meta	2021/1/19 14:49	META 文件	1 KB
ABs.meta	2021/1/19 14:49	META 文件	1 KB
cube.unity3d	2021/1/19 14:57	UNITY3D 文件	27 KB
cube.unity3d.manifest	2021/1/19 14:57	MANIFEST 文件	1 KB
cube.unity3d.manifest.meta	2021/1/19 14:57	META 文件	1 KB
cube.unity3d.meta	2021/1/19 14:57	META 文件	1 KB
tempimg.unity3d	2021/1/19 14:49	UNITY3D 文件	58 KB
tempimg.unity3d.manifest	2021/1/19 14:49	MANIFEST 文件	1 KB
tempimg.unity3d.manifest.meta	2021/1/19 14:49	META 文件	1 KB
tempimg.unity3d.meta	2021/1/19 14:49	META 文件	1 KB

图 11-8　打包生成的 AssetBundle 文件

下面将详细介绍 manifest 文件。

11.2.2　manifest 文件

manifest 文件其实是 AssetBundle 资源文件的依赖关系以及包信息的记录文件，根据这个文件可以获取某个包的依赖关系，或者判断获取的包大小是否正常、校验码是否正常。

将 manifest 文件用文本编辑器打开，文件的内容如图 11-9 所示。

manifest 文件中的参数说明如下。

- CRC：校验码，用于检查文件是否完整。
- Assets：表示包中包含多少资源。
- Dependencies：表示包中有哪些依赖。

```
tempimg.unity3d.manifest
1   ManifestFileVersion: 0
2   CRC: 3114590156
3   Hashes:
4     AssetFileHash:
5       serializedVersion: 2
6       Hash: 7da9d9185ccd57b1e17ac12e0e98502f
7     TypeTreeHash:
8       serializedVersion: 2
9       Hash: f19fbf085e00d23fbc8d6cf7b345590b
10  HashAppended: 0
11  ClassTypes:
12  - Class: 28
13    Script: {instanceID: 0}
14  Assets:
15  - Assets/Textures/tempImg.jpg
16  Dependencies: []
```

图 11-9　manifest 文件的内容

📢 **提示：**

在加载 AssetBundle 之前，也需要加载依赖的包，不然会导致资源缺失，显示效果不正确。

CRC、MD5、SHA1 都是通过对数据进行计算来生成一个校验值，该校验值用来校验数据的完整性。

CRC 一般用于通信数据的校验，MD5 和 SHA1 用于安全领域，如文件校验、密码加密等。

11.2.3　AssetBundle 文件上传

下面使用 IIS（互联网信息服务）搭建本地服务器。

（1）打开计算机的控制面板，选择卸载程序→启用或关闭 Windows 功能→勾选 Internet Information Services 复选框，然后单击"确定"按钮等待安装即可，如图 11-10 所示。

（2）打开 IIS，新建网站，设置网站名称和端口号，以及物理路径，物理路径设置为存放 AssetBundle 资源文件的路径，如图 11-11 所示。

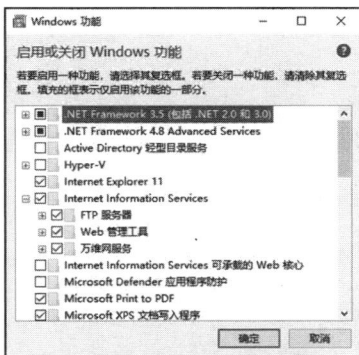

图 11-10　在 Windows 端启动 IIS 功能　　　图 11-11　设置网站的属性，将 AssetBundle 资源存入指定路径

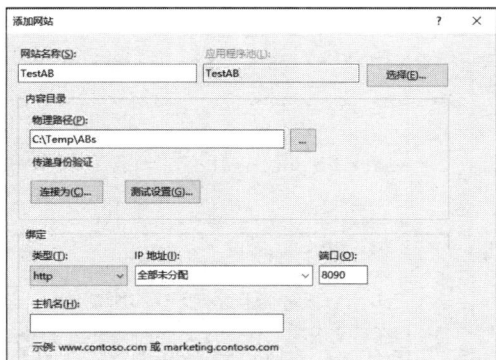

（3）设置 IIS 的属性，启动目录浏览，然后双击 MIME 类型，单击"添加"按钮，将打包的 AssetBundle 文件扩展名以及类型添加到 MIME 映射中。例如，如果打包的文件是 xxx.Unity，则需要为 MIME 映射，这样程序才能正常读取到数据，如图 11-12 所示。

（4）将生成的 AssetBundle 文件存放到设置的物理路径的文件夹中，然后删除扩展名为 meta 的文件，这个是 Unity 编辑器自动生成的文件，在这里是不需要的，如图 11-13 所示。

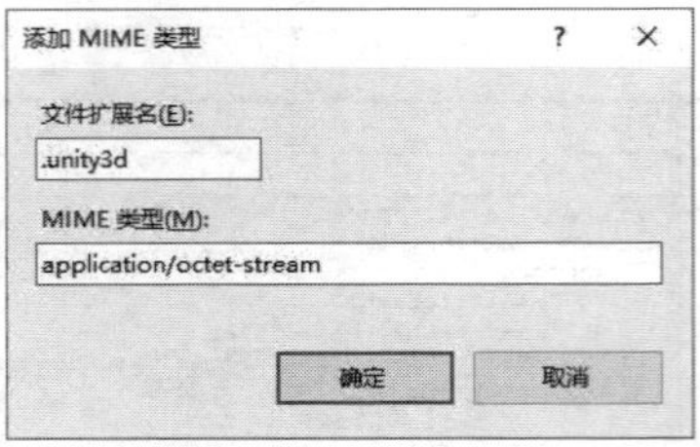

图 11-12　添加 MIME 映射

图 11-13　将 AssetBundle 文件存放到指定路径中

（5）至此，AssetBundle 文件已经上传到本地服务器了，接下来就可以从这个本地服务器中下载 AssetBundle 文件了。

11.2.4　AssetBundle 加载

AssetBundle 加载方式如下。

- AssetBundle.LoadFromFile：从本地加载。
- AssetBundle.LoadFromMemory：从内存加载。
- WWW.LoadFromCacheOrDownload：下载后放在缓存中备用。
- UnityWebRequest：从服务器下载。

下面就来演示如何加载 AssetBundle 文件。

打开 Unity 编辑器，然后在 Project 视图的 Scripts 文件夹中新建 LoadBundles.cs 脚本，双击打开脚本，编辑脚本代码，参考代码 11-3。

代码 11-3　LoadBundles.cs 脚本主要用来加载 AssetBundle 文件

```
using System.Collections;
using UnityEngine;
using UnityEngine.Networking;
public class LoadBundles: MonoBehaviour
{
    void Start()
    {
        StartCoroutine(Load());
    }

    IEnumerator Load()
    {
        //从远程服务器上进行下载和加载
        string url = "http://localhost:8090/cube.unity3d";
        UnityWebRequest request = UnityWebRequestAssetBundle.GetAssetBundle(url);
        //等待文件下载完毕
        yield return request.SendWebRequest();
        AssetBundle bundle = DownloadHandlerAssetBundle.GetContent(request);
        //加载 AssetBundle 资源
        AssetBundleRequest ABrequest = bundle.LoadAssetAsync("Cube.prefab",
        typeof(GameObject));
        //根据资源生成文件
        Instantiate(ABrequest.asset as GameObject, new Vector3(0f, 0f, 0f),
        Quaternion.identity);
```

```
            yield return ABrequest;
            //释放资源
            request.Dispose();
        }
    }
```

运行程序，可以看到，在 AssetBundle 资源包中已经生成 Cube.prefab 预制体，如图 11-14 所示。

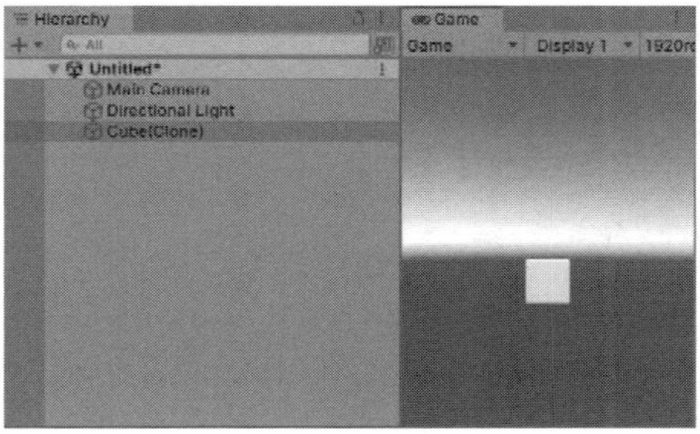

图 11-14　使用 AssetBundle 包加载资源

11.2.5　AssetBundle 卸载

AssetBundle 卸载方式如下。

● AssetBundle.Unload(true)：卸载 AssetBundle 文件的内存镜像，包含创建的对象。

● AssetBundle.Unload(false)：卸载 AssetBundle 文件的内存镜像，除了创建的对象。

● Resources.UnloadAsset(Object)：释放已加载的资源 Object。

● Resources.UnloadUnusedAssets：卸载所有没有被场景引用的资源对象。

下面演示 AssetBundle 的卸载操作。

打开 Unity 编辑器，然后在 Project 视图的 Scripts 文件夹中新建 LoadBundles.cs 脚本，双击打开脚本，编辑脚本代码，参考代码 11-4。

代码 11-4　编辑 LoadBundles.cs 脚本，演示卸载操作

```
using System.Collections;
using UnityEngine;
using UnityEngine.Networking;

public class LoadBundles: MonoBehaviour
{
    void Start()
    {
        StartCoroutine(Load());
    }

    IEnumerator Load()
    {
        //从远程服务器上进行下载和加载
        string url = "http://localhost:8090/cube.unity3d";
        UnityWebRequest request = UnityWebRequestAssetBundle.GetAssetBundle(url);
        //等待文件下载完毕
        yield return request.SendWebRequest();
```

```
        AssetBundle bundle = DownloadHandlerAssetBundle.GetContent(request);
        //加载 AssetBundle 资源
        AssetBundleRequest ABrequest = bundle.LoadAssetAsync("Cube.prefab",
        typeof(GameObject));
        //根据资源生成文件
        GameObject go=Instantiate(ABrequest.asset as GameObject, new Vector3(0f, 0f,
        0f), Quaternion.identity);
        yield return ABrequest;
        //释放资源
        request.Dispose();

        //卸载资源，包含所有 Load 创建的对象
        bundle.Unload(true);
        //卸载资源，除了 Load 创建的对象
        bundle.Unload(false);
        //释放已加载的资源 Object
        Resources.UnloadAsset(go);
        //卸载所有未被场景引用的资源对象
        Resources.UnloadUnusedAssets();
    }
}
```

11.3　AssetBundle 打包工具

在 Unity 编辑器中打包 AssetBundle 资源包时，需要考虑哪些资源已经设置了 AssetBundle 属性，哪些资源没有设置，以及资源之间的依赖关系，这些步骤容易出错，那么有没有解决方案呢？

下面介绍 Unity Asset Bundle Browser tool 插件，它提供了 AssetBundle 的查看和管理功能，是 Unity 官方发布的一个扩展工具，可以帮助开发者更高效地打包 AssetBundle 并查看其内容。

11.3.1　导入插件

在"资源包→第 11 章资源文件"文件夹中找到 AssetBundles 浏览工具.zip 文件，将这个文件进行解压，然后找到 Editor 文件夹，将 Editor 文件夹拖入 Unity Project 中，Editor 文件夹中包含了插件内容，如图 11-15 所示。

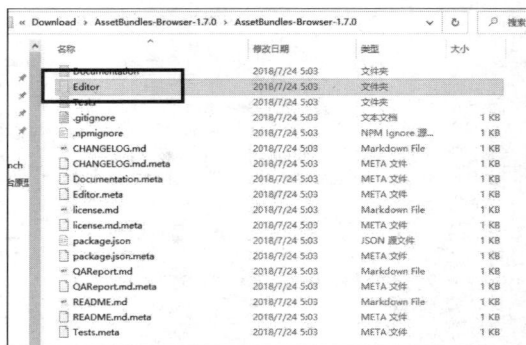

图 11-15　将 Editor 资源拖入 Unity Project 中

11.3.2 界面说明

在菜单栏中选择 Window→AssetBundle Browser 命令，打开 AssetBundle Browser 窗口，如图 11-16 所示。

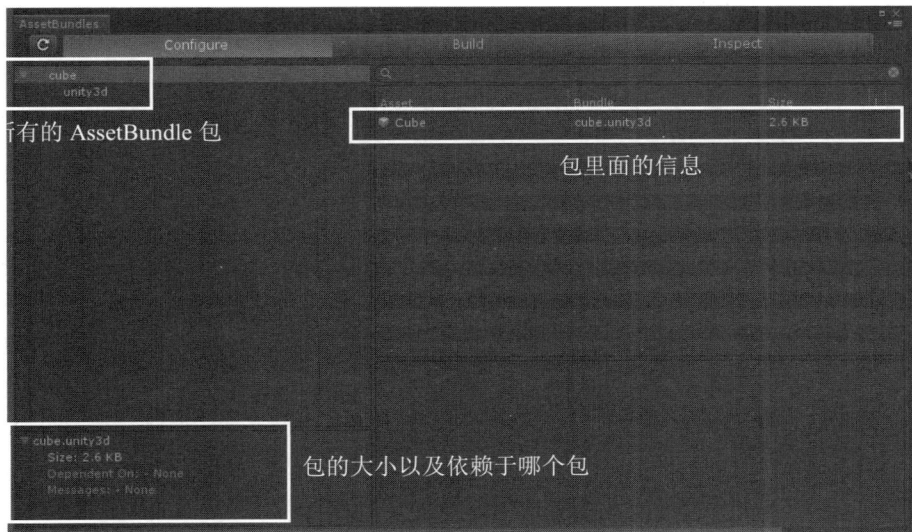

图 11-16　AssetBundle Browser 插件的界面

11.3.3 课后习题

本章学习了 AssetBundle 资源热更新技术，知道了如何使用 AssetBundle 打包加载资源，接下来就要将学习到的知识进行实践了。

假设我们有一个名为 MyGameObject 的游戏对象，尝试着打包并加载它。

11.4 本 章 小 结

本章节首先介绍了 AssetBundle 的概念和功能。AssetBundle 是一种将模型、纹理、预制体、音效乃至整个场景打包在一起的压缩文件，它们可以在游戏运行时被动态加载。这种文件格式不仅便于管理和传输，还自包含了资源间的依赖关系，类似于一个包含多个文件的文件夹。然后，详细阐述了 AssetBundle 的工作流程，包括打包、上传、下载和加载等关键步骤。在打包过程中，开发者需要考虑资源的分组方式和依赖设置，这些因素对于优化资源管理和加载效率至关重要。特别提到的是 manifest 文件，作为记录 AssetBundle 依赖关系的重要文档，它不仅提供了资源依赖的详细信息，还具备校验功能，确保下载的文件完整且未被篡改。最后通过实际案例，指导读者从打包 AssetBundle 开始，逐步上传至服务器，再到从服务器下载和加载资源的全过程。要掌握 AssetBundle，理解其工作流程是基础，深入思考每个步骤的具体实现则是提高的关键。通过这样的学习路径，开发者可以更有效地运用 AssetBundle，优化游戏资源的管理和加载。

第 12 章　编辑器扩展

  Unity 是一款被广泛应用的游戏开发引擎，拥有强大的功能和灵活性。除了核心引擎外，Unity 编辑器也是其重要的组成部分，通过扩展 Unity 编辑器，开发者可以大大提高开发效率，同时释放创造力，打造出更加出色的作品。

  Unity 编辑器扩展是指通过自定义脚本和插件来增加、修改或改进 Unity 编辑器的功能和界面，是一种自定义工具和功能，可以增强和扩展 Unity 编辑器的默认功能，帮助开发者更高效地处理重复性任务、自定义工具和界面、集成第三方工具等，以满足特定项目或工作流程的需求。

  通过 Unity 编辑器扩展，开发者可以创建自定义的窗口、面板、按钮等，以提供更直观、高效的工作环境。

  只要不是 Unity 引擎编辑器本身提供的工具或视图，而是开发者使用其他工具或代码做出来的编辑器功能都可视为对编辑器的扩展。

  Unity 编辑器由五大视图组成，分别是 Hierarchy（层级）视图、Inspector（检视）视图、Project（项目）视图、Scene（场景）视图和 Game（游戏）视图。其中，每个视图都有自己的视图布局方式及功能。下面就基于原有的布局方式及功能演示编辑器扩展的功能。

  因为 Game 视图输出的是最终的游戏画面，所以一般不需要进行扩展。Game 视图的扩展一般是在非运行模式下通过绘制 GUI 来实现一些测试功能。本章不具体演示 Game 视图的扩展。

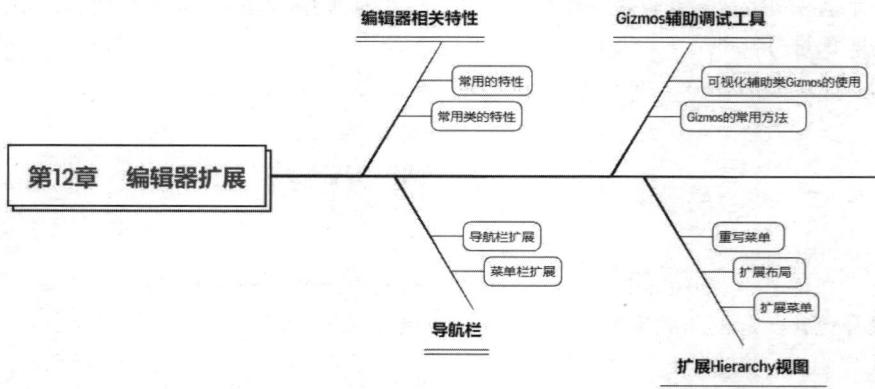

12.1　编辑器相关特性

  Unity 编辑器中的特性（Attribute）是 C#语言的功能，用于给变量和方法增加新的特性或者功能。在 Unity 开发中，特性是一种非常有用的元数据机制，可以在编译时为程序元素进行注释，提供附加信息。

通过使用特性，可以方便地自定义编辑器脚本、自定义属性、存储元数据等，为开发者提供更多的灵活性和可扩展性。

Unity 中的特性（Attributes）是一种强大的工具，用于为代码元素（如类、方法、字段等）添加元数据。这些元数据可以在运行时或编译时被其他代码或工具读取和使用，以改变代码的行为或提供额外的信息。Unity 的特性广泛应用于多个场景，包括序列化、自定义 Inspector 面板、依赖注入、类型映射等。

下面就来演示常用特性的使用。

12.1.1　常用的特性

1. Range

限制一个数值字段或属性的可接受值范围。在 Inspector 视图中，这个字段会显示为一个滑动条或输入字段，限制在指定的最小值和最大值之间。示例参考代码 12-1。

代码 12-1　Range 特性示例

```
using UnityEngine;

public class Test_12_1: MonoBehaviour
{
    [Range(0, 10)]
    public float floatValue;
}
```

编译完成后，效果如图 12-1 所示。

2. Multiline

将字符串字段或属性在 Inspector 视图中显示为多行文本区域，可以指定行数。例如，[Multiline(3)]将显示一个 3 行的文本区域。示例参考代码 12-2。

代码 12-2　Multiline 特性示例

```
using UnityEngine;

public class Test_12_2: MonoBehaviour
{
    [Multiline(3)]
    public string str;
}
```

编译完成后，效果如图 12-2 所示。

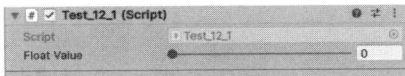

图 12-1　代码 12-1 编译后的效果　　　图 12-2　代码 12-2 编译后的效果

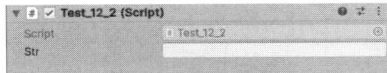

3. TextArea

文本输入框，将字符串字段或属性在 Inspector 视图中显示为多行文本区域，允许指定文本区域的最少和最多行数。示例参考代码 12-3。

代码 12-3　TextArea **特性示例**

```
using UnityEngine;

public class Test_12_3: MonoBehaviour
{
    [TextArea(2, 5)]
    public string textArea;
}
```

编译完成后，效果如图 12-3 所示。

4．SerializeField

字符串多行显示，示例参考代码 12-4。

代码 12-4　SerializeField **特性示例**

```
using UnityEngine;

public class Test_12_4: MonoBehaviour
{
    [SerializeField]
    private string serStr;
}
```

编译完成后，效果如图 12-4 所示。

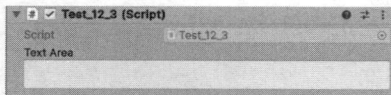

图 12-3　代码 12-3 编译后的效果

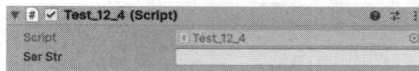

图 12-4　代码 12-4 编译后的效果

5．NonSerialized

字符串多行显示，示例参考代码 12-5。

代码 12-5　NonSerialized **特性示例**

```
using System;
using UnityEngine;

public class Test_12_5: MonoBehaviour
{
    [NonSerialized]
    public string str2;
}
```

编译完成后，效果如图 12-5 所示。

6．HideInInspector

此属性修饰符可以隐藏一个字段或属性，使其在 Inspector 视图中不可见，示例参考代码 12-6。

代码 12-6　HideInInspector **特性示例**

```
using UnityEngine;
```

```
public class Test_12_6: MonoBehaviour
{
    [HideInInspector]
    public string str3;
}
```

编译完成后，效果如图 12-6 所示。

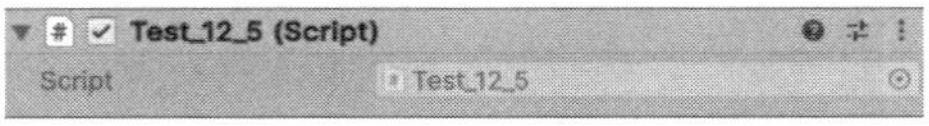

▼ # ✓ **Test_12_5 (Script)**	❼ ⇄ ⋮
Script	⌗ Test_12_5 ⊙

▼ # ✓ **Test_12_6 (Script)**	❼ ⇄ ⋮
Script	⌗ Test_12_6

图 12-5　代码 12-5 编译后的效果　　　　　　图 12-6　代码 12-6 编译后的效果

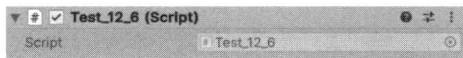

7．FormerlySerializedAs

通过 Inspector 视图配置的数据会以键值对的形式存储，字段名作为键，配置的数据作为值。因此，当重命名某个字段时，会丢失对之前键值对的索引，导致配置的数据丢失。用 FormerlySerializedAs(string oldName)标记之前的键值对，可以避免数据丢失。示例参考代码 12-7。

代码 12-7　FormerlySerializedAs 特性示例

```
using UnityEngine;
using UnityEngine.Serialization;

public class Test_12_7: MonoBehaviour
{
    //改名前
    public float oldValue;

    //改名后
    [FormerlySerializedAs("oldValue")]
    public float newValue;
}
```

编译完成后，效果如图 12-7 所示。

8．ContextMenu

在 Inspector 视图中 Script（脚本）的上下文菜单中添加一条指令，当单击该指令时，执行对应函数。需要注意的是，修饰符只能用于非静态函数。示例参考代码 12-8。

代码 12-8　ContextMenu 特性示例

```
using UnityEngine;

public class Test_12_8: MonoBehaviour
{
    [ContextMenu("Do Something")]
    void DoSomething()
    {
        Debug.Log("Perform operation");
    }
}
```

编译完成后，在 Inspector 视图中 Script 的上下文菜单中就可以看到这条指令了，如图 12-8 所示。

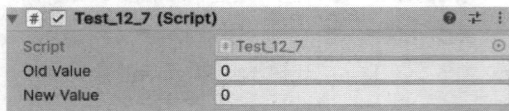

图 12-7　代码 12-7 编译后的效果

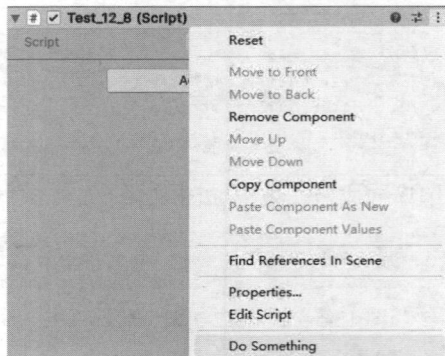

图 12-8　上下文菜单中显示指令

9. ContextMenuItem

在 Inspector 视图中的字段旁边添加一个上下文菜单项，单击该菜单项时，会调用指定方法。示例参考代码 12-9。

代码 12-9　**ContextMenuItem 特性示例**

```
using UnityEngine;

public class Test_12_9: MonoBehaviour
{
    [ContextMenuItem("add testName", "ContextMenuFunc2")]
    public string testName = "";
    private void ContextMenuFunc2()
    {
        testName = "testName";
    }
}
```

编译完成后，在 Inspector 视图中 Script 的字段旁右击，即可在弹出的上下文菜单中看到这条指令，效果如图 12-9 所示。

10. Header

在 Inspector 视图中添加一个标题，用于分隔和组织字段，示例参考代码 12-10。

代码 12-10　**Header 特性示例**

```
using UnityEngine;

public class Test_12_10: MonoBehaviour
{
    [Header("Test Header")]
    public string str4;
}
```

编译完成后，效果如图 12-10 所示。

図 12-9 右击字段后，在弹出的上下文菜单中显示指令

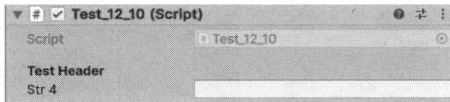

图 12-10 代码 12-10 编译后的效果

11．Space

在 Inspector 视图中添加一些空间，用于分隔字段，也可以用[Space(50)]将字段分隔得更远。示例参考代码 12-11。

代码 12-11 Space **特性示例**

```
using UnityEngine;

public class Test_12_11: MonoBehaviour
{
    [Space(100)]
    public string str5;
}
```

编译完成后，效果如图 12-11 所示。

12．Tooltip

为 Inspector 视图中的字段或属性添加工具提示。将鼠标悬停在字段上时，会显示提示文本。示例参考代码 12-12。

代码 12-12 Tooltip **特性示例**

```
using UnityEngine;

public class Test_12_12: MonoBehaviour
{
    [Tooltip("Str6 6666666")]
    public string str6;
}
```

编译完成后，效果如图 12-12 所示。

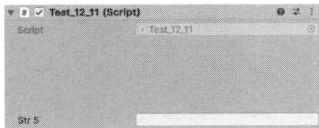

图 12-11 代码 12-11 编译后的效果

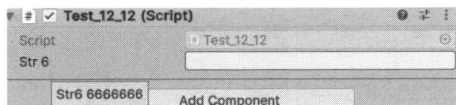

图 12-12 鼠标悬停在字段上时显示提示文本

13．ColorUsage

指定 Color 类型的字段如何在编辑器中显示和编辑。这个属性可以限制颜色的编辑范围。例如，可以设置 hdr 值或 Alpha 值。这对于那些需要特定颜色范围的应用场景非常有用，如光照颜色、材质颜色等。示例参考代码 12-13。

代码 12-13　ColorUsage 特性示例

```
using UnityEngine;

public class Test_12_13: MonoBehaviour
{
    [ColorUsage(true,true)]
    public Color color;
}
```

编译完成后，效果如图 12-13 所示。

14．HelpURL

为脚本添加一个帮助链接，单击该链接会在浏览器中打开指定的 URL。这些属性修饰符可以在 Unity 编辑器中提供更好的用户体验，并帮助组织和管理脚本中的数据。只修饰类，一般会默认跳转至手册文档。示例参考代码 12-14。

代码 12-14　HelpURL 特性示例

```
using UnityEngine;

[HelpURL("https://www.baidu.com")]
public class Test_12_14: MonoBehaviour
{
}
```

编译完成后，在脚本属性旁单击问号按钮，可以跳转到指定的 URL，效果如图 12-14 所示。

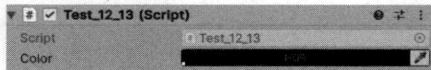

图 12-13　代码 12-13 编译后的效果　　　图 12-14　代码 12-14 编译后的效果

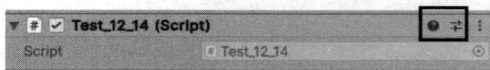

12.1.2　常用类的特性

1．Serializable

序列化一个类，作为一个子属性显示在 Inspector 视图中，示例参考代码 12-15。

代码 12-15　Serializable 特性示例

```
using System;
using UnityEngine;

public class Test_12_15: MonoBehaviour
{
    public Person person;

    [Serializable]
    public class Person
    {
        public string name;
        public int age;
        public string str;
```

```
    }
 }
```

编译完成后，效果如图 12-15 所示。

2．RequireComponent

添加该类的对象，会自动添加指定的组件，不允许移除指定的组件，示例参考代码 12-16。

代码 12-16　RequireComponent 特性示例

```
Using UnityEngine;

[RequireComponent(typeof(Rigidbody))]
public class Test_12_16: MonoBehaviour
{
}
```

编译完成后，添加 Test_12_16.cs 脚本组件后，会自动添加 Rigidbody 组件，如图 12-16 所示。

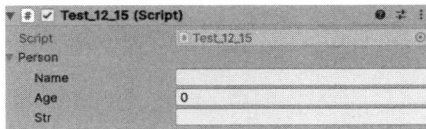

图 12-15　代码 12-15 编译后的效果　　　图 12-16　自动添加 Rigidbody 组件

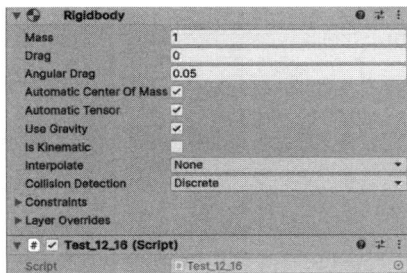

3．DisallowMultipleComponent

不允许挂载多个该类或其子类，示例参考代码 12-17。

代码 12-17　DisallowMultipleComponent 特性示例

```
using UnityEngine;

[DisallowMultipleComponent]
public class Test_12_17: MonoBehaviour
{
}
```

编译完成后，效果如图 12-17 所示。

4．ExecuteInEditMode

允许脚本在编辑器未运行的情况下运行，示例参考代码 12-18。

代码 12-18　ExecuteInEditMode 特性示例

```
using UnityEngine;

[ExecuteInEditMode]
public class Test_12_18: MonoBehaviour
```

```
    {
        private void Start()
        {
            Debug.Log("未运行程序，但是执行 Start 函数");
        }
    }
```

编译完成后，运行结果如图 12-18 所示。

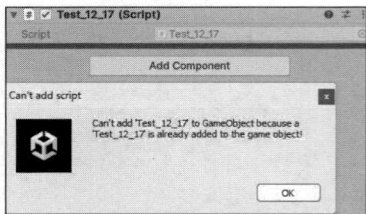

图 12-17　代码 12-17 编译后的效果

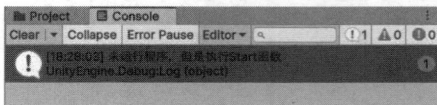

图 12-18　编译后挂载脚本效果

5．CanEditMultipleObjects

当选择多个挂有该脚本的对象时，允许统一修改值，示例参考代码 12-19。

代码 12-19　ExecuteInEditMode 特性示例

```
using UnityEngine;
using System;

[ExecuteInEditMode]
public class Test_12_19: MonoBehaviour
{
public PersonData person;
}
[Serializable]
public class PersonData
{
public string Name;
public int Age;
}
```

编译完成后，效果如图 12-19 所示。

6．AddComponentMenu

可以在菜单栏中的 Component 内添加组件按钮，示例参考代码 12-20。

代码 12-20　AddComponentMenu 特性示例

```
using System;
using UnityEngine;

[AddComponentMenu("Test20_EditorAttibute")]
public class Test_12_20 : MonoBehaviour
{
}
```

编译完成后，在菜单栏中的 Component 中看到添加的组件，如图 12-20 所示。

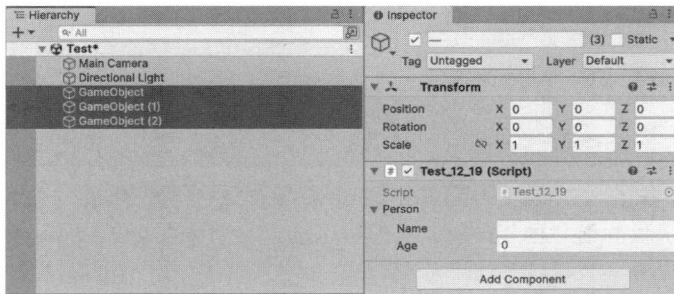

图 12-19　代码 12-19 编译后的效果

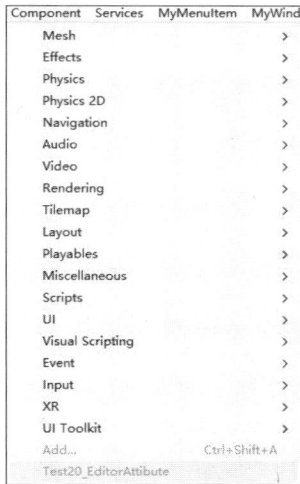

图 12-20　在 Component 中
添加组件效果

12.2　导　航　栏

导航栏是指一系列系统菜单项，如菜单栏、导航栏，下面演示如何扩展菜单栏和导航栏。

12.2.1　菜单栏扩展

添加菜单项需要使用 MenuItem 特性，MenuItem 特性有三种重载方式。

MenuItem(string itemName)

MenuItem(string itemName,bool isValidateFunction)

MenuItem(string itemName,bool isValidateFunction,int priority)

参数详解如下：

● string itemName：菜单路径和名称，可以设置多级菜单。

● bool isValidateFunction：控制菜单项是否被激活。

● int priority：控制菜单的显示顺序，数值越小越优先显示。

下面演示 MenuItem 特性的使用。新建脚本，命名为 Test_12_21，编辑代码，示例参考代码 12-21。

代码 12-21　菜单栏扩展示例

```
using UnityEditor;
using UnityEngine;

public class Test_12_21: MonoBehaviour
{
    [MenuItem("MyMenuItem/Item1")]
```

```
private static void ItemDo1()
{
    Debug.Log("MyMenuItem Item1");
}
}
```

编译完成后，在菜单栏中可以看到效果，如图 12-21 所示。

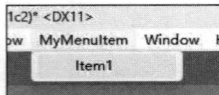

图 12-21　菜单栏扩展示例

12.2.2　导航栏扩展

导航栏扩展可以在导航栏中添加一些自定义元素，Unity 导航栏的扩展接口 API 在 UnityEditor.Toolbar 类中，Unity 未直接提供导航栏的扩展接口，但可以通过反射来实现扩展。示例参考代码 12-22。

代码 12-22　导航栏扩展示例

```
using System;
using System.Reflection;
using UnityEditor;
using UnityEngine;
using UnityEngine.UIElements;
public class Test_12_22: EditorWindow
{
    private static void OnGUI()
    {
        var rect = new Rect(Screen.width/4, 0, 100, 20);
        if (GUI.Button(rect, "导航栏按钮"))
        {

        }
    }

    [InitializeOnLoadMethod]
    private static void InitializeOnLoad()
    {
        EditorApplication.delayCall += () =>
        {
            Type barType = typeof(Editor).Assembly.GetType("UnityEditor.Toolbar");
            var toolbars = Resources.FindObjectsOfTypeAll(barType);
            var toolbar = toolbars.Length > 0 ? (ScriptableObject)toolbars[0] : null;
            if (toolbar != null)
            {
                var root = toolbar.GetType().GetField("m_Root", BindingFlags.NonPublic
| BindingFlags.Instance);
                var mRoot = root.GetValue(toolbar) as VisualElement;
                var toolbarZone = mRoot.Q("ToolbarZoneLeftAlign");
                var container = new IMGUIContainer();
```

```
            container.style.flexGrow = 1;
            container.onGUIHandler += OnGUI;
            toolbarZone.Add(container);
        }
    };
    }
}
```

编译完成后，在菜单栏中可以看到导航栏扩展效果，如图 12-22 所示。

图 12-22　导航栏扩展示例

从图 12-22 中可以看到，导航栏有三个区域：左、中间、右三个区域，这些区域都可以添加额外的扩展绘制。

12.3　Gizmos 辅助调试工具

Gizmos 是 Scene 视图的可视化调试或辅助工具。所有的 Gizmos 绘制都必须在脚本的 OnDrawGizmo 或 OnDrawGizmosSelected 函数中完成。其中，OnDrawGizmo 函数在每一帧都会被调用，并且所有在 OnDrawGizmo 函数内部渲染的 Gizmos 都是可见的；OnDrawGizmosSelected 仅在脚本所附加的物体被选中时调用。

12.3.1　可视化辅助类 Gizmos 的使用

Gizmos 可以通过两种方式实现：DrawGizmo 和 OnDrawGizmosSelected。

1. DrawGizmo

DrawGizmo 会一直绘制，示例参考代码 12-23。

代码 12-23　DrawGizmo 特性示例

```
using UnityEditor;
using UnityEngine;

public class Test_12_23: MonoBehaviour
{
    //在选定的光源周围放置一个红色球体
    //当不选中这个光源对象时，将球体包围为暗色阴影
    [DrawGizmo(GizmoType.Selected | GizmoType.NonSelected)]
    static void drawGizmo(Light light, GizmoType gizmoType)
    {
        Vector3 position = light.transform.position;

        if ((gizmoType & GizmoType.Selected) != 0)
        {
```

```
            Gizmos.color = Color.red;
        }
        else
        {
            Gizmos.color = Color.red * 0.5f;
        }
        Gizmos.DrawSphere(position, 1);
    }
}
```

编译完成后，Scene 视图中的效果如图 12-23 所示。

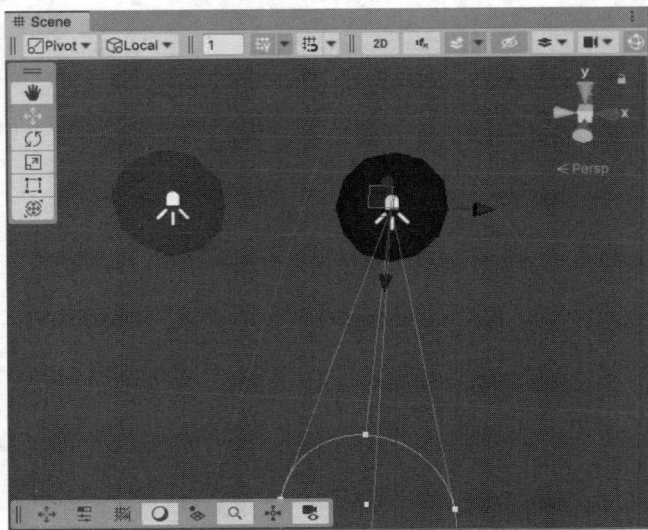

图 12-23　Scene 视图中显示的效果（1）

2．OnDrawGizmosSelected

OnDrawGizmosSelected 表示选中物体时才会绘制，示例参考代码 12-24。

代码 12-24　OnDrawGizmosSelected 特性示例

```
using UnityEditor;
using UnityEngine;

public class Test_12_24: MonoBehaviour
{
    //选中物体才进行绘制
    private void OnDrawGizmosSelected()
    {
        Color color = Gizmos.color;
        Gizmos.color = Color.red;
        Gizmos.DrawSphere(transform.position, 0.3f);
        Gizmos.color = color;
    }
}
```

编译完成后，Scene 视图中的效果如图 12-24 所示。

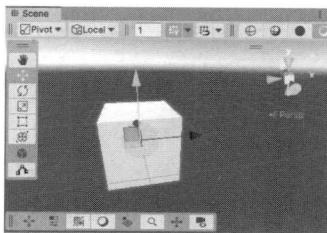

图 12-24　Scene 视图中显示的效果（2）

12.3.2　Gizmos 的常用方法

在上一小节示例代码中，使用了 Gizmos.DrawSphere 方法，即在选中物体时绘制一个球体。Gizmos 还提供了更多绘制图形的方法。

- Gizmos.DrawCube()：绘制实体立方体。
- Gizmos.DrawWireCube()：绘制立方体边框。
- Gizmos.DrawRay()：绘制射线。
- Gizmos.DrawLine()：绘制直线。
- Gizmos.DrawIcon()：绘制图标，图标素材需要放在特定的 Gizmos 文件夹中。
- Gizmos.DrawFrustum()：绘制摄像机视椎体的视野范围。

12.3.3　课后习题

在 Scene 视图中调试程序是比较常见的操作，试着使用 Gizmos 类，在 Scene 视图中绘制一个半径为 20m 的圆形边界范围，如图 12-25 所示。

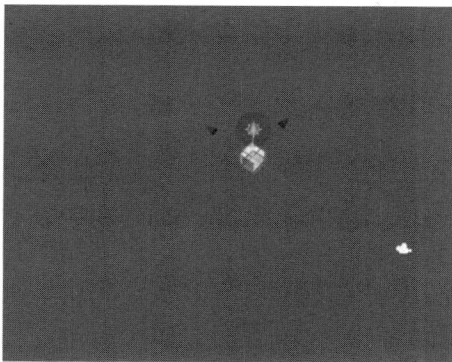

图 12-25　示例效果

12.4　扩展 Hierarchy 视图

扩展 Hierarchy 视图需要用到 MenuItem 特性，使用 MenuItem 特性，可以在 Create 菜单项中添加自定义按钮。

12.4.1 扩展菜单

使用 MenuItem 特性，可以在 GameObject 下创建 Create 按钮的菜单项，示例参考代码 12-25。

代码 12-25 扩展菜单示例

```
using UnityEditor;
using UnityEngine;

public class Test_12_25: MonoBehaviour
{
    [MenuItem("GameObject/MyCreate/cube", false, 10)]
    public static void CreateCube()
    {
        GameObject.CreatePrimitive(PrimitiveType.Cube);
    }
}
```

编译完成后，Hierarchy 视图中的效果如图 12-26 所示。

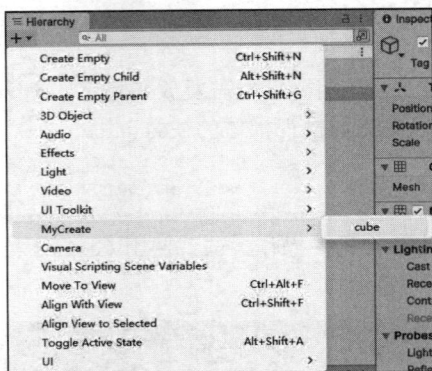

图 12-26　Hierarchy 视图中的效果

12.4.2 扩展布局

要扩展 Hierarchy 视图的布局，需要用到事件 EditorApplication.hierarchyWindowItemOnGUI，示例参考代码 12-26。

代码 12-26 扩展布局示例

```
using UnityEditor;
using UnityEngine;

public class Test_12_26: MonoBehaviour
{
    [MenuItem("GameObject/MyCreate/Sphere", false, 10)]

    public static void CreateSphere()
    {
        GameObject.CreatePrimitive(PrimitiveType.Sphere);
    }
```

```
[InitializeOnLoadMethod]
static void InitializeOnLoadMethod()
{
    EditorApplication.hierarchyWindowItemOnGUI += delegate (int instanceID,
    Rect selectionRect)
    {
        if (Selection.activeObject && instanceID ==
        Selection.activeObject.GetInstanceID())
        {
            Rect rect = new Rect(selectionRect)
            {
                x = selectionRect.x - 22,
                width = selectionRect.height,
                height = selectionRect.height,
            };
            //选择对象，左边显示图片，需要找一张图片放到 Assets 目录下
            GUI.DrawTexture(rect, AssetDatabase.LoadAssetAtPath<Texture>("Assets/1.jpg"));
            rect.width = 40;
            rect.x = selectionRect.x + selectionRect.width - rect.width;
            //选择对象，右边显示按钮
            if (GUI.Button(rect, "click"))
            {
                Debug.LogFormat("click:{0}", Selection.activeObject.name);
            }
        }
    };
}
```

编译完成后，Hierarchy 视图中的效果如图 12-27 所示。

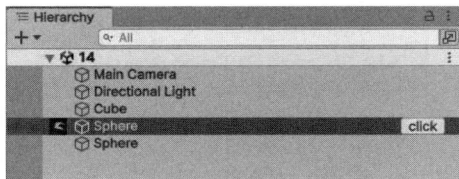

图 12-27　Hierarchy 视图中的效果

12.4.3　重写菜单

要重写 Hierarchy 视图菜单，可以通过事件 EditorApplication.hierarchyWindowItemOnGUI +=
OnHierarchyGUI 来实现，示例参考代码 12-27。

代码 12-27　重写菜单示例

```
using UnityEditor;
using UnityEngine;

public class Test_12_27: MonoBehaviour
{
    [MenuItem("Window/Test/Reset")]
```

```
public static void Test()
{
}

[InitializeOnLoadMethod]
static void StartInitializeOnLoadMethod()
{
    EditorApplication.hierarchyWindowItemOnGUI += OnHierarchyGUI;
}

static void OnHierarchyGUI(int instanceID, Rect selectionRect)
{
    if (Event.current != null && selectionRect.Contains(Event.current.mousePosition)
    && Event.current.button == 1 && Event.current.type <= EventType.MouseUp)
    {
        GameObject selectionGameObject = EditorUtility.InstanceIDToObject(instanceID)
        as GameObject;
        if (selectionGameObject)
        {
        Vector2 mousePosition = Event.current.mousePosition;
        EditorUtility.DisplayPopupMenu(new Rect(mousePosition.x, mousePosition.y,
        0, 0), "Window/Test", null);
        Event.current.Use();
        }
    }
}
```

编译完成后，Hierarchy 视图中的效果如图 12-28 所示。

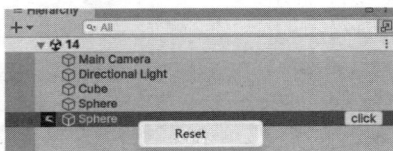

图 12-28　Hierarchy 视图中的效果

12.5　本章小结

本章深入探讨了 Unity 编辑器的定制化功能，旨在提升开发效率并创造更直观高效的开发工具。以下是关键点的概括。

编辑器脚本：介绍了如何编写运行在 Unity 编辑器中的脚本，用于自定义界面、添加菜单项和创建窗口。

自定义检查器：阐述了通过自定义检查器为 Unity 组件添加 UI 的方法，以使属性配置更加直观。

访问和修改属性：讲解了掌握使用 SerializedProperty 和 SerializedObject 来访问和修改 Unity 对象属性的重要性。

自定义工具栏按钮：描述了在工具栏添加按钮的过程，这些按钮可以触发编辑器脚本功能，例如切换视图和打开窗口。

导航功能扩展：讨论了实现更高效的浏览和选择对象的方法，包括添加快捷键以快速定位对象。

Gizmos 绘制：提供了使用 Gizmos 绘制辅助线、箭头等的指导，以可视化调试信息，并为自定义组件添加 Gizmos 逻辑，从而提高调试效率。

Hierarchy 视图扩展：介绍了为自定义组件添加图标、颜色编码和上下文菜单的方法，以便快速识别和管理对象。

通过这些技术，读者可以显著增强开发体验、提高调试效率，并优化工作流程，这对于个人和团队项目都至关重要。随着对 Unity 编辑器 API 的进一步理解，读者将能够继续探索更多高级功能，以定制和优化他们的开发环境。

第 13 章　Socket 编程

Socket 编程是对网络中不同主机上应用进程之间进行双向通信的端点的抽象。一个 Socket 代表了网络上进程通信的一端，使得应用层进程能够利用网络协议来交换数据。Socket 位于应用进程和网络协议栈之间，是应用程序通过网络协议进行通信的接口。

下面详细介绍 Socket 编程。

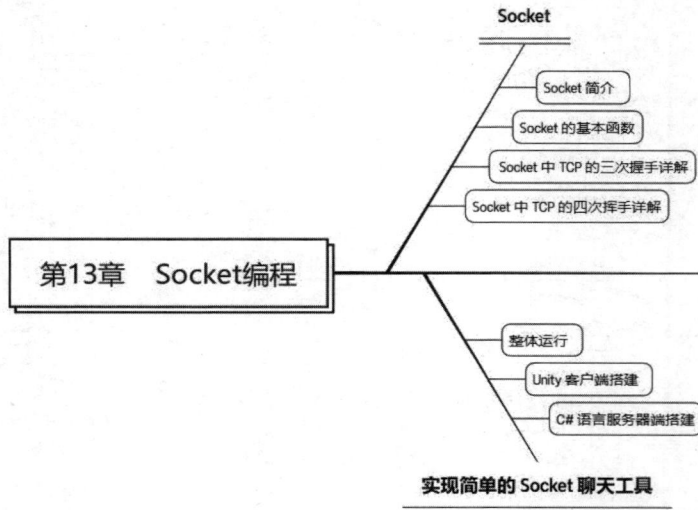

13.1　Socket

提到 Socket，就不可避免地要提及 TCP/IP、UDP。TCP/IP（Transmission Control Protocol/Internet Protocol，传输控制协议/互联网协议）是一个工业标准的协议集，专为广域网环境设计。UDP 是用户数据报协议，与 TCP 协议相对应。

而 Socket 是应用层与 TCP/IP 协议族通信的中间软件抽象层。它提供了一组接口，将复杂的 TCP/IP 协议族隐藏在 Socket 接口之后，当开发者使用 Socket 时，他们实际上是在利用这个抽象层来组织数据，以确保数据符合指定的协议。例如，开发者使用 HTTP 协议来组织数据，那么 Socket 会将数据分割成多个包，每个包包含特定的头部信息和有效载荷，接收到数据后，Socket 会根据头部信息解析出来使用的协议，再根据指定的协议解析出来数据。在整个过程中，Socket 接口隐藏了 TCP/IP 协议族的复杂性，使得开发者可以更加专注于应用层的逻辑和数据处理。同时，Socket 也提供了足够的灵活性，允许开发者根据需要选择和使用不同的协议来组织数据。

13.1.1　Socket 简介

前面介绍的网络中的进程是通过 Socket 来通信的，Socket 起源于 UNIX，而 UNIX/Linux 的基本哲学之一就是"一切皆文件"，这意味着系统中几乎所有的资源都可以用"打开（Open）→读写（Write/Read）"模式来操作。Socket 相当于一个特殊的文件类型，Socket 函数就是对这个特殊文件的操作（读/写、打开、关闭），这些函数在后面会进行介绍。

下面介绍 Socket 编程的工作原理。

举一个生活中的例子：你要打电话给一个朋友，首先要拨号，朋友听到电话铃声后提起电话，这时你和你的朋友就建立了连接，就可以讲话了。等交流结束，挂断电话结束此次交谈。生活中的场景就解释了 Socket 编程的工作原理。

Socket 的任务就是让服务器端和客户端进行连接，然后发送数据。下面先从服务器端说起。服务器端先初始化 Socket，然后与端口绑定（Bind），对端口进行监听（Listen），调用 Accept 阻塞，等待客户端连接。同时，如果有个客户端初始化一个 Socket，然后连接服务器端（Connect），并且连接成功，这时客户端与服务器端的连接就建立了。客户端发送数据请求，服务器端接收请求并处理请求，然后把回应数据发送给客户端，客户端读取数据，最后关闭连接，一次交互结束。图 13-1 演示了这个过程。

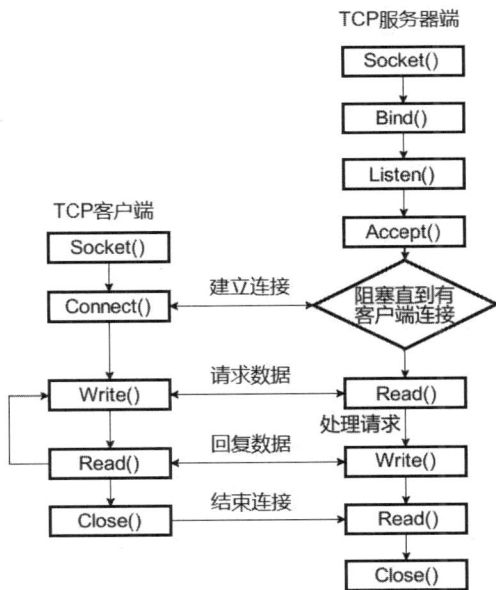

图 13-1　Socket 通信连接过程

下面详细了解这些函数的使用。

13.1.2　Socket 的基本函数

由于 Socket 遵循"Open→Write/Read→Close"模式，因此 Socket 提供了这些操作对应的函数接口。下面以 TCP 为例，详细介绍几个基本的 Socket 接口函数。

（1）Socket()函数。

Socket()是用于实例化 Socket 对象的函数，后续操作都会用到它。

```
public Socket(AddressFamily addressFamily, SocketType socketType, ProtocolType
protocolType);
```

参数说明如下。

AddressFamily：即协议域，又称为协议族（Family）。常用的协议族有 AF_INET、AF_INET6、AF_LOCAL（或称 AF_UNIX、UNIX 域 Socket）、AF_ROUTE 等。协议族决定了 Socket 的地址类型，在通信中必须采用对应的地址。例如，AF_INET 决定了要用 IPv4 地址（32 位的）与端口号（16 位）的组合、AF_UNIX 决定了要用一个绝对路径名作为地址。

SocketType：指定 Socket 的类型。常用的 Socket 类型有 SOCK_STREAM、SOCK_DGRAM、SOCK_RAW、SOCK_PACKET、SOCK_SEQPACKET 等。

ProtocolType：指定协议。常用的协议有 IPPROTO_TCP、IPPROTO_UDP、IPPROTO_SCTP、IPPROTO_TIPC 等，它们分别对应 TCP 传输协议、UDP 传输协议、SCTP 传输协议、TIPC 传输协议。

◁》 提示：

SocketType 和 ProtocolType 并不是可以随意组合的。例如，SOCK_STREAM 不能与 IPPROTO_UDP 组合使用。

当我们调用 Socket()函数创建一个 Socket 对象时，返回的 Socket 存在于协议族（address family，AF_XXX）空间中，但没有一个具体的地址。如果想要给它分配一个地址，必须调用 Bind()函数。否则，当调用 Connect()、Listen()函数时，系统会自动随机分配一个端口。

（2）Bind()函数。

正如上面所说，Bind()函数的作用是把一个地址族中的特定地址赋给 Socket。例如，对于 AF_INET、AF_INET6，就是把一个 IPv4 或 IPv6 地址与端口号的组合赋给 Socket。

```
public void Bind(EndPoint localEP);
```

参数说明如下。

EndPoint：端口号设置，设置 IP 地址和端口号。

通常服务器端在启动时都会绑定一个 IP 地址（如 IP 地址+端口号），用于提供服务，客户可以通过它来连接服务器端，而客户端就不用指定，系统会自动分配一个端口号和自身的 IP 地址组合。这就是通常服务器端在 Listen()函数之前会调用 Bind()函数的原因，而客户端就不会调用，而是在调用 Connect()函数时由系统随机生成一个。

（3）Listen()函数和 Connect()函数。

在服务器端，调用 Socket()、Bind()函数之后就会调用 Listen()函数来监听这个 Socket，如果客户端这时调用 Connect()函数发出连接请求，服务器端就会接收到这个请求。

```
public void Listen(int backlog);
public void Connect(IPAddress[] addresses, int port);
```

Listen()函数的参数表示在同一时间点过来的客户端的最大值。Socket()函数创建的 Socket 默认是一个主动类型，Listen()函数将 Socket 变为被动类型，等待客户的连接请求。

Connect()函数的第一个参数为服务器端的地址，第二参数为服务器端的端口号。客户端通过调用 Connect()函数建立与 TCP 服务器端的连接。

（4）Accept()函数。

TCP 服务器端依次调用 Socket()、Bind()、Listen()函数之后，就会监听指定的 Socket 地址了。

TCP 客户端依次调用 Socket()、Connect()函数之后，就向 TCP 服务器端发送了一个连接请求。

TCP 服务器端监听到这个请求之后，就会调用 Accept()函数接收请求，这样连接就建立好了。然后就可以开始网络 I/O 操作了，即类似于普通文件的读/写（I/O）操作。

```
public Socket Accept();
```

Accept()函数是用于服务器端的，它的主要作用就是等待并接收来自客户端的连接请求。当服务器调用 Listen()函数进入监听状态后，它会等待客户端发起连接请求。一旦有客户端发起连接请求，Accept()函数就会被用来处理这个请求，也就是说，Accept()函数一旦启动，就代表启动了 TCP 连接（或者说客户端和服务器端有了连接）。

📢 提示：

Accept()函数启动连接后，在该服务器的生命周期内一直启动。当服务器端完成对某个客户的服务时，相应的已连接 Socket 就应该被关闭。

（5）Send()函数和 Receive()函数。

一旦服务器端与客户端建立好连接，就可以调用网络 I/O 进行读/写操作，实现网络中不同进程之间的通信。

```
public int Send(byte[] buffer, int offset, int size, SocketFlags socketFlags, out
SocketError errorCode);
public int Receive(byte[] buffer, SocketFlags socketFlags);
```

Receive()函数负责读取内容，当读取成功时，返回实际所读的字节数。如果返回的值是 0，表示已经读到文件的结尾；如果返回的值小于 0，表示出现了错误。如果错误为 EINTR，说明读是由中断引起的；如果错误是 ECONNREST，表示网络连接出了问题。

Send()函数将 buffer 中的 bytes 字节内容发送出去，成功时返回写的字节数，失败时返回−1，并设置 error 变量。在网络程序中，向服务器发送数据时有两种可能：一种是返回的值大于 0，表示写了部分或者全部的数据；另一种是返回的值小于 0，表示出现了错误。我们要根据错误类型来处理。如果错误为 EINTR，表示在写的时候出现了中断错误。如果错误为 EPIPE，表示网络连接出现了问题（对方已经关闭了连接）。

（6）Close()函数。

在服务器端与客户端建立连接之后，会进行一些发送、接收数据操作，完成这些操作之后就要关闭相应的 Socket 对象，就像操作完打开的文件要调用 Close()函数关闭打开的文件一样。

```
public void Close();
```

关闭一个 Socket 对象，释放这个对象占用的内存，也就是这个对象无法再发送、接收数据了。

13.1.3　Socket 中 TCP 的三次握手详解

TCP 建立连接要进行 Three-Way Handshake（三次握手），所谓三次握手，是指建立一个 TCP 连接时，需要客户端和服务器端总共发送三个包以确认连接的建立。在 Socket 编程中，这一过程由客户端执行 Connect（连接）来触发，整个流程如图 13-2 所示。

第一次握手：客户端执行 Connect()函数来触发连接，将标识位 SYN 设置为 1，并产生一个随机值 seq=J，然后将该数据包发送给服务器端，客户端进入 SYN_SENT（发送状态），等待服务器端确认。

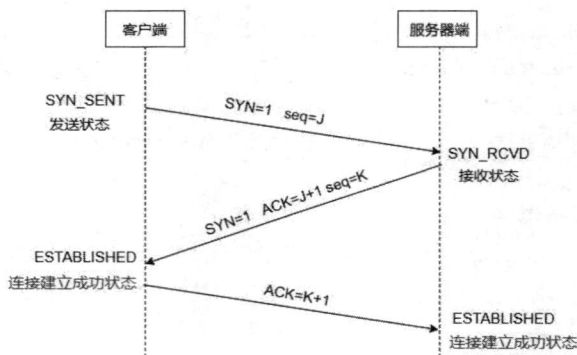

图 13-2　Socket 中发送的 TCP 三次握手

第二次握手：服务器端收到数据包后，由标识位 SYN=1 知道客户端请求建立连接，客户端将标识位 SYN 设置为 1，然后将 ACK=J+1（J 是从客户端获取的随机数），并产生一个随机数 seq=K，然后将该数据包发送给客户端以确认连接请求，服务器端进入 SYN_RECV（接收状态）。

第三次握手：客户端收到数据包后，检查 ACK 是否为 J+1，如果正确，则将标识位 ACK 设置为 1，再将 ACK=K+1（K 是从服务器端获取的随机数），并将数据包发送给服务器端，服务器端检查 ACK 是否为 K+1，如果正确，则连接建立成功，客户端和服务器端进入 ESTABLISHED（连接建立成功状态），完成三次握手，随后客户端和服务器端之间就可以开始传输数据了。

📢 提示：

SYN 攻击：在三次握手过程中，服务器端发送 SYN-ACK 后，收到客户端的 ACK 之前的 TCP 连接称为半连接。此时，服务器端处于 SYN_RECV 状态，当收到 ACK 后，服务器端转入 ESTABLISHED 状态。SYN 攻击就是客户端在短时间内伪造大量不存在的 IP 地址，并向服务器端不断发送 SYN 包，服务器端回复确认包，并等待客户端的确认，由于源地址不存在，因此服务器端需要不断地重发直至超时，这些伪造的 SYN 包将长时间占用未连接队列，导致正常的 SYN 请求因为队列满而被丢弃，从而引起网络阻塞甚至系统瘫痪。SYN 攻击就是一种典型的 DDoS 攻击，检测 SYN 攻击的方式也很简单，即当有大量半连接状态且源地址是随机的情况，则可以断定遭到 SYN 攻击了。

13.1.4　Socket 中 TCP 的四次挥手详解

13.1.3 小节介绍了 Socket 中 TCP 三次握手的建立过程及其涉及的 Socket()函数。本小节介绍 Socket 中 TCP 的四次挥手释放连接的过程，如图 13-3 所示。

四次挥手的过程如下。

第一次挥手：当一个应用进程（客户端或服务端）决定关闭连接时，它会调用 Close()函数，触发 TCP 发送一个 FIN 包（假设为 FIN M）。这个 FIN 包表示发送方已经没有数据要发送了，但仍然可以接收数据。

第二次挥手：另一端（接收方）收到 FIN M 后，会执行被动关闭。接收方会发送一个 ACK 包

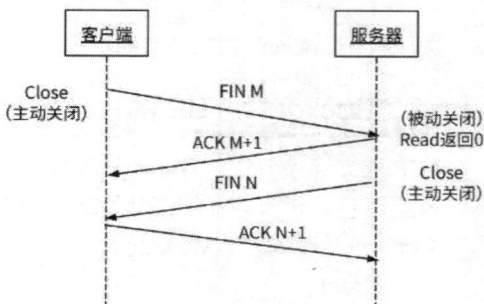

图 13-3　Socket 中 TCP 的四次挥手

（ACK=M+1）来确认收到的 FIN M。这个 ACK 包作为文件结束符传递给接收方的应用进程，因为 FIN 的接收意味着该应用进程在相应的连接上再也接收不到其他数据。

第三次挥手：接收方在处理完所有剩余数据后，也会调用 Close()函数来关闭它的 Socket。这会触发 TCP 发送另一个 FIN 包（假设为 FIN N）。

第四次挥手：发送方收到 FIN N 后，会发送一个 ACK 包（ACK=N+1）来确认。这样，每个方向上都有一个 FIN 和一个 ACK，完成了四次挥手过程。

13.2　实现简单的 Socket 聊天工具

下面使用 Unity 软件和 C#语言做一个简单的聊天工具。

首先要用到的技术就是前面介绍的 Socket，因为需要一个客户端和一个服务器端，服务器端就使用 C#语言的控制台程序来完成。

对于不熟悉 C#控制台的读者，可以使用已经写好的服务器程序，该程序文件以及 Unity 程序文件在"资源包→第 13 章资源文件"文件夹的 ChatProgram.zip 文件中。

整体的服务器端和客户端功能的实现流程如图 13-4 所示。

图 13-4　整体的服务器端和客户端功能的实现流程

13.2.1　C#语言服务器端搭建

下面开始 C#语言服务器端的搭建。

（1）新建一个 C#语言控制台程序，命名为 Server，如图 13-5 所示。

（2）右击项目 Server，在弹出的快捷菜单中选择"添加"→"新建项"命令，如图 13-6 所示。

（3）在弹出的窗口中选择类，然后修改其名称为 MessageData.cs，如图 13-7 所示。

这个 MessageData.cs 类中存放的是指定的消息协议，每条消息都是通过创建消息对象，设置消息类型和消息内容生成的，服务器端和客户端都必须遵循这个消息协议。

（4）双击打开 MessageData.cs 脚本，修改脚本，参考代码 13-1。

图 13-5　新建 C#语言控制台程序

图 13-6　添加新建项

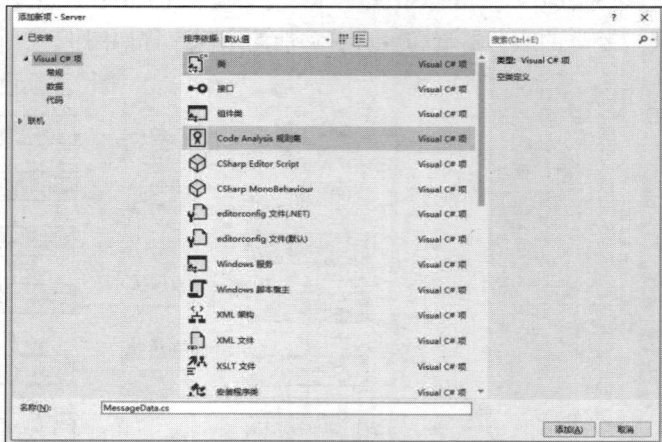

图 13-7　新建 MessageData.cs 类，用来存放数据类型

代码 13-1　在 MessageData.cs 脚本中设置消息协议，服务器端和客户端都要遵循这个消息协议

```csharp
namespace Server
{
    ///<summary>
    ///消息体
    ///</summary>
    public class MessageData
    {
        ///<summary>
        ///消息类型
        ///</summary>
        public MessageType msgType;
        ///<summary>
        ///消息内容
```

```
            ///</summary>
            public string msg;
        }
    ///<summary>
    ///简单的协议类型
    ///</summary>
    public enum MessageType
    {
        Chat = 0,            //聊天
        Login = 1,           //登录
        LogOut = 2,          //退出
    }
}
```

（5）再次添加新建项，命名为 ClientController.cs，这个脚本用来控制所有的客户端管理程序，然后修改 ClientController.cs 脚本，参考代码 13-2。

代码 13-2　修改客户端管理程序 ClientController.cs 脚本内容

```
using System;
using System.Net.Sockets;
using System.Threading;

namespace Server
{
    class ClientController
    {
        ///<summary>
        ///用户连接的通道
        ///</summary>
        private Socket clientSocket;
        //接收的线程
        Thread receiveThread;
        ///<summary>
        ///昵称
        ///</summary>
        public string nickName;
        public ClientController(Socket socket)
        {
            clientSocket = socket;
            //启动接收的方法
            //开始接收的线程
            receiveThread = new Thread(ReceiveFromClient);
            //启动接收的线程
            receiveThread.Start();
        }

        ///<summary>,
        ///客户端连接 监听消息
        ///</summary>
        void ReceiveFromClient()
        {
            while (true)
            {
                byte[] buffer = new byte[512];
```

```
            int length = clientSocket.Receive(buffer, 0, buffer.Length,
            SocketFlags.None);
            string json = System.Text.Encoding.UTF8.GetString(buffer, 0, length);
            json.TrimEnd();
            if (json.Length > 0)
            {
                Console.WriteLine("服务器接收内容：{0}", json);
                MessageData data = LitJson.JsonMapper.ToObject<MessageData>(json);
                switch (data.msgType)
                {
                    case MessageType.Login:                  //登录
                        nickName = data.msg;
                        //1. 通知客户端登录成功
                        MessageData backData = new MessageData();
                        backData.msgType = MessageType.Login;
                        backData.msg = "";
                        SendToClient(backData);
                        //2. 通知所有客户端，×××进入了房间
                        MessageData chatData = new MessageData();
                        chatData.msgType = MessageType.Chat;
                        chatData.msg = nickName + " 进入了房间";
                        SendMessageDataToAllClientWithOutSelf(chatData);
                        break;
                    case MessageType.Chat:                   //聊天
                        MessageData chatMessageData = new MessageData();
                        chatMessageData.msgType = MessageType.Chat;
                        chatMessageData.msg = nickName + ":" + data.msg;
                        SendMessageDataToAllClientWithOutSelf(chatMessageData);
                        break;
                    case MessageType.LogOut:                  //退出
                                        //1.通知客户端，退出
                        MessageData logOutData = new MessageData();
                        logOutData.msgType = MessageType.LogOut;
                        SendToClient(logOutData);
                        //2.通知所有客户端，×××退出了房间
                        MessageData logOutChatData = new MessageData();
                        logOutChatData.msgType = MessageType.Chat;
                        logOutChatData.msg = nickName + " 退出了房间";
                        SendMessageDataToAllClientWithOutSelf(logOutChatData);
                        break;
                }
            }
        }

///<summary>
///向除了自身客户端的其他所有客户端广播消息
///</summary>
///<param name="data"></param>
void SendMessageDataToAllClientWithOutSelf(MessageData data)
{
    for (int i = 0; i < Program.clientControllerList.Count; i++)
    {
        if (Program.clientControllerList[i] != this)
```

```
            {
                Program.clientControllerList[i].SendToClient(data);
            }
        }
    }

    ///<summary>
    ///发消息给客户端
    ///</summary>
    ///<param name="data">需要发送的内容</param>
    void SendToClient(MessageData data)
    {
        //把对象转换为 JSON 字符串
        string msg = LitJson.JsonMapper.ToJson(data);
        //把 JSON 字符串转换为 byte 数组
        byte[] msgBytes = System.Text.Encoding.UTF8.GetBytes(msg);
        //发送消息
        int sendLength = clientSocket.Send(msgBytes);
        Console.WriteLine("服务器发送信息成功,发送信息内容:{0},长度{1}", msg, sendLength);
        Thread.Sleep(50);
    }
    }
}
```

🚗 **注意:**

脚本引用了一个 LitJson 包来解析 JSON 数据,这个需要右击程序,选择管理 NuGet 程序包,然后在弹出的窗口中搜索 LitJson,再进行安装,如图 13-8 所示。

图 13-8　使用 NuGet 导入 LitJson 包

(6)双击打开 Program.cs 脚本,这个脚本是 C#语言控制台程序的主脚本,其中有一个 Main 函数,也是程序的入口函数。Main 函数中已经生成了一行代码,运行程序可以看到应用程序中输出 Hello World。下面就来修改 Program.cs 脚本,参考代码 13-3。

代码 13-3　修改 Program.cs 脚本,设置服务器端的主要参数

```
using System;
using System.Collections.Generic;
using System.Net;
using System.Net.Sockets;
namespace Server
{
    class Program
    {
```

```
///<summary>
///客户端管理列表
///</summary>
public static List<ClientController> clientControllerList = new
List<ClientController>();
static void Main(string[] args)
{
    //定义 Socket
    Socket serverSocket = new Socket(AddressFamily.InterNetwork,
    SocketType.Stream, ProtocolType.Tcp);
    //绑定 IP 和端口号
    IPEndPoint ipendPoint = new IPEndPoint(IPAddress.Parse("127.0.0.1"),
    8080);
    Console.WriteLine("开始绑定端口号……");
    //将 IP 地址和端口号绑定
    serverSocket.Bind(ipendPoint);
    Console.WriteLine("绑定端口号成功，开启服务器……");
    //开启服务器
    serverSocket.Listen(100);
    Console.WriteLine("启动服务器{0}成功!", serverSocket.LocalEndPoint.ToString());
    while (true)
    {
        Console.WriteLine("等待连接……");
        Socket clinetSocket = serverSocket.Accept();
        Console.WriteLine("客户端{0}成功连接",clinetSocket.RemoteEndPoint.ToString());
        ClientController controller = new ClientController(clinetSocket);
        //添加到列表中
        clientControllerList.Add(controller);
        Console.WriteLine("当前有{0}个用户", clientControllerList.Count);
    }
}
```

（7）在 Visual Studio 中单击"运行"按钮，启动服务器，如图 13-9 所示。

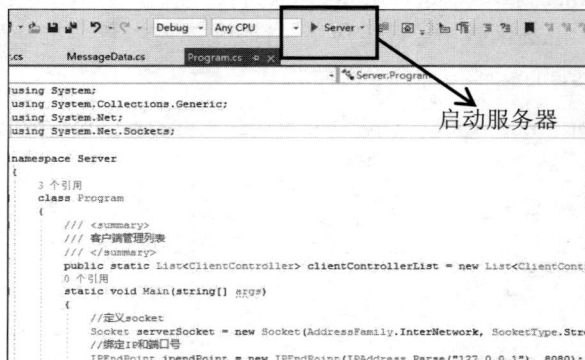

图 13-9　启动服务器

（8）如果服务器启动正常，会弹出一个窗口，如图 13-10 所示。

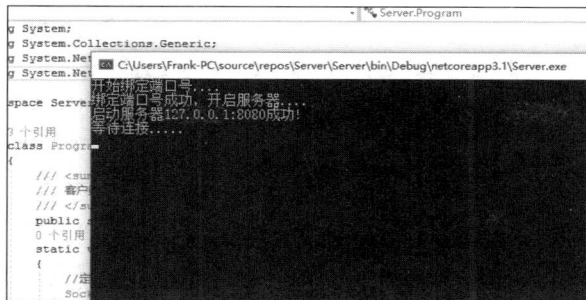

图 13-10　启动服务器显示控制台窗口

13.2.2　Unity 客户端搭建

Unity 客户端的搭建主要包括 3 个方面：搭建 UI、制定消息协议和编写客户端。

本小节主要介绍如何搭建 UI。UI 分为 3 个界面：初始界面、登录界面和聊天界面。下面分别进行搭建。

（1）在 Hierarchy 视图中，单击 Create→UI→Panel，设置 Left 为 320、Top 为 180、Right 为 960、Bottom 为 180，名字改为 LeftChat，整体界面如图 13-11 所示。

（2）选中 LeftChat 对象，然后根据步骤（1）再次新建 3 个 Panel，分别命名为 LoadingPanel、LoginPanel、ChatPanel，如图 13-12 所示。

（3）选中 LoadingPanel 对象，然后新建一个 Text，文本内容改为 Loading，如图 13-13 所示。

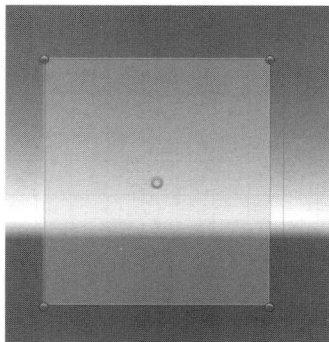

图 13-11　新建 Panel 并设置大小

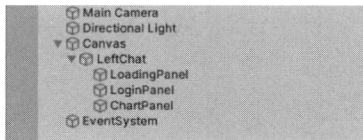

图 13-12　新建 3 个 Panel

图 13-13　新建 Text，文本内容改为 Loading

（4）选中 LoginPanel 对象，新建一个 Text，再新建一个 InputField 组件，用来接收用户输入的用户名，新建一个 Button 组件用来登录，整体界面如图 13-14 所示。

（5）选中 ChatPanel 对象，将 ChatPanel 对象的 Image 组件的图片改为资源面板中 Texture 中的 Background.png 图片，然后新建两个 Button 组件，分别命名为 SendButton、OutRoomButton，这两个 Button 组件分别用来发送消息和退出房间。新建一个 Text 用来显示消息，新建一个 InputField 组件用来接收用户要发送的消息，整体的界面布局如图 13-15 所示。

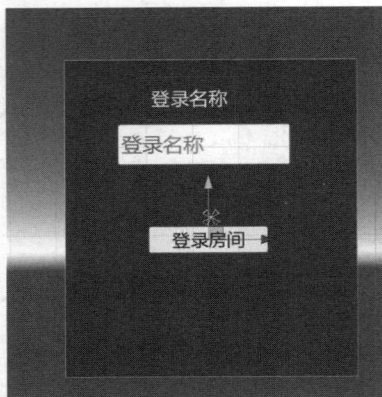

图 13-14　UI 整体界面

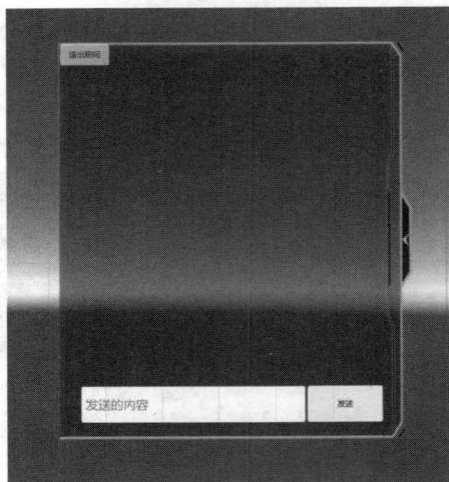

图 13-15　聊天输入框的整体界面

（6）在 Project 视图中，新建一个 Plugins 文件夹，将"资源包→第 13 章资源文件"文件夹中的
LitJson.dll 拖到这个文件夹中。然后新建一个 Scripts 文件夹，右击，在弹出的快捷菜单中选择 Create→
C# Script 命令，新建一个脚本，命名为 MessageData.cs，用来设置信息协议。双击打开 MessageData.cs
脚本修改代码，参考代码 13-4。

代码 13-4　MessageData.cs 聊天格式脚本代码

```
///<summary>
///简单的协议类型
///</summary>
public enum MessageType
{
    Chat = 0,          //聊天
    Login = 1,         //登录
    LogOut = 2,        //退出
}
///<summary>
///消息体
///</summary>
public class MessageData
{
    ///<summary>
    ///消息类型
    ///</summary>
    public MessageType msgType;
    ///<summary>
    ///消息内容
    ///</summary>
    public string msg;
}
```

（7）按照步骤（6）再次新建一个脚本，命名为 ClientSocket.cs。这个脚本用来管理客户端代码，
如客户端连接服务器、接收服务器消息、给服务器发送消息等。双击打开 ClientSocket.cs 脚本，修改脚

294

本代码，参考代码 13-5。

代码 13-5　客户端连接程序代码

```
using UnityEngine;
using System.Net;
using System.Net.Sockets;
using System;
using LitJson;
///<summary>
///声明一个委托对象
///</summary>
///<param name="data">接收到的数据</param>
public delegate void ReceiveMessageData(byte[] buffer, int offset, int size);
///<summary>
///当连接改变
///</summary>
public delegate void OnConnectChange();
public class ClientSocket : MonoBehaviour
{
    ///<summary>
    ///客户端 Socket
    ///</summary>
    Socket clientSocket;
    ///<summary>
    ///数据缓冲池
    ///</summary>
    private byte[] buffer = new byte[10000];
    ///<summary>
    ///委托变量
    ///</summary>
    public ReceiveMessageData receiveMessageData;
    ///<summary>
    ///连接成功
    ///</summary>
    public OnConnectChange onConnectSuccess;
    void Start()
    {
        //创建 socket 对象
        clientSocket = new Socket(AddressFamily.InterNetwork, SocketType.Stream,
        ProtocolType.Tcp);
        IPEndPoint ipendPoint = new IPEndPoint(IPAddress.Parse("127.0.0.1"), 8080);
        Debug.Log("连接服务器……");
        //请求连接
        clientSocket.BeginConnect(ipendPoint, ConnectCallback, "");
    }
    ///<summary>
    ///连接的回调  当连接成功时调用
    ///</summary>
    ///<param name="ar"></param>
    public void ConnectCallback(IAsyncResult ar)
    {
        if (clientSocket.Connected == true)
        {
```

```
            //调用连接成功的回调
            onConnectSuccess();
            //连接成功
            Debug.Log("连接成功……");
            //开启接收消息
            ReceiveMessageFromServer();
        }
        else
        {
            //连接失败
            Debug.Log("连接失败……");
        }
    }
    ///<summary>
    ///从服务器开始接收信息
    ///</summary>
    public void ReceiveMessageFromServer()
    {
        Debug.Log("开始接收数据……");
        clientSocket.BeginReceive(buffer, 0, buffer.Length, SocketFlags.None,
        ReceiveMessageCallback, "");
    }
    ///<summary>
    ///接收回调，每当服务器发送消息时调用
    ///</summary>
    ///<param name="ar"></param>
    public void ReceiveMessageCallback(IAsyncResult ar)
    {
        Debug.Log("接收结束……");
        //结束接收
        int length = clientSocket.EndReceive(ar);
        Debug.Log("接收的长度是: " + length);
        string msg = ByteArrayToString(buffer, 0, length);
        Debug.Log("服务器发过来的消息是: " + msg);
        if (receiveMessageData != null)
        {
            receiveMessageData(buffer, 0, length);
        }
        //开启下一次消息的接收
        ReceiveMessageFromServer();
    }

    ///<summary>
    ///发送状态消息给服务器
    ///</summary>
    ///<param name="msg"></param>
    public void PutMessageToQueue(MessageData data)
    {
        //将对象序列化发过去
        byte[] msgBytes = StringToByteArray(JsonMapper.ToJson(data));
        SendBytesMessageToServer(msgBytes, 0, msgBytes.Length);
        Debug.Log("开始发送的字节为: " + msgBytes);
    }
    ///<summary>
```

```
///发送聊天消息给服务器
///</summary>
///<param name="msg"></param>
public void PutMessageToQueue(string msg)
{
    MessageData msgdata = new MessageData();
    msgdata.msgType = MessageType.Chat;
    msgdata.msg = msg;
    //将对象序列化发过去
    byte[] msgBytes = StringToByteArray(JsonMapper.ToJson(msgdata));
    SendBytesMessageToServer(msgBytes, 0, msgBytes.Length);
}
///<summary>
///给服务器发送消息
///</summary>
///<param name="sendMsgContent">消息内容</param>
///<param name="offset">从第几个消息内容开始发送</param>
///<param name="size">发送的长度</param>
public void SendBytesMessageToServer(byte[] sendMsgContent, int offset, int size)
{
    Debug.Log("发送成功……");
    clientSocket.BeginSend(sendMsgContent, offset, size, SocketFlags.None,
    SendMessageCallback, "");
}
///<summary>
///发送消息的回调，每当发送完消息时调用
///</summary>
///<param name="ar"></param>
public void SendMessageCallback(IAsyncResult ar)
{
    Debug.Log("发送结束……");
    //停止发送
    int length = clientSocket.EndSend(ar);
}
///<summary>
///将 byte 数组转换为字符串
///</summary>
///<param name="byteArray"></param>
///<returns></returns>
public static string ByteArrayToString(byte[] byteArray, int index, int size)
{
    return System.Text.Encoding.UTF8.GetString(byteArray, index, size);
}
///<summary>
///将一个字符串转换为一个字节数组
///</summary>
///<param name="msg"></param>
///<returns></returns>
public static byte[] StringToByteArray(string msg)
{
    return System.Text.Encoding.UTF8.GetBytes(msg);
}
}
```

（8）按照步骤（7）再次新建一个脚本，命名为 ChatUIController.cs，这个脚本主要用来管理 UI 控

件，如 UI 交互事件等。双击打开脚本，然后修改脚本代码，参考代码 13-6。

代码 13-6　聊天 UI 管理脚本代码

```
using UnityEngine;
using UnityEngine.UI;
public class ChatUIController: MonoBehaviour
{
    //昵称
    public InputField nickNameInputField;
    //显示消息的文本
    public Text text;
    //要发送的内容
    public InputField sendMsgInputField;
    //socket 对象，代表客户端
    private ClientSocket clientSocket;
    //接收的消息
    private string receiveMsg;
    //界面，0==loading 1==登录  2==聊天
    public GameObject[] panels;
    //登录状态，0==loading 1==登录  2==聊天
    private int LoadingState;
    void Start()
    {
        clientSocket = this.GetComponent<ClientSocket>();
        //委托和具体方法关联
        clientSocket.onConnectSuccess += OnSocketConnectSuccess;
        clientSocket.receiveMessageData += ReceiveMsgData;
    }
    void Update()
    {
        text.text = receiveMsg;
        panels[0].SetActive(LoadingState==0);
        panels[1].SetActive(LoadingState==1);
        panels[2].SetActive(LoadingState==2);
    }
    ///<summary>
    ///单击按钮发送消息
    ///</summary>
    public void SendBtnClick()
    {
        if (sendMsgInputField != null && sendMsgInputField.text != "")
        {
            //发送
            clientSocket.PutMessageToQueue(sendMsgInputField.text);
            receiveMsg += "我: " + sendMsgInputField.text + "\n";
            //清理一下输入框内容
            sendMsgInputField.text = "";
        }
    }
    ///<summary>
    ///"加入房间"按钮单击事件
    ///</summary>
    public void JoinInBtnClick()
```

```
    {
        if (nickNameInputField != null && nickNameInputField.text != "")
        {
            //创建数据对象
            MessageData data = new MessageData();
            data.msgType = MessageType.Login;
            data.msg = nickNameInputField.text;
            //发送数据对象
            clientSocket.PutMessageToQueue(data);
        }
        else
        {
            //提示
            Debug.Log("昵称不能为空!");
        }
    }
    ///<summary>
    /// "退出房间"按钮单击事件
    ///</summary>
    public void LogOutBtnClick()
    {
        //消息数据
        MessageData data = new MessageData();
        data.msgType = MessageType.LogOut;
        //把消息传进去
        clientSocket.PutMessageToQueue(data);
    }
    ///<summary>
    ///连接服务器成功的回调
    ///</summary>
    public void OnSocketConnectSuccess()
    {
        //进入登录界面
        LoadingState = 1;
    }
    ///<summary>
    ///接收消息的方法
    ///</summary>
    ///<param name="byteArray"></param>
    ///<param name="offset"></param>
    ///<param name="length"></param>
    public void ReceiveMsgData(byte[] byteArray, int offset, int length)
    {
        string msg = ClientSocket.ByteArrayToString(byteArray, offset, length);
        Debug.Log("收到信息: " + msg);
        //对信息进行处理
        MessageData data = LitJson.JsonMapper.ToObject<MessageData>(msg);
        switch (data.msgType)
        {
            case MessageType.Login:          //如果是登录，代表界面可以切换了
                receiveMsg = "";
                LoadingState = 2;
                break;
            case MessageType.Chat:           //如果是聊天，代表显示聊天消息
```

13

```
        receiveMsg += data.msg + "\n";
        break;
    case MessageType.LogOut:        //退出消息
        receiveMsg = "";
        LoadingState = 1;
        break;
    }
  }
}
```

（9）返回 Unity 编辑器，选择 Hierarchy 视图中的 LeftChat 对象，添加 ChatUIController.cs 组件和 ClientSocket.cs 组件，然后将 UI 组件拖到对应的卡槽中，如图 13-16 所示。

图 13-16　将对象拖到对应的卡槽中

（10）将 3 个面板拖到面板数组卡槽中，如图 13-17 所示。

（11）选择登录房间按钮，添加按钮事件，将 LeftChat 对象拖入卡槽，然后选择 ChatUIController.JoinInBtnClick 函数，如图 13-18 所示。

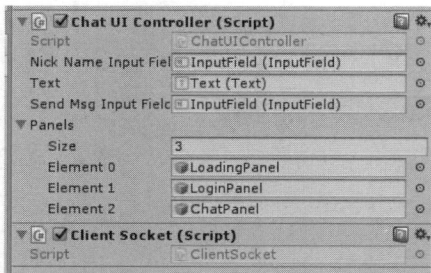

图 13-17　将对象拖到对应的卡槽中

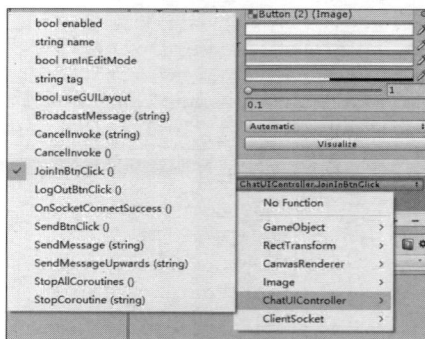

图 13-18　为 Button 绑定单击事件（1）

（12）按照步骤（11）在 Hierarchy 面板中，选择"退出房间"按钮绑定 LogOutBtnClick 函数，选择"发送"按钮绑定 SendBtnClick 函数，如图 13-19 所示。

（13）在 Hierarchy 视图中选中 LeftChat 对象，然后复制一份，命名为 RightChat，设置 Left 为 1150、Top 为 180、Right 为 130、Bottom 为 180，如图 13-20 所示。

图 13-19　为 Button 按钮绑定单击事件（2）

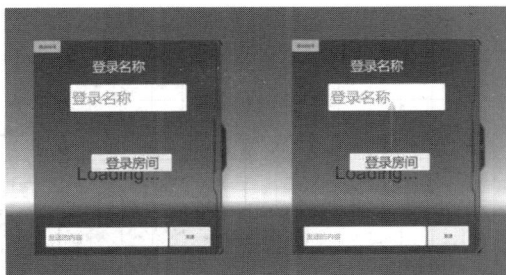

图 13-20　复制一个聊天的客户端

（14）整体 UI 已经制作完成，代码也完成绑定，客户端搭建完成，下面将进行整体连接测试。

13.2.3　整体运行

启动服务器，如图 13-21 所示。

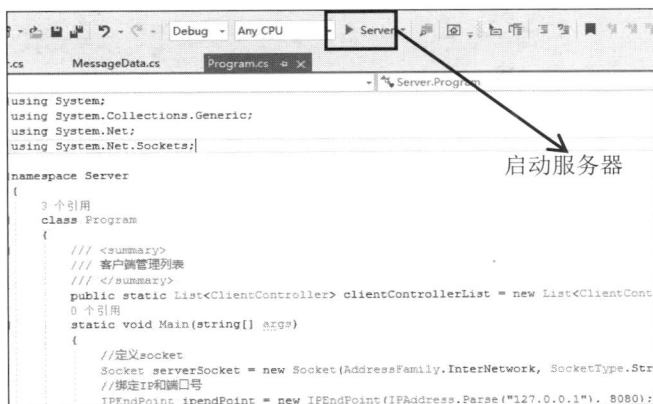

图 13-21　运行服务器程序

服务器运行成功的画面如图 13-22 所示。

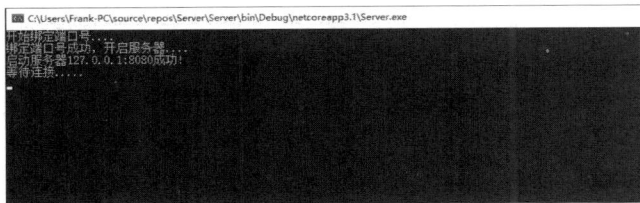

图 13-22　服务器运行成功的画面

运行 Unity 程序，如图 13-23 所示。

图 13-23　Unity 聊天程序和服务器之间进行数据传递

13.2.4　课后习题

前面章节已经实现了聊天室功能，但是自己跟自己聊天是不是有些无聊，试着修改服务器的 IP 和端口号，让其他小伙伴也能连接上服务器，一起聊天吧。

13.3　本 章 小 结

本章详细介绍了 Socket 和 Socket 的通信原理。

Socket 是应用层与 TCP/IP 协议族通信的中间软件抽象层，它是一组接口，也就是复杂的 TCP/IP 协议族隐藏在 Socket 接口后面，让 Socket 去组织数据，以符合指定的协议。

Socket 编程就是对网络中不同主机上的应用进程之间进行双向通信的端点的抽象。

Socket 通信经历了三次握手和四次挥手，三次握手是客户端对服务器端的三次请求，四次挥手是服务器端对客户端的四次释放连接的过程。为什么要三次握手和四次挥手这么麻烦呢，主要还是为了防止数据的丢失问题，以及解决客户端的连接问题。客户端首先向服务器端发送连接请求，服务器端响应后发送消息，客户端再向服务器端发送一个确认收到消息的消息，这样才能保证客户端向服务器端发送的消息确实收到。

最后使用 C#语言的控制台程序制作了一个服务器程序，然后用 Unity 作为客户端程序，做了一个简单的聊天室程序。

第14章 常用算法

算法是在有限步骤内求解某一问题所使用的一组定义明确的规则。通俗地说，就是计算机解题的过程。在这个过程中，无论是形成解题思路还是编写程序，都是在实施某种算法。解题思路可以用伪代码，编写程序也可以用某种特定语言。

不同的算法可能用不同的时间、空间或效率完成同样的任务，一个算法的优劣可以用空间复杂度与时间复杂度衡量。

算法常用于处理一些问题。例如，如何将一组无序的数据从小到大排列，将数据从无序变成有序。常用的算法有冒泡排序、选择排序、插入排序。下面就来了解一下这些算法的实现。

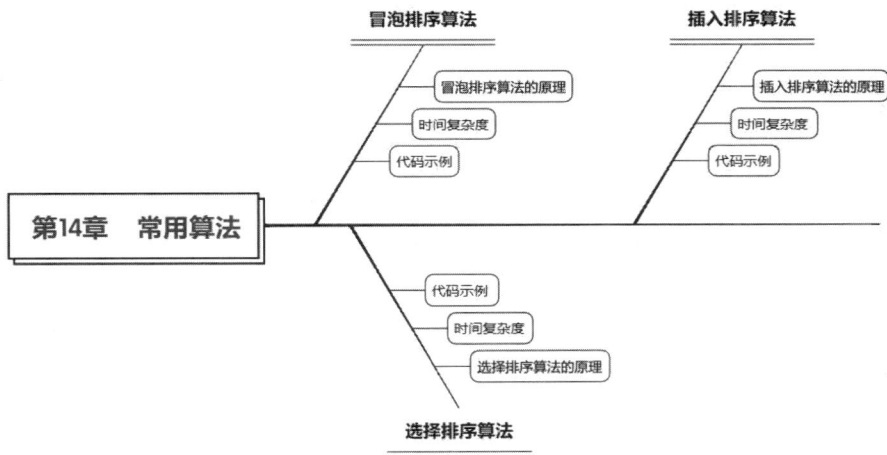

14.1 冒泡排序算法

冒泡排序是程序设计中一种较简单且基本的排序算法。在应聘职位中，我们也常常会遇到此类试题。其原理是重复地对要排序的数进行大小比较，一次比较两个数。如果第一个数比第二个数大，则交换顺序，把第二个小的数放前面，不断比较，直到形成一串由小到大排序的数字。下面详细介绍 C# 语言中如何实现冒泡排序。

14.1.1 冒泡排序算法的原理

从数组的第一个位置开始两两比较，即 array[index] 和 array[index+1]，如果 array[index] 大于 array[index+1]，则交换 array[index] 和 array[index+1] 的位置。

对每一对相邻元素做同样的处理，从开始第一对到结尾最后一对。

针对所有元素重复以上步骤，一直到没有任何一对数字需要比较。

14.1.2　时间复杂度

若数据的初始状态是正序的，一趟扫描即可完成排序。所需的关键字比较次数 C 和记录移动次数 M 均达到最小值，即 $C_{min} = n-1, M_{min} = 0$。

所以，冒泡排序算法最好的时间复杂度是 O(n)。

若数据的初始状态是倒序的，需要进行 n-1 趟排序。每趟排序要进行 n-i 次关键字的比较，且每次比较都必须移动记录 3 次来达到交换记录的位置。在这种情况下，比较和移动次数均达到最大值，即 $C_{max} = \frac{n(n-1)}{2} = O(n^2)$，$M_{max} = \frac{3n(n-1)}{2} = O(n^2)$，冒泡排序算法最坏的时间复杂度是 $O(n^2)$。

综上所述，冒泡排序算法的平均时间复杂度为 $O(n^2)$。

冒泡排序就是把小的元素往前调或者把大的元素往后调。比较是相邻的两个元素比较，交换也发生在这两个元素之间。所以，如果两个元素相等，是不会再交换的；如果两个相等的元素没有相邻，那么即使通过前面的两两交换把两个元素相邻起来，也不会交换，即相同元素的前后顺序并没有改变，所以冒泡排序是一种稳定排序算法。

14.1.3　代码示例

下面的示例演示了如何实现冒泡排序算法，参考代码 14-1。

代码 14-1　冒泡排序算法示例

```
using UnityEngine;
public class Test_14_1 : MonoBehaviour
{
    void Start()
    {
        //测试数据
        int[] array = {1, 4, 2, 43, 5, 61, 89, 34, 67, 32, 40};
        //将数据排序
        PopSort(array);
        //排序后的数据
        for (int i = 0; i < array.Length; i++)
        {
            Debug.Log(array[i]);
        }
    }

    public void PopSort(int[] _item)
    {
        int i, j, temp;                        //先定义要用的变量
        for (i = 0; i < _item.Length - 1; i++)
        {
            for (j = i + 1; j < _item.Length; j++)
            {
                if (_item[i] > _item[j])       //降序改为"<"
                {
                    //交换两个数的位置
```

```
                temp = _item[i];              //把大的数放在一个临时存储位置
                _item[i] = _item[j];          //把小的数赋给前一个位置
                _item[j] = temp;              //把临时存储位置中的大数赋给后一个位置
            }
        }
    }
}
```

编译和执行以上代码，结果如图 14-1 所示。

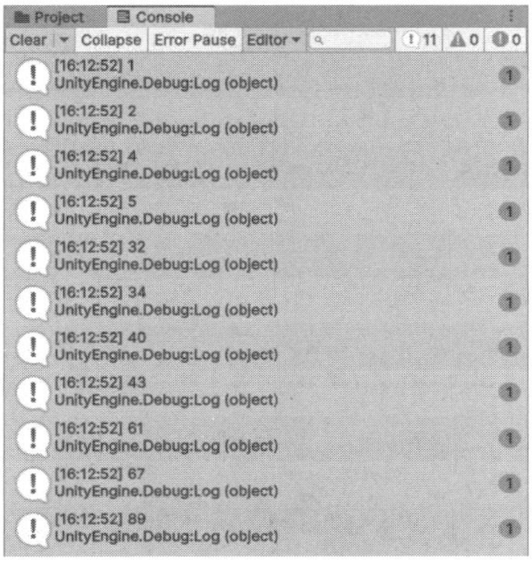

图 14-1　冒泡排序算法将无序数组排序

14.1.4　课后习题

排序后的数据是正序输出的，修改代码，让排序后的数据倒序输出，如图 14-2 所示。

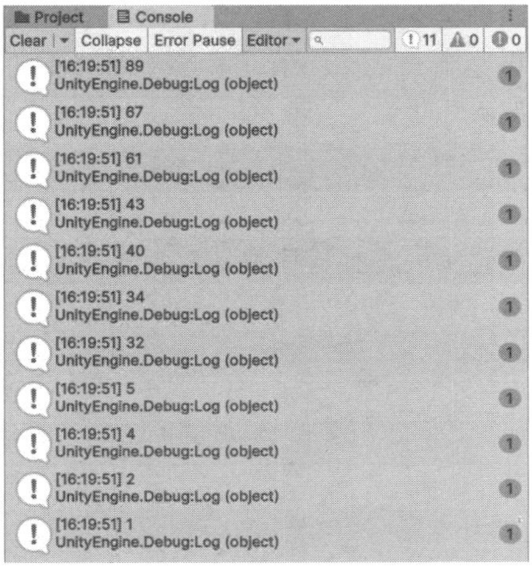

图 14-2　冒泡排序算法倒序输出

14.2　选择排序算法

选择排序是一种简单直观的排序算法，从头到尾扫描，然后选出一个最大或者最小的数值，将其与第一个元素交换，那么第一个元素是最大或者最小，接着把剩余的元素都按照这种方式选择或者交换，最终得到一个有序序列。

14.2.1　选择排序算法的原理

第一次从待排序的数据元素中选出最小（或最大）的一个元素，存放到序列的起始位置，然后从剩余的未排序元素中寻找最小（或最大）的一个元素，放到已排序的序列的末尾。以此类推，直到全部待排序的数据元素的个数为 0。

选择排序是不稳定的排序算法。

14.2.2　时间复杂度

选择排序的交换操作介于 0～(n-2) 次之间。选择排序的比较操作为 $\frac{n(n-1)}{2}$ 次。选择排序的额复制操作介于 0～3(n-1) 次之间。比较次数为 O(n²)，比较次数与关键字的初始状态无关，总的比较次数 N=(n-1)+(n-2)+…+1=$\frac{n(n-1)}{2}$。交换次数为 O(n)，最好情况是已经有序，交换 0 次；最坏情况是交换 n-1 次，逆序交换 n/2 次。交换次数比冒泡排序少得多，n 值较小时，选择排序比冒泡排序要快。

选择排序总的平均时间复杂度为 O(n²)。

但是选择排序是一个不稳定的排序算法。例如，选择排序给第一个位置选择最小的，在剩余元素中给第二个元素选择第二小的，直到第 n-1 个元素，第 n 个元素就不用选择了，只剩下最大的一个元素了。因此，在一趟选择中，如果一个元素比当前元素小，而该小的元素又出现在一个和当前元素相等的元素后面，交换后稳定性就被破坏了。

14.2.3　代码示例

下面的示例演示了如何使用代码实现选择排序算法，参考代码 14-2。

代码 14-2　选择排序算法示例

```
using UnityEngine;
public class Test_14_2: MonoBehaviour
{
    void Start()
    {
        //测试数据
        int[] array = {1, 4, 2, 43, 5, 61, 89, 34, 67, 32, 40};
        //将数据排序
        SelectionSort(array);
        //排序后的数据
```

```
    for (int i = 0; i < array.Length; i++)
    {
        Debug.Log(array[i]);
    }
}

public void SelectionSort(int[] _item)
{
    int i, j, min, len = _item.Length;
    int temp;
    for (i = 0; i < len - 1; i++)
    {
        min = i;
        for (j = i + 1; j < len; j++)
        {
            if (_item[min].CompareTo(_item[j]) > 0)
            {
                min = j;
            }
        }
        temp = _item[min];
        _item[min] = _item[i];
        _item[i] = temp;
    }
}
```

编译和执行以上代码，结果如图 14-3 所示。

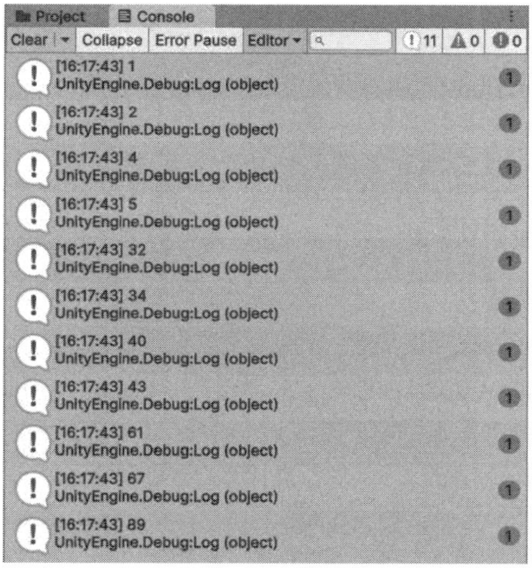

图 14-3　选择排序算法将无序数组排序

14.2.4　课后习题

排序后的数据是正序输出的，修改代码，让排序的数据倒序输出，如图 14-4 所示。

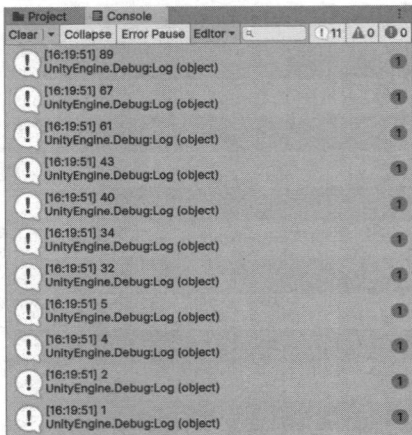

图 14-4　选择排序算法倒序输出

14.3　插入排序算法

插入排序一般也称为直接插入排序，对于少量元素的排序，它是一个有效的算法。插入排序的工作方式就像许多人排序一手扑克牌，开始左手为空，每次从桌子上拿走一张牌并将它插入左手中正确的位置，为了让这张牌插入正确的位置，需要将这张牌与手中的每张牌进行比较，拿在手中的牌总是排好序的。

14.3.1　插入排序算法的原理

插入排序是将一个记录插入已经排好序的有序表中，从而增加一个元素，有序表记录数增 1。在其实现过程中，使用了双层循环，外层循环寻找第一个元素之外的所有元素，内层循环在当前有序表中根据当前元素，查找插入位置，然后进行移动。

14.3.2　时间复杂度

在插入排序中，当待排序数组是有序的时候是最优的情况，只需将当前数与前一个数比较一下就可以了，这时一共需要比较 N-1 次，时间复杂度为 O(N)。

最坏的情况是待排序数组是逆序的，此时需要比较的次数最多，总数记为：1+2+3+…+N-1 次，所以，插入排序最坏情况下的时间复杂度为 $O(N^2)$。

平均来说，A[1…j-1]中的一半元素小于 A[j]，一半元素大于 A[j]。插入排序在平均情况下的运行时间与最坏情况下的运行时间一样，是输入规模的二次函数。

综上所述，插入排序的空间复杂度为常数阶 O(1)。

14.3.3　代码示例

下面的示例演示了如何使用代码实现插入排序算法，参考代码 14-3。

代码 14-3　插入排序算法示例

```
using UnityEngine;
public class Test_14_3: MonoBehaviour
{
    void Start()
    {
        //测试数据
        int[] array = {1, 4, 2, 43, 5, 61, 89, 34, 67, 32, 40};
        //将数据排序
        InsertSort(array);
        //排序后的数据
        for (int i = 0; i < array.Length; i++)
        {
            Debug.Log(array[i]);
        }
    }

    public void InsertSort(int[] _item)
    {
        for (int i = 1; i < _item.Length; i++)
        {
            int temp = _item[i];
            for (int j = i - 1; j >= 0; j--)
            {
                if (_item[j] > temp)
                {
                    _item[j + 1] = _item[j];
                    _item[j] = temp;
                }
            }
        }
    }
}
```

编译和执行以上代码，结果如图 14-5 所示。

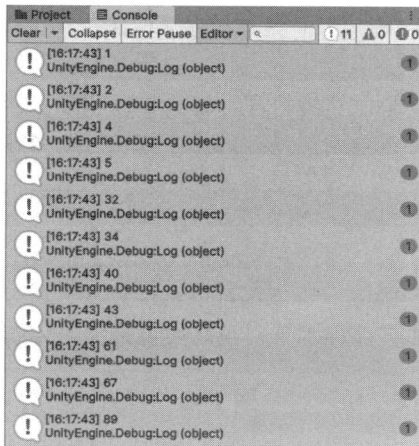

图 14-5　插入排序算法将无序数组排序

14.3.4　课后习题

已知排序后的数据是正序输出的，修改代码，让排序的数据倒序输出，如图 14-6 所示。

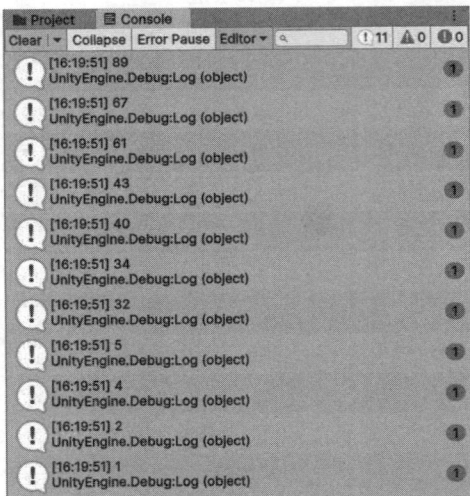

图 14-6　插入排序算法倒序输出

14.4　本章小结

在数据结构与算法的学习过程中，排序算法是基础且重要的一部分。本章详细讲解了三种常用的排序算法：冒泡排序、选择排序和插入排序。通过理解这些算法的原理、分析它们的时间复杂度，并结合代码示例与课后习题，读者可以对排序算法有一个全面而深入的认识。

这三种排序算法虽然简单，但在理解排序算法的基本思想和实现细节方面具有重要意义。它们的时间复杂度均为 $O(n^2)$，在处理大规模数据时效率较低，但对于小规模数据或特定场景下的应用，这些算法仍然有其价值。

通过本章的学习，我们不仅掌握了冒泡排序、选择排序和插入排序的具体实现方法，还学会了如何分析算法的时间复杂度，这为后续学习更高效的排序算法（如快速排序、归并排序等）打下了坚实的基础。此外，通过课后习题的练习，我们能够将理论知识应用于实际问题的解决中，进一步巩固所学的内容。

希望通过对这些基础排序算法的学习，能够为后续深入探索数据结构与算法领域打下坚实的基础。

算法只是一种实现思路，不同的编程语言都可以实现算法，所以算法的实用性很高，值得深入学习，但是如果觉得算法太难，可以在编程水平提高之后再来学习算法。

第 15 章　常用设计模式

　　设计模式是软件开发人员在软件开发过程中面临的一些问题的解决方案，这些解决方案是众多软件开发人员经过相当长的一段时间试验总结出来的。它不是语法规定，而是一套用来提高代码的可复用性、可维护性、可读性、稳健性以及安全性的解决方案。

　　设计模式在刚开始接触编程时作用不大，但是这不代表设计模式不重要，恰恰相反，设计模式对于程序员而言相当重要。它是程序员写出优秀程序的保障，设计模式与程序员的架构能力与阅读源码的能力相关，值得程序员深入学习。

　　设计模式一共有 23 种，这 23 种设计模式的本质是面向对象设计原则的实际运用，是对类的封装性、继承性和多态性，以及类的关联关系和组合关系的充分理解。在进行设计模式设计时，需要遵循设计原则，下面就介绍设计模式的设计原则。

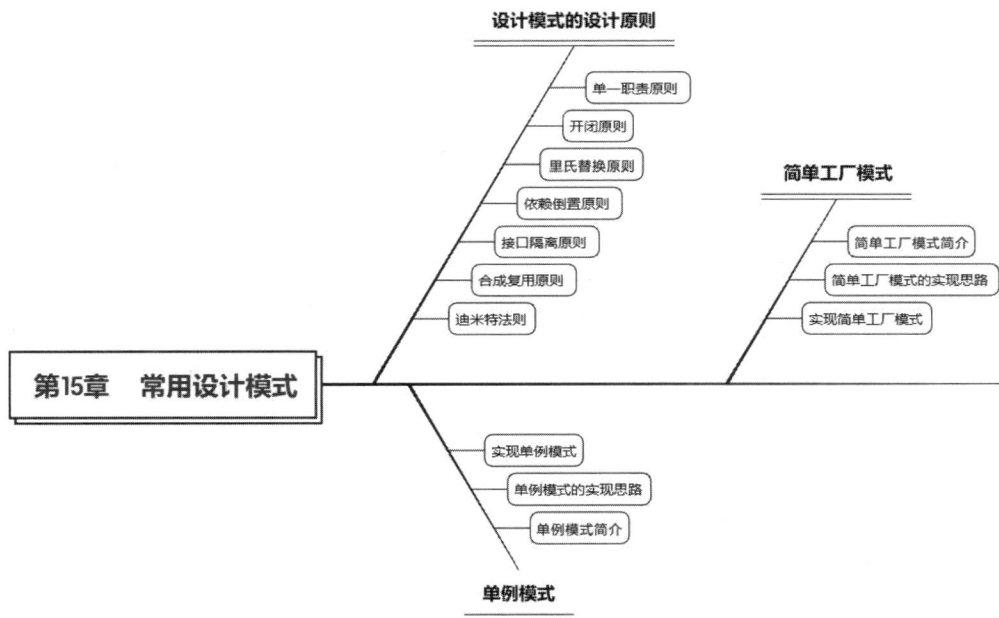

15.1　设计模式的设计原则

　　使用设计模式的根本原因是适应变化，提高代码复用率，使软件更具有可维护性和可扩展性。在进行设计时，需要遵循以下几个原则：单一职责原则、开闭原则、里氏替换原则、依赖倒置原则、接口隔离原则、合成复用原则和迪米特法则。下面分别介绍每种设计原则。

15.1.1　单一职责原则

就一个类而言，应该只有一个引起它变化的原因。如果一个类承担的职责过多，就等于把这些职责耦合在一起，一个职责的变化可能会影响到其他职责。另外，把多个职责耦合在一起也会影响复用性。

15.1.2　开闭原则

开闭原则（Open-Closed Principle，OCP）强调的是：一个软件实体（指类、函数、模块等）应该对扩展开放，对修改关闭，即每次发生变化时，要通过添加新的代码来增强现有类型的行为，而不是修改原有的代码。简言之，是为了使程序的扩展性好，易于维护和升级。

符合开闭原则的最好方式是提供一个固有的接口，然后让所有可能发生变化的类实现该接口，让固定的接口与相关对象进行交互。

15.1.3　里氏替换原则

里氏替换原则（Liskov Substitution Principle，LSP）指的是子类必须能够替换它们的父类。也就是说，在软件开发过程中，子类替换父类后，程序的行为是一样的。只有当子类替换掉父类后，此时软件的功能不受影响，父类才能真正地被复用，而子类也可以在父类的基础上添加新的行为。

在里氏替换原则中，任何基类可以出现的地方，子类一定可以出现。LSP 是继承复用的基石，只有当子类可以替换掉基类，且软件单位的功能不受影响时，基类才能真正被复用，而子类也能够在基类的基础上增加新的行为。里氏替换原则是对开闭原则的补充。实现开闭原则的关键步骤就是抽象化，而基类与子类的继承关系就是抽象化的具体实现，所以，里氏替换原则是对实现抽象化的具体步骤的规范。

15.1.4　依赖倒置原则

依赖倒置原则（Dependence Inversion Principle，DIP）指的是抽象不应该依赖于细节，细节应该依赖于抽象，即提倡面向接口编程，而不是面向实现编程。这样可以降低客户端与具体实现的耦合。

这个原则是开闭原则的基础，具体内容是：针对接口编程，依赖于抽象而不依赖于具体。

15.1.5　接口隔离原则

接口隔离原则（Interface Segregation Principle，ISP）指的是使用多个专门的接口比使用单一的总接口要好。也就是说，不要让一个单一的接口承担过多的职责，而应把每个职责分离到多个专门的接口中，实现接口的隔离。过于臃肿的接口是对接口的一种污染。

这个原则的含义是：使用多个隔离的接口优于使用单个接口。它还意味着：降低类之间的耦合度。由此可见，其实设计模式就是从大型软件架构出发、便于升级和维护的软件设计思想，它强调降低依赖，降低耦合。

15.1.6　合成复用原则

合成复用原则（Composite Reuse Principle，CRP）就是在一个新的对象中使用一些已有的对象，使之成为新对象的一部分。新对象通过向这些对象的委派达到复用已有功能的目的。简单地说，就是要尽量使用合成/聚合，而不要使用继承。

要使用好合成复用原则，首先需要区分 Has-A 和 Is-A 的关系。

Is-A 是指一个类是另一个类的一种，是属于的关系，而 Has-A 则不同，它表示某一个角色具有某一项责任。导致错误地使用继承而不是聚合的常见原因是错误地把 Has-A 当成 Is-A，如图 15-1 所示。

实际上，雇员、经理、学生描述的是一种角色。例如，一个人是经理，则必然是雇员。在上面的设计中，一个人无法同时拥有多个角色，是雇员就不能再是学生了，这显然不合理，因为现在很多在职研究生，既是雇员也是学生。

在上面的设计中，错误源于把角色的等级结构与人的等级结构混淆了，误把 Has-A 当作 Is-A。具体的解决方法就是抽象出一个角色类，如图 15-2 所示。

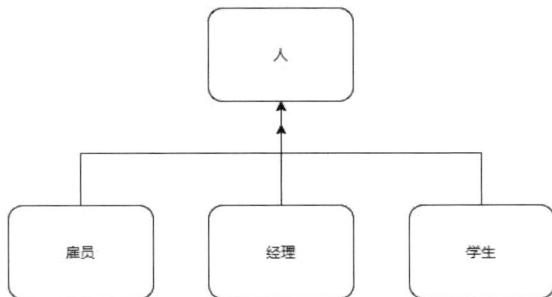

图 15-1　雇员、经理、学生与人的关系　　　　　图 15-2　抽象出一个角色类

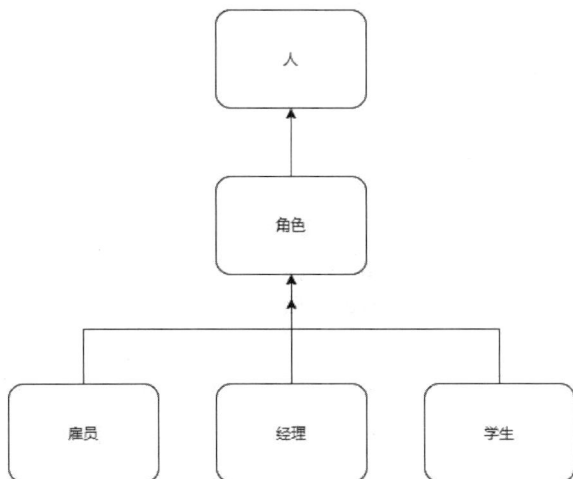

15.1.7　迪米特法则

迪米特法则（Law of Demeter，LOD）又称为最少知道原则（Least Knowledge Principle，LKP），指的是一个对象应当对其他对象有尽可能少的了解。也就是说，一个模块或对象应尽量少地与其他实体之间发生相互作用，使得系统功能模块相对独立。这样当一个模块修改时，影响的模块就会越少，扩展起来更加容易。

关于迪米特法则的其他表述有：跟你有直接关系的朋友们通信；只与你直接相关的朋友们通信。

外观模式（Facade Pattern）和中介者模式（Mediator Pattern）就使用了迪米特法则。

15.2　单　例　模　式

单例模式这个"单例"从字面意思理解就是一个类只有一个实例，所以单例模式也就是保证一个类只有一个实例的一种实现方法，该方法是为了降低对象之间的耦合度。下面就详细介绍单例模式。

15.2.1 单例模式简介

单例模式官方定义：确保一个类只有一个实例，并提供一个全局访问点。单例模式适用于系统中某个对象只需要一个实例的情况。例如，操作系统只能有一个任务管理器，操作文件时，同一时间只允许一个实例进行操作等。既然现实生活中有其应用场景，在软件设计领域就有了这样的解决方案（因为软件设计也是现实生活中的抽象），所以也就有了单例模式。

15.2.2 单例模式的实现思路

了解了关于单例模式的基本概念之后，下面剖析单例模式的实现思路。从单例模式的概念入手：确保一个类只有一个实例，并提供一个访问它的全局访问点，可以把概念拆分为两部分。

（1）确保一个类只有一个实例。

（2）提供一个访问它的全局访问点。

下面具体实现单例模式。

15.2.3 实现单例模式

实现单例模式，最重要的是注意两个点，确保一个类只有一个实例，以及提供一个全局访问点。下面的代码实现了这两个点，参考代码 15-1。

代码 15-1 单例模式实现

```
public class Singleton
{
    static Singleton instance;
    public static Singleton Instance
    {
        get
        {
            if (instance == null)
            {
                instance = new Singleton();
            }
            return instance;
        }
    }
}
```

由以上代码可以看出，类的实例化在其内部实现，不能在外部实例化，这就可以确保全局只有一个实例；提供一个全局访问点也就是提供一个公有属性来指向这个类，当其他对象调用这个属性时，如果没有实例化类，就在内部实例化返回，已经实例化的，就直接返回实例化的类。

下面演示单例模式的使用，参考代码 15-2。

代码 15-2 单例模式的使用示例

```
using UnityEngine;
public class Test_15_2: MonoBehaviour
{
    void Start()
    {
```

```
        Singleton.Instance.Name = "李四";
        Singleton.Instance.Age = "15";
        Debug.Log(Singleton.Instance.Name + " " + Singleton.Instance.Age);
    }
}
public class Singleton
{
    static Singleton instance;

    public static Singleton Instance
    {
        get
        {
            if (instance == null)
            {
                instance = new Singleton();
            }
            return instance;
        }
    }
    public string Name {get; set;}
    public string Age {get; set;}
}
public class NotSingLeton
{
    public string Name {get; set;}
    public string Age {get; set;}
}
```

编译和执行以上代码，运行结果如图 15-3 所示。

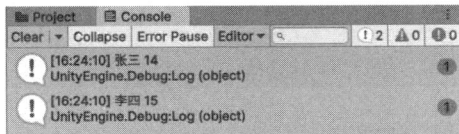

图 15-3　单例模式的示例运行结果

15.2.4　课后习题

本节介绍了如何使用单例模式获取数据，那么思考一下：在不使用单例模式的情况下如何获取数据呢？写出来对比一下，看看单例模式具有哪些优势和缺点。

15.3　简单工厂模式

工厂模式就是一个生产产品的工厂，但是这个工厂放到编程中又代表什么呢？又是为了解决什么编程问题呢？工厂模式包含简单工厂模式、工厂方法模式、抽象工厂模式，不同的工厂模式用于解决不同的问题。下面就来了解一下简单工厂模式。

15.3.1 简单工厂模式简介

简单工厂模式是由一个工厂对象决定创建哪一种产品类的实例，简单工厂模式中定义一个抽象类，抽象类中声明公共的特性及属性，抽象子类继承自抽象类，去实现具体的操作。工厂类根据外界需求，在工厂类创建对应的抽象子类实例并传给外界，而对象的创建是由外界决定的。外界只需知道抽象子类对应的参数即可，而不需要知道抽象子类的创建过程，在外界使用时甚至不用引入抽象子类。

15.3.2 简单工厂模式的实现思路

简单工厂模式可以理解为负责生产对象的一个类。在编程中使用 new 关键字创建一个对象时，该类就依赖于这个对象，也就是它们之间的耦合度高，当需求变更时，就不得不去修改此类的源代码，此时可以使用面向对象中很重要的原则去解决这个问题，即封装变化。既然要封装改变，就要找到要改变的代码，然后把改变的代码用类来封装，这样的思路就是简单工厂模式的实现思路。

所以说，简单工厂模式的实现思路主要就是实现抽象工厂类和实现抽象子类。

（1）工厂类：根据外界的需求，决定创建并返回哪个具体的抽象子类。

（2）抽象类：声明公共的特性及属性。

（3）抽象子类：实现具体的操作。

将抽象子类的创建和关于抽象子类相关的业务逻辑分离，可降低对象间的耦合度。由于工厂类只是为外界创建对象，所以并不需要实例化工厂类对象，只需为外界提供类方法即可。外界需要什么类型的抽象子类，只需传递对应的参数即可。外界不需要知道具体的抽象子类，只需使用抽象类即可。

15.3.3 实现简单工厂模式

实现简单工厂模式需要创建三个对象，也就是工厂类、抽象类和抽象子类。工厂类根据外界的需要，决定创建并返回哪个具体的抽象子类；抽象类声明公共的特性及属性；抽象子类继承于抽象类，实现具体的操作。下面的例子演示了简单工厂模式的实现代码，参考代码 15-3。

代码 15-3　实现简单工厂模式的示例代码

```
using UnityEngine;

public class Test_14_3: MonoBehaviour
{
    void Start()
    {
        //想要生产 TV
        Factory factoryTV = SimpleFactory.MakeProduct("TV");
        factoryTV.Product();
        //想要生产 DVD
        Factory factoryDVD = SimpleFactory.MakeProduct("DVD");
        factoryDVD.Product();
    }
}
///<summary>
///简单工厂类，根据传递的参数决定创建哪个抽象子类
///</summary>
public class SimpleFactory
```

```
{
    public static Factory MakeProduct(string type)
    {
        Factory factory = null;
        switch (type)
        {
            case "TV":
                factory = new ProductionTV();
                break;
            case "DVD":
                factory = new ProductionDVD();
                break;
            default:
                break;
        }
        return factory;
    }
}
///<summary>
///抽象类，声明公共特性及属性
///</summary>
public abstract class Factory
{
    public abstract void Product();
}
///<summary>
///抽象子类，实现具体的操作，生产电视机
///</summary>
public class ProductionTV: Factory
{
    public override void Product()
    {
        Debug.Log("生产电视机");
    }
}
///<summary>
///抽象子类，实现具体的操作，生产 DVD
///</summary>
public class ProductionDVD: Factory
{
    public override void Product()
    {
        Debug.Log("生产 DVD");
    }
}
```

编译和执行以上代码，运行结果如图 15-4 所示。

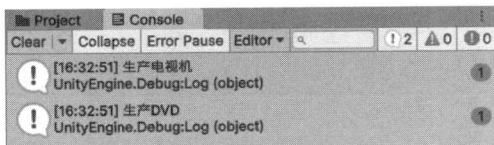

图 15-4　简单工厂模式的示例运行结果

15.3.4　课后习题

本节介绍了如何使用简单工厂模式来"生产"设备，那么思考一下：在不使用简单工厂模式的情况下，如何"生产"设备呢？写出来对比一下，看看简单工厂模式带来了哪些优势和缺点。

15.4　本章小结

本章介绍了什么是设计模式，设计模式是指软件开发人员在软件开发过程中面临的一些问题的解决方案。在软件开发中我们也会遇到这些问题，那么这些设计模式就是经过验证的最好的解决方案。设计模式不是语法规定，也不是硬性的代码格式，而是一套用来提高代码的可复用性、可维护性、可读性、稳健性及安全性的解决方案，同时也是软件开发人员进阶的必经之路。

使用设计模式的根本原因是为了解决问题，使软件具有可维护性和可扩展性，所以，在设计设计模式时需要遵循以下几个原则：单一职责原则、开闭原则、里氏替换原则、依赖倒置原则、接口隔离原则、合成复用原则和迪米特法则。

本章还讲解了单例模式和简单工厂模式。单例模式主要适用于不创建新的实例，而总是返回已经创建的实例的情况，即当软件只能运行一个实例时使用。而简单工厂模式则主要适用于抽象子类的业务逻辑相同，但具体实现不同的情况。不同的操作子类执行同样的方法，最后的结果却是不同的，这也是多态的一种表现方式。

这样模块清晰化，每个部分都各司其职，分工明确，代码就实现了最基础意义上的"可维护"。说到缺点，当我们需要增加一个产品，比如在计算机中加入一个新的功能，可以求 M 的 N 次方，这样一个小功能我们就要去添加一个新的类，同时我们需要在 Factory 中改动 switch 里面的代码，这是耦合性很高的表现。所以，工厂模式就应运而生了。

从上面两种方式的对比可以看出，简单工厂模式的优点是工厂角色负责产生具体的实例对象，在工厂类中需要有必要的逻辑，通过客户的输入能够得到具体创建的实例，所以客户端就不需要感知具体对象是如何产生的，只需将必要的信息提供给工厂即可。缺点是简单工厂模式违反"开闭原则"，对扩展开放，对修改关闭；如果要新增具体产品，就需要修改工厂类的代码。

简单工厂模式解决了客户端直接依赖于具体对象的问题，客户端可以消除直接创建对象的责任，而仅仅是消费产品。简单工厂模式实现了对责任的分割。

第 16 章　人工智能的实现

人工智能（Artificial Intelligence，AI）是指由人工制造的系统所表现的模拟人类的智能活动，通常也指通过计算机实现这类智能。

在游戏中，对于 AI，应该关注的问题是如何让游戏角色能像人或者动物那样"感知""思考""行动"，让游戏中的角色看上去像具有真实的人或动物的反应。

对于游戏中的 AI 角色，可以认为它们一直处于感知（Sense）→思考（Think）→行动（Act）的循环中。

- 感知：是 AI 角色与游戏世界的接口，负责在游戏运行过程中不断地感知周围环境，读取游戏状态和数据，为思考和角色收集信息。例如，是否有敌人接近等。
- 思考：利用感知的结果进行判断，在多种选择之间进行判断。例如，该战斗还是逃跑？思考过后要干什么，这通常是决策系统的任务，有时也可能简单地与感知合二为一。
- 行动：发出命令，更新状态，寻路，也包含生命值减少等，这是 Unity 的动画系统、运动系统和物理系统的任务。

本章就围绕 AI 的实现进行 AI 架构设计、AI 角色的决策、有限状态机实现等内容讲解。

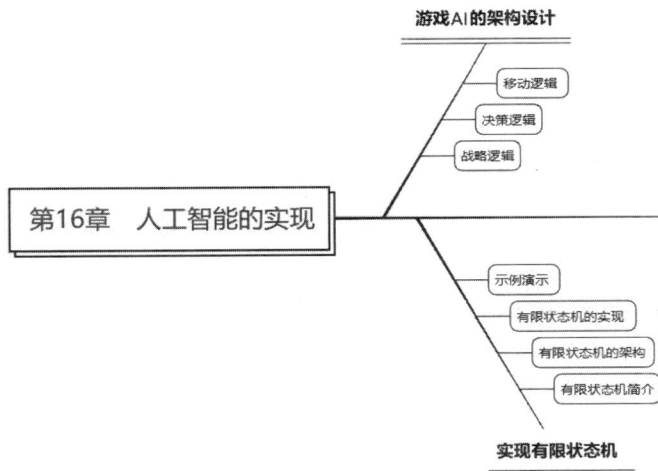

16.1　游戏 AI 的架构设计

根据游戏中对 AI 的需求，可以用三种能力进行概括。

- 感知：感知周围环境的能力。

● 思考：思考及决策的能力。

● 行动：发出及执行命令的能力。

根据上面的需求，我们采用的 AI 架构模型设计如图 16-1 所示。

在这个模型中，将 AI 需求分成三层，分别为感知层、思考层、行动层。这三个层次都与游戏世界紧密相关，会用到 Unity 的动画系统、物理系统等。

当然，这只是最基本的 AI 架构模型，在实际应用中，还需要根据需求进行细分和扩展。例如，棋牌游戏，只需要思考层，因为它不涉及感知和行动，只需思考如何决策即可。所以，在特定的游戏中，还需要根据特定的需求进行修改。

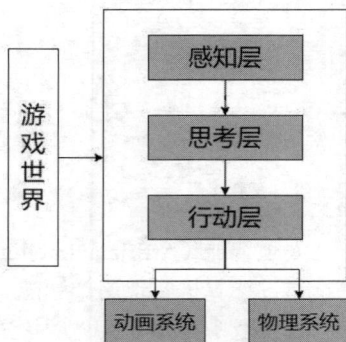

图 16-1　AI 架构模型设计

本章将根据 FPS 游戏（First-Person Shooting Game，第一人称射击游戏）的 AI 设计及内容进行讲解。

16.1.1　移动逻辑

对于 FPS 游戏来说，AI 的移动是首要考虑的需求，移动逻辑需要明确角色如何在游戏世界中移动，如何避开障碍物，沿着导航系统设定的节点移动，在复杂的环境中找到目标点。

这些任务通过移动指令来执行，如移动到点（X，Y，Z），移动到点 B，面向点（X，Y，Z），然后停止移动。

移动逻辑主要涉及寻路算法，该算法需根据给定目标点找到最优路线，若找不到路线，则返回"找不到路径"等相应信息。

16.1.2　决策逻辑

在 FPS 游戏中，思考层确定了角色的任务、命令、状态和目标点，使角色可以运动到指定的目标点。简单来说，决策逻辑决定了 AI 的执行行为，如播放什么动画、播放什么音频、移动到什么地方等。

对于 FPS 游戏，与战斗相关的决策是十分关键的，因此，可以在思考层中（除了一般的决策之外）增加一个单独的战斗控制器，负责做出与战斗相关的决策。这可以利用有限状态机或行为树技术来实现。

对于一个典型的 FPS 游戏中的 AI 角色，下面列出了几个典型状态。

● 空闲：角色没有参与到战斗或移动。

● 巡逻：角色沿着给定的巡逻路线进行巡逻。

● 战斗：角色处于战斗中。

● 徘徊：角色处于待机状态，在周围随机徘徊。

● 逃跑：角色试图逃离敌人或某种感受到的威胁。

● 寻找：角色正在寻找可以战斗的敌人，或寻找在战斗中逃跑的敌人。

16.1.3　战略逻辑

在射击游戏中，AI 一般主要针对单个角色，而不是需要相互协作和采用相同策略进行同步的小队。但是，如果你的游戏是基于分队战斗的，则需要考虑分队成员之间的协作，这可能会需要一个战略层。

战略层可以很简单。例如，只做出分队前进、撤退或掩护的决策，也可能很复杂。例如，让分队中的某些成员进行攻击，其他成员继续前进或提供掩护，然后在前方某点汇合等。

16.2 实现有限状态机

决策系统的任务是处理游戏世界中收集到的各种信息，包括内容信息和外部信息，以确定 AI 角色下一步行为。

这些行为由两部分组成：一些行为会改变 AI 角色的状态，如开枪、进入房间；另一些行为只会引起内部状态变化，如更改目标点等。

AI 角色通过决策系统来确定下一步的行为，因此决策系统的重要性无须多言。

接下来，就将利用有限状态机（Finite State Machine，FSM）的概念实现一个有限状态机。

16.2.1 有限状态机简介

有限状态机是表示有限个状态以及在这些状态之间的转移和动作等行为的数学模型。

有限状态机的核心原理是基于状态和状态之间的转换，可以用来描述系统的行为和流程，尤其是在处理离散事件和复杂逻辑时，代码有较强的可维护性及健壮性。

有限状态机作为一种强大的工具，被广泛用于管理游戏对象的状态转换和行为，下面将对 Unity 中的有限状态机的架构和实现进行讲解。

16.2.2 有限状态机的架构

在 Unity 中，可以使用 FSM 来控制游戏对象的行为，FSM 的架构通常包含以下几个部分。

- 状态枚举（State Enum）：定义游戏对象可能处于的所有状态。
- 状态接口（State Interface）：定义状态的行为，包含进入、退出、更新和状态转换等方法。
- 具体状态类（Concrete State Class）：实现状态接口，定义每个状态的具体行为。
- 状态机类（State Machine Class）：管理状态的切换和调用，以及状态的管理。

在 Unity 中，如何编写状态机呢？先来看一个例子，有一个 AI 角色，它的行为逻辑如下。

- 巡逻（Patrol）：开始，会沿着指定的路线进行巡逻，循环往复，如果发现敌人，就会进入追逐（Chase）状态。
- 追逐（Chase）：AI 角色判断敌人是否在攻击范围内，如果在，那么进入攻击状态，进行攻击；如果不在，那么继续追逐敌人。
- 攻击（Attack）：如果玩家离开攻击范围，那么继续追逐；如果玩家很远，那么重新回到巡逻状态。
- 死亡（Dead）：无论处于前 3 种的哪一种状态，只要生命值为 0，就进入死亡状态。

根据这个 AI 角色行为逻辑画出 FSM 图，如图 16-2 所示。

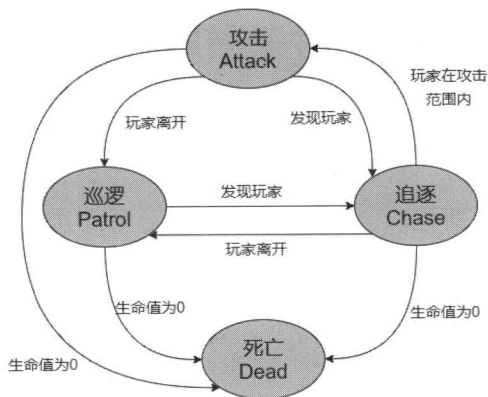

图 16-2 FSM 逻辑图

根据图 16-2 所示，可以建立状态转移矩阵，这里输出有 4 种状态，分别是巡逻、追逐、攻击和死亡，输入也有 5 种状态，分别是发现玩家、生命值为 0、玩家在攻击范围内、超出攻击范围、玩家离开（超出发现范围），因此其状态转移矩阵如表 16-1 所示。

表 16-1 状态转移矩阵

当前状态	输　　入	输　　出
巡逻	发现玩家	追逐
	生命值为 0	死亡
追逐	玩家在攻击范围内	攻击
	玩家离开	巡逻
	生命值为 0	死亡
攻击	超出攻击范围	追逐
	玩家离开	巡逻
	生命值为 0	死亡
死亡		

下面是一个简单的 Unity FSM 的实现。

16.2.3　有限状态机的实现

（1）状态接口类（IStateData），参考代码 16-1。

代码 16-1　状态接口类

```
namespace FSM
{
    public interface IStateData { }
}
```

（2）抽象状态类（State），参考代码 16-2。

代码 16-2　抽象状态类

```
using FSM;
using System;

namespace FSM
{
    ///<summary>
    ///抽象状态类
    ///</summary>
    public class State
    {
        ///<summary>
        ///状态名称
        ///</summary>
        public string Name {get; set;}
        ///<summary>
        ///是否可切换至自身
        ///</summary>
```

```csharp
public virtual bool CanSwitch2Self {get; set;}
///<summary>
///所属状态机
///</summary>
public StateMachine Machine {get; internal set;}
///<summary>
///状态初始化事件
///</summary>
internal Action onInitialization;
///<summary>
///状态进入事件
///</summary>
internal Action onEnter;
///<summary>
///状态停留事件
///</summary>
internal Action onStay;
///<summary>
///状态退出事件
///</summary>
internal Action onExit;
///<summary>
///状态终止事件
///</summary>
internal Action onTermination;

///<summary>
///状态初始化事件
///</summary>
public virtual void OnInitialization()
{
    onInitialization?.Invoke();
}
///<summary>
///状态进入事件
///</summary>
public virtual void OnEnter(IStateData data = null)
{
    onEnter?.Invoke();
}
///<summary>
///状态停留事件
///</summary>
public virtual void OnStay()
{
    onStay?.Invoke();
}
///<summary>
///状态退出事件
///</summary>
public virtual void OnExit()
{
    onExit?.Invoke();
}
```

```
///<summary>
///状态终止事件
///</summary>
public virtual void OnTermination()
{
    onTermination?.Invoke();
}
///<summary>
///设置状态切换条件
///</summary>
///<param name="predicate">切换条件</param>
///<param name="targetStateName">目标状态名称</param>
public void SwitchWhen(Func<bool> predicate, string targetStateName)
{
    Machine.SwitchWhen(predicate, Name, targetStateName);
}
}
}
```

核心事件如下。

- OnInitialization：状态初始化事件。
- OnEnter：状态进入事件。
- OnStay：状态停留事件。
- OnExit：状态退出事件。
- OnTermination：状态终止事件。

（3）状态切换类（StateSwitchCondition），参考代码 16-3。

代码 16-3　状态切换类

```
using System;

namespace FSM
{
    public class StateSwitchCondition
    {
        public readonly Func<bool> predicate;

        public readonly string sourceStateName;

        public readonly string targetStateName;

        public StateSwitchCondition(Func<bool> predicate, string sourceStateName,
        string targetStateName)
        {
            this.predicate = predicate;
            this.sourceStateName = sourceStateName;
            this.targetStateName = targetStateName;
        }
    }
}
```

（4）状态构建器（StateBuilder），参考代码 16-4。

```
using System;

namespace FSM
{
    ///<summary>
    ///状态构建器
    ///</summary>
    ///<typeparam name="T">状态类型</typeparam>
    public class StateBuilder<T> where T: State, new()
    {
        //构建的状态
        private readonly T state;
        //构建的状态所属的状态机
        private readonly StateMachine stateMachine;

        ///<summary>
        ///构造函数
        ///</summary>
        ///<param name="state"></param>
        ///<param name="stateMachine"></param>
        public StateBuilder(T state, StateMachine stateMachine)
        {
            this.state = state;
            this.stateMachine = stateMachine;
        }

        ///<summary>
        ///设置状态初始化事件
        ///</summary>
        ///<param name="onInitialization">状态初始化事件</param>
        ///<returns>状态构建器</returns>
        public StateBuilder<T> OnInitialization(Action<T> onInitialization)
        {
            state.onInitialization = () => onInitialization(state);
            return this;
        }
        ///<summary>
        ///设置状态进入事件
        ///</summary>
        ///<param name="onEnter">状态进入事件</param>
        ///<returns>状态构建器</returns>
        public StateBuilder<T> OnEnter(Action<T> onEnter)
        {
            state.onEnter = () => onEnter(state);
            return this;
        }
        ///<summary>
        ///设置状态停留事件
        ///</summary>
        ///<param name="onStay">状态停留事件</param>
        ///<returns>状态构建器</returns>
        public StateBuilder<T> OnStay(Action<T> onStay)
```

```
    {
        state.onStay = () => onStay(state);
        return this;
    }
    ///<summary>
    ///设置状态退出事件
    ///</summary>
    ///<param name="onExit">状态退出事件</param>
    ///<returns>状态构建器</returns>
    public StateBuilder<T> OnExit(Action<T> onExit)
    {
        state.onExit = () => onExit(state);
        return this;
    }
    ///<summary>
    ///设置状态终止事件
    ///</summary>
    ///<param name="onTermination">状态终止事件</param>
    ///<returns>状态构建器</returns>
    public StateBuilder<T> OnTermination(Action<T> onTermination)
    {
        state.onTermination = () => onTermination(state);
        return this;
    }
    ///<summary>
    ///设置状态切换条件
    ///</summary>
    ///<param name="predicate">切换条件</param>
    ///<param name="targetStateName">目标状态名称</param>
    ///<returns>状态构建器</returns>
    public StateBuilder<T> SwitchWhen(Func<bool> predicate, string targetStateName)
    {
        state.SwitchWhen(predicate, targetStateName);
        return this;
    }
    ///<summary>
    ///构建完成
    ///</summary>
    ///<returns>状态机</returns>
    public StateMachine Complete()
    {
        state.OnInitialization();
        return stateMachine;
    }
    }
}
```

（5）状态机（StateMachine），参考代码 16-5。

代码 16-5　状态机

```
using FSM;
using System;
using System.Collections.Generic;
```

```
namespace FSM
{
    ///<summary>
    ///状态机
    ///</summary>
    public class StateMachine
    {
        //状态列表，存储状态机内所有状态
        private readonly List<State> states = new List<State>();
        //状态切换条件列表
        private readonly List<StateSwitchCondition> conditions = new
        List<StateSwitchCondition>();

        ///<summary>
        ///状态机名称
        ///</summary>
        public string Name {get; internal set;}
        ///<summary>
        ///当前状态
        ///</summary>
        public State CurrentState {get; protected set;}

        ///<summary>
        ///状态机初始化事件
        ///</summary>
        public virtual void OnInitialization() { }

        ///<summary>
        ///添加状态
        ///</summary>
        ///<param name="state">状态</param>
        ///<returns>0：添加成功；-1：状态已存在,无须重复添加；-2：存在同名状态,添加失败</returns>
        public int Add(State state)
        {
            //判断是否已经存在
            if (!states.Contains(state))
            {
                //判断是否存在同名状态
                if (states.Find(m => m.Name == state.Name) == null)
                {
                    //存储到列表
                    states.Add(state);
                    //执行状态初始化事件
                    state.OnInitialization();
                    //设置状态所属的状态机
                    state.Machine = this;
                    return 0;
                }
                return -2;
            }
            return -1;
        }
        ///<summary>
        ///添加状态
```

```
///</summary>
///<typeparam name="T">状态类型</typeparam>
///<param name="stateName">状态命名</param>
///<returns>0：添加成功；-1：状态已存在,无须重复添加；-2：存在同名状态,添加失败</returns>
public int Add<T>(string stateName = null) where T : State, new()
{
    Type type = typeof(T);
    T t = (T)Activator.CreateInstance(type);
    t.Name = string.IsNullOrEmpty(stateName)? type.Name: stateName;
    return Add(t);
}

///<summary>
///移除状态
///</summary>
///<param name="stateName">状态名称</param>
///<returns>true：移除成功；false：状态不存在,移除失败</returns>
public bool Remove(string stateName)
{
    //根据状态名称查找目标状态
    var target = states.Find(m => m.Name == stateName);
    if (target != null)
    {
        //如果要移除的状态为当前状态，首先执行当前状态退出事件
        if (CurrentState == target)
        {
            CurrentState.OnExit();
            CurrentState = null;
        }
        //执行状态终止事件
        target.OnTermination();
        //从列表中移除
        states.Remove(target);
        return true;
    }
    return false;
}
///<summary>
///移除状态
///</summary>
///<param name="state">状态</param>
///<returns>true：移除成功；false：状态不存在,移除失败</returns>
public bool Remove(State state)
{
    return Remove(state.Name);
}
///<summary>
///移除状态
///</summary>
///<typeparam name="T">状态类型</typeparam>
///<returns>true：移除成功；false：状态不存在,移除失败</returns>
public bool Remove<T>() where T : State
{
    return Remove(typeof(T).Name);
```

```
    }
    ///<summary>
    ///切换状态
    ///</summary>
    ///<param name="stateName">状态名称</param>
    ///<param name="data">数据</param>
    ///<returns>0：切换成功； -1：状态不存在； -2：当前状态已经是切换的目标状态，并且该状态
    ///不可切换至自身</returns>
    public int Switch(string stateName, IStateData data = null)
    {
        //根据状态名称在列表中查询
        var target = states.Find(m => m.Name == stateName);
        if (target == null) return -1;
        //如果当前状态已经是切换的目标状态并且该状态不可切换至自身，则无须切换，返回false
        if (CurrentState == target && !target.CanSwitch2Self) return -2;
        //当前状态不为空，则执行状态退出事件
        CurrentState?.OnExit();
        //更新当前状态
        CurrentState = target;
        //更新后，执行状态进入事件
        CurrentState.OnEnter(data);
        return 0;
    }
    ///<summary>
    ///切换状态
    ///</summary>
    ///<param name="state">状态</param>
    ///<returns>0：切换成功； -1：状态不存在； -2：当前状态已经是切换的目标状态，并且该状态
    ///不可切换至自身</returns>
    public int Switch(State state)
    {
        return Switch(state.Name);
    }
    ///<summary>
    ///切换状态
    ///</summary>
    ///<typeparam name="T">状态类型</typeparam>
    ///<typeparam name="data">数据</typeparam>
    ///<returns>0：切换成功； -1：状态不存在； -2：当前状态已经是切换的目标状态，并且该状态
    ///不可切换至自身</returns>
    public int Switch<T>(IStateData data = null) where T: State
    {
        return Switch(typeof(T).Name, data);
    }

    ///<summary>
    ///切换至下一状态
    ///</summary>
    ///<returns>true：切换成功； false：状态机中不存在任何状态，切换失败</returns>
    public bool Switch2Next()
    {
        if (states.Count != 0)
        {
```

```
            //如果当前状态不为空，则根据当前状态找到下一个状态
            if (CurrentState != null)
            {
                int index = states.IndexOf(CurrentState);
                //如果当前状态的索引值+1 后小于列表中的数量，则下一状态的索引为 index+1
                //否则表示当前状态已经是列表中的最后一个，下一状态则回到列表中的第一个状态，
                //索引为 0
                index = index + 1 < states.Count? index + 1: 0;
                State targetState = states[index];
                //首先执行当前状态的退出事件，再更新到目标状态
                CurrentState.OnExit();
                CurrentState = targetState;
            }
            //当前状态为空，则直接进入列表中的第一个状态
            else
            {
                CurrentState = states[0];
            }
            //执行状态进入事件
            CurrentState.OnEnter();
            return true;
        }
        return false;
    }
    ///<summary>
    ///切换至上一状态
    ///</summary>
    ///<returns>true：切换成功； false：状态机中不存在任何状态，切换失败</returns>
    public bool Switch2Last()
    {
        if (states.Count != 0)
        {
            //如果当前状态不为空，则根据当前状态找到上一个状态
            if (CurrentState != null)
            {
                int index = states.IndexOf(CurrentState);
                //如果当前状态的索引值-1 后大于等于 0，则下一状态的索引为 index-1
                //否则表示当前状态是列表中的第一个，上一状态则回到列表中的最后一个状态
                index = index - 1 >= 0? index - 1: states.Count - 1;
                State targetState = states[index];
                //首先执行当前状态的退出事件，再更新到目标状态
                CurrentState.OnExit();
                CurrentState = targetState;
            }
            //当前状态为空，则直接进入列表中的最后一个状态
            else
            {
                CurrentState = states[states.Count - 1];
            }
            //执行状态进入事件
            CurrentState.OnEnter();
            return true;
        }
        return false;
```

```
    }
    ///<summary>
    ///切换至空状态（退出当前状态）
    ///</summary>
    public void Switch2Null()
    {
        if (CurrentState != null)
        {
            CurrentState.OnExit();
            CurrentState = null;
        }
    }

    ///<summary>
    ///获取状态
    ///</summary>
    ///<typeparam name="T">状态类型</typeparam>
    ///<param name="stateName">状态名称</param>
    ///<returns>状态</returns>
    public T GetState<T>(string stateName) where T: State
    {
        var target = states.Find(m => m.Name == stateName);
        return target != null? target as T: null;
    }
    ///<summary>
    ///获取状态
    ///</summary>
    ///<typeparam name="T">状态类型</typeparam>
    ///<returns>状态</returns>
    public T GetState<T>() where T: State
    {
        return GetState<T>(typeof(T).Name);
    }

    ///<summary>
    ///销毁状态机
    ///</summary>
    public void Destroy()
    {
        //Main.FSM.Destroy(this);
    }
    ///<summary>
    ///状态机刷新事件
    ///</summary>
    internal void OnUpdate()
    {
        //若当前状态不为空，执行状态停留事件
        CurrentState?.OnStay();
        //检测所有状态切换条件
        for (int i = 0; i < conditions.Count; i++)
        {
            var condition = conditions[i];
            //条件满足
            if (condition.predicate.Invoke())
```

```
        {
            //源状态名称为空，表示从任意状态切换至目标状态
            if (string.IsNullOrEmpty(condition.sourceStateName))
            {
                Switch(condition.targetStateName);
            }
            //源状态名称不为空，表示从指定状态切换至目标状态
            else
            {
                //首先判断当前的状态是否为指定的状态
                if (CurrentState.Name == condition.sourceStateName)
                {
                    Switch(condition.targetStateName);
                }
            }
        }
    }
}
///<summary>
///状态机销毁事件
///</summary>
internal void OnDestroy()
{
    //执行状态机内所有状态的状态终止事件
    for (int i = 0; i < states.Count; i++)
    {
        states[i].OnTermination();
    }
}

///<summary>
///构建状态
///</summary>
///<typeparam name="T">状态类型</typeparam>
///<param name="stateName">状态名称</param>
///<returns>状态构建器</returns>
public StateBuilder<T> Build<T>(string stateName = null) where T: State, new()
{
    Type type = typeof(T);
    string name = string.IsNullOrEmpty(stateName)? type.Name: stateName;
    if (states.Find(m => m.Name == name) == null)
    {
        T state = Activator.CreateInstance(type) as T;
        state.Name = name;
        state.Machine = this;
        states.Add(state);
        return new StateBuilder<T>(state, this);
    }
    return null;
}
///<summary>
///设置状态切换条件
///</summary>
///<param name="predicate">切换条件</param>
```

```
///<param name="targetStateName">目标状态名称</param>
///<returns>状态机</returns>
public StateMachine SwitchWhen(Func<bool> predicate, string targetStateName)
{
    conditions.Add(new StateSwitchCondition(predicate, null, targetStateName));
    return this;
}
///<summary>
///设置状态切换条件
///</summary>
///<param name="predicate">切换条件</param>
///<param name="sourceStateName">源状态名称</param>
///<param name="targetStateName">目标状态名称</param>
///<returns></returns>
public StateMachine SwitchWhen(Func<bool> predicate, string sourceStateName,
string targetStateName)
{
    conditions.Add(new StateSwitchCondition(predicate, sourceStateName,
    targetStateName));
    return this;
}
    }
}
```

除了 Add 函数，还可以通过 Build 构建实现状态添加，用于链式编程。

```
public StateBuilder<T> Build<T>(string stateName = null) where T : State, new()
```

设置状态切换条件：

```
public StateMachine SwitchWhen(Func<bool> predicate, string sourceStateName, string
targetStateName)
```

（6）组件实现类（FSMComponent），参考代码 16-6。

代码 16-6　组件实现类

```
using System;
using UnityEngine;
using System.Collections.Generic;
using System.Linq;
using System.Xml.Linq;

namespace FSM
{
    [DisallowMultipleComponent]
    [AddComponentMenu("AI/FSMComponent")]
    public class FSMComponent : MonoBehaviour
    {
        //状态机列表
        private readonly List<StateMachine> machines = new List<StateMachine>();

        private void Update()
        {
            for (int i = 0; i < machines.Count; i++)
            {
                //更新状态机
                machines[i].OnUpdate();
```

```
        }
    }
    ///<summary>
    ///创建状态机
    ///</summary>
    ///<typeparam name="T">状态机类型</typeparam>
    ///<param name="stateMachineName">状态机名称</param>
    ///<returns>状态机</returns>
    public T Create<T>(string stateMachineName = null) where T: StateMachine, new()
    {
        Type type = typeof(T);
        stateMachineName = string.IsNullOrEmpty(stateMachineName)? type.Name:
        stateMachineName;
        if (machines.Find(m => m.Name == stateMachineName) == null)
        {
            T machine = (T)Activator.CreateInstance(type);
            machine.Name = stateMachineName;
            machine.OnInitialization();
            machines.Add(machine);
            return machine;
        }
        return null;
    }
    ///<summary>
    ///销毁状态机
    ///</summary>
    ///<param name="stateMachineName">状态机名称</param>
    ///<returns>true：销毁成功；false：目标状态机不存在，销毁失败</returns>
    public bool Destroy(string stateMachineName)
    {
        var targetMachine = machines.Find(m => m.Name == stateMachineName);
        if (targetMachine != null)
        {
            targetMachine.OnDestroy();
            machines.Remove(targetMachine);
            return true;
        }
        return false;
    }
    ///<summary>
    ///销毁状态机
    ///</summary>
    ///<typeparam name="T">状态机类型</typeparam>
    ///<param name="stateMachine">状态机</param>
    ///<returns>true：销毁成功；false：目标状态机不存在，销毁失败</returns>
    public bool Destroy<T>(T stateMachine) where T: StateMachine, new()
    {
        if (machines.Contains(stateMachine))
        {
            stateMachine.OnDestroy();
            machines.Remove(stateMachine);
            return true;
        }
```

```
            return false;
        }
        ///<summary>
        ///获取状态机
        ///</summary>
        ///<typeparam name="T">状态机类型</typeparam>
        ///<param name="stateMachineName">状态机名称</param>
        ///<returns>状态机</returns>
        public T GetMachine<T>(string stateMachineName = null) where T: StateMachine, new()
        {
            stateMachineName = string.IsNullOrEmpty(stateMachineName)?
            typeof(T).Name : stateMachineName;
            var target = machines.Find(m => m.Name == stateMachineName);
            return target != null? target as T : null;
        }
    }
}
```

到这里，有限状态机就实现了，接下来演示如何使用状态机。

16.2.4　示例演示

新建脚本，命名为 Example.cs，双击打开代码，编辑代码，参考代码 16-7。

代码 16-7　状态机使用示例

```csharp
using UnityEngine;
using FSM;

public class Example: MonoBehaviour
{
    FSMComponent fsm;
    public class TestState: State
    {
        public string stringValue;
    }

    private void Start()
    {
        fsm = GetComponent<FSMComponent>();
        //创建状态机
        var machine = fsm.Create<StateMachine>("示例状态机")
            //构建状态一
            .Build<TestState>("状态一")
                //设置状态一初始化事件
                .OnInitialization(state => state.stringValue = "A")
                //设置状态一进入事件
                .OnEnter(state => Debug.Log("进入状态一"))
                //设置状态一停留事件
                .OnStay(state => Debug.Log("状态一"))
                //设置状态一退出事件
                .OnExit(state => Debug.Log("退出状态一"))
                //设置状态一销毁事件
                .OnTermination(state => state.stringValue = null)
            //状态一构建完成
```

```
            .Complete()
            //构建状态二
            .Build<State>("状态二")
                //设置状态二进入事件
                .OnEnter(state => Debug.Log("进入状态二"))
                //设置状态二停留事件
                .OnStay(state => Debug.Log("状态二"))
                //设置状态二退出事件
                .OnExit((state => Debug.Log("退出状态二")))
            //状态二构建完成
            .Complete()
            //构建状态三
            .Build<State>("状态三")
                //设置状态三进入事件
                .OnEnter(state => Debug.Log("进入状态三"))
                //设置状态三停留事件
                .OnStay(state => Debug.Log("状态三"))
                //设置状态三退出事件
                .OnExit((state => Debug.Log("退出状态三")))
            //状态三构建完成
            .Complete()
            //添加状态切换条件，当按下快捷键 1 时，切换至状态一
            .SwitchWhen(() => Input.GetKeyDown(KeyCode.Alpha1), "状态一")
            //添加状态切换条件，当按下快捷键 2 时，切换至状态二
            .SwitchWhen(() => Input.GetKeyDown(KeyCode.Alpha2), "状态二")
            //添加状态切换条件，当按下快捷键 3 时，切换至状态三
            .SwitchWhen(() => Input.GetKeyDown(KeyCode.Alpha3), "状态三")
            //为状态一至状态二添加切换条件：若当前状态为状态一时，按下快捷键 4，切换至状态二
            .SwitchWhen(() => Input.GetKeyDown(KeyCode.Alpha4), "状态一", "状态二");
    }
}
```

在 Hierarchy 视图中新建对象，添加 FSMComponent 脚本组件和 Example 脚本组件，运行程序，单击快捷键 1、2、3，切换状态，结果如图 16-3 所示。

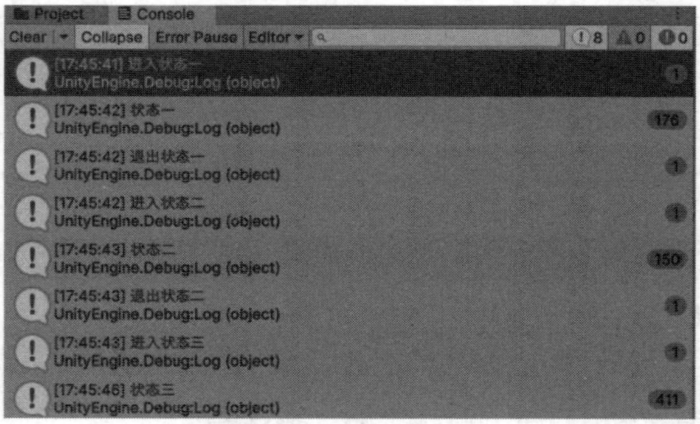

图 16-3　运行结果

16.2.5　课后习题

上一小节实现了状态一、状态二、状态三的切换，完善这个示例，实现巡逻状态、寻路状态、攻击状态的状态切换。

巡逻状态：进入巡逻状态，向巡逻点进行寻路，进入寻路状态。

寻路状态：当发现敌人时，向敌人的位置进入寻路状态，向敌人前进。

攻击状态：当进入攻击范围时，进行攻击装填，向敌人攻击。

16.3 本 章 小 结

在本章中，首先学习了游戏 AI 的常用架构设计。根据游戏中对 AI 的需求，可以概括为三种能力，分别是感知、思考、行动。其中，感知是感知周围环境的能力；思考是将接收到的信息进行处理并决策的能力；行动是发出及执行命令的能力。

然后，以 FPS 游戏为例，分析了 FPS 游戏的 AI 的能力。对于 FPS 游戏来说，AI 的移动是首先需要考虑的需求，如移动到目标点、避开障碍物、添加路径点以及寻找最优路线等。接着是决策能力，也就是确定角色任务、命令、状态和目标点，使角色执行特定行为等。角色也存在典型状态，如巡逻、寻路、战斗等，这些状态之间的切换很复杂，但是通过状态机，这些事情变得很简单。

对于决策系统的有限状态机，我们首先了解了什么是有限状态机，状态机的架构实现，接着实现了一个有限状态机，以进行状态的转换。在实际的开发中，对于多种状态的切换，有限状态机是一种非常好用的解决方案，它不仅可以应用在战斗系统，也可以应用在多个动画状态切换，只要存在多个状态的切换，都可以尝试使用有限状态机解决。

第 17 章 使用 Unity 制作第一人称射击游戏

本章将使用 Unity 编辑器的导航模块、动画系统和 UI 系统，制作第一人称射击游戏。

第一人称射击游戏（FPS 游戏）属于动作游戏的一个分支，和即时战略游戏一样，由于其在世界上的迅速风靡，因此发展为一个单独的类型。

FPS 游戏就是以玩家的主观视角进行射击游戏。玩家们不再像玩别的游戏一样操纵屏幕中的虚拟人物，而是身临其境地体验游戏带来的视觉冲击，这就大大增强了游戏的主动性和真实感。

早期，FPS 游戏带给玩家的一般都是屏幕光线的刺激、简单快捷的游戏节奏。随着游戏硬件的逐步完善，以及各种游戏的不断结合，FPS 游戏提供了更加丰富的剧情以及精美的画面和生动的音效。

本章就来制作一款 FPS 游戏。

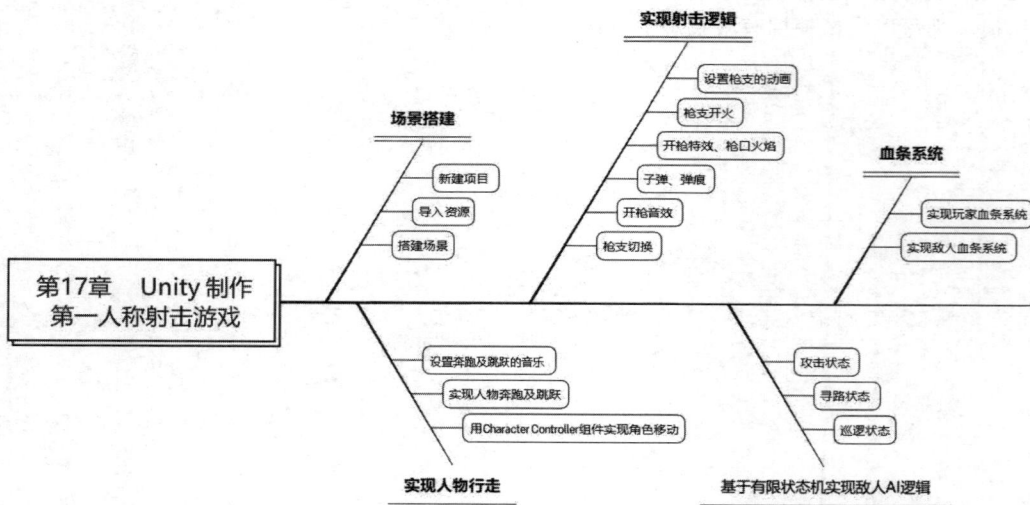

17.1 场 景 搭 建

17.1.1 新建项目

打开 Unity Hub，选择新建项目，选择 Unity 2022.3.57f1c2 版本，因为本案例是一个 3D 案例，所以需要在新建项目时选择 3D 模板，命名为 FPS，如图 17-1 所示。

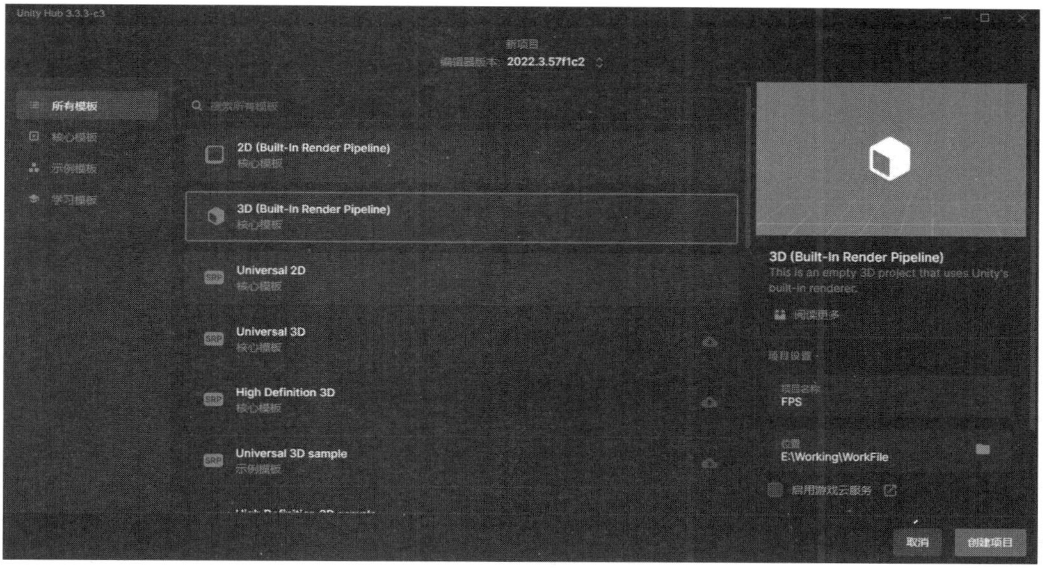

图 17-1　新建项目

17.1.2　导入资源

导入资源包，在菜单栏中选择 Assets→Import Package→Custom Package 命令，将"资源包→第 17 章资源文件"文件夹中的 Environment.unitypackage 导入，资源包中有地形及枪支的资源，导入后的结构如图 17-2 所示。

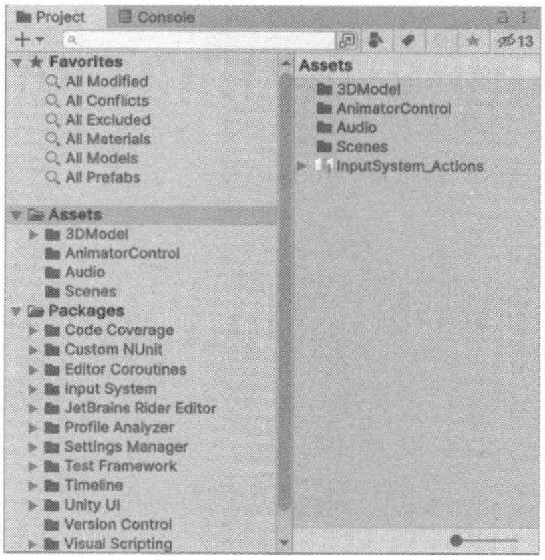

图 17-2　导入资源

17.1.3　搭建场景

找到 Project 视图中的 3DModel→Environment→Prefab 文件夹，将 Environment 预制体拖到场景中，如图 17-3 所示。

到这一步，场景已经初步搭建完成，接着需要实现人物行走。

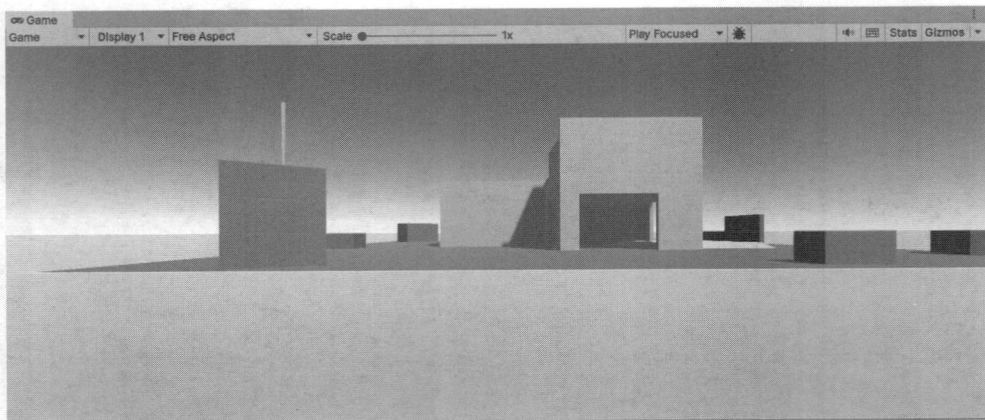

图 17-3　搭建场景

17.2　实现人物行走

17.2.1　用 Character Controller 组件实现角色移动

10.2.2 小节中已经完成了人物的行走代码，下面将在完成的代码上实现后续功能。读者可以在 10.2.2 小节完成的代码基础上进行完善，也可以在当前项目中再制作一遍。

17.2.2　实现人物奔跑及跳跃

对于人物的奔跑设置，主要是调整人物的移动速度以及将人物的动作改为奔跑；对于跳跃来说，就是更改角色的 y 值，给它一个向上的位移。

首先，设置几个参数，用来判断奔跑和跳跃的状态，以及奔跑的速度和跳跃高度。

1．奔跑

设置参数如下：

```
[SerializeField] private bool m_IsWalking;        //是否在奔跑
[SerializeField] private float m_WalkSpeed;       //奔跑速度
```

当单击奔跑键 LeftShift 以及前进键 W 时，就触发奔跑状态，设置移动速度为奔跑的速度，因为 FPS 是第一人称，看不到自己的动作，所以就不涉及动作的改变。

```
m_IsWalking = !Input.GetKey(KeyCode.LeftShift);   //当单击奔跑键
speed = m_IsWalking? m_WalkSpeed: m_RunSpeed;     //改变移动速度
```

2．跳跃

设置参数如下：

```
private bool m_Jump;                              //是否在跳跃
[SerializeField] private float m_JumpSpeed;       //跳跃高度
```

在跳跃时，首先判断是否在地面，然后将自身的 y 轴的值改变，向上位移。

```
        if (m_CharacterController.isGrounded)
        {
            if (m_Jump)
            {
                m_MoveDir.y = m_JumpSpeed;                      //跳跃
            }
        }
```

接下来，设置奔跑及跳跃的音乐。

17.2.3　设置奔跑及跳跃的音乐

想要让玩家听到音乐，需要在摄像机对象上挂载 Audio Listener 组件，这个组件可以接收播放的声音，还需要一个 AudioSource 组件用来播放声音，AudioClip 是声音的片段。

设置 AudioSource 参数和两个声音脚本片段。

```
private AudioSource m_AudioSource;
[SerializeField] private AudioClip m_JumpSound;        //角色离开地面时播放的声音
[SerializeField] private AudioClip m_LandSound;        //角色触碰地面时播放的声音
```

在不同的状态下播放不同的声音。

```
private void PlayLandingSound()
{
    m_AudioSource.clip = m_LandSound;
    m_AudioSource.Play();
}

private void PlayJumpSound()
{
    m_AudioSource.clip = m_JumpSound;
    m_AudioSource.Play();
}
```

修改后完整的移动代码参考代码 17-1。

代码 17-1　实现移动

```
using UnityEngine;

[RequireComponent(typeof(CharacterController))]
[RequireComponent(typeof(Rigidbody))]
[RequireComponent(typeof(AudioSource))]
public class PlayerControl: MonoBehaviour
{
    [SerializeField] private bool m_IsWalking;
    [SerializeField] private float m_WalkSpeed;
    [SerializeField] private float m_RunSpeed;
    [SerializeField] private float m_JumpSpeed;
    [SerializeField] private float m_StickToGroundForce;
    [SerializeField] private float m_GravityMultiplier;
    [SerializeField] private MouseLook m_MouseLook;

    private Camera m_Camera;
    private bool m_Jump;
    private Vector2 m_Input;
```

```
        private Vector3 m_MoveDir = Vector3.zero;
        private CharacterController m_CharacterController;
        private bool m_PreviouslyGrounded;
        private bool m_Jumping;

        private AudioSource m_AudioSource;
        [SerializeField] private AudioClip m_JumpSound;        //角色离开地面时播放的声音
        [SerializeField] private AudioClip m_LandSound;        //角色触碰地面时播放的声音

        private void Start()
        {
            m_CharacterController = GetComponent<CharacterController>();
            m_Camera = Camera.main;
            m_Jumping = false;
            m_MouseLook.Init(transform, m_Camera.transform);
            m_AudioSource = GetComponent<AudioSource>();
        }

        private void Update()
        {
            RotateView();
            //跳转状态需要在这里读取，以确保它不会丢失
            if (!m_Jump)
            {
                m_Jump = Input.GetButtonDown("Jump");
            }

            if (!m_PreviouslyGrounded && m_CharacterController.isGrounded)
            {
                PlayLandingSound();
                m_MoveDir.y = 0f;
                m_Jumping = false;
            }
            if (!m_CharacterController.isGrounded && !m_Jumping && m_PreviouslyGrounded)
            {
                m_MoveDir.y = 0f;
            }
            m_PreviouslyGrounded = m_CharacterController.isGrounded;
        }
        private void PlayLandingSound()
        {
            m_AudioSource.clip = m_LandSound;
            m_AudioSource.Play();
        }

        private void PlayJumpSound()
        {
            m_AudioSource.clip = m_JumpSound;
            m_AudioSource.Play();
        }

        private void FixedUpdate()
        {
            float speed;
```

```
    GetInput(out speed);
    //始终沿着相机向前移动，因为这是它瞄准的方向
    Vector3 desiredMove = transform.forward * m_Input.y + transform.right *
    m_Input.x;

    //获取被接触曲面的法线以沿其移动
    RaycastHit hitInfo;
    Physics.SphereCast(transform.position, m_CharacterController.radius,
    Vector3.down, out hitInfo, m_CharacterController.height / 2f, Physics.AllLayers,
    QueryTriggerInteraction.Ignore);
    desiredMove = Vector3.ProjectOnPlane(desiredMove, hitInfo.normal).normalized;

    m_MoveDir.x = desiredMove.x * speed;
    m_MoveDir.z = desiredMove.z * speed;

    if (m_CharacterController.isGrounded)
    {
        m_MoveDir.y = -m_StickToGroundForce;
        if (m_Jump)
        {
            m_MoveDir.y = m_JumpSpeed;
            m_Jump = false;
            m_Jumping = true;
            PlayJumpSound();
        }
    }
    else
    {
        m_MoveDir += Physics.gravity * m_GravityMultiplier * Time.fixedDeltaTime;
    }
    m_CharacterController.Move(m_MoveDir * Time.fixedDeltaTime);

    UpdateCameraPosition(speed);

    m_MouseLook.UpdateCursorLock();
}


private void UpdateCameraPosition(float speed)
{
    Vector3 newCameraPosition;
    if (m_CharacterController.velocity.magnitude > 0 && m_CharacterController.isGrounded)
    {
        m_Camera.transform.localPosition = newCameraPosition =
        m_Camera.transform.localPosition;
    }
    else
    {
        newCameraPosition = m_Camera.transform.localPosition;
    }
    m_Camera.transform.localPosition = newCameraPosition;
}
```

```
    private void GetInput(out float speed)
    {
        //Read input
        float horizontal = Input.GetAxis("Horizontal");
        float vertical = Input.GetAxis("Vertical");

        bool waswalking = m_IsWalking;

#if !MOBILE_INPUT
        //在独立构建中，步行/跑步速度通过按键进行修改
        //跟踪角色是在行走还是在跑步
        m_IsWalking = !Input.GetKey(KeyCode.LeftShift);
#endif
        //set the desired speed to be walking or running
        speed = m_IsWalking? m_WalkSpeed: m_RunSpeed;
        m_Input = new Vector2(horizontal, vertical);

        //如果组合长度超过 1，则规范化输入
        if (m_Input.sqrMagnitude > 1)
        {
            m_Input.Normalize();
        }
    }

    private void RotateView()
    {
        m_MouseLook.LookRotation(transform, m_Camera.transform);
    }
}
```

17.3　实现射击逻辑

本节实现射击的逻辑。

17.3.1　设置枪支的动画

要实现射击，首先需要有一把枪。

（1）找到 Project 视图中 3DModel→Gun→Models→Weapons_Anim 文件夹中的 AK47_Anim 对象，将这个模型拖到场景中，如图 17-4 所示。

（2）选中枪支对象 GunBody，将 3DModel→Gun→Materials 文件夹中的 AK47.mat 材质球拖到 GunBody 对象的 Mesh Renderer 对象的 Materials 卡槽中，如图 17-5 所示。

（3）选中弹匣对象 Magazine，将 3DModel→Gun→Materials 文件夹中的 AK47.mat 材质球拖到 Magazine 对象的 Mesh Renderer 对象的 Materials 卡槽中，修改完成的模型效果如图 17-6 所示。

接下来设置枪支的动画。

（4）在 Project 视图中右击，在弹出的快捷菜单中选择 Create→Animation→Animator Controller 命令，新建一个动画控制器，命名为 AK47，如图 17-7 所示。

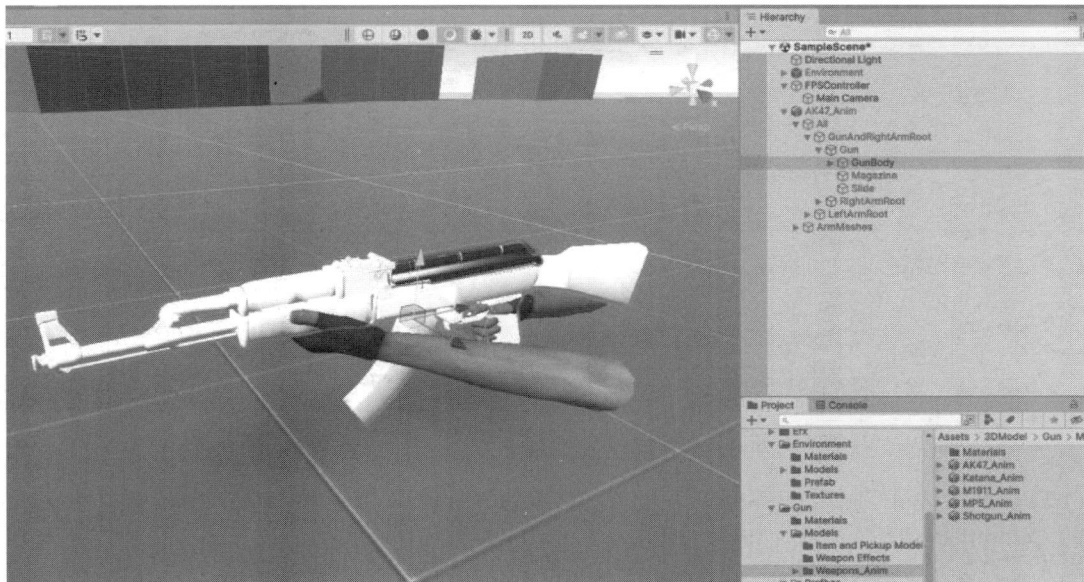

图 17-4　枪的模型

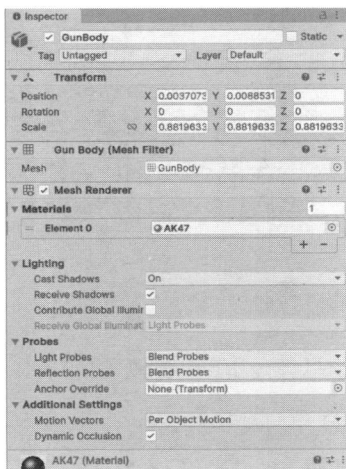

图 17-5　修改材质

图 17-6　修改完成的模型效果

在 Project 视图中选中 AK47_Anim 对象，在 Hierarchy 视图的 Animation 选项卡中，可以看到这个对象的动画片段有 Fire（开火）、Ready（准备）、Reload（换弹）和 Normal（默认）这几个状态，接下来需要在动画控制器中控制这些动画片段。

（5）在 Project 视图中找到 AK47.control 动画控制器文件，双击这个文件，打开 Animator 控制面板，将 AK47_Anim 对象的动画片段都拖到动画控制器的控制台中，进行连线，如图 17-8 所示。

（6）在 Animator 控制面板中，添加参数 Fire 类型为 Trigger，添加参数 Reload 类型为 Trigger。默认是从 Ready 状态切换到 Normal 状态，当 Fire 为 true 时，从 Normal 状态切换到 Fire 状态，当换弹时从 Normal 状态切换到 Reload 状态，如图 17-9 所示。

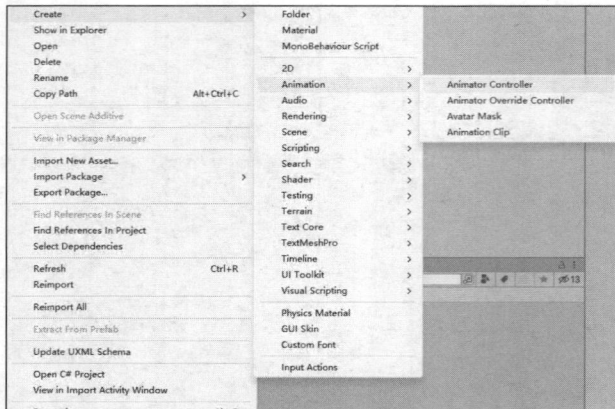

图 17-7　新建动画控制器

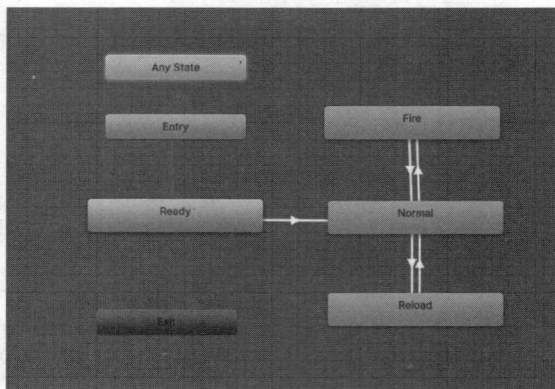

图 17-8　设置动画控制器

（7）设置完动画控制器后，将这个动画控制器拖到 Hierarchy 视图中 AK47_Anim 对象的 Animator 组件的 Controller 卡槽中，如图 17-10 所示。

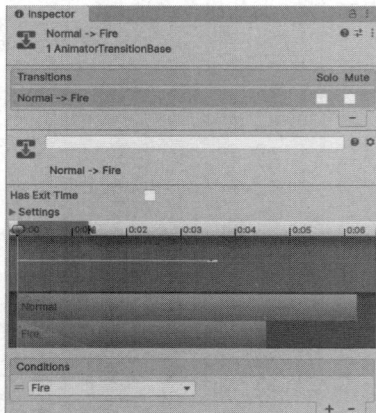

图 17-9　切换状态

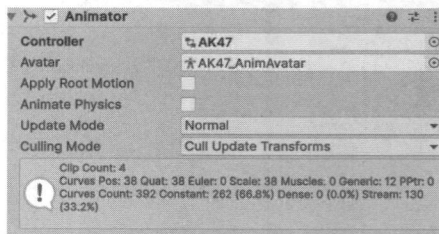

图 17-10　添加动画控制器

（8）将枪拖到摄像机下面，调整位置，如图 17-11 所示。

（9）在 Inspector 视图中单击 Tags，选择 Add Tag，输入 Enemy 添加 Tag，如图 17-12 所示。

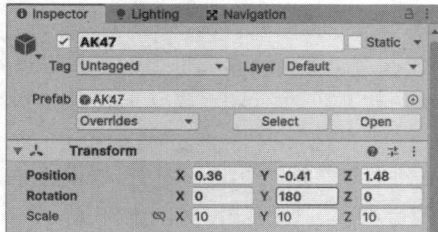

图 17-11　调整位置

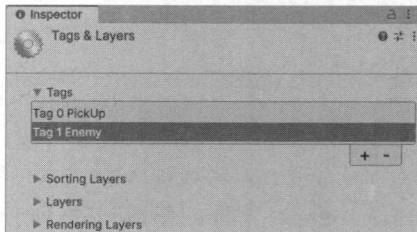

图 17-12　添加 Tag

（10）将枪支模型拖到 Project 视图的 Prefabs 文件中，做成预制体，如图 17-13 所示。

用同样的步骤设置 MP5_Anim 对象和 Shotgun_Anim 对象，设置完后做成预制体，如图 17-14 所示。

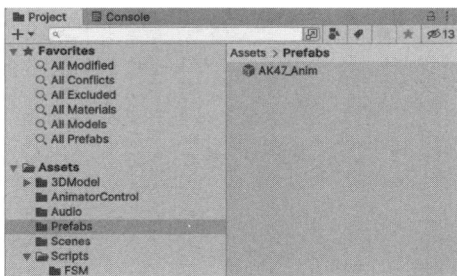

图 17-13　将枪支做成预制体　　　　图 17-14　将全部枪支做成预制体

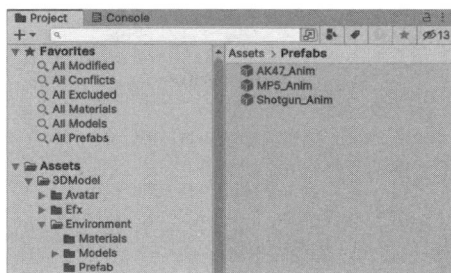

到这里，对于枪支的设置已经完成。接下来，需要实现枪支开火、开枪特效、枪口火焰、子弹、弹痕、开枪音效、枪支切换、弹夹容量 UI 以及射击到敌人后的事件处理。

17.3.2　枪支开火

（1）新建脚本，命名为 GunSystem.cs，双击打开脚本，编辑代码，参考代码 17-2。

代码 17-2　射击控制

```
using UnityEngine;

public class GunSystem: MonoBehaviour
{
    public Camera fpsCam;

    [Header("枪支状态")]
    [Tooltip("是否正在射击")]
    bool shooting;
    [Tooltip("是否可以射击")]
    bool readyToShoot;
    [Tooltip("是否在换弹")]
    bool reloading;

    [Header("弹夹")]
    [Tooltip("弹夹容量")]
    public int magazineSize;
    [Tooltip("当前弹夹容量")]
    public int bulletsLeft;
    [Tooltip("储备弹药容量")]
    public int reservedAmmoCapacity = 300;
    [Tooltip("当前剩余射击发射的子弹数")]
    public int bulletsShot;

    [Header("射击")]
    [Tooltip("射击间隔时间")]
    public float timeBetweenShooting;
    [Tooltip("射击时的散布度")]
    public float spread;
```

```
[Tooltip("射击的最大距离")]
public float range;
[Tooltip("每次射击发射的子弹数")]
public int bulletsPerTap;
[Tooltip("是否允许按住射击")]
public bool allowButtonHold;
[Tooltip("每次射击造成的伤害")]
public int damage;                    // 伤害
[Tooltip("装填弹药的时间")]
public float reloadTime;
[Tooltip("连发射击的间隔时间")]
public float timeBetweenShots;
[Tooltip("后坐力")]
public float recouilForce;

[Tooltip("动画")]
private Animator animator;

private void Awake()
{
    bulletsLeft = magazineSize;        //赋值当前弹夹容量
    readyToShoot = true;
    animator = GetComponent<Animator>();
}

private void Update()
{
    MyInput();
}

private void MyInput()
{
    //是否允许按住射击
    if (allowButtonHold)
        shooting = Input.GetKey(KeyCode.Mouse0);
    else
        shooting = Input.GetKeyDown(KeyCode.Mouse0);
    //射击
    if (readyToShoot && shooting && !reloading && bulletsLeft > 0)
    {
        bulletsShot = bulletsPerTap;
        Shoot();
    }

    //换弹
    if (Input.GetKeyDown(KeyCode.R) && bulletsLeft < magazineSize && !reloading)
        Reload();
}

private void Shoot()
{
    //将字符串转换为哈希值
    int fire = Animator.StringToHash("Fire");
    //播放开火动画
```

```
        animator.SetTrigger(fire);
        //射击状态
        readyToShoot = false;
        transform.localPosition -= Vector3.forward * recouilForce; //后坐力使枪支向后移动
        //散布
        float x = Random.Range(-spread, spread);
        float y = Random.Range(-spread, spread);
        //计算带有散布的射击方向
        Vector3 direction = fpsCam.transform.forward + fpsCam.transform.TransformDirection
        (new Vector3(x, y, 0));
        // 射线检测
        if (Physics.Raycast(fpsCam.transform.position, direction, out RaycastHit
        rayHit, range))
        {
            if (rayHit.collider.CompareTag("Enemy"))
            {
                //场景显示红线，方便调试查看
                Debug.DrawLine(fpsCam.transform.position, rayHit.point, Color.red, 10f);
                Debug.Log("击中敌人");
            }
            else
            {
                //场景显示红线，方便调试查看
                Debug.DrawLine(fpsCam.transform.position, rayHit.point, Color.blue, 10f);
                Debug.Log("击中其他对象");
            }
        }

        bulletsLeft--;
        bulletsShot--;

        //射击时间恢复
        Invoke("ResetShot", timeBetweenShooting);

        if (bulletsShot > 0 && bulletsLeft > 0)
            Invoke("Shoot", timeBetweenShots);
    }

    //射击时间恢复
    private void ResetShot()
    {
        readyToShoot = true;
    }

    //换弹
    public void Reload()
    {
        int reload = Animator.StringToHash("Reload");
        animator.SetTrigger(reload);
        reloading = true;
        Invoke("ReloadFinished", reloadTime);
    }

    //换弹
```

```
private void ReloadFinished()
{
    if (reservedAmmoCapacity <= 0) return;

    //计算需要填装的子弹数=1 个弹匣子弹数-当前弹匣子弹数
    int bullectToLoad = magazineSize - bulletsLeft;

    //计算备弹需扣除子弹数
    int bullectToReduce = (reservedAmmoCapacity >= bullectToLoad) ? bullectToLoad:
    reservedAmmoCapacity;

    reservedAmmoCapacity -= bullectToReduce;        //减少备弹数

    bulletsLeft += bullectToReduce;                 //当前子弹数增加
    bulletsLeft = magazineSize;
    reloading = false;
}
}
```

（2）将脚本组件拖给 Hierarchy 视图中的 AK47_Anim 对象，设置参数如图 17-15 所示。

（3）运行程序，就可以开枪了，查看打印信息，可以看到击中的对象，如图 17-16 所示。

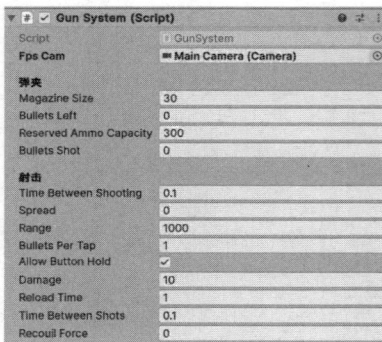

图 17-15　设置参数

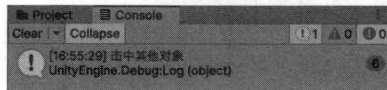

图 17-16　击中对象

17.3.3　开枪特效、枪口火焰

在开枪时，希望可以在枪口的位置出现开枪特效，如枪口处的火焰。接下来，设置枪口火焰。

（1）找到 Project 视图中的 3DModel→Gun→Models→Weapon Effects 文件夹，将该文件夹中的 MuzzleFlash 对象拖到枪支对象下面，作为枪支对象的子对象，如图 17-17 所示。

（2）现在的火焰有点大，需要调整它的缩放和位置，设置参数如图 17-18 所示。

（3）在开枪之前，并不需要显示火焰，所以可以先将其隐藏。选中火焰特效，在 Hierarchy 视图中，不勾选物体显示框就可以隐藏物体了，如图 17-19 所示。

（4）双击打开脚本 GunSystem.cs，修改代码，在开枪时显示火焰，修改后的代码参考代码 17-3。

图 17-17　枪口火焰特效

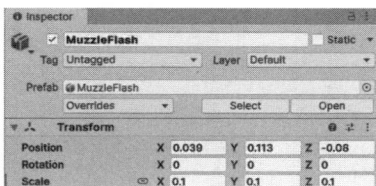

图 17-18　设置大小和位置

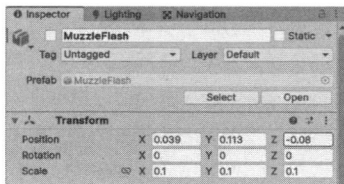

图 17-19　隐藏物体

代码 17-3　增加火焰特效

```
//射线检测
if (Physics.Raycast(fpsCam.transform.position, direction, out RaycastHit rayHit, range))
{
    muzzleFlash.SetActive(true);        //枪口火焰/火光
    Invoke("UnEffect", 0.1f);           //0.2秒关闭
    ...
}
///<summary>
///取消特效
///</summary>
private void UnEffect()
{
    muzzleFlash.SetActive(false);
}
```

17.3.4　子弹、弹痕

本小节增加子弹和子弹射中物体后的弹痕。

（1）在枪身上设置一个空节点，命名为 ShootPoint，将它移动到枪口位置（0.037，0.0905，−0.1258），在这个空节点上新建一个球体 Sphere 作为子弹预制体，如图 17-20 所示。

（2）给子弹添加刚体组件，这样它就可以与游戏世界中的物体进行一些物理碰撞了，如图 17-21 所示。

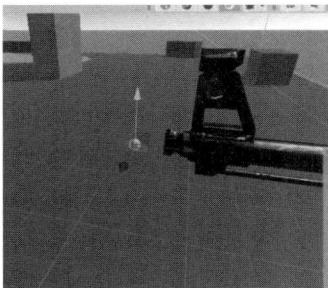

图 17-20　设置子弹

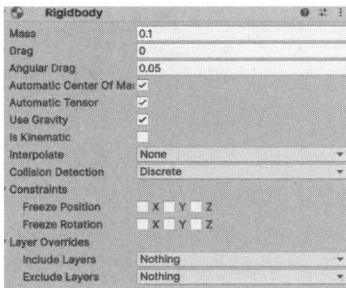

图 17-21　给子弹增加刚体组件

（3）设置弹孔，可以找到 Project 视图中的 3DModel→Efx→Prefabs 文件夹中的 Stone Impact 预制体，这个是做好的弹孔。读者也可以修改这个弹孔效果来达到自己想要的效果。

（4）双击打开脚本 GunSystem.cs，修改代码，在开枪时发射子弹并在碰撞的物体身上显示弹痕，参考代码 17-4。

代码 17-4　增加子弹和弹痕

```
[Tooltip("弹孔")]
public GameObject bulletHoleGraphic;

[Header("子弹")]
[Tooltip("子弹预制体")]
public GameObject bulletPrefab;
[Tooltip("子弹发射点")]
public GameObject BulletShootPoint;
[Tooltip("子弹速度")]
public float bulletForce;

//射线检测
if (Physics.Raycast(fpsCam.transform.position, direction, out RaycastHit rayHit,
range))
{
    muzzleFlash.SetActive(true);             //枪口火焰/火光
    Invoke("UnEffect", 0.1f);                //0.2 秒关闭
    if (rayHit.collider.CompareTag("Enemy"))
    {
        //场景显示红线，方便调试查看
        Debug.DrawLine(fpsCam.transform.position, rayHit.point, Color.red, 10f);
        Debug.Log("击中敌人");
        //使用 LookRotation()方法来让子弹孔特效朝向被击中表面的法线方向。其中 rayHit.normal
        //表示被击中表面法线方向的向量
        var res = Instantiate(bulletHoleGraphic, rayHit.point,
        Quaternion.LookRotation(rayHit.normal));
        res.transform.parent = rayHit.transform;//设置父类
    }
    else
    {
        //场景显示红线，方便调试查看
        Debug.DrawLine(fpsCam.transform.position, rayHit.point, Color.blue, 10f);
        Debug.Log("击中其他对象");
        //使用 LookRotation()方法让子弹孔特效朝向被击中表面的法线方向。其中 rayHit.normal
        //表示被击中表面法线方向的向量
        var res = Instantiate(bulletHoleGraphic, rayHit.point,
        Quaternion.LookRotation(rayHit.normal));
        res.transform.parent = rayHit.transform;//设置父类
    }
}

//实例化一个子弹
GameObject bullet = Instantiate(bulletPrefab, BulletShootPoint.transform.position,
BulletShootPoint.transform.rotation);
//给子弹拖尾一个向前的速度力（加上射线打出去的偏移值）
bullet.GetComponent<Rigidbody>().linearVelocity = (BulletShootPoint.transform.forward +
direction) * bulletForce;
```

17.3.5　开枪音效

对于开枪音效的设置，考虑到只有在动画改变时才会播放音效，如开火动画、换弹动画，所以考

虑通过在动画状态切换时增加回调函数来播放音效。

（1）设置两种音效变量。

```
[Tooltip("开枪音效")]
public AudioClip fireClip;
[Tooltip("换弹音效")]
public AudioClip reloadClip;
```

（2）在 Hierarchy 视图中，将 Project 视图中的 3DModel→Gun→Sounds 文件夹中的 AK_fire 和 AK_reload 音频文件分别拖到对应卡槽中，如图 17-22 所示。

（3）选中枪支，双击 Hierarchy 视图中的 Animator 组件的 Controller 动画控制器，进入动画控制器的编辑面板。选中 Fire 状态，在 Inspector 视图中单击 Add Behaviour 按钮，输入 PlayerAudioAndEffect，如图 17-23 所示。

（4）单击 Create and Add 按钮确认，如图 17-24 所示。

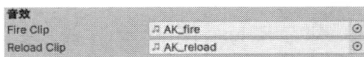

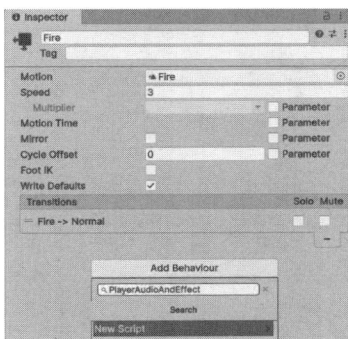

图 17-22　增加音效　　　　图 17-23　增加动画回调函数　　　　图 17-24　确认添加

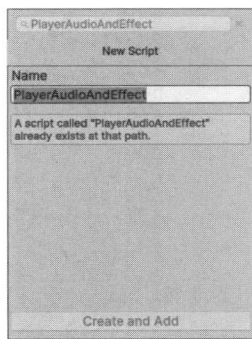

（5）双击打开脚本 PlayerAudioAndEffect.cs，编辑代码，参考代码 17-5。

代码 17-5　动画回调函数

```csharp
using UnityEngine;

public class PlayerAudioAndEffect: StateMachineBehaviour
{
    public bool fire = true;
    public bool reload = true;

    override public void OnStateEnter(Animator animator, AnimatorStateInfo
    stateinfo, int layerindex)
    {
        GunSystem currentGun = animator.GetComponent<GunSystem>();
        if (fire)
        {
            //获取开火声音
            AudioClip fireClip = currentGun.fireClip;
            //播放
            AudioSource.PlayClipAtPoint(fireClip, animator.transform.position);
        }
        if (reload)
```

```
        {
            //获取换弹声音
            AudioClip reloadClip = currentGun.reloadClip;
            //播放
            AudioSource.PlayClipAtPoint(reloadClip, animator.transform.position);
        }
    }
}
```

（6）选中 Fire 动画状态，设置动画回调函数的状态，勾选 Fire 属性，如图 17-25 所示。

（7）选中 Reload 动画状态，添加 PlayerAudioAndEffect 动画回调脚本，设置动画回调函数的状态，勾选 Reload 属性，如图 17-26 所示。

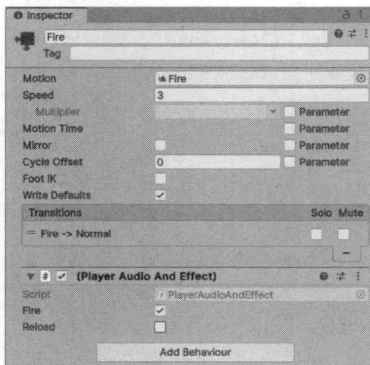

图 17-25　勾选 Fire 属性

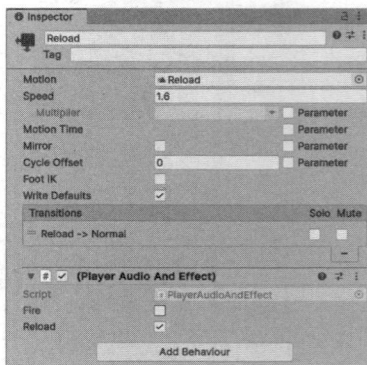

图 17-26　勾选 Reload 属性

这样就可以在开枪以及换弹时播放音效了。

（8）选中枪支，在 Hierarchy 视图中，将对应的对象拖到相应的卡槽中，如图 17-27 所示。

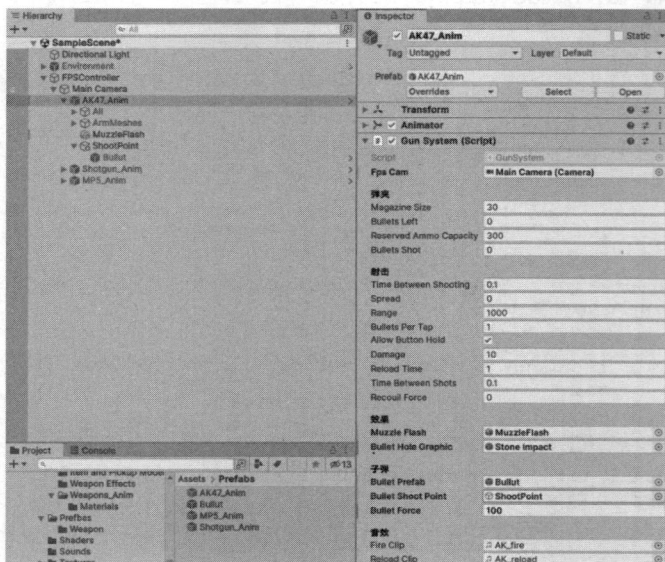

图 17-27　拖入指定对象

（9）修改后完整的 GunSystem.cs 脚本参考代码 17-6。

代码 17-6　修改后的 GunSystem.cs 脚本

```csharp
using UnityEngine;

public class GunSystem: MonoBehaviour
{
    public Camera fpsCam;

    [Header("枪支状态")]
    [Tooltip("是否正在射击")]
    bool shooting;
    [Tooltip("是否可以射击")]
    bool readyToShoot;
    [Tooltip("是否在换弹")]
    bool reloading;

    [Header("弹夹")]
    [Tooltip("弹夹容量")]
    public int magazineSize;
    [Tooltip("当前弹夹容量")]
    public int bulletsLeft;
    [Tooltip("储备弹药容量")]
    public int reservedAmmoCapacity = 300;
    [Tooltip("当前剩余射击发射的子弹数")]
    public int bulletsShot;

    [Header("射击")]
    [Tooltip("射击间隔时间")]
    public float timeBetweenShooting;
    [Tooltip("射击时的散布度")]
    public float spread;
    [Tooltip("射击的最大距离")]
    public float range;
    [Tooltip("每次射击发射的子弹数")]
    public int bulletsPerTap;
    [Tooltip("是否允许按住射击")]
    public bool allowButtonHold;
    [Tooltip("每次射击造成的伤害")]
    public int damage;   //伤害
    [Tooltip("装填弹药的时间")]
    public float reloadTime;
    [Tooltip("连发射击的间隔时间")]
    public float timeBetweenShots;
    [Tooltip("后坐力")]
    public float recouilForce;

    [Header("效果")]
    [Tooltip("枪口火焰特效")]
    public GameObject muzzleFlash;
    [Tooltip("弹孔")]
    public GameObject bulletHoleGraphic;
```

```
[Header("子弹")]
[Tooltip("子弹预制体")]
public GameObject bulletPrefab;
[Tooltip("子弹发射点")]
public GameObject BulletShootPoint;
[Tooltip("子弹速度")]
public float bulletForce;

[Tooltip("动画")]
private Animator animator;
[Header("音效")]
[Tooltip("开枪音效")]
public AudioClip fireClip;
[Tooltip("换弹音效")]
public AudioClip reloadClip;

private void Awake()
{
    bulletsLeft = magazineSize;              //赋值当前弹夹容量
    readyToShoot = true;
    animator = GetComponent<Animator>();
}

private void Update()
{
    MyInput();
}

private void MyInput()
{
    //是否允许按住射击
    if (allowButtonHold)
        shooting = Input.GetKey(KeyCode.Mouse0);
    else
        shooting = Input.GetKeyDown(KeyCode.Mouse0);
    //射击
    if (readyToShoot && shooting && !reloading && bulletsLeft > 0)
    {
        bulletsShot = bulletsPerTap;
        Shoot();
    }

    //换弹
    if (Input.GetKeyDown(KeyCode.R) && bulletsLeft < magazineSize && !reloading)
        Reload();
}

private void Shoot()
{
    //将字符串转换为哈希值
    int fire = Animator.StringToHash("Fire");
    //播放开火动画
    animator.SetTrigger(fire);
    //射击状态
```

17

```
readyToShoot = false;
transform.localPosition -= Vector3.forward * recouilForce; //后坐力使枪支向后移动
//散布
float x = Random.Range(-spread, spread);
float y = Random.Range(-spread, spread);
//计算带有散布的射击方向
Vector3 direction = fpsCam.transform.forward + fpsCam.transform.
TransformDirection(new Vector3(x, y, 0));
// 射线检测
if (Physics.Raycast(fpsCam.transform.position, direction, out RaycastHit
rayHit, range))
{
    muzzleFlash.SetActive(true);              //枪口火焰/火光
    Invoke("UnEffect", 0.1f);                 //0.2 秒关闭
    if (rayHit.collider.CompareTag("Enemy"))
    {
        //场景显示红线，方便调试查看
        Debug.DrawLine(fpsCam.transform.position, rayHit.point, Color.red, 10f);
        Debug.Log("击中敌人");
        //使用 LookRotation() 方法让子弹孔特效朝向被击中表面的法线方向。其中
        //rayHit.normal 表示被击中表面法线方向的向量
        var res = Instantiate(bulletHoleGraphic, rayHit.point,
        Quaternion.LookRotation(rayHit.normal));
        res.transform.parent = rayHit.transform;    //设置父类
    }
    else
    {
        //场景显示红线，方便调试查看
        Debug.DrawLine(fpsCam.transform.position, rayHit.point, Color.blue, 10f);
        Debug.Log("击中其他对象");
        //使用 LookRotation() 方法让子弹孔特效朝向被击中表面的法线方向。其中
        //rayHit.normal 表示被击中表面法线方向的向量
        var res = Instantiate(bulletHoleGraphic, rayHit.point, Quaternion.
        LookRotation(rayHit.normal));
        res.transform.parent = rayHit.transform;    //设置父类
    }
}

//实例化一个子弹
GameObject bullet = Instantiate(bulletPrefab, BulletShootPoint.transform.
position, BulletShootPoint.transform.rotation);
//给子弹拖尾一个向前的速度力（加上射线打出去的偏移值）
bullet.GetComponent<Rigidbody>().linearVelocity =
(BulletShootPoint.transform.forward + direction) * bulletForce;

bulletsLeft--;
bulletsShot--;

//射击时间恢复
Invoke("ResetShot", timeBetweenShooting);

if (bulletsShot > 0 && bulletsLeft > 0)
    Invoke("Shoot", timeBetweenShots);
}
```

17

```
///<summary>
///取消特效
///</summary>
private void UnEffect()
{
    muzzleFlash.SetActive(false);
}

//射击时间恢复
private void ResetShot()
{
    readyToShoot = true;
}

//换弹
public void Reload()
{
    int reload = Animator.StringToHash("Reload");
    animator.SetTrigger(reload);
    reloading = true;
    Invoke("ReloadFinished", reloadTime);
}

//换弹
private void ReloadFinished()
{
    if (reservedAmmoCapacity <= 0) return;

    //计算需要填装的子弹数=1 个弹匣子弹数-当前弹匣子弹数
    int bullectToLoad = magazineSize - bulletsLeft;

    //计算备弹需扣除子弹数
    int bullectToReduce = (reservedAmmoCapacity >= bullectToLoad) ? bullectToLoad:
    reservedAmmoCapacity;

    reservedAmmoCapacity -= bullectToReduce;          //减少备弹数

    bulletsLeft += bullectToReduce;                   //当前子弹数增加
    bulletsLeft = magazineSize;
    reloading = false;
}
}
```

（10）运行程序，就可以看到枪支开枪以及特效显示、弹痕显示。

17.3.6 枪支切换

本小节实现枪支切换。

（1）选中所有枪支，右击，在弹出的快捷菜单中选择 Create Empty Parent 命令，可以将选中的对象放到一个父节点下面，如图 17-28 所示。将这个父节点命名为 GunManager。

（2）选中 GunManager 对象，单击 Add Component 按钮添加组件，选择 New script，新建一个脚本组件，命名为 GunManager，如图 17-29 所示。

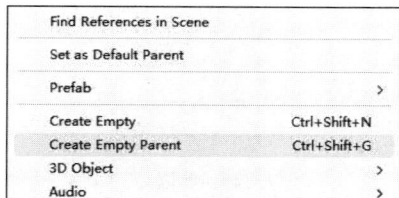

图 17-28 选择 Cteate Empty Parent 命令

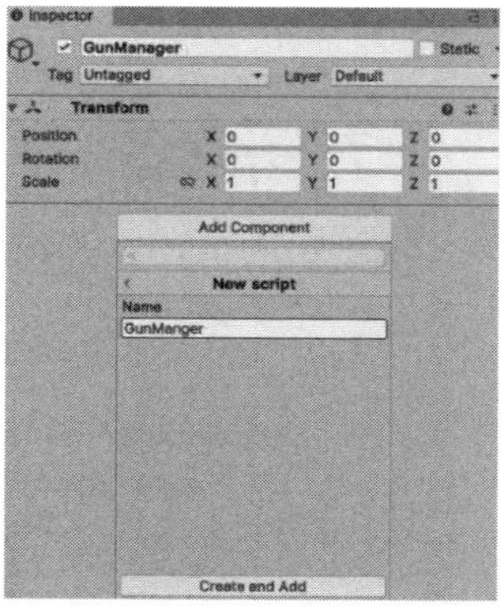

图 17-29 新建脚本

（3）双击打开代码，编辑代码，参考代码 17-7。

代码 17-7 实现枪支切换

```
using System.Collections;
using System.Collections.Generic;
using UnityEngine;

public class GunManger: MonoBehaviour
{
    //管理枪支
    private List<GunSystem> managerdGuns;
    //当前的枪支
    private GunSystem currentGun;
    //枪支编号
    private int index = 0;

    private void Awake()
    {
        managerdGuns = new List<GunSystem>();
        //currentGun = GetComponent<FPSGun>();
    }
    private void Start()
    {
        for (int i = 0; i < transform.childCount; i++)
        {
            //添加每一把枪
            managerdGuns.Add(transform.GetChild(i).GetComponent<GunSystem>());
        }
        if (managerdGuns.Count > 0)
        {
            //当前使用的第一把枪
            currentGun = managerdGuns[index];
        }
    }
    private void Update()
    {
        //当前是否有一把枪
        if (!currentGun)
```

```
    {
        return;
    }
    if (Input.GetKeyDown(KeyCode.R))
    {
        currentGun.Reload();                              //换弹
    }
    if (Input.GetKeyDown(KeyCode.Q))
    {
        currentGun.gameObject.SetActive(false);
        //计算新枪的编号
        index = ++index % managerdGuns.Count;
        currentGun = managerdGuns[index];                //更新当前枪支
        currentGun.gameObject.SetActive(true);           //新枪
    }
    }
}
```

（4）运行程序，按下 R 键可以换弹，按下 Q 键可以切换枪支。

17.4　基于有限状态机实现敌人 AI 逻辑

FPS 游戏的一个经典之处就是可以生成有趣的敌人 AI 进行对抗，下面就来实现敌人 AI。

首先，将上一章实现的有限状态机（FSM）导入当前项目中，也可以按照上一章的步骤重新制作有限状态机，本节就在上一节的基础上进行开发。

17.4.1　巡逻状态

（1）新建脚本，命名为 EnemyUnit.cs，双击打开脚本，编辑代码，参考代码 17-8。

代码 17-8　实现敌人 AI 巡逻

```
using UnityEngine;
using UnityEngine.AI;
using FSM;

#if UNITY_EDITOR
using UnityEditor;
#endif

///<summary>
///EnemyUnit
///</summary>
public class EnemyUnit: MonoBehaviour
{
    //玩家位置
    [SerializeField] private Transform player;
    //寻路代理
    NavMeshAgent agent;
    //动画组件
    Animator animator;
```

```
//巡逻点集合
[SerializeField] private Vector3[] Points;

public bool isDrawGizmos = false;

FSMComponent fsm;
private class PatrolState: State
{
    //当前巡逻点的索引值
    public int index;
    //休息计时
    public float timer;
}

private class AttackState: State
{
    public float attackCD = 2f;
}

private class AnimatorParams
{
    public static readonly int Idle = Animator.StringToHash("Idle");
    public static readonly int Walk = Animator.StringToHash("Walk");
    public static readonly int Run = Animator.StringToHash("Run");
    public static readonly int Action = Animator.StringToHash("Action");
}

private void Start()
{
    fsm = GameObject.Find("敌人 FSM 管理").GetComponent<FSMComponent>();
    agent = GetComponent<NavMeshAgent>();
    animator = GetComponent<Animator>();
    var machine = fsm.Create<StateMachine>(name)
        .Build<PatrolState>("巡逻状态")
            .OnEnter(s =>
            {
                agent.isStopped = false;
                //停止距离设置为 0
                agent.stoppingDistance = 0f;
                //设置速度
                agent.speed = 2f;
                //进入巡逻状态时设置第一个巡逻点
                s.index = 0;
                agent.SetDestination(Points[s.index]);
                //设置动画参数，进入 Walk
                animator.SetBool(AnimatorParams.Idle, false);
                animator.SetBool(AnimatorParams.Walk, true);
            })
            .OnStay(s =>
            {
                //判断是否到达目标巡逻点
                if (Vector3.Distance(transform.position, Points[s.index]) <= 1f)
                {
                    //设置动画参数，进入 Idle
```

```
                    animator.SetBool(AnimatorParams.Walk, false);
                    animator.SetBool(AnimatorParams.Idle, true);
                    //到达后随机休息若干秒
                    s.timer += Time.deltaTime;
                    if (s.timer >= Random.Range(3f, 5f))
                    {
                        //重置计时器
                        s.timer = 0f;
                        //设置下一个巡逻点
                        s.index++;
                        s.index = s.index == Points.Length? 0: s.index;
                        agent.SetDestination(Points[s.index]);
                        //设置动画参数，进入 Walk
                        animator.SetBool(AnimatorParams.Idle, false);
                        animator.SetBool(AnimatorParams.Walk, true);
                    }
                }
            })
            .OnExit(s =>
            {
                agent.isStopped = true;
                animator.SetBool(AnimatorParams.Idle, false);
                animator.SetBool(AnimatorParams.Walk, false);
            })
            //当玩家进入 20 米范围内时，敌人进入寻路状态
            .SwitchWhen(() => Vector3.Distance(player.position,
            transform.position) <= 20f, "状态二")
        .Complete();

        //进入第一个状态
        machine.Switch2Next();
    }

#if UNITY_EDITOR
    private void OnDrawGizmos()
    {
        GameObject selectObj = Selection.activeGameObject;
        if (selectObj == gameObject && isDrawGizmos && Points.Length > 0)
        {
            for (int i = 0; i < Points.Length; i++)
            {
                Handles.PositionHandle(Points[i], Quaternion.identity);
                Handles.Label(Points[i], string.Format("{0} Point {1}",
                gameObject.name, i + 1));
            }

            Handles.color = Color.red;
            Handles.DrawWireArc(transform.position, transform.up, transform.right,
            360f, 10f);
            Handles.color = Color.cyan;
            Handles.DrawWireArc(transform.position, transform.up, transform.right,
            360f, 20f);
        }
    }
```

```
        }
    #endif
    }
```

（2）在场景中新建一个对象，命名为"敌人 FSM 管理"，将 FSMComponent 脚本拖给这个对象，如图 17-30 所示。

（3）将 Project 视图中的 3DModel→Models→JC-GK-DZA1 对象拖到场景中，设置位置坐标为(0,0,22)，增加 EnemyUnit 脚本组件，参数设置如图 17-31 所示。

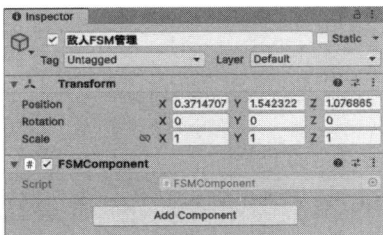

图 17-30　设置 FSM 控制器

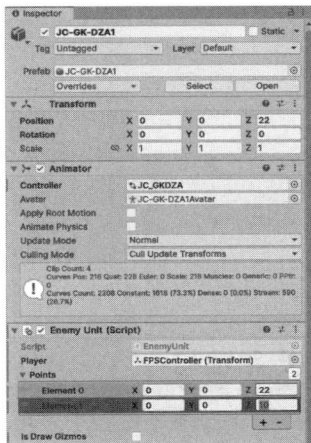

图 17-31　设置 EnemyUnity 脚本组件的属性

（4）选中 JC-GK-DZA1 对象，增加 Nav Mesh Agent 组件、Capsule Collider 组件，参数设置如图 17-32 所示。

（5）选中场景中的 Environment 对象，添加 Nav Mesh Surface 组件，单击 Bake 按钮，如图 17-33 所示，烘焙自动生成的导航网格。

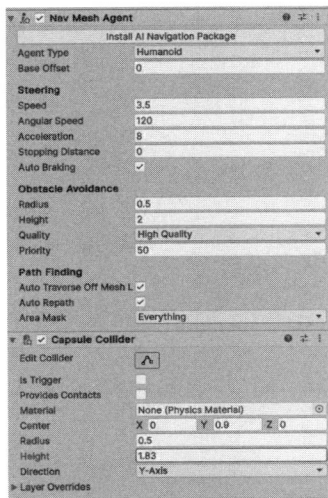

图 17-32　设置组件的参数

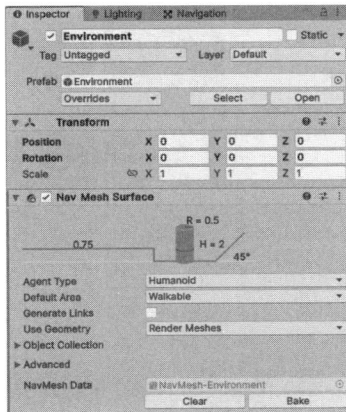

图 17-33　添加组件

（6）烘焙完导航网格后的效果如图 17-34 所示。

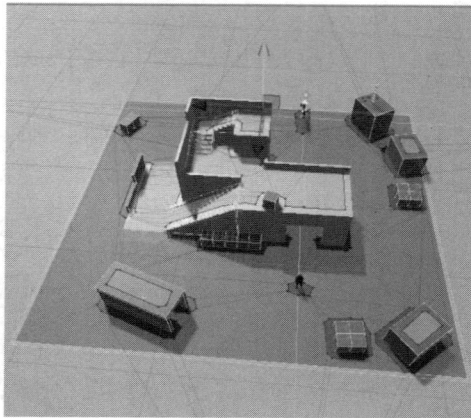

图 17-34　烘焙完导航网格后的效果

（7）运行程序，敌人 AI 就会自动进入巡逻状态。

17.4.2　寻路状态

如果敌人 AI 在巡逻过程中发现玩家进入了半径 20 米范围内，就会自动进入寻路状态去追逐玩家；当玩家与敌人 AI 的距离大于 25 米后，敌人 AI 就回到巡逻状态；当玩家与敌人 AI 的距离小于 15 米后，敌人 AI 就进入攻击状态，这些距离参数都是可以设置的。

双击打开 EnemyUnit.cs 脚本，修改代码，参考代码 17-9。

代码 17-9　实现敌人 AI 的寻路

```
using UnityEngine;
using UnityEngine.AI;
using FSM;

#if UNITY_EDITOR
using UnityEditor;
#endif

///<summary>
///EnemyUnit
///</summary>
public class EnemyUnit: MonoBehaviour
{
    //玩家位置
    [SerializeField] private Transform player;
    //寻路代理
    NavMeshAgent agent;
    //动画组件
    Animator animator;
    //巡逻点集合
    [SerializeField] private Vector3[] Points;

    public bool isDrawGizmos = false;
```

```
FSMComponent fsm;
private class PatrolState: State
{
    //当前巡逻点的索引值
    public int index;
    //休息计时
    public float timer;
}

private class AttackState: State
{
    public float attackCD = 2f;
}

private class AnimatorParams
{
    public static readonly int Idle = Animator.StringToHash("Idle");
    public static readonly int Walk = Animator.StringToHash("Walk");
    public static readonly int Run = Animator.StringToHash("Run");
    public static readonly int Action = Animator.StringToHash("Action");
}

private void Start()
{
    fsm = GameObject.Find("敌人 FSM 管理").GetComponent<FSMComponent>();
    agent = GetComponent<NavMeshAgent>();
    animator = GetComponent<Animator>();
    var machine = fsm.Create<StateMachine>(name)
        .Build<PatrolState>("巡逻状态")
            .OnEnter(s =>
            {
                agent.isStopped = false;
                //停止距离设置为 0
                agent.stoppingDistance = 0f;
                //设置速度
                agent.speed = 2f;
                //进入巡逻状态时，设置第一个巡逻点
                s.index = 0;
                agent.SetDestination(Points[s.index]);
                //设置动画参数，进入 Walk
                animator.SetBool(AnimatorParams.Idle, false);
                animator.SetBool(AnimatorParams.Walk, true);
            })
            .OnStay(s =>
            {
                //判断是否到达目标巡逻点
                if (Vector3.Distance(transform.position, Points[s.index]) <= 1f)
                {
                    //设置动画参数，进入 Idle
                    animator.SetBool(AnimatorParams.Walk, false);
                    animator.SetBool(AnimatorParams.Idle, true);
                    //到达后随机休息若干秒
                    s.timer += Time.deltaTime;
                    if (s.timer >= Random.Range(3f, 5f))
                    {
```

```
                                //重置计时器
                                s.timer = 0f;
                                //设置下一个巡逻点
                                s.index++;
                                s.index = s.index == Points.Length? 0: s.index;
                                agent.SetDestination(Points[s.index]);
                                //设置动画参数，进入 Walk
                                animator.SetBool(AnimatorParams.Idle, false);
                                animator.SetBool(AnimatorParams.Walk, true);
                        }
                    }
                })
                .OnExit(s =>
                {
                    agent.isStopped = true;
                    animator.SetBool(AnimatorParams.Idle, false);
                    animator.SetBool(AnimatorParams.Walk, false);
                })
                //当玩家进入 20 米范围内时，敌人进入寻路状态
                .SwitchWhen(() => Vector3.Distance(player.position,
                transform.position) <= 20f, "寻路状态")
                .Complete()
                .Build<State>("寻路状态")
                .OnEnter(s =>
                {
                    agent.isStopped = false;
                    //设置停止距离
                    agent.stoppingDistance = 1.5f;
                    //加速移动
                    agent.speed = 3f;
                    //设置动画参数，进入 Run
                    animator.SetBool(AnimatorParams.Run, true);
                })
                .OnStay(s =>
                {
                    //未到达玩家指定距离时，不断寻路
                    if (Vector3.Distance(transform.position, player.position) > 15f)
                    {
                        agent.SetDestination(player.position);
                    }
                    else
                    {
                        //到达玩家指定距离时，进入攻击状态
                        s.Machine.Switch("攻击状态");
                    }
                })
                .OnExit(s =>
                {
                    animator.SetBool(AnimatorParams.Run, false);
                })
                //距离玩家大于指定值时，重回巡逻状态
                .SwitchWhen(() => Vector3.Distance(transform.position,
                player.position) > 25f, "巡逻状态")
            .Complete();

        //进入第一个状态
```

```
            machine.Switch2Next();
        }

#if UNITY_EDITOR
    private void OnDrawGizmos()
    {
        GameObject selectObj = Selection.activeGameObject;
        if (selectObj == gameObject && isDrawGizmos && Points.Length > 0)
        {
            for (int i = 0; i < Points.Length; i++)
            {
                Handles.PositionHandle(Points[i], Quaternion.identity);
                Handles.Label(Points[i], string.Format("{0} Point {1}",
                gameObject.name, i + 1));
            }

            Handles.color = Color.red;
            Handles.DrawWireArc(transform.position, transform.up, transform.right,
            360f, 10f);
            Handles.color = Color.cyan;
            Handles.DrawWireArc(transform.position, transform.up, transform.right,
            360f, 20f);
        }
    }
#endif
    }
```

接下来，就是攻击的逻辑，这里需要注意，当敌人 AI 与玩家距离小于 15 米时，就会进入攻击，但是攻击是没有效果的，这将会在下一节的血条系统中进行设置。

17.4.3 攻击状态

当敌人 AI 与玩家的距离小于 15 米时，进入攻击状态；当玩家在敌人 AI 的攻击范围外时，敌人 AI 就会进入追逐状态，直到其与玩家的距离大于追逐的范围。

双击打开 EnemyUnit.cs 脚本，修改代码，参考代码 17-10。

代码 17-10 实现敌人 AI 的攻击

```
using UnityEngine;
using UnityEngine.AI;
using FSM;

#if UNITY_EDITOR
using UnityEditor;
#endif

///<summary>
///EnemyUnit
///</summary>
public class EnemyUnit: MonoBehaviour
{
    //玩家位置
    [SerializeField] private Transform player;
    //寻路代理
    NavMeshAgent agent;
    //动画组件
```

```
Animator animator;
//巡逻点集合
[SerializeField] private Vector3[] Points;

public bool isDrawGizmos = false;

FSMComponent fsm;
private class PatrolState: State
{
    //当前巡逻点的索引值
    public int index;
    //休息计时
    public float timer;
}

private class AttackState: State
{
    public float attackCD = 2f;
}

private class AnimatorParams
{
    public static readonly int Idle = Animator.StringToHash("Idle");
    public static readonly int Walk = Animator.StringToHash("Walk");
    public static readonly int Run = Animator.StringToHash("Run");
    public static readonly int Action = Animator.StringToHash("Action");
}

private void Start()
{
    fsm = GameObject.Find("敌人FSM管理").GetComponent<FSMComponent>();
    agent = GetComponent<NavMeshAgent>();
    animator = GetComponent<Animator>();
    var machine = fsm.Create<StateMachine>(name)
        .Build<PatrolState>("巡逻状态")
            .OnEnter(s =>
            {
                agent.isStopped = false;
                //停止距离设置为0
                agent.stoppingDistance = 0f;
                //设置速度
                agent.speed = 2f;
                //进入巡逻状态时，设置第一个巡逻点
                s.index = 0;
                agent.SetDestination(Points[s.index]);
                //设置动画参数，进入Walk
                animator.SetBool(AnimatorParams.Idle, false);
                animator.SetBool(AnimatorParams.Walk, true);
            })
            .OnStay(s =>
            {
                //判断是否到达目标巡逻点
                if (Vector3.Distance(transform.position, Points[s.index]) <= 1f)
                {
                    //设置动画参数，进入Idle
                    animator.SetBool(AnimatorParams.Walk, false);
                    animator.SetBool(AnimatorParams.Idle, true);
```

```
        //到达后随机休息若干秒
        s.timer += Time.deltaTime;
        if (s.timer >= Random.Range(3f, 5f))
        {
            //重置计时器
            s.timer = 0f;
            //设置下一个巡逻点
            s.index++;
            s.index = s.index == Points.Length? 0: s.index;
            agent.SetDestination(Points[s.index]);
            //设置动画参数，进入 Walk
            animator.SetBool(AnimatorParams.Idle, false);
            animator.SetBool(AnimatorParams.Walk, true);
        }
    }
})
.OnExit(s =>
{
    agent.isStopped = true;
    animator.SetBool(AnimatorParams.Idle, false);
    animator.SetBool(AnimatorParams.Walk, false);
})
//当玩家进入 20 米范围内时，敌人进入寻路状态
.SwitchWhen(() => Vector3.Distance(player.position, transform.position)
<= 20f, "寻路状态")
.Complete()
.Build<State>("寻路状态")
.OnEnter(s =>
{
    agent.isStopped = false;
    //停止距离设置为 1.5
    agent.stoppingDistance = 1.5f;
    //加速移动
    agent.speed = 3f;
    //设置动画参数，进入跑步状态
    animator.SetBool(AnimatorParams.Run, true);
})
.OnStay(s =>
{
    //未到达玩家前指定距离时，敌人不断寻路
    if (Vector3.Distance(transform.position, player.position) > 15f)
    {
        agent.SetDestination(player.position);
    }
    else
    {
        //到达玩家前指定距离，敌人进入攻击状态
        s.Machine.Switch("攻击状态");
    }
})
.OnExit(s =>
{
    animator.SetBool(AnimatorParams.Run, false);
})
//距离玩家大于指定值时，敌人重回巡逻状态
.SwitchWhen(() => Vector3.Distance(transform.position, player.position) >
```

17

```
                    25f, "巡逻状态")
                .Complete()
                .Build<AttackState>("攻击状态")
                .OnEnter(s => agent.isStopped = true)
                .OnStay(s =>
                {
                    //朝向玩家
                    transform.rotation = Quaternion.LookRotation(player.position -
                    transform.position);
                    //Attack Action
                    if (s.attackCD == 2f)
                    {
                        s.attackCD = 0f;
                        animator.SetInteger(AnimatorParams.Action, 1);
                        //射线检测
                        if (Physics.Raycast(transform.position, transform.TransformDirection
                        (Vector3.forward), out RaycastHit rayHit, 100))
                        {
                            if (rayHit.collider.CompareTag("Player"))
                            {
                                //场景显示红线，方便调试查看
                                Debug.DrawLine(transform.position, rayHit.point,
                                Color.red, 10f);
                                Debug.Log("击中敌人");
                                //TODO：扣血

                            }
                        }
                    }
                    //攻击 CD
                    else
                    {
                        s.attackCD += Time.deltaTime;
                        if (s.attackCD >= 2f) s.attackCD = 2f;
                    }
                })
                .OnExit(s => animator.SetInteger(AnimatorParams.Action, 0))
                .SwitchWhen(() => Vector3.Distance(transform.position, player.position) >=
                5f, "寻路状态")
            .Complete();

        //进入第一个状态
        machine.Switch2Next();
    }

#if UNITY_EDITOR
    private void OnDrawGizmos()
    {
        GameObject selectObj = Selection.activeGameObject;
        if (selectObj == gameObject && isDrawGizmos && Points.Length > 0)
        {
            for (int i = 0; i < Points.Length; i++)
            {
                Handles.PositionHandle(Points[i], Quaternion.identity);
                Handles.Label(Points[i], string.Format("{0} Point {1}",
                gameObject.name, i + 1));
            }
```

```
        Handles.color = Color.red;
        Handles.DrawWireArc(transform.position, transform.up, transform.right,
        360f, 10f);
        Handles.color = Color.cyan;
        Handles.DrawWireArc(transform.position, transform.up, transform.right,
        360f, 20f);
    }
}
#endif
}
```

17.5   血 条 系 统

本节实现血条系统。

17.5.1   实现玩家血条系统

（1）新建脚本，命名为 HealthSystem.cs，双击打开脚本，编辑代码，参考代码 17-11。

代码 17-11   实现玩家血条系统

```
using UnityEngine;

public class HealthSystem: MonoBehaviour
{
    public int MaxHp = 20;
    public int CurrentHp = 20;
    public bool invulnerable;              //无敌
    public delegate void OnHealthChange(float percentage, GameObject GO);
    public static event OnHealthChange onHealthChange;

    void Start()
    {
        SendUpdateEvent();
    }

    //减血
    public void SubstractHealth(int damage)
    {
        if (!invulnerable)
        {
            //极少血量
            CurrentHp = Mathf.Clamp(CurrentHp -= damage, 0, MaxHp);

            //血量到达 0
            if (isDead()) gameObject.SendMessage("Death",
            SendMessageOptions.DontRequireReceiver);
        }

        //血量更新
        SendUpdateEvent();
    }
```

```
//加血
public void AddHealth(int amount)
{
    CurrentHp = Mathf.Clamp(CurrentHp += amount, 0, MaxHp);
    SendUpdateEvent();
}

//血量更新
void SendUpdateEvent()
{
    float CurrentHealthPercentage = 1f / MaxHp * CurrentHp;
    if (onHealthChange != null) onHealthChange(CurrentHealthPercentage, gameObject);
}

//死亡
bool isDead()
{
    return CurrentHp == 0;
}
}
```

（2）修改 PlayerControl.cs 脚本，使它可以响应血条系统的事件，参考代码 17-12。

代码 17-12　修改 PlayerControl.cs 脚本以响应血条系统事件

```
using UnityEngine;

[RequireComponent(typeof(CharacterController))]
[RequireComponent(typeof(Rigidbody))]
[RequireComponent(typeof(AudioSource))]
public class PlayerControl: MonoBehaviour
{
    [SerializeField] private bool m_IsWalking;
    [SerializeField] private float m_WalkSpeed;
    [SerializeField] private float m_RunSpeed;
    [SerializeField] private float m_JumpSpeed;
    [SerializeField] private float m_StickToGroundForce;
    [SerializeField] private float m_GravityMultiplier;
    [SerializeField] private MouseLook m_MouseLook;

    private Camera m_Camera;
    private bool m_Jump;
    private Vector2 m_Input;
    private Vector3 m_MoveDir = Vector3.zero;
    private CharacterController m_CharacterController;
    private bool m_PreviouslyGrounded;
    private bool m_Jumping;

    private AudioSource m_AudioSource;
    [SerializeField] private AudioClip m_JumpSound;        //角色离开地面时播放的声音
    [SerializeField] private AudioClip m_LandSound;        //角色触碰地面时播放的声音

    private void Start()
    {
        m_CharacterController = GetComponent<CharacterController>();
        m_Camera = Camera.main;
        m_Jumping = false;
        m_MouseLook.Init(transform, m_Camera.transform);
```

```
        m_AudioSource = GetComponent<AudioSource>();
    }

    private void Update()
    {
        RotateView();
        //跳转状态需要在这里读取，以确保它不会丢失
        if (!m_Jump)
        {
            m_Jump = Input.GetButtonDown("Jump");
        }

        if (!m_PreviouslyGrounded && m_CharacterController.isGrounded)
        {
            PlayLandingSound();
            m_MoveDir.y = 0f;
            m_Jumping = false;
        }
        if (!m_CharacterController.isGrounded && !m_Jumping && m_PreviouslyGrounded)
        {
            m_MoveDir.y = 0f;
        }
        m_PreviouslyGrounded = m_CharacterController.isGrounded;
    }
    private void PlayLandingSound()
    {
        m_AudioSource.clip = m_LandSound;
        m_AudioSource.Play();
    }

    private void PlayJumpSound()
    {
        m_AudioSource.clip = m_JumpSound;
        m_AudioSource.Play();
    }

    private void FixedUpdate()
    {
        float speed;
        GetInput(out speed);
        //始终沿着相机向前移动，因为这是它瞄准的方向
        Vector3 desiredMove = transform.forward * m_Input.y + transform.right *
        m_Input.x;

        //获取被接触曲面的法线以沿其移动
        RaycastHit hitInfo;
        Physics.SphereCast(transform.position, m_CharacterController.radius, Vector3.down,
        out hitInfo, m_CharacterController.height / 2f, Physics.AllLayers,
        QueryTriggerInteraction.Ignore);
        desiredMove = Vector3.ProjectOnPlane(desiredMove, hitInfo.normal).normalized;

        m_MoveDir.x = desiredMove.x * speed;
        m_MoveDir.z = desiredMove.z * speed;

        if (m_CharacterController.isGrounded)
        {
            m_MoveDir.y = -m_StickToGroundForce;
```

```
            if (m_Jump)
            {
                m_MoveDir.y = m_JumpSpeed;
                m_Jump = false;
                m_Jumping = true;
                PlayJumpSound();
            }
        }
        else
        {
            m_MoveDir += Physics.gravity * m_GravityMultiplier *
            Time.fixedDeltaTime;
        }
        m_CharacterController.Move(m_MoveDir * Time.fixedDeltaTime);

        UpdateCameraPosition(speed);

        m_MouseLook.UpdateCursorLock();
    }


    private void UpdateCameraPosition(float speed)
    {
        Vector3 newCameraPosition;
        if (m_CharacterController.velocity.magnitude > 0 && m_CharacterController.isGrounded)
        {
            m_Camera.transform.localPosition = newCameraPosition =
            m_Camera.transform.localPosition;
        }
        else
        {
            newCameraPosition = m_Camera.transform.localPosition;
        }
        m_Camera.transform.localPosition = newCameraPosition;
    }


    private void GetInput(out float speed)
    {
        //读取输入的值
        float horizontal = Input.GetAxis("Horizontal");
        float vertical = Input.GetAxis("Vertical");

        bool waswalking = m_IsWalking;

#if !MOBILE_INPUT
        //在独立构建中，步行/跑步速度通过按键进行修改
        //跟踪角色是在行走还是在跑步
        m_IsWalking = !Input.GetKey(KeyCode.LeftShift);
#endif
        //set the desired speed to be walking or running
        speed = m_IsWalking? m_WalkSpeed: m_RunSpeed;
        m_Input = new Vector2(horizontal, vertical);

        //如果组合长度超过 1，则规范化输入
        if (m_Input.sqrMagnitude > 1)
        {
```

```
            m_Input.Normalize();
        }
    }

    private void RotateView()
    {
        m_MouseLook.LookRotation(transform, m_Camera.transform);
    }

    public void Hit()
    {
        Debug.Log("被击中");
        //扣血
        HealthSystem hs = GetComponent<HealthSystem>();
        if (hs != null)
        {
            hs.SubstractHealth(10);
            if (hs.CurrentHp == 0)
                return;
        }
    }

    void Death()
    {
        Debug.Log("死亡");
        Debug.Log("游戏结束");
    }
}
```

17.5.2 实现敌人血条系统

修改脚本 EnemyUnity.cs 代码，编辑代码，参考代码 17-13。

代码 17-13 修改 EnemyUnity.cs 代码以响应血条系统事件

```
using UnityEngine;
using UnityEngine.AI;
using FSM;

#if UNITY_EDITOR
using UnityEditor;
#endif

///<summary>
///敌人单位逻辑控制脚本
///</summary>
public class EnemyUnit: MonoBehaviour
{
    //玩家位置
    [SerializeField] private Transform player;
    //寻路代理
    NavMeshAgent agent;
    //动画组件
    Animator animator;
    //巡逻点集合
    [SerializeField] private Vector3[] Points;
```

```csharp
public bool isDrawGizmos = false;

FSMComponent fsm;
private class PatrolState: State
{
    //当前巡逻点的索引值
    public int index;
    //休息计时
    public float timer;
}

private class AttackState: State
{
    public float attackCD = 2f;
}

private class AnimatorParams
{
    public static readonly int Idle = Animator.StringToHash("Idle");
    public static readonly int Walk = Animator.StringToHash("Walk");
    public static readonly int Run = Animator.StringToHash("Run");
    public static readonly int Action = Animator.StringToHash("Action");
}

private void Start()
{
    fsm = GameObject.Find("敌人FSM管理").GetComponent<FSMComponent>();
    agent = GetComponent<NavMeshAgent>();
    animator = GetComponent<Animator>();
    var machine = fsm.Create<StateMachine>(name)
        .Build<PatrolState>("巡逻状态")
            .OnEnter(s =>
            {
                agent.isStopped = false;
                //停止距离设置为0
                agent.stoppingDistance = 0f;
                //设置速度
                agent.speed = 2f;
                //进入巡逻状态时，设置第一个巡逻点
                s.index = 0;
                agent.SetDestination(Points[s.index]);
                //设置动画参数，进入Walk
                animator.SetBool(AnimatorParams.Idle, false);
                animator.SetBool(AnimatorParams.Walk, true);
            })
            .OnStay(s =>
            {
                //判断是否到达目标巡逻点
                if (Vector3.Distance(transform.position, Points[s.index]) <= 1f)
                {
                    //设置动画参数，进入Idle
                    animator.SetBool(AnimatorParams.Walk, false);
                    animator.SetBool(AnimatorParams.Idle, true);
                    //到达后随机休息若干秒
                    s.timer += Time.deltaTime;
                    if (s.timer >= Random.Range(3f, 5f))
```

```
            {
                //重置计时器
                s.timer = 0f;
                //设置下一个巡逻点
                s.index++;
                s.index = s.index == Points.Length? 0: s.index;
                agent.SetDestination(Points[s.index]);
                //设置动画参数，进入 Walk
                animator.SetBool(AnimatorParams.Idle, false);
                animator.SetBool(AnimatorParams.Walk, true);
            }
        }
    })
    .OnExit(s =>
    {
        agent.isStopped = true;
        animator.SetBool(AnimatorParams.Idle, false);
        animator.SetBool(AnimatorParams.Walk, false);
    })
    //当玩家进入 20 米范围内时，敌人进入寻路状态
    .SwitchWhen(() => Vector3.Distance(player.position,
    transform.position) <= 20f, "寻路状态")
    .Complete()
    .Build<State>("寻路状态")
    .OnEnter(s =>
    {
        agent.isStopped = false;
        //停止距离设置为1.5
        agent.stoppingDistance = 1.5f;
        //加速移动
        agent.speed = 3f;
        //设置动画参数，进入 Run
        animator.SetBool(AnimatorParams.Run, true);
    })
    .OnStay(s =>
    {
        //当敌人与玩家的距离未达到预设值时，将持续执行寻路算法以保持追踪状态
        if (Vector3.Distance(transform.position, player.position) > 15f)
        {
            agent.SetDestination(player.position);
        }
        else
        {
            //当敌人与玩家的距离缩短至预设值时，将立即切换为攻击模式
            s.Machine.Switch("攻击状态");
        }
    })
    .OnExit(s =>
    {
        animator.SetBool(AnimatorParams.Run, false);
    })
    //距离玩家大于指定值时，敌人重回巡逻状态
    .SwitchWhen(() => Vector3.Distance(transform.position,
    player.position) > 25f, "巡逻状态")
    .Complete()
    .Build<AttackState>("攻击状态")
```

```
            .OnEnter(s => agent.isStopped = true)
            .OnStay(s =>
            {
                //朝向玩家
                transform.rotation = Quaternion.LookRotation(player.position -
                transform.position);
                //Attack Action
                if (s.attackCD == 2f)
                {
                    s.attackCD = 0f;
                    animator.SetInteger(AnimatorParams.Action, 1);
                    // 射线检测
                    if (Physics.Raycast(transform.position, transform.TransformDirection
                    (Vector3.forward), out RaycastHit rayHit, 100))
                    {
                        if (rayHit.collider.CompareTag("Player"))
                        {
                            //场景显示红线，方便调试查看
                            Debug.DrawLine(transform.position, rayHit.point,
                            Color.red,10f);
                            Debug.Log("击中敌人");
                            //TODO: 扣血
                            rayHit.collider.gameObject.GetComponent<PlayerControl>
                            ().Hit();
                        }
                    }
                }
                //攻击 CD
                else
                {
                    s.attackCD += Time.deltaTime;
                    if (s.attackCD >= 2f) s.attackCD = 2f;
                }
            })
            .OnExit(s => animator.SetInteger(AnimatorParams.Action, 0))
            .SwitchWhen(() => Vector3.Distance(transform.position,
            player.position) >= 5f, "寻路状态")
        .Complete();

        //进入第一个状态
        machine.Switch2Next();
    }

#if UNITY_EDITOR
    private void OnDrawGizmos()
    {
        GameObject selectObj = Selection.activeGameObject;
        if (selectObj == gameObject && isDrawGizmos && Points.Length > 0)
        {
            for (int i = 0; i < Points.Length; i++)
            {
                Handles.PositionHandle(Points[i], Quaternion.identity);
                Handles.Label(Points[i], string.Format("{0} Point {1}",
                gameObject.name, i + 1));
            }

            Handles.color = Color.red;
```

17

Handles.DrawWireArc(transform.position, transform.up, transform.right, 360f, 10f);

Handles.DrawWireArc(transform.position, transform.up, transform.right, 360f, 20f);

public void Hit()

HealthSystem hs = GetComponent<HealthSystem>();

GameObject.Find("敌人FSM管理").GetComponent<FSMComponent>().Destroy(name);

```csharp
            Handles.DrawWireArc(transform.position, transform.up, transform.right,
                360f, 10f);
            Handles.color = Color.cyan;
            Handles.DrawWireArc(transform.position, transform.up, transform.right,
                360f, 20f);
        }
    }
#endif

    public void Hit()
    {
        Debug.Log("被击中");
        //扣血
        HealthSystem hs = GetComponent<HealthSystem>();
        if (hs != null)
        {
            hs.SubstractHealth(10);
            if (hs.CurrentHp == 0)
                return;
        }
    }

    void Death()
    {
        Debug.Log("死亡");
        GameObject.Find("敌人FSM管理").GetComponent<FSMComponent>().Destroy(name);
        Destroy(gameObject);
    }
}
```

运行程序，按键盘的 W、S、A、D 键就可以走路，同时按 Shift 键和 W 键可以跑步，按键盘的 R 键切换枪支，按鼠标左键开枪，敌人 AI 会自动寻路，当发现玩家后，就会进入追逐状态，进入攻击范围内进行攻击，玩家也可以攻击敌人 AI。

17.6 课后习题

我们实现了一个基本 FPS 游戏，可以走、跑、跳，开枪以及 AI 对抗，试着去完善这个项目，打造一个独属于自己的游戏。

扩展方向：

（1）增加 UI，实现准星系统。

（2）增加弹夹容量及当前子弹数查看。

（3）设置敌人 AI 以及友方 AI，进行更加刺激的对抗。

17.7 本章小结

经过一系列精心策划与实践，Unity 第一人称射击游戏（FPS）开发已经圆满结束了。本章介绍了

Debug.Log("被击中");

从基础到进阶的多个关键环节，旨在帮助读者全面掌握 FPS 游戏的核心开发技术。以下是本章内容的 5 个亮点。

场景搭建：从基础做起，详细指导了如何使用 Unity 编辑器搭建一个逼真的游戏场景。从地形编辑到建筑模型导入，再到光照与氛围的调试，每一步都力求完美，为玩家营造了一个沉浸式的游戏世界。

人物行走：通过讲解角色控制器的配置与脚本编写，实现了人物的自然行走、跑步、跳跃等基本动作。这些动作的流畅性与响应速度均经过优化，确保了玩家在游戏中的操作体验。

射击实现：射击机制是 FPS 游戏的核心。本章深入剖析了射击系统的实现原理，包括瞄准、开火、子弹轨迹、命中判定与反馈等。

AI 敌人实现：为了增加游戏的挑战性与趣味性，引入了 AI 敌人系统。通过 Unity 的 NavMesh 与 AI 脚本，实现了敌人的巡逻、追击、攻击等智能行为。这些敌人不仅具有高度的自主性，还能根据玩家的行动做出灵活的反应。

血条系统：为了直观展示玩家与敌人的生命状态，设计并实现了血条系统。该系统能够实时更新玩家与敌人的生命值，并在受到攻击时提供清晰的视觉反馈。这一设计大大增强了游戏的紧张感与代入感。

总之，本章是一次全面而深入的实践之旅。通过本章的学习，读者不仅能够掌握 FPS 游戏的核心开发技能，还能为未来的游戏开发之路打下坚实的基础。

第 18 章　数字孪生、虚拟仿真应用——智慧园区可视化系统

扫一扫，看视频

在当今数字化转型的浪潮中，智慧园区作为城市发展的新名片，正以前所未有的速度引领着未来园区管理的新趋势。

在这场变革中，数字孪生与虚拟仿真技术犹如双轮驱动，为智慧园区的可视化系统注入了前所未有的活力与智慧。

想象一下，一个与现实园区同步呼吸、实时互动的虚拟世界，在这里，每一寸土地、每一栋建筑、每一台设备都被精准复刻，它们的运行状态、能耗情况、人流动态尽在掌握。

接下来，将深入探索这一前沿科技的魅力，揭开智慧园区可视化系统的神秘面纱。

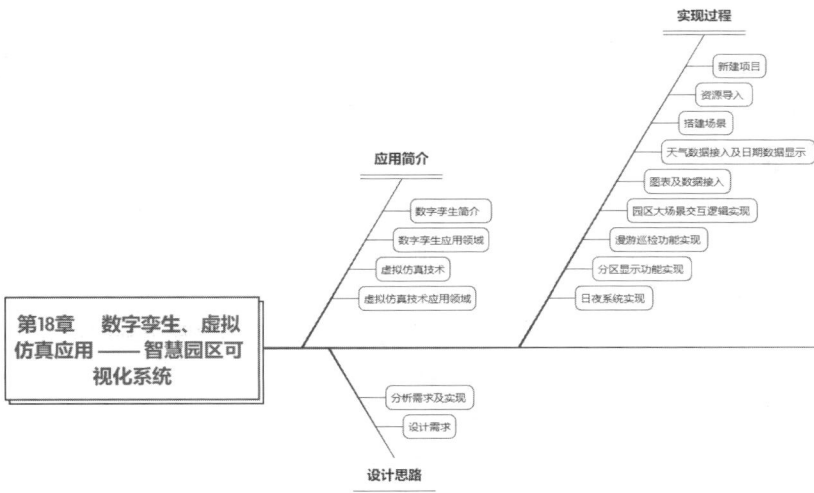

18.1　应用简介

　　智慧园区可视化系统，作为现代城市规划与管理的创新工具，融合了数字孪生与虚拟仿真技术，为园区的智能化、高效化运营提供了强有力的支持。

　　智慧园区可视化系统是基于物联网、大数据、云计算等先进技术构建的综合管理平台。它通过将园区内的各种设备、设施和资源信息进行集成、可视化展示和智能分析，为园区管理者提供全方位的信息管理与决策支持。

　　核心技术有数字孪生技术、虚拟仿真技术，接下来，将详细介绍数字孪生技术以及虚拟仿真技术。

18.1.1　数字孪生简介

　　数字孪生充分利用物理模型、传感器更新、运行历史等数据，集成了多学科、多物理量、多尺度、多概率的仿真过程。在虚拟空间中，它完成了对物理实体的映射，从而反映了物理实体的全生命周期过程。简而言之，数字孪生就是在虚拟世界中创建与现实世界实体完全一致的数字模型，如同一个"双胞胎兄弟"一样。

　　数字孪生的实现离不开一系列先进技术的支撑，其包括以下内容。

　　（1）物联网（IoT）：通过射频识别、二维码、传感器等数据采集方式，物联网为物理世界的整体感知提供了技术支持，并为孪生数据的实时、可靠、高效传输提供了帮助。

　　（2）大数据：大数据技术能够从数字孪生高速产生的海量数据中提取有价值的信息，以解释和预测现实事件的结构和过程。

　　（3）人工智能（AI）：AI 通过智能匹配最佳算法，自动执行数据准备、分析、融合，对孪生数据进行深度知识挖掘，从而生成各类型服务。AI 的加持可以大幅提升数字孪生的数据价值以及各项服务的响应能力和服务准确性。

　　（4）云计算：云计算按需使用与分布式共享的模式可使数字孪生使用庞大的云计算资源与数据中心，从而动态满足数字孪生的不同计算、存储与运行需求。

　　（5）5G 通信技术：5G 通信技术具有高速率、大容量、低时延、高可靠的特点，能够契合数字孪生的数据传输要求，满足虚拟模型与物理实体的海量数据低延时传输、大量设备的互通互联。

18.1.2　数字孪生应用领域

　　数字孪生在多个领域都有广泛的应用，包括但不限于以下内容。

　　（1）产品设计：在产品设计阶段，数字孪生可以帮助设计师在虚拟环境中进行产品设计和测试，避免对实际产品的影响，同时提高设计效率和降低成本。

　　（2）制造：在制造领域，数字孪生可以帮助工程师在虚拟环境中进行系统设计改动和测试，优化生产流程，提高生产效率和质量。

　　（3）工程建设：在工程建设领域，数字孪生可以在工厂建设之前完成数字化模型，从而在虚拟环境中进行仿真和模拟，提高建设效率和准确性。

　　（4）城市管理：通过数字孪生技术，可将城市街区的物理环境与数字模型进行实时同步，以实现对城市管理的精确监测和合理决策。数字孪生城市能够在充分整合城市各领域信息资源的基础上,将大规模城市各领域管理要素进行精准复现,并对细分业务领域数据指标进行多维度可视分析。

18.1.3　虚拟仿真技术

虚拟仿真(Virtual Reality,VR)又称虚拟现实技术,早期译为"灵境技术"。虚拟现实是多媒体技术的终极应用形式,它是计算机软硬件技术、传感技术、人工智能及行为心理学等科学领域飞速发展的结晶。

VR主要依赖于三维实时图形显示、三维定位跟踪、触觉传感技术,其基本实现方式是计算机模拟虚拟环境从而给人以环境沉浸感。

随着社会生产力和科学技术的不断发展,各行各业对VR技术的需求不断增长,推动了VR技术的显著发展和创新。

18.1.4　虚拟仿真技术应用领域

VR的应用领域广泛,并且这种趋势仍在不断扩大,以下是一些典型的应用领域。

(1)视频游戏:VR视频、VR游戏可以让玩家沉浸式体验视频或游戏,带来更加真实的体验,达到更多的娱乐目的。

(2)VR房地产:通过VR技术,搭建VR样板房,让用户更逼真地查看房屋装修、布局、家具摆放等情况,也是应用比较广的领域。

(3)VR医疗:主要用于构建虚拟的人体模型器官以及手术等,提高虚拟实景的真实感,借助于虚拟外设可以使用户更逼真地学习医疗知识。

(4)VR教育:将VR技术与教学相融合,以优质教育资源为核心,集终端、应用系统、平台、内容于一体,将抽象的概念具体化,为学习者打造高度仿真、交互、沉浸式的三维互动学习环境。

(5)VR零售:结合VR技术,将线上体验不足的问题在VR上实现,VR全景店铺,虚拟购物体验,让用户可以身临其境地体验店铺中的商品。

(6)VR工程:基于VR技术对工程进行模拟规划与控制,实现工程进度控制、施工计划制订、物资消耗、资金投入、人员调配等工作的综合管理。

(7)VR军事:通过VR技术模拟特定训练区域,配合VR跑步机等设备实现无限空间演练,模拟事故发生以及事故应用处理。

本节介绍了数字孪生技术及虚拟仿真技术,接下来,将介绍一个结合数字孪生技术和虚拟仿真技术的案例,以了解数字孪生及虚拟仿真开发。

18.2　设计思路

与第17章案例不同,本案例将带领读者了解从分析需求到分析实现,最后才开始实际开发的过程。

通过分析需求、分析实现,读者将会对这个案例有更加深层次的理解,也会在工作中明白如何进行开发。

18.2.1　设计需求

需求如下：

（1）在虚拟世界中创建与现实世界实体完全一致的数字模型。

（2）将使用可视化面板显示获取到的数据。

（3）数据与真实的园区数据对接，将根据这些数据进行模型的驱动。

（4）接入视频系统。

（5）园区分区显示，标签显示。

（6）有日夜变化、天气变化。

（7）漫游系统。

有了需求后，下面需要分析需求及实现。

18.2.2　分析需求及实现

下面分析需求及实现。

（1）需要一个园区模型，该模型可以分成不同的区域。

（2）需要设计一个用户界面来创建可视化面板。

（3）需要先用本地数据读取显示，将来更改为从服务器获取真实数据。

（4）需要从本地读取视频，将来更改为从服务器获取视频流。

（5）需要制作漫游动画，包含自动漫游和手动漫游。

（6）接入日夜系统、天气系统。

18.3　实　现　过　程

下面就进入开发过程。

18.3.1　新建项目

打开 Unity Hub，选择新建项目，选择 Unity 2022.3.57f1c2 版本。因为本案例是一个 3D 案例，所以需要在新建项目时选择 3D 模板，命名为 SmartPark，如图 18-1 所示。

18.3.2　导入资源

导入资源包，在菜单栏中选择 Assets → Import Package → Custom Package 命令，将"资源包→第 18 章资源文件"文件夹中的"场景

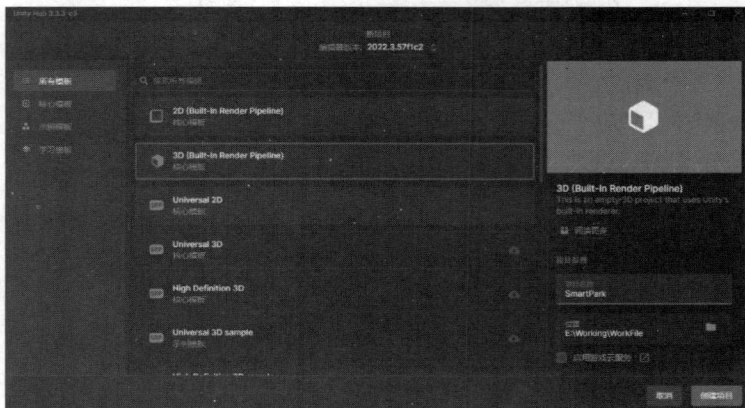

图 18-1　新建项目

包.unitypackage"导入，如图 18-2 所示。

因为场景中用到了后处理插件 Post Processing，所以还需要将这个插件导入。

在 Unity 编辑栏中选择 Window→Package Manager，打开包管理器，找到 Post Processing 插件，单击 Install 按钮，导入插件，如图 18-3 所示。

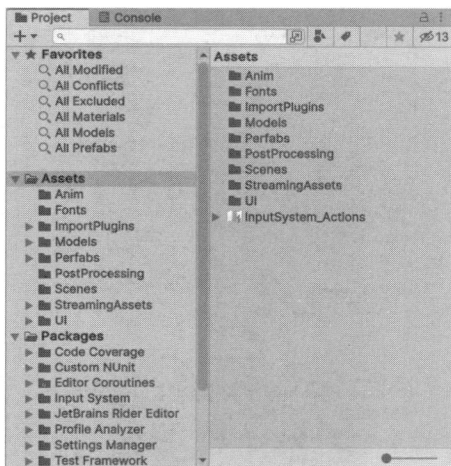

图 18-2　导入资源

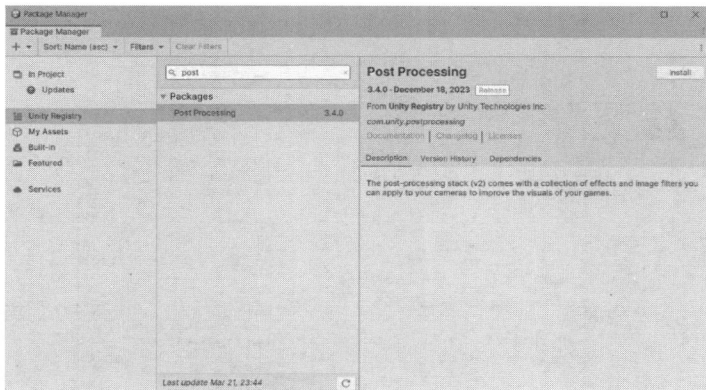

图 18-3　导入插件

18.3.3　搭建场景

搭建场景分为两个部分，分别是模型部分和 UI 部分，先来搭建模型。

（1）在 Project 视图中找到 Models 文件夹，将"厂区"模型拖到场景中，如图 18-4 所示。

（2）选中场景中的主摄像机 MainCamera，重命名为 FPS，设置位置为(0,334,−925)，旋转为(32.35,270.826,0)，设置 Camera 组件的 Far 为 3000，如图 18-5 所示。

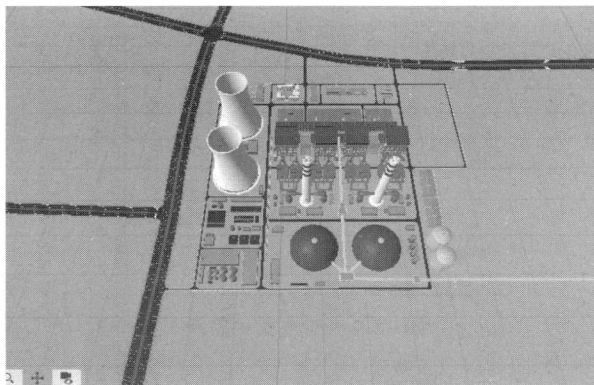

图 18-4　"厂区"模型

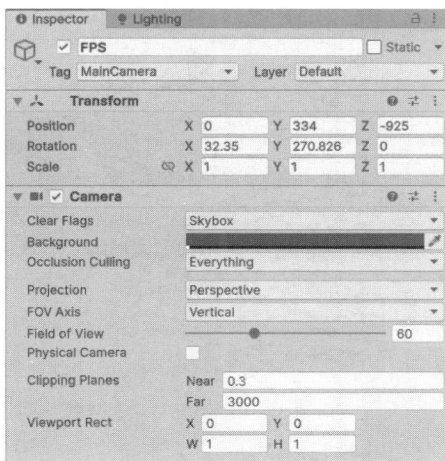

图 18-5　设置 FPS 参数

（3）增加 Post-process Volume 组件，在 Hierarchy 视图中单击加号，选择 3D Object→Post-process Volume，创建带有 Post-process Volume 组件的对象，如图 18-6 所示。

（4）选中 Post-process Volume 对象，将 Position 和 Rotation 归 0，Layer 设置为 Post（新增加的层），勾选 Post-process Volume 的 Is Global 属性，如图 18-7 所示。

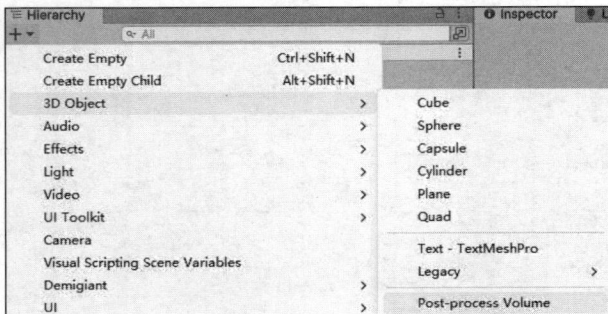

图 18-6　添加 Post-process Volume 组件

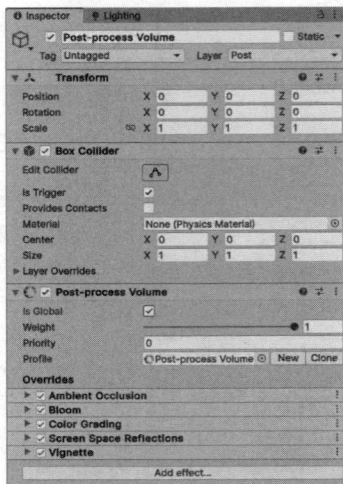

图 18-7　Post-process Volume 属性

（5）选中 FPS 对象，Layer 设置为 Post，添加 Post-process Layer 组件，设置 Post-process Layer 中的 Layer 为 Post，Mode 设置为 Fast Approximate Anti-aliasing（FXAA），如图 18-8 所示。

（6）在 Hierarchy 视图中右击，在弹出的快捷菜单中选择 Create Empty 命令，创建一个空对象，如图 18-9 所示。

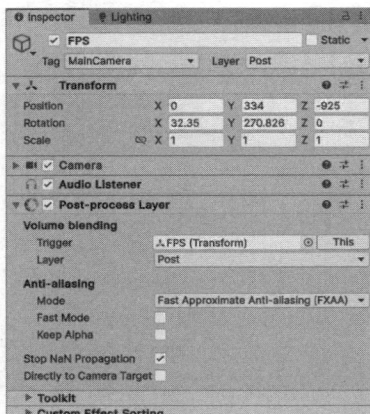

图 18-8　Post-process Layer 组件

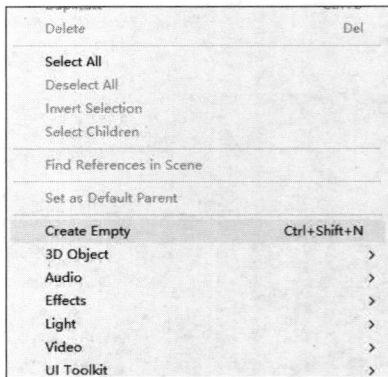

图 18-9　创建空对象

（7）选中创建的空对象，重命名为 Point，将 Position 和 Rotation 归 0，如图 18-10 所示。

（8）选中 Point 对象，在这个对象下面添加空对象，命名为点位 1，设置 Position 和 Rotation 如图 18-11 所示；用同样的操作，添加空对象，命名为点位 2，设置 Position 和 Rotation 如图 18-12 所示。

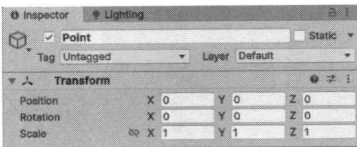

图 18-10 设置 Position 和 Rotation

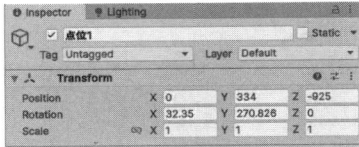

图 18-11 设置点位 1 的 Position 和 Rotation

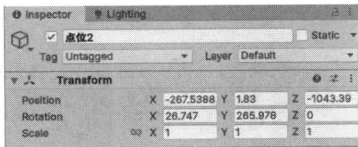

图 18-12 设置点位 2 的 Position 和 Rotation

📢 提示：

　　增加空对象，设置点位以及 Position 和 Rotation 信息，是在开发中常用的方法，可以根据设置的点位快速切换 Position 和 Rotation。

　　（9）设置分区的效果演示，新建空对象，命名为"光墙 1"父节点，将 Position 和 Rotation 归 0，找到 Project 视图的 Models 文件中的光墙模型，将这个对象拖到"光墙 1"父节点对象下面，设置名字、Position、Rotation 和 Scale，复制 5 份对象，用同样的步骤，设置名字、Position、Rotation 和 Scale，如图 18-13 所示。

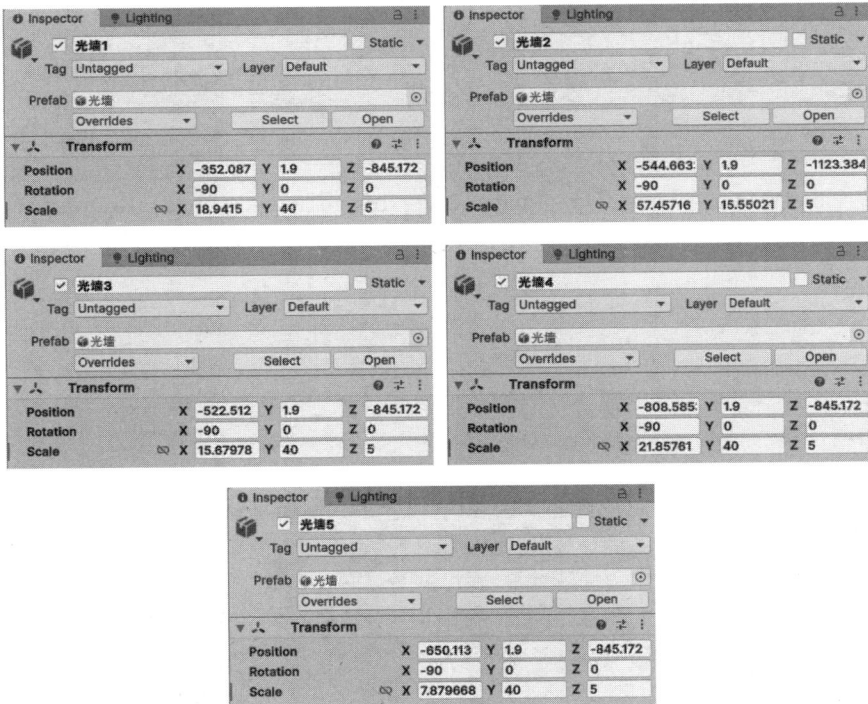

图 18-13 设置光墙 1～5 的参数

　　（10）设置光墙后的效果如图 18-14 所示。

　　至此，模型就搭建完成了，接下来搭建 UI。

　　准备搭建的 UI 如图 18-15 所示。对于搭建 UI 不太擅长的读者，可以直接使用 Project 视图的 Perfabs 文件中的 CanvasMain 预制体，这个是搭建好的 UI。

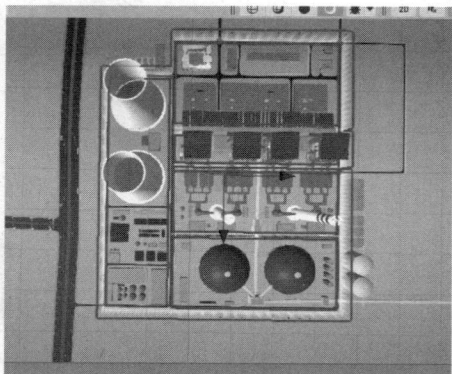

图 18-14 设置光墙后的效果

图 18-15 准备搭建的 UI

（1）UI 可以分成四块，分别是上、下、左、右，先将这些节点搭建出来，如图 18-16 所示。

（2）设置 CanvasMain 的 Canvas Scaler 组件的属性，如图 18-17 所示。

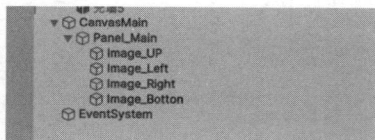

图 18-16 搭建节点

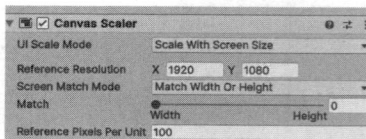

图 18-17 设置 Canvas Scaler 组件

（3）设置 Panel_Main、Image_Up、Image_Left、Image_Right、Image_Botton 属性，如图 18-18 所示。

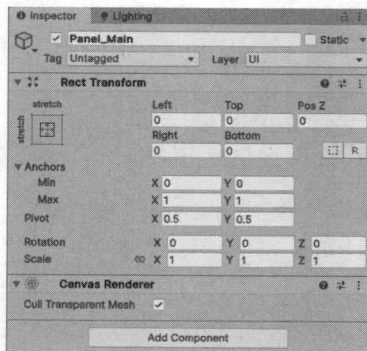

（a）Panel_Main

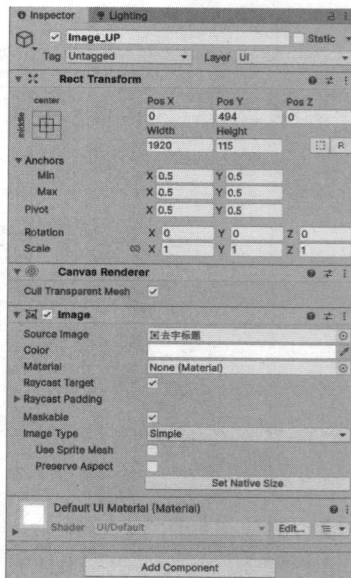

（b）Image_UP

图 18-18 设置 UI 属性

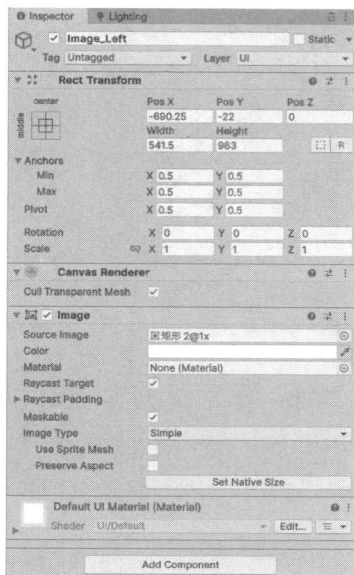

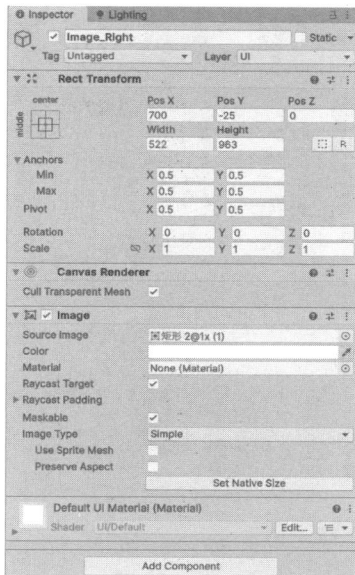

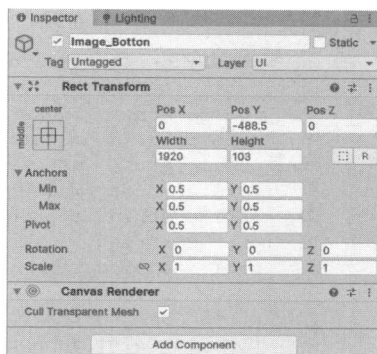

（c）Image_Left   （d）Image_Right   （e）Image_Botton

图 18-18　设置 UI 属性（续）

至此，UI 的框架就搭建完成了。接下来，将分小节搭建 UI 并实现其功能。

18.3.4　天气数据接入及日期数据显示

（1）搭建 Image_UP 就是设置顶部的 UI。其中，TextTitle 是标题；TextCity 是城市名；TextWeatherInfo 是天气；ImgWeather 是天气图标；TextDate 是日期；TextTime 是时间；Sun 是进度条，用来改变日夜场景，如图 18-19 所示。

图 18-19　设置顶部 UI

（2）在场景中新建空对象，命名为 Scripts，选中该对象，添加脚本组件，命名为 MainControl.cs，双击打开脚本，编辑代码，参考代码 18-1。

代码 18-1　天气数据接入及日期数据显示

```
using System.Collections.Generic;
```

```
using System;
using UnityEngine;
using UnityEngine.UI;
using System.Collections;
using UnityEngine.Networking;

#region 天气数据类
[Serializable]
public class DailyItem
{
    public string fxDate;
    public string sunrise;
    public string sunset;
    public string moonrise;
    public string moonset;
    public string moonPhase;
    public string moonPhaseIcon;
    public string tempMax;
    public string tempMin;
    public string iconDay;
    public string textDay;
    public string iconNight;
    public string textNight;
    public string wind360Day;
    public string windDirDay;
    public string windScaleDay;
    public string windSpeedDay;
    public string wind360Night;
    public string windDirNight;
    public string windScaleNight;
    public string windSpeedNight;
    public string humidity;
    public string precip;
    public string pressure;
    public string vis;
    public string cloud;
    public string uvIndex;
}
[Serializable]
public class Refer
{
    public List<string> sources;
    public List<string> license;
}
[Serializable]
public class WeatherRoot
{
    public string code;
    public string updateTime;
    public string fxLink;
    public List<DailyItem> daily;
    public Refer refer;
}
#endregion
public class MainControl: MonoBehaviour
{
    [Header("标题栏的天气信息")]
```

```csharp
public Text TextCity;
public Text TextWeatherInfo;
public Image ImgWeather;
public Sprite[] SpriteWeather;
private Dictionary<string, Sprite> DicSprWeather;
[Header("标题栏的日期信息")]
public Text TextDate;
public Text TextTime;

void Start()
{
    SetWeatherInfo();        //设置天气信息
    SetDateInfo();           //设置日期信息
}

void SetWeatherInfo()
{
    DicSprWeather = new Dictionary<string, Sprite>();
    for (int i = 0; i < SpriteWeather.Length; i++)
    {
        DicSprWeather.Add(SpriteWeather[i].name, SpriteWeather[i]);
    }
    StartCoroutine(RequestSevenDayWeatherData());
}

void SetDateInfo()
{
    DateTime dateTime = DateTime.Now;
    TextDate.text = dateTime.ToString("yyyy-MM-dd dddd");
    TextTime.text = dateTime.ToString("HH:mm:ss");
}

IEnumerator RequestSevenDayWeatherData()
{
    //7 天预报的请求
    //无锡的 location=101190201
    string PosurlSevenDay = "https://devapi.qweather.com/v7/weather/
7d?key=23aabb9fd9e243f182a24727244eed2c&location=101190201";
    UnityWebRequest request = UnityWebRequest.Get(PosurlSevenDay);

    yield return request.SendWebRequest();
    if (request.result == UnityWebRequest.Result.Success)
    {
        string playlist = request.downloadHandler.text;
        Debug.Log(playlist);
        WeatherRoot data = JsonUtility.FromJson<WeatherRoot>(playlist);

        TextCity.text = "无锡市";
        TextWeatherInfo.text = data.daily[0].textDay + " " +
        data.daily[0].tempMin + "~" + data.daily[0].tempMax + "℃";
        ImgWeather.sprite = DicSprWeather[data.daily[0].textDay];
    }
    else
    {
        Debug.LogError(request.error);
    }
}
```

}

（3）将对应的 UI 拖到卡槽中，Sprite Weather 存放的是天气图标，找到 Project 视图中的 UI→天气图标文件夹，将该文件夹中的所有对象拖到 Main Control 脚本组件的 Sprite Weather 属性卡槽中，如图 18-20 所示。

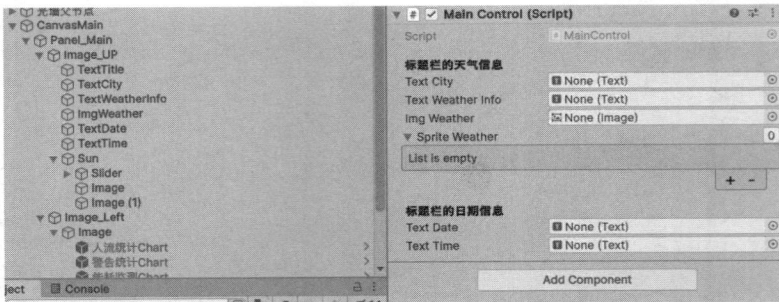

图 18-20　将对应的对象拖到 Main Control 脚本组件的卡槽中

（4）运行程序，可以看到天气信息以及日期信息，如图 18-21 所示。

图 18-21　运行程序

18.3.5　图表及数据接入

（1）搭建 Image_Left 左边的 UI，因为左边的 UI 是图表，所以用了 XCharts 图表插件。在 Image_Left 下面新建一个对象，添加 Grid Layout Group 布局组件，设置参数如图 18-22 所示。

（2）将 Project 视图的 Perfabs→ChartPrefab 文件夹中的人流统计 Chart 预制体拖到 Image_Left 层级下面，用同样的步骤，将警告统计 Chart、能耗监测 Chart 拖到 Image_Left 层级下面，如图 18-23 所示。

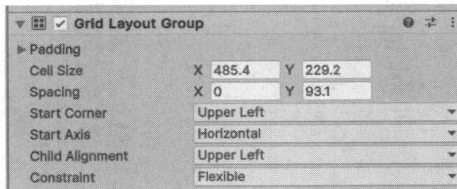

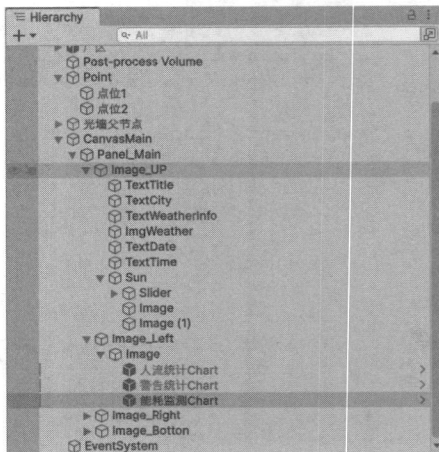

图 18-22　设置布局组件的参数　　　　　　图 18-23　增加图表（1）

（3）用同样的步骤，选中 Image_Right 对象，新建 Image 对象。选中 Image 对象，增加 Grid

Layout Group 布局组件，设置参数与步骤（1）一致，将设备故障统计 Chart 对象拖到 Image 对象层级下面，如图 18-24 所示。

（4）因为车辆检测面板和实时监测面板与图表不太一样，所以单独制作。选中上一步新建的 Image 对象，新建对象并命名为车辆检测面板，然后在车辆检测面板下面新建空对象，命名为 Item，设置 4 个 Text，对应 4 条数据段，如图 18-25 所示。

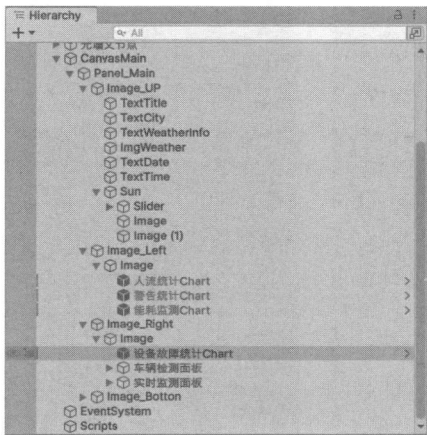

图 18-24　增加图表（2）

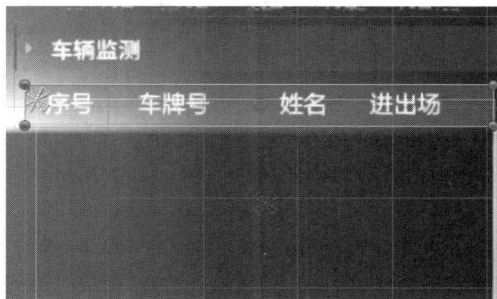

图 18-25　设置车辆检测面板的 UI

（5）选中车辆检测面板对象，新建 Scroll View，将 Scroll View 下面的 Content 重命名为 ContentPar，添加 Grid Layout Group 布局组件和 Content Size Fitter 自适应组件，如图 18-26 所示。

（6）选中 ContentPar 对象，新建空对象，命名为 ItemCatInfo，搭建 UI 面板，如图 18-27 所示。

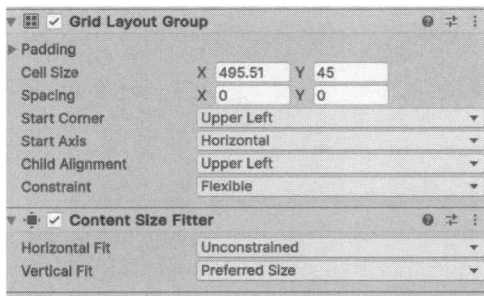

图 18-26　添加 Grid Layout Group 和
Content Size Fitter 组件

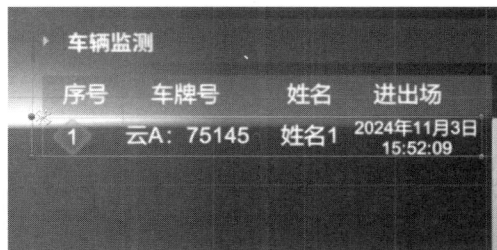

图 18-27　搭建 UI 面板

（7）选中 ItemCatInfo 对象，拖到 Project 视图的 Perfabs 文件夹内，做成一个预制体，如图 18-28 所示。

（8）制作实时监测面板的原理是将数据流转成可播放的数据，然后进行播放。这里演示读取 MP4 格式的视频并进行播放显示的方式。选中 Image_Right 对象下面的 Image 对象，新建空对象，命名为实时监测面板。在实时监测面板下面新建一个空对象，命名为 Video，添加 Raw Image 组件和 Video Player 组件，如图 18-29 所示。

（9）显示视频需要用 RenderTexture 材质进行渲染。在 Project 视图中右击，在弹出的快捷菜单中选择 Create→Rendering→Render Texture 命令，新建一个 RenderTexture 材质，命名为 Video，将这个材质拖给 Raw Image 组件的 Texture，然后拖给 Video Player 组件的 Target Texture，这样即可使用 Video Player 组件播放视频，并且渲染在 Raw Image 组件上，如图 18-30 所示。

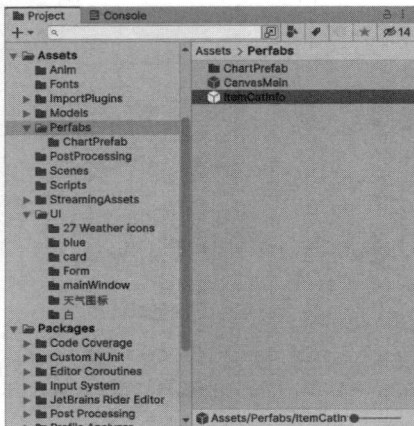

图 18-28　生成预制体　　　　　　图 18-29　添加组件　　　　　　图 18-30　设置 RenderTexture 材质

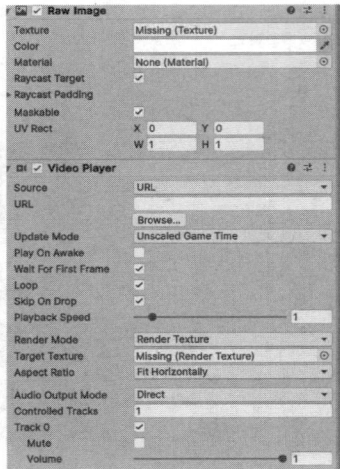

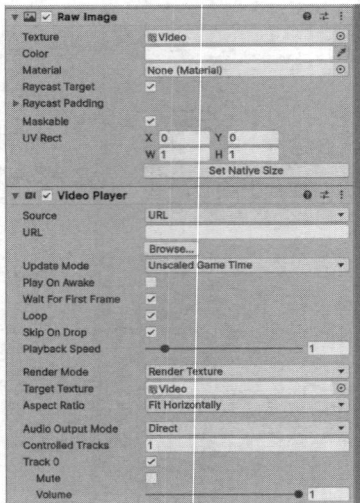

（10）实现逻辑，修改 MainControl 代码，参考代码 18-2。

代码 18-2　完成图表及数据接入

```
using System.Collections.Generic;
using System;
using UnityEngine;
using UnityEngine.UI;
using System.Collections;
using UnityEngine.Networking;
using UnityEngine.Video;
using System.IO;
using XCharts.Runtime;

#region 图表数据格式
[System.Serializable]
class CarData                        //设备故障统计
{
    public string Name;             //姓名
    public string CatNum;           //车牌号
    public string Time;             //进出场时间
}
[System.Serializable]
class FailureData                    //设备故障统计
{
    public string Name;
    public float Value1;
    public float Value2;
```

```
    }
[System.Serializable]
class EnergyData                          //能耗检测
{
    public string Name;
    public float Value1;
}
[System.Serializable]
class WarnData                            //警告统计
{
    public string Name;
    public float Value1;
}
[System.Serializable]
class FlowData                            //人流统计的 JSON 文件
{
    public string Name;
    public float Value1;
    public float Value2;
}
[System.Serializable]
class ChartData1
{
    public FlowData[] Data;
}
[System.Serializable]
class ChartData2
{
    public WarnData[] Data;
}
[System.Serializable]
class ChartData3
{
    public EnergyData[] Data;
}
[System.Serializable]
class ChartData4
{
    public FailureData[] Data;
}
[System.Serializable]
class ChartData5
{
    public CarData[] Data;
}
#endregion
public class MainControl: MonoBehaviour
{
    [Header("图表")]
    public XCharts.Runtime.LineChart Chart1;    //图表 1 人流统计
    public XCharts.Runtime.BarChart Chart2;     //图表 2 警告统计
    public XCharts.Runtime.PieChart Chart3;     //图表 3 能耗检测
    public XCharts.Runtime.LineChart Chart4;    //图表 4 设备故障统计
    [Header("车辆检测")]
    public Transform Chart5Content;             //图表 4 车辆检测，父节点
    public GameObject ItemInfo;                 //车辆信息预制体
```

```
[Header("实时监测")]
public VideoPlayer Chart6;                          //图表 6 实时监测的播放器

void Start()
{
    ChartInit();                                     //图表初始化
}

void ChartInit()
{
    //从本地读取文档显示出来
    //可以将从本地读取改为从服务器获取
    StartCoroutine(RequestChartData());

    //显示视频
    string path = Path.Combine(Application.streamingAssetsPath,
    "Video/BigBuckBunny.mp4");
    Chart6.url = path;
    Chart6.Play();
}

IEnumerator RequestChartData()
{
    //图表 1
    string url1 = Path.Combine(Application.streamingAssetsPath, "json1.json");
    Debug.Log(url1);
    using (UnityWebRequest request = UnityWebRequest.Get(url1))
    {
        yield return request.SendWebRequest();
        if (request.result == UnityWebRequest.Result.Success)
        {
            string data = request.downloadHandler.text;
            Debug.Log(data);
            List<float> yAxisValue = new List<float>();
            List<float> yAxisValue2 = new List<float>();
            ChartData1 rootData = JsonUtility.FromJson<ChartData1>(data);
            for (int i = 0; i < rootData.Data.Length; i++)
            {
                yAxisValue.Add(rootData.Data[i].Value1);
                yAxisValue2.Add(rootData.Data[i].Value2);
            }
            UpateChartData(Chart1, "收入值", yAxisValue, "增加", yAxisValue2);
        }
        else
        {
            Debug.LogError(request.error);
        }
    }
    //图表 2
    string url2 = Path.Combine(Application.streamingAssetsPath, "json2.json");
    using (UnityWebRequest request = UnityWebRequest.Get(url2))
    {
        yield return request.SendWebRequest();
        if (request.result == UnityWebRequest.Result.Success)
        {
            string data = request.downloadHandler.text;
            List<float> yAxisValue = new List<float>();
```

```
        ChartData2 rootData = JsonUtility.FromJson<ChartData2>(data);
        for (int i = 0; i < rootData.Data.Length; i++)
        {
            WarnData tempData = rootData.Data[i];
            yAxisValue.Add(tempData.Value1);
        }
        UpateChartData(Chart2, "项目", yAxisValue);
    }
    else
    {
        Debug.LogError(request.error);
    }
}
//图表3
string url3 = Path.Combine(Application.streamingAssetsPath, "json3.json");
using (UnityWebRequest request = UnityWebRequest.Get(url3))
{
    yield return request.SendWebRequest();
    if (request.result == UnityWebRequest.Result.Success)
    {
        string data = request.downloadHandler.text;
        List<EnergyData> yAxisValue = new List<EnergyData>();
        ChartData3 rootData = JsonUtility.FromJson<ChartData3>(data);
        for (int i = 0; i < rootData.Data.Length; i++)
        {
            EnergyData tempData = rootData.Data[i];
            yAxisValue.Add(tempData);
        }
        UpateChartData(Chart3, "serie0", yAxisValue);
    }
    else
    {
        Debug.LogError(request.error);
    }
}
//图表4
string url4 = Path.Combine(Application.streamingAssetsPath, "json4.json");
using (UnityWebRequest request = UnityWebRequest.Get(url4))
{
    yield return request.SendWebRequest();
    if (request.result == UnityWebRequest.Result.Success)
    {
        string data = request.downloadHandler.text;
        List<float> yAxisValue = new List<float>();
        List<float> yAxisValue2 = new List<float>();
        ChartData4 rootData = JsonUtility.FromJson<ChartData4>(data);
        for (int i = 0; i < rootData.Data.Length; i++)
        {
            FailureData tempData = rootData.Data[i];
            yAxisValue.Add(tempData.Value1);
            yAxisValue2.Add(tempData.Value2);
        }
        UpateChartData(Chart4, "serie0", yAxisValue, "serie1", yAxisValue2);
    }
    else
    {
        Debug.LogError(request.error);
```

18

```
        }
    }
    //图表 5
    string url5 = Path.Combine(Application.streamingAssetsPath, "json5.json");
    using (UnityWebRequest request = UnityWebRequest.Get(url5))
    {
        yield return request.SendWebRequest();
        if (request.result == UnityWebRequest.Result.Success)
        {
            string data = request.downloadHandler.text;
            ChartData5 rootData = JsonUtility.FromJson<ChartData5>(data);
            for (int i = 0; i < rootData.Data.Length; i++)
            {
                CarData tempData = (CarData)rootData.Data[i];
                GameObject Item = Instantiate(ItemInfo, Vector3.zero,
                Quaternion.identity, Chart5Content);
                Item.transform.Find("TextNum").GetComponent<Text>().text = (i +1).
                ToString();
            }
        }
        else
        {
            Debug.LogError(request.error);
        }
    }
}

void UpateChartData(BaseChart chart, string serieName, List<float> yAxisValue,
string serieName2 = "", List<float> yAxisValue2 = null)
{
    //区分是一个轴还是两个轴
    if (serieName2 == "")
    {
        //清除原来的数据
        chart.GetSerie(serieName).ClearData();
        //添加 y 轴的值
        foreach (float item in yAxisValue)
        {
            chart.AddData(serieName, item);
        }
    }
    else
    {
        //清除原来的数据
        chart.GetSerie(serieName).ClearData();
        //添加 y 轴的值
        foreach (float item in yAxisValue)
        {
            chart.AddData(serieName, item);
        }
        //清除原来的数据
        chart.GetSerie(serieName2).ClearData();
        //添加 y 轴的值
        foreach (float item in yAxisValue2)
        {
            chart.AddData(serieName2, item);
        }
```

```
    }
  }

  void UpateChartData(BaseChart chart, string serieName, List<EnergyData>
  yAxisValue)
  {
    //清除原来的数据
    chart.GetSerie(serieName).ClearData();
    //添加 y 轴的值
    foreach (EnergyData item in yAxisValue)
    {
        chart.AddData(serieName, item.Value1, item.Name);
    }
  }
}
```

（11）将对应的对象拖到 Main Control 组件的属性卡槽中，如图 18-31 所示。

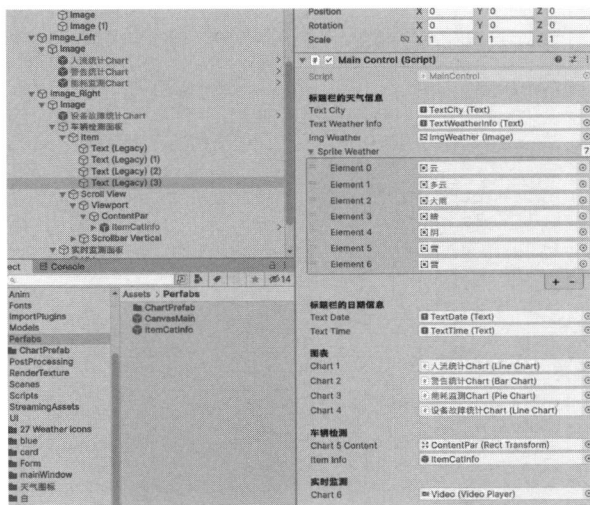

图 18-31　将对象拖到对应卡槽中

（12）运行程序，如图 18-32 所示。

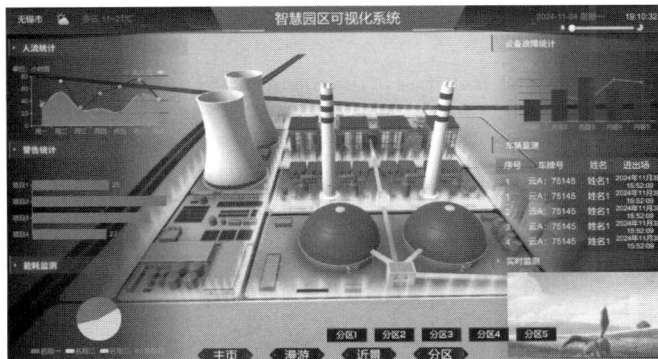

图 18-32　运行程序

18.3.6 园区大场景交互逻辑实现

若希望可以多方位、多角度地观看园区，可以通过控制摄像机来实现。

（1）新建脚本，命名为 CameraRotate.cs，双击打开代码，编辑代码，参考代码 18-3。

代码 18-3 摄像机旋转脚本

```csharp
using UnityEngine;
using System.Collections;

public class CameraRotate: MonoBehaviour
{
    public bool isEnable = false;
    public float minDistance = 120;          /*缩放的最近距离*/
    public float maxDistance = 240;          //缩放的最远距离

    public int yMinLimit = 10;               //旋转的 Y 轴最小值
    public int yMaxLimit = 80;               //旋转的 Y 轴最大值

    public float speed = 30f;                //缩放的速度

    public float smoothness = 0.1f;          //惯性的平滑系数

    public GameObject TargetPoint;
    public GameObject[] TargetPointArray;
    Vector3 currentDirention;
    public float distance;
    float angle;
    float targetangle;
    float pinchDist = 0;
    float roatspeedy;
    public static bool m_autoRotation = false;
    public float waittime = 5;
    public float x;
    public float y;
    float xSpeed = 30f;
    float ySpeed = 30f;
    bool keepMove = false;
    float zoomVelocity = 0.01f;
    float targetDistance = 10f;
    readonly Vector2 m_fitScreenRes = new Vector2(2048f, 1536f);
    float m_touchMaxDist = 20f;
    Vector3 tempPos;
    Quaternion temproat;


    void Awake()
    {
    }

    private void Start()
    {
        tempPos = transform.localPosition;
        temproat = transform.localRotation;
        distance = Vector3.Distance(transform.position, TargetPoint.transform.
        position);
```

```
    currentDirention = transform.position - TargetPoint.transform.position;
    angle = Vector3.Angle(currentDirention, new Vector3(0, 1, 0));
    targetangle = angle;
    targetDistance = distance;
    float xFactor = m_fitScreenRes.x / Screen.width;
    float yFactor = m_fitScreenRes.y / Screen.height;
    xSpeed = xFactor * speed;
    ySpeed = yFactor * speed;
    m_touchMaxDist /= xFactor;
}

//切换目标点
public void CutTarget()
{
    TargetPoint = TargetPointArray[1];
}

void LateUpdate()
{
    if (isEnable)
    {
        float time = Time.deltaTime;
        if (time > 0.035f)
        {
            time = 0.035f;
        }
        //#if UNITY_EDITOR

        if (Input.touchCount > 0)
        {
            if (Input.touchCount == 1 && Input.touches[0].phase ==
            TouchPhase.Moved)
            {
                m_autoRotation = false;
                waittime = 2;
                keepMove = false;
                y = Input.touches[0].deltaPosition.y;
                x = Input.touches[0].deltaPosition.x;
                x = Mathf.Clamp(x, -m_touchMaxDist, m_touchMaxDist);
                y = Mathf.Clamp(y, -m_touchMaxDist, m_touchMaxDist);
                transform.RotateAround(TargetPoint.transform.position,
                Vector3.up, x * xSpeed * time * 0.5f);
                currentDirention = transform.position - TargetPoint.transform.position;

                roatspeedy = y * ySpeed * time;

                targetangle = angle + roatspeedy * 0.25f;
                if (targetangle < yMinLimit)
                {
                    roatspeedy = 0;
                    targetangle = yMinLimit;
                }
                if (targetangle > yMaxLimit)
                {
                    roatspeedy = 0;
                    targetangle = yMaxLimit;
                }
```

```
        transform.RotateAround(TargetPoint.transform.position,
        transform.right, -roatspeedy * 0.5f);
        currentDirection = transform.position - TargetPoint.transform.
        position;
        //求出两向量之间的夹角
        angle = Vector3.Angle(currentDirention, Vector3.up);
    }
    else if (Input.touchCount == 1 && Input.touches[0].phase ==
    TouchPhase.Ended)
    {
        keepMove = true;
    }
    else if (Input.touchCount > 1)
    {
        m_autoRotation = false;
        waittime = 2;
        keepMove = false;
        if (Input.touches[0].phase == TouchPhase.Moved || Input.
        touches[1].phase == TouchPhase.Moved)
        {
            if (pinchDist == 0)
            {
                pinchDist = Vector2.Distance(Input.touches[0].position,
                Input.touches[1].position);
            }
            else
            {
                float dx = ((pinchDist - (float)Vector2.Distance(Input.
                touches[0].position, Input.touches[1].position)) * 0.04f);
                zoomVelocity = dx;
                if (targetDistance + zoomVelocity < minDistance)
                {
                    zoomVelocity = minDistance - targetDistance;
                }
                else if (targetDistance + zoomVelocity > maxDistance)
                {
                    zoomVelocity = maxDistance - targetDistance;
                }
                targetDistance += zoomVelocity;
                pinchDist = Vector2.Distance(Input.touches[0].position,
                Input.touches[1].position);
            }
            currentDirention = transform.position - TargetPoint.transform.
            position;
            distance = Mathf.Lerp(distance, targetDistance, 0.3f);
            transform.position = TargetPoint.transform.position + distance
            * currentDirention.normalized;
        }
        if (Input.touches[0].phase == TouchPhase.Ended || Input.touches[1].
        phase == TouchPhase.Ended)
        {
            pinchDist = 0;
        }

    }
}
float w = Input.GetAxis("Mouse ScrollWheel");
```

```
if (Input.GetMouseButton(1))
{
    x = Input.GetAxis("Mouse X") * xSpeed * 0.4f;
    y = Input.GetAxis("Mouse Y") * ySpeed * 0.4f;
    waittime = 5;
    m_autoRotation = false;

    transform.RotateAround(TargetPoint.transform.position, Vector3.up, x *
     xSpeed * time);
    roatspeedy = y * ySpeed * time;
    targetangle = angle + roatspeedy;
    if (targetangle < yMinLimit)
    {
        roatspeedy = 0;
    }
    if (targetangle > yMaxLimit)
    {
        roatspeedy = 0;
    }
    transform.RotateAround(TargetPoint.transform.position,
    transform.right, -roatspeedy);
    currentDirention = transform.position - TargetPoint.transform.
    position;
    //求出两向量之间的夹角
    angle = Vector3.Angle(currentDirention, Vector3.up);
    keepMove = false;
}
if (w != 0)
{
    waittime = 5;
    m_autoRotation = false;
    zoomVelocity = w * -3;
    if (Camera.main.fieldOfView >= 35 && Camera.main.fieldOfView <= 56)
    {
        Camera.main.fieldOfView += zoomVelocity;
    }
    else if (Camera.main.fieldOfView < 35)
    {
        Camera.main.fieldOfView = 35;
    }
    else if (Camera.main.fieldOfView > 56)
    {
        Camera.main.fieldOfView = 56;
    }
}
if (Input.GetMouseButtonUp(0))
{
    keepMove = true;
}
if (keepMove) //惯性（缓动）
{
    if (x > -0.1f && x < 0.1f)
    {
        keepMove = false;
    }
    x = x - x * smoothness;
```

```
                transform.RotateAround(TargetPoint.transform.position, Vector3.up, x *
                xSpeed * time);
                return;
            }
        }
    }
}
```

（2）将 CameraRotate.cs 脚本组件拖到 Hierarchy 视图的 FPS 对象上，设置参数，如图 18-33 所示。

（3）运行程序，发现摄像机并没有绕着园区的中心点进行旋转，这是因为园区的中心点并未正确设置。在 Hierarchy 视图中选中园区对象，然后在菜单栏中选择 GameObject→Center On Children，将摄像机对齐到园区子对象的中心点，如图 18-34 所示。

（4）运行程序，可以看到摄像机围绕着园区中心点旋转了。

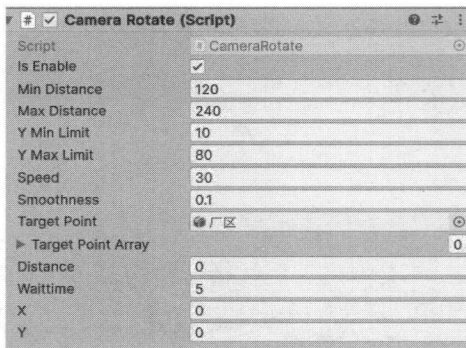

图 18-33　设置 CameraRotate 组件参数　　　　图 18-34　对齐中心点

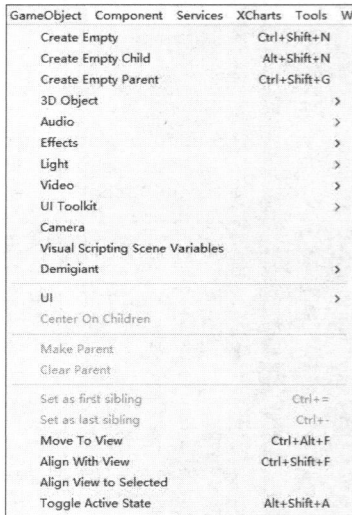

18.3.7　漫游巡检功能实现

漫游分为近景漫游和自动漫游，自动漫游可以用 Unity 的动画系统 Animation 制作一个漫游路径。本案例的自动漫游路径的动画已经制作好了，在 Project 视图的 Anim 文件夹中，把这个动画添加到 FPS 对象上。

（1）选中 FPS 对象，添加 Animation 组件，将 Project 视图的 Anim 文件夹中的漫游动画拖到 Animation 组件的 Animation 属性卡槽中，不勾选 Play Automatically，如图 18-35 所示。

自动漫游设置好后，会在代码中调用。下面来实现近景漫游。

（2）新建脚本，命名为 CameraMoveGround.cs，双击打开脚本，编辑代码，参考代码 18-4。

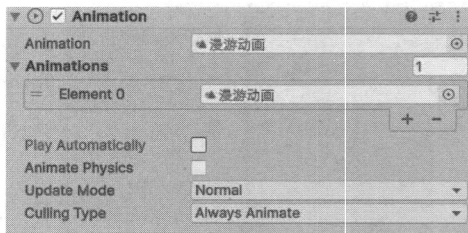

图 18-35　添加动画组件

代码 18-4　近景漫游脚本

```csharp
using UnityEngine;
using System.Collections;

public class CameraMoveGround: MonoBehaviour
{
    public bool isMove = false;
    [SerializeField, Tooltip("旋转速度")]
    public float rotateSpeed = 2f;
    ///<summary>
    ///角色控制器
    ///</summary>
    private CharacterController character;
    ///<summary>
    ///Y轴旋转最小值
    ///</summary>
    //private float minRotateY = -60f;
    ///<summary>
    ///Y轴旋转最大值
    ///</summary>
    //private float maxRotateY = 60f;
    private float rotationX;
    private float rotationY;
    private Quaternion tmpRotation;
    ///<summary>
    ///相机旋转平滑度
    ///</summary>
    [Range(1f, 5f)]
    public float rotateLerpValue = 3f;
    private Vector3 move = Vector3.zero;
    [SerializeField, Tooltip("移动速度")]
    public float moveSpeed = 2f;
    [SerializeField, Tooltip("是否使用重力")]
    public bool isUseGravity = true;


    void Start()
    {
        character = GetComponent<CharacterController>();
    }

    private void OnEnable()
    {
        rotationX = transform.localEulerAngles.x;
        rotationY = transform.localEulerAngles.y;
    }

    void Update()
    {
        if (isMove)
        {
            if (Input.GetMouseButton(1))
            {
```

```
            rotationX -= Input.GetAxis("Mouse Y") * rotateSpeed;
            rotationY += Input.GetAxis("Mouse X") * rotateSpeed;
            tmpRotation = Quaternion.Euler(rotationX, rotationY, 0);
            transform.localRotation = Quaternion.Slerp(transform.localRotation,
            tmpRotation, Time.deltaTime * rotateLerpValue);
        }
        if (Input.GetAxis("Horizontal") != 0 || Input.GetAxis("Vertical") != 0)
        {
            float moveX = Input.GetAxis("Horizontal");
            float moveZ = Input.GetAxis("Vertical");
            move.x = moveX * moveSpeed;
            move.z = moveZ * moveSpeed;
            if (isUseGravity)
            {
                character.SimpleMove(transform.TransformVector(move));
            }
            else
            {
                move.x = move.x * 0.01f;
                move.z = move.z * 0.01f;
                character.Move(transform.TransformVector(move));
            }
        }
    }
}
```

（3）选中 FPS 对象，添加 CameraMoveGround.cs 脚本组件和 Character Controller 组件，设置属性，如图 18-36 所示。

（4）不勾选 Camera Rotate 组件的 isEnable 属性，然后勾选 Camera Move Ground 组件的 Is Move 属性，切换到近景的点位，就可以进行近景漫游了，切换到空中漫游也类似。

因为主页、漫游、近景及分区的功能都在下方的按钮中实现，这里先不运行，在下一小节中完成分区显示功能后一起演示。

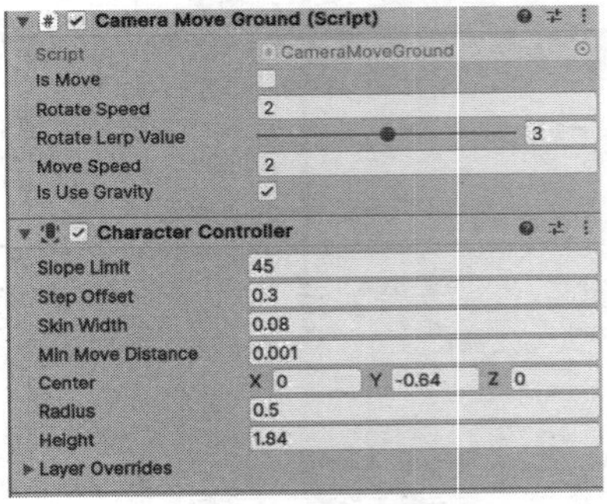

图 18-36　添加组件

18.3.8　分区显示功能实现

下面接着完成下方的 UI 搭建。下方的 UI 分成两层：第一层是主页、漫游、近景和分区；第二层是分区 1～分区 5，对应的是设置好的光墙 1～光墙 5。

（1）选中 Image_Botton 对象，新建一个空对象，命名为 MainBtn，给这个对象添加 Grid Layout Group 布局组件，设置参数如图 18-37 所示。

（2）选中 MainBtn 对象，添加 4 个 Button 按钮，设置 4 个按钮子节点的 Text 组件的 Text 属性分别为主页、漫游、近景、分区，如图 18-38 所示。

（3）选中 Image_Botton 对象，再新建一个空对象，命名为 DaskBtn，给这个对象添加 Grid Layout Group 布局组件，设置参数如图 18-39 所示。

（4）选中 DaskBtn 对象，添加 5 个 Button 按钮，设置 5 个按钮子节点的 Text 组件的 Text 属性分别为分区 1～分区 5，如图 18-40 所示。

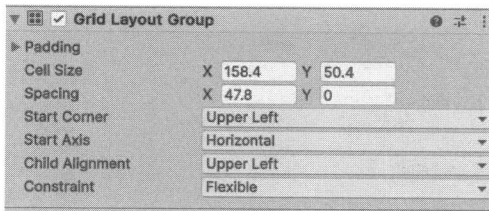

图 18-37　为 MainBtn 设置 Grid Layout Group 参数

图 18-38　为 MainBtn 添加按钮

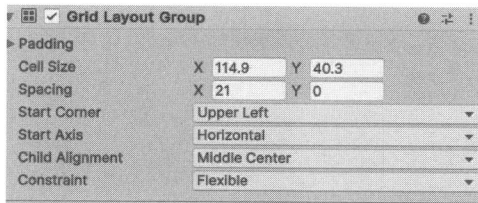

图 18-39　为 DaskBtn 设置 Grid Layout Group 参数

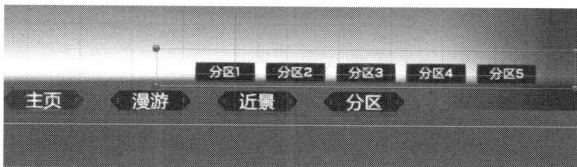

图 18-40　为 DaskBtn 添加按钮

（5）修改 MainControl.cs 代码，参考代码 18-5。

代码 18-5　增加按钮交互

```csharp
using System.Collections.Generic;
using System;
using UnityEngine;
using UnityEngine.UI;
using System.Collections;
using UnityEngine.Networking;
using UnityEngine.Video;
using System.IO;
using XCharts.Runtime;

public class MainControl: MonoBehaviour
{
    [Header("底部的按钮")]
    public Button[] BtnMain;
    public Sprite[] SpriteMain;
    private int nextIndexMain = -1;
    public GameObject BtnDiskPar;
    public Button[] BtnDisk;
    public Sprite[] Spriteisk;
    private int nextIndexDisk = -1;
    [Header("园区控制")]
    public GameObject[] BareWall;   //光墙，用来演示分区效果
    public Transform[] Point;
    public GameObject FPS;

    void Start()
    {
        UIInit();                    //UI 初始化
    }

    void UIInit()
    {
```

```
        for (int i = 0; i < BtnMain.Length; i++)
        {
            int index = i;
            BtnMain[i].onClick.AddListener(() => BtnMainEvent(index));
        }
        for (int i = 0; i < BtnDisk.Length; i++)
        {
            int index = i;
            BtnDisk[i].onClick.AddListener(() => BtnDiskEvent(index));
        }
        BtnDiskPar.SetActive(false);
        nextIndexMain = 0;
    }

    void BtnMainEvent(int index)
    {
        if (nextIndexMain != -1 && nextIndexMain != index)
        {
            BtnMain[nextIndexMain].GetComponent<Image>().sprite = SpriteMain[0];
        }
        nextIndexMain = index;
        BtnMain[index].GetComponent<Image>().sprite = SpriteMain[1];

        //隐藏分区按钮
        BtnDiskPar.SetActive(false);
        if (nextIndexDisk != -1)
            BareWall[nextIndexDisk].SetActive(false);
        nextIndexDisk = -1;
        //控制相机上的组件
        FPS.GetComponent<Animation>().enabled = false;
        FPS.GetComponent<CameraMoveGround>().isMove = false;

        switch (index)
        {
            case 0:
                FPS.transform.position = Point[0].position;
                FPS.transform.rotation = Point[0].rotation;
                FPS.GetComponent<CameraRotate>().isEnable = true;
                break;
            case 1:
                FPS.GetComponent<Animation>().enabled = true;
                FPS.GetComponent<Animation>().Play("漫游动画");
                FPS.GetComponent<CameraRotate>().isEnable = false;
                break;
            case 2:
                FPS.transform.position = Point[1].position;
                FPS.transform.rotation = Point[1].rotation;
                FPS.GetComponent<CameraMoveGround>().isMove = true;
                FPS.GetComponent<CameraRotate>().isEnable = false;
                break;
            case 3:
                FPS.transform.position = Point[0].position;
                FPS.transform.rotation = Point[0].rotation;
                FPS.GetComponent<CameraRotate>().isEnable = true;
                BtnDiskPar.SetActive(true);
                break;
            default:
```

```
            break;
        }
    }

    void BtnDiskEvent(int index)
    {
        if (nextIndexDisk != -1 && nextIndexDisk != index)
        {
            BareWall[nextIndexDisk].SetActive(false);
        }
        nextIndexDisk = index;
        BareWall[index].SetActive(true);
    }
}
```

（6）在 Hierarchy 视图中选中 Scripts 对象，在 Inspector 视图中可以看到挂载的 MainControl 脚本组件，将对应的对象拖到 MainControl 脚本组件的卡槽中，如图 18-41 所示。

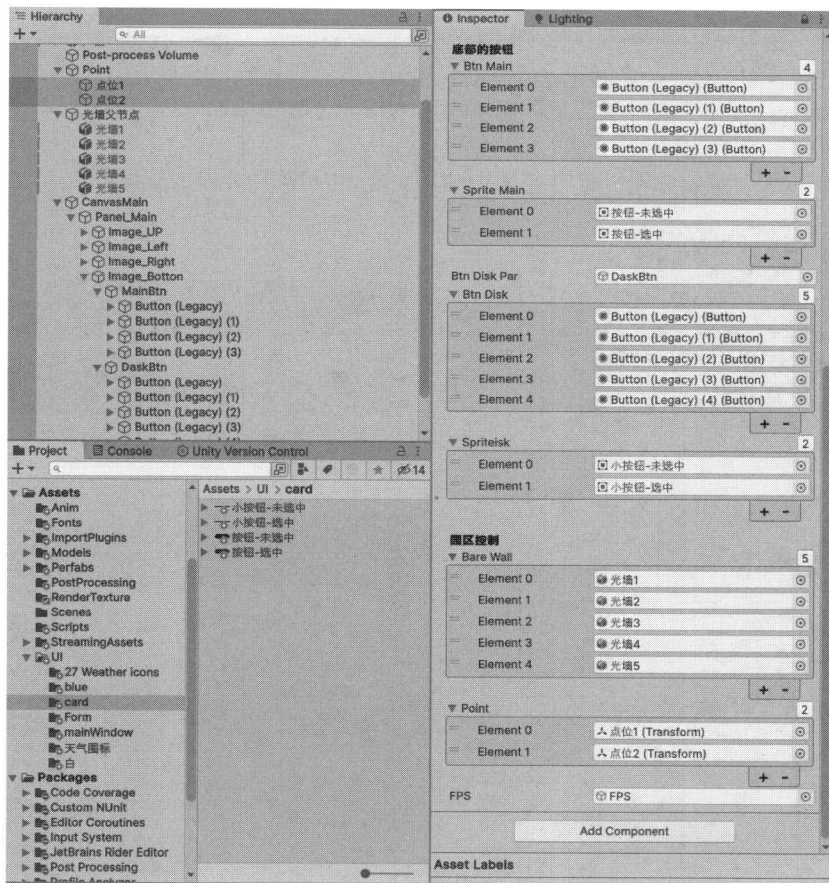

图 18-41　将对应对象拖到卡槽中

（7）运行程序，即可单击下方的按钮切换主页、漫游、近景和分区显示，如图 18-42 所示。

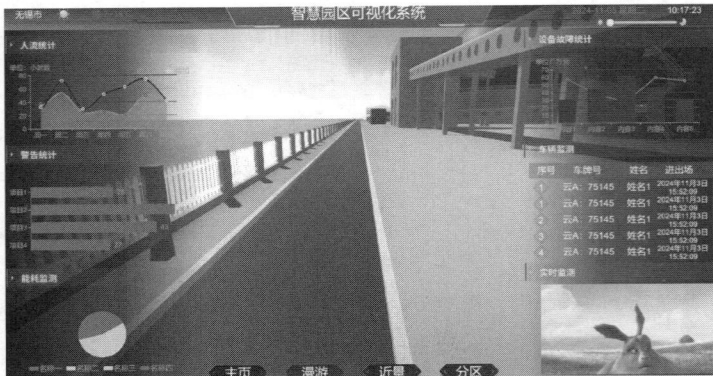

图 18-42　运行效果

18.3.9　日夜系统实现

下面介绍日夜系统的实现，先来搭建 UI。

（1）选中 Image_UP 对象，新建空对象，命名为 Sun，选中 Sun 对象，添加 1 个 Slider 和 2 个 Image 对象，如图 18-43 所示。

（2）给两个 Image 对象分别设置贴图为太阳和月亮，如图 18-44 所示。

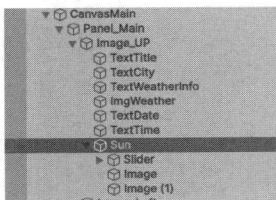

图 18-43　添加 UI

图 18-44　修改 UI 贴图

（3）修改 MainControl.cs 代码，参考代码 18-6。

代码 18-6　完整代码

```csharp
using System.Collections.Generic;
using System;
using UnityEngine;
using UnityEngine.UI;
using System.Collections;
using UnityEngine.Networking;
using UnityEngine.Video;
using System.IO;
using XCharts.Runtime;
using UnityEngine.AzureSky;

public class MainControl: MonoBehaviour
{
    [Header("日夜切换")]
    public AzureTimeController azureTime;
    public Slider m_TimeSlider;
```

```
void Start()
{
    SceneInit();          //场景初始化
}

void SceneInit()
{
    m_TimeSlider.onValueChanged.AddListener(value => TimeSliderValue(value));
}

void TimeSliderValue(float value)
{
    float num = 24f * value;
    azureTime.SetTimeline(num);
}
}
```

（4）日夜系统将使用 Azure[Sky] Dynamic Skybox 插件来完成，这个插件在导入的包中。将 Project 视图的 ImportPlugins→Azure[Sky] Dynamic Skybox→Prefabs 文件夹中的 Azure[Sky] Dynamic Skybox 对象拖到场景中，如图 18-45 所示。

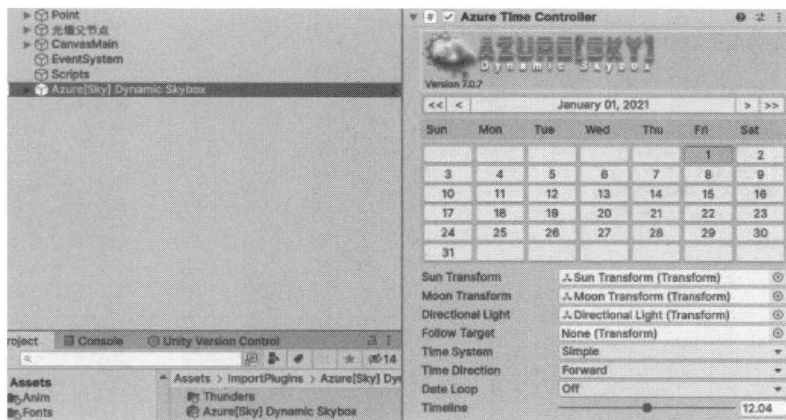

图 18-45　添加 Azure[Sky] Dynamic Skybox 对象

（5）将对应的对象拖到 MainControl.cs 脚本组件的卡槽中，如图 18-46 所示。

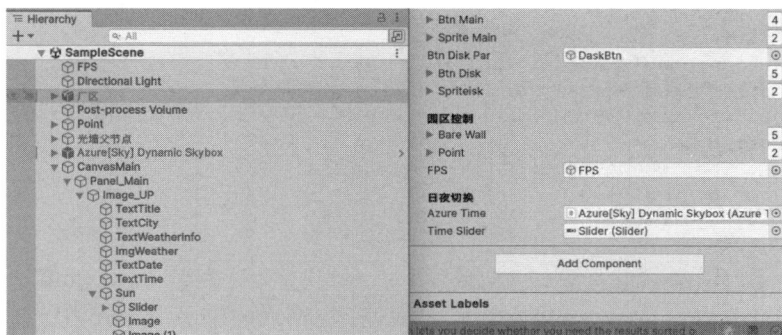

图 18-46　将对象拖到对应卡槽中

（6）运行程序，拖动 UI 上方的 Slider 进度条，就可以切换日夜场景了，如图 18-47 所示。

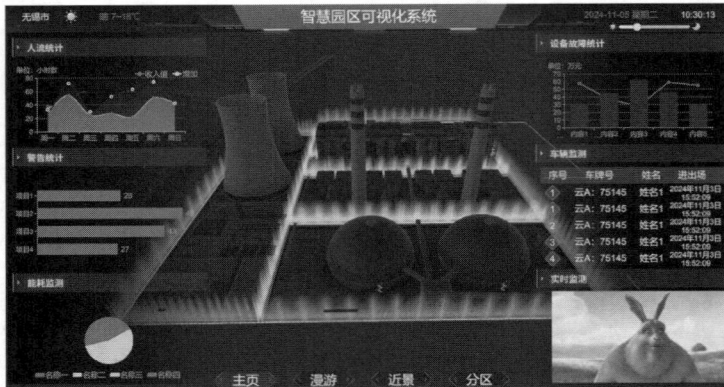

图 18-47　日夜场景切换效果

完整的 MainControl.cs 脚本代码参考代码 18-7。

代码 18-7　完整的 MainControl.cs 代码

```csharp
using System.Collections.Generic;
using System;
using UnityEngine;
using UnityEngine.UI;
using System.Collections;
using UnityEngine.Networking;
using UnityEngine.Video;
using System.IO;
using XCharts.Runtime;
using UnityEngine.AzureSky;

#region 天气数据类
[Serializable]
public class DailyItem
{
    public string fxDate;
    public string sunrise;
    public string sunset;
    public string moonrise;
    public string moonset;
    public string moonPhase;
    public string moonPhaseIcon;
    public string tempMax;
    public string tempMin;
    public string iconDay;
    public string textDay;
    public string iconNight;
    public string textNight;
    public string wind360Day;
    public string windDirDay;
    public string windScaleDay;
    public string windSpeedDay;
    public string wind360Night;
```

```csharp
        public string windDirNight;
        public string windScaleNight;
        public string windSpeedNight;
        public string humidity;
        public string precip;
        public string pressure;
        public string vis;
        public string cloud;
        public string uvIndex;
    }
    [Serializable]
    public class Refer
    {
        public List<string> sources;
        public List<string> license;
    }
    [Serializable]
    public class WeatherRoot
    {
        public string code;
        public string updateTime;
        public string fxLink;
        public List<DailyItem> daily;
        public Refer refer;
    }
    #endregion
    #region 图表数据格式
    [System.Serializable]
    class CarData                       //设备故障统计
    {
        public string Name;             //姓名
        public string CatNum;           //车牌号
        public string Time;             //进出场时间
    }
    [System.Serializable]
    class FailureData                   //设备故障统计
    {
        public string Name;
        public float Value1;
        public float Value2;
    }
    [System.Serializable]
    class EnergyData                    //能耗检测
    {
        public string Name;
        public float Value1;
    }
    [System.Serializable]
    class WarnData                      //警告统计
    {
        public string Name;
        public float Value1;
    }
    [System.Serializable]
    class FlowData                      //人流统计的 JSON 文件
    {
        public string Name;
```

```csharp
        public float Value1;
        public float Value2;
    }
[System.Serializable]
class ChartData1
{
        public FlowData[] Data;
}
[System.Serializable]
class ChartData2
{
        public WarnData[] Data;
}
[System.Serializable]
class ChartData3
{
        public EnergyData[] Data;
}
[System.Serializable]
class ChartData4
{
        public FailureData[] Data;
}
[System.Serializable]
class ChartData5
{
        public CarData[] Data;
}
#endregion
public class MainControl: MonoBehaviour
{
        [Header("标题栏的天气信息")]
        public Text TextCity;
        public Text TextWeatherInfo;
        public Image ImgWeather;
        public Sprite[] SpriteWeather;
        private Dictionary<string, Sprite> DicSprWeather;
        [Header("标题栏的日期信息")]
        public Text TextDate;
        public Text TextTime;
        [Header("图表")]
        public XCharts.Runtime.LineChart Chart1;     //图表 1 人流统计
        public XCharts.Runtime.BarChart Chart2;      //图表 2 警告统计
        public XCharts.Runtime.PieChart Chart3;      //图表 3 能耗检测
        public XCharts.Runtime.LineChart Chart4;     //图表 4 设备故障统计
        [Header("车辆检测")]
        public Transform Chart5Content;              //图表 5 车辆检测，父节点
        public GameObject ItemInfo;                  //车辆信息预制体
        [Header("实时监测")]
        public VideoPlayer Chart6;                   //图表 6 实时监测的播放器
        [Header("底部的按钮")]
        public Button[] BtnMain;
        public Sprite[] SpriteMain;
        private int nextIndexMain = -1;
        public GameObject BtnDiskPar;
        public Button[] BtnDisk;
```

```
public Sprite[] Spriteisk;
private int nextIndexDisk = -1;
[Header("园区控制")]
public GameObject[] BareWall;                    //光墙，用来演示分区效果
public Transform[] Point;
public GameObject FPS;
[Header("日夜切换")]
public AzureTimeController azureTime;
public Slider m_TimeSlider;

void Start()
{
    SetWeatherInfo();                            //设置天气信息
    SetDateInfo();                               //设置日期信息
    ChartInit();                                 //图表初始化
    UIInit();                                    //UI 初始化
    SceneInit();                                 //场景初始化
}

void SetWeatherInfo()
{
    DicSprWeather = new Dictionary<string, Sprite>();
    for (int i = 0; i < SpriteWeather.Length; i++)
    {
        DicSprWeather.Add(SpriteWeather[i].name, SpriteWeather[i]);
    }
    StartCoroutine(RequestSevenDayWeatherData());
}

void SetDateInfo()
{
    DateTime dateTime = DateTime.Now;
    TextDate.text = dateTime.ToString("yyyy-MM-dd dddd");
    TextTime.text = dateTime.ToString("HH:mm:ss");
}

IEnumerator RequestSevenDayWeatherData()
{
    //7 天预报的请求
    //无锡的 location=101190201
    string PosurlSevenDay = "https://devapi.qweather.com/v7/weather/7d?key=
23aabb9fd9e243f182a24727244eed2c&location=101190201";
    UnityWebRequest request = UnityWebRequest.Get(PosurlSevenDay);

    yield return request.SendWebRequest();
    if (request.result == UnityWebRequest.Result.Success)
    {
        string playlist = request.downloadHandler.text;
        Debug.Log(playlist);
        WeatherRoot data = JsonUtility.FromJson<WeatherRoot>(playlist);

        TextCity.text = "无锡市";
        TextWeatherInfo.text = data.daily[0].textDay + " " +
        data.daily[0].tempMin + "~" + data.daily[0].tempMax + "℃";
        ImgWeather.sprite = DicSprWeather[data.daily[0].textDay];
    }
```

18

```
        else
        {
            Debug.LogError(request.error);
        }
    }

    void ChartInit()
    {
        //从本地读取文档显示出来
        //可以将这个从本地读取改为从服务器获取
        StartCoroutine(RequestChartData());

        //显示视频
        string path = Path.Combine(Application.streamingAssetsPath, "Video/
        BigBuckBunny.mp4");
        Chart6.url = path;
        Chart6.Play();
    }

    IEnumerator RequestChartData()
    {
        //图表1
        string url1 = Path.Combine(Application.streamingAssetsPath, "json1.json");
        Debug.Log(url1);
        using (UnityWebRequest request = UnityWebRequest.Get(url1))
        {
            yield return request.SendWebRequest();
            if (request.result == UnityWebRequest.Result.Success)
            {
                string data = request.downloadHandler.text;
                Debug.Log(data);
                List<float> yAxisValue = new List<float>();
                List<float> yAxisValue2 = new List<float>();
                ChartData1 rootData = JsonUtility.FromJson<ChartData1>(data);
                for (int i = 0; i < rootData.Data.Length; i++)
                {
                    yAxisValue.Add(rootData.Data[i].Value1);
                    yAxisValue2.Add(rootData.Data[i].Value2);
                }
                UpateChartData(Chart1, "收入值", yAxisValue, "增加", yAxisValue2);
            }
            else
            {
                Debug.LogError(request.error);
            }
        }
        //图表2
        string url2 = Path.Combine(Application.streamingAssetsPath, "json2.json");
        using (UnityWebRequest request = UnityWebRequest.Get(url2))
        {
            yield return request.SendWebRequest();
            if (request.result == UnityWebRequest.Result.Success)
            {
                string data = request.downloadHandler.text;
                List<float> yAxisValue = new List<float>();
                ChartData2 rootData = JsonUtility.FromJson<ChartData2>(data);
                for (int i = 0; i < rootData.Data.Length; i++)
```

```
            {
                WarnData tempData = rootData.Data[i];
                yAxisValue.Add(tempData.Value1);
            }
            UpateChartData(Chart2, "项目", yAxisValue);
        }
        else
        {
            Debug.LogError(request.error);
        }
    }
    //图表 3
    string url3 = Path.Combine(Application.streamingAssetsPath, "json3.json");
    using (UnityWebRequest request = UnityWebRequest.Get(url3))
    {
        yield return request.SendWebRequest();
        if (request.result == UnityWebRequest.Result.Success)
        {
            string data = request.downloadHandler.text;
            List<EnergyData> yAxisValue = new List<EnergyData>();
            ChartData3 rootData = JsonUtility.FromJson<ChartData3>(data);
            for (int i = 0; i < rootData.Data.Length; i++)
            {
                EnergyData tempData = rootData.Data[i];
                yAxisValue.Add(tempData);
            }
            UpateChartData(Chart3, "serie0", yAxisValue);
        }
        else
        {
            Debug.LogError(request.error);
        }
    }
    //图表 4
    string url4 = Path.Combine(Application.streamingAssetsPath, "json4.json");
    using (UnityWebRequest request = UnityWebRequest.Get(url4))
    {
        yield return request.SendWebRequest();
        if (request.result == UnityWebRequest.Result.Success)
        {
            string data = request.downloadHandler.text;
            List<float> yAxisValue = new List<float>();
            List<float> yAxisValue2 = new List<float>();
            ChartData4 rootData = JsonUtility.FromJson<ChartData4>(data);
            for (int i = 0; i < rootData.Data.Length; i++)
            {
                FailureData tempData = rootData.Data[i];
                yAxisValue.Add(tempData.Value1);
                yAxisValue2.Add(tempData.Value2);
            }
            UpateChartData(Chart4, "serie0", yAxisValue, "serie1", yAxisValue2);
        }
        else
        {
            Debug.LogError(request.error);
        }
    }
```

```
//图表5
string url5 = Path.Combine(Application.streamingAssetsPath, "json5.json");
using (UnityWebRequest request = UnityWebRequest.Get(url5))
{
    yield return request.SendWebRequest();
    if (request.result == UnityWebRequest.Result.Success)
    {
        string data = request.downloadHandler.text;
        ChartData5 rootData = JsonUtility.FromJson<ChartData5>(data);
        for (int i = 0; i < rootData.Data.Length; i++)
        {
            CarData tempData = (CarData)rootData.Data[i];
            GameObject Item = Instantiate(ItemInfo, Vector3.zero,
            Quaternion.identity, Chart5Content);
            Item.transform.Find("TextNum").GetComponent<Text>().text = (i +
            1).ToString();
        }
    }
    else
    {
        Debug.LogError(request.error);
    }
}
}


void UpateChartData(BaseChart chart, string serieName, List<float> yAxisValue,
string serieName2 = "", List<float> yAxisValue2 = null)
{
    //区分是一个轴还是两个轴
    if (serieName2 == "")
    {
        //清除原来的数据
        chart.GetSerie(serieName).ClearData();
        //添加 y 轴的值
        foreach (float item in yAxisValue)
        {
            chart.AddData(serieName, item);
        }
    }
    else
    {
        //清除原来的数据
        chart.GetSerie(serieName).ClearData();
        //添加 y 轴的值
        foreach (float item in yAxisValue)
        {
            chart.AddData(serieName, item);
        }
        // 清除原来的数据
        chart.GetSerie(serieName2).ClearData();
        // 添加 y 轴的值
        foreach (float item in yAxisValue2)
        {
            chart.AddData(serieName2, item);
        }
    }
}
```

```
void UpateChartData(BaseChart chart, string serieName, List<EnergyData>
yAxisValue)
{
    //清除原来的数据
    chart.GetSerie(serieName).ClearData();
    //添加 y 轴的值
    foreach (EnergyData item in yAxisValue)
    {
        chart.AddData(serieName, item.Value1, item.Name);
    }
}

void UIInit()
{
    for (int i = 0; i < BtnMain.Length; i++)
    {
        int index = i;
        BtnMain[i].onClick.AddListener(() => BtnMainEvent(index));
    }
    for (int i = 0; i < BtnDisk.Length; i++)
    {
        int index = i;
        BtnDisk[i].onClick.AddListener(() => BtnDiskEvent(index));
    }
    BtnDiskPar.SetActive(false);
    nextIndexMain = 0;
}

void BtnMainEvent(int index)
{
    if (nextIndexMain != -1 && nextIndexMain != index)
    {
        BtnMain[nextIndexMain].GetComponent<Image>().sprite = SpriteMain[0];
    }
    nextIndexMain = index;
    BtnMain[index].GetComponent<Image>().sprite = SpriteMain[1];

    //隐藏分区按钮
    BtnDiskPar.SetActive(false);
    if (nextIndexDisk != -1)
        BareWall[nextIndexDisk].SetActive(false);
    nextIndexDisk = -1;
    //控制相机上的组件
    FPS.GetComponent<Animation>().enabled = false;
    FPS.GetComponent<CameraMoveGround>().isMove = false;

    switch (index)
    {
        case 0:
            FPS.transform.position = Point[0].position;
            FPS.transform.rotation = Point[0].rotation;
            FPS.GetComponent<CameraRotate>().isEnable = true;
            break;
        case 1:
            FPS.GetComponent<Animation>().enabled = true;
            FPS.GetComponent<Animation>().Play("漫游动画");
```

```
                    FPS.GetComponent<CameraRotate>().isEnable = false;
                    break;
                case 2:
                    FPS.transform.position = Point[1].position;
                    FPS.transform.rotation = Point[1].rotation;
                    FPS.GetComponent<CameraMoveGround>().isMove = true;
                    FPS.GetComponent<CameraRotate>().isEnable = false;
                    break;
                case 3:
                    FPS.transform.position = Point[0].position;
                    FPS.transform.rotation = Point[0].rotation;
                    FPS.GetComponent<CameraRotate>().isEnable = true;
                    BtnDiskPar.SetActive(true);
                    break;
                default:
                    break;
            }
        }

        void BtnDiskEvent(int index)
        {
            if (nextIndexDisk != -1 && nextIndexDisk != index)
            {
                BareWall[nextIndexDisk].SetActive(false);
            }
            nextIndexDisk = index;
            BareWall[index].SetActive(true);
        }

        void SceneInit()
        {
            m_TimeSlider.onValueChanged.AddListener(value => TimeSliderValue(value));
        }

        void TimeSliderValue(float value)
        {
            float num = 24f * value;
            azureTime.SetTimeline(num);
        }
    }
```

18.4 课 后 习 题

前面章节已经完成了一个相对完整的智慧园区可视化的虚拟仿真应用，还可以尝试增加很多功能，例如：

（1）增加每栋楼的楼号标记。

（2）进入楼层后的图表切换。

（3）更多的漫游路线设置。

（4）监控路点设置及监控画面显示功能。

18.5　本　章　小　结

本章详细介绍了智慧园区可视化系统的应用和具体实现过程，充分展示了如何实现该系统及这类技术的应用价值。

智慧园区可视化系统是一种创新的园区管理工具，通过数字孪生技术及虚拟仿真技术，实现园区运行状态的实时监测、数据分析和智能决策。

数字孪生技术是一种基于物联网、大数据和云计算等技术的虚拟模型，可实时反映物理世界的运行装填；虚拟仿真技术是一种利用计算机技术模拟真实世界环境和场景的技术。